U0179788

国家科学技术学术著作出版基金资助出版

智能无人系统

Intelligent Unmanned System

吴　澄◎主编

ZHEJIANG UNIVERSITY PRESS
浙江大学出版社
·杭州·

图书在版编目(CIP)数据

智能无人系统 / 吴澄主编. — 杭州:浙江大学出
版社,2023.11(2024.7重印)
　　ISBN 978-7-308-24390-2

　　Ⅰ.①智… Ⅱ.①吴… Ⅲ.①人工智能 Ⅳ.
①TP18

　　中国国家版本馆 CIP 数据核字(2023)第 208514 号

智能无人系统

吴　澄　主编

策划编辑	许佳颖
责任编辑	陈　宇
责任校对	金佩雯
封面设计	浙信文化
出版发行	浙江大学出版社
	(杭州市天目山路 148 号　　邮政编码 310007)
	(网址:http://www.zjupress.com)
排　　版	杭州林智广告有限公司
印　　刷	浙江海虹彩色印务有限公司
开　　本	710mm × 1000mm　1/16
印　　张	28.25
字　　数	600 千
版 印 次	2023 年 11 月第 1 版　2024 年 7 月第 2 次印刷
书　　号	ISBN 978-7-308-24390-2
定　　价	188.00 元

浙江大学出版社市场运营中心联系方式:(0571)88925591;http://www.zjdxcba.tmall.com

编辑委员会

前　言

　　随着新一代人工智能的兴起,智能无人系统将成为人工智能发展的标志性成果。2015年12月,中国工程院批准启动了"中国人工智能2.0发展战略研究"重大咨询研究项目。项目启动后,立即得到了党和国家的高度重视。在科学技术部和中国工程院的领导下,项目组进一步完成了《新一代人工智能规划建议研究报告》和《新一代人工智能重大科技项目实施方案》的编制工作。2017年7月20日,国务院发布了《新一代人工智能发展规划》。2018年10月12日,科学技术部发布了《科技创新2030——"新一代人工智能"重大项目2018年度项目申报指南》。在上述重要文件和重大专项指南中,智能无人系统都是其重要组成部分,体现了我国期望在这一领域取得重大突破,并在不远的将来,能够引领该领域的发展,为国民经济做出巨大贡献。

　　"高级式自主无人系统"是"中国人工智能2.0发展战略研究"重大咨询研究项目的重要课题之一,由清华大学的吴澄院士担任组长,浙江大学的孙优贤院士和中国科学院沈阳自动化研究所的王天然院士担任副组长。该课题组还包括封锡盛、杨学军、钟志华、金东寒、陈杰、戴琼海、王耀南等院士以及其他20余位专家。

　　课题随着重大咨询研究项目的推进已经进入第三期。第一期,课题组重点调研了国内外智能无人系统领域的研究现状及面临的形势与挑战,构建了智能无人系统前沿基础理论体系架构,认真梳理和总结了智能无人系统的关键核心技术与支撑平台,并进行总结与整理,将研究成果作为重要组成部分出版在《中国人工智能2.0发展战略研究》中。第二期,课题组在新一代人工智能重大专项智能无人系统研究的基础上,重点对国内外智能无人系统的发展及重大专项的实施过程进行分析与评估,构建了智能无人系统的通用基础理论体系,设计了新型智能无人系统,突破了新的关键技术,探究了智能无人系统在各种新信息环境中的发展与作用。根据第三期的要求,课题组目前正在集中开展针对新一代人工智能重大专项的规划并逐步实施,重点研究自主智能基础理论体系,提出自主无人系统方向智能生态的构建方法、补齐短板的思路,探索并总结本课题相关人才的培养方法和实施路径。

　　本书从智能无人系统基础理论与方法、无人机智能技术、无人车智能技术、轨道交通自动驾驶技术、服务机器人智能技术、空间机器人智能技术、海洋机器人智能技术、无人船智能技术、离散制造业无人车间/智能工厂、流程工业智能无人工厂、高端智能控制技术和自主无人操作系统12个方面，全面阐述了智能无人系统的基础理论、关键应用、示范应用等内容，以期帮助读者对智能无人系统的现状和未来发展趋势有较为全面的了解。

　　借此书出版的机会，感谢科学技术部和中国工程院对"中国人工智能2.0发展战略研究"重大咨询研究项目"高级式自主无人系统"课题的大力支持，感谢各位专家的辛勤工作。

目　录

第1章　智能无人系统基础理论与方法　/ 1

1.1　环境感知与理解　/ 4
　　1.1.1　信息融合　/ 4
　　1.1.2　视觉感知　/ 13
　　1.1.3　机器学习　/ 23
　　1.1.4　总结与展望　/ 33
1.2　分布式无人系统的安全性与可靠性理论及技术　/ 34
　　1.2.1　研究背景　/ 34
　　1.2.2　研究现状　/ 36
　　1.2.3　研究内容　/ 41
1.3　新一代高效智能控制理论与技术　/ 44
　　1.3.1　智能控制技术进展　/ 45
　　1.3.2　智能控制理论进展　/ 45
1.4　自主无人系统的智能决策　/ 51
　　1.4.1　完全信息假设下的深度强化学习决策框架　/ 52
　　1.4.2　部分信息下的马氏决策过程深度强化学习决策框架　/ 53
　　1.4.3　群体深度强化学习决策框架　/ 54
　　1.4.4　无人车的智能决策　/ 55
　　1.4.5　自主无人系统智能决策研究面临的挑战　/ 56
　　1.4.6　自主无人系统智能决策研究的新方向　/ 57
参考文献　/ 58

第2章 无人机智能技术 / 67

2.1 研究背景 / 69

2.1.1 军用无人机研究现状 / 70

2.1.2 民用无人机研究现状 / 71

2.1.3 无人机发展趋势 / 73

2.2 研究领域概述 / 75

2.2.1 单无人机智能技术研究 / 75

2.2.2 多无人机智能技术研究 / 76

2.2.3 无人机支撑平台研究与推广 / 77

2.3 重点研究内容 / 78

2.3.1 无人机高机动精确飞行控制技术 / 78

2.3.2 无人机高精度自主导航技术 / 81

2.3.3 无人机飞行轨迹优化与避障技术 / 83

2.3.4 无人机环境感知、建模与理解技术 / 89

2.3.5 多无人机系统协同控制技术 / 91

2.3.6 多无人机系统多时空协同感知技术 / 93

2.3.7 多无人机系统协同规划技术 / 95

2.3.8 无人机智能化的其他支撑技术 / 97

参考文献 / 98

第3章 无人车智能技术 / 101

3.1 研究背景 / 103

3.1.1 无人车智能技术发展的理论研究意义和
实际应用价值 / 103

3.1.2 无人车智能技术发展的广泛市场前景和
巨大经济价值 / 103

3.2 研究现状 / 104

3.2.1 感知和定位中的智能技术 / 105

3.2.2 决策和规划中的智能技术 / 105

3.2.3 运动控制中的智能技术 / 107

3.2.4 车车-车路协同中的智能技术 / 107

3.3 研究内容 / 108

3.3.1 无人车环境感知技术 / 108

　　　3.3.2　无人车导航定位技术　/ 109

　　　3.3.3　无人车决策规划技术　/ 115

　　　3.3.4　无人车运动控制技术　/ 119

　　　3.3.5　无人车智能技术面临的挑战　/ 126

　　参考文献　/ 127

第4章　轨道交通自动驾驶技术　/ 131

　　4.1　研究背景　/ 133

　　　4.1.1　轨道交通系统概述　/ 134

　　　4.1.2　列车自动驾驶　/ 139

　　　4.1.3　研究的意义与必要性　/ 144

　　4.2　研究/发展现状　/ 145

　　　4.2.1　理论方法现状　/ 145

　　　4.2.2　推荐速度优化　/ 146

　　　4.2.3　列车速度控制　/ 152

　　　4.2.4　系统应用水平　/ 156

　　　4.2.5　面临的挑战　/ 158

　　4.3　研究内容与发展重点　/ 159

　　　4.3.1　高速铁路运行环境准确、可信的实时智能感知　/ 159

　　　4.3.2　高速列车的智能驾驶策略优化理论与方法　/ 160

　　　4.3.3　高速列车的智能调度优化理论与方法　/ 160

　　　4.3.4　高速铁路运行控制和调度指挥一体化理论与方法　/ 160

　　　4.3.5　高速铁路智能驾驶综合测试平台　/ 160

　　　4.3.6　高速轨道智能驾驶系统示范应用　/ 160

　　4.4　本章总结　/ 161

　　参考文献　/ 161

第5章　服务机器人智能技术　/ 169

　　5.1　研究背景　/ 171

　　5.2　研究现状　/ 173

　　　5.2.1　家庭服务和教育娱乐机器人　/ 173

　　　5.2.2　医疗手术机器人与医疗康复机器人　/ 174

　　　5.2.3　服务机器人发展趋势与产业前景　/ 179

5.3 研究内容 / 180

　　5.3.1 服务机器人智能材料与新型结构技术 / 181

　　5.3.2 服务机器人感知与交互控制技术 / 188

　　5.3.3 服务机器人认知机理与情感交互技术 / 190

　　5.3.4 服务机器人人机协作技术 / 193

　　5.3.5 云服务机器人与服务机器人遥操作技术 / 195

　　5.3.6 服务机器人产品应用及产业化 / 195

5.4 服务机器人发展趋势 / 199

参考文献 / 200

第6章 空间机器人智能技术 / 201

6.1 研究背景 / 204

6.2 研究现状 / 204

　　6.2.1 轨道飞行机器人研究现状 / 205

　　6.2.2 外星表探测机器人 / 211

6.3 研究内容 / 214

　　6.3.1 空间机器人目标检测与分类 / 214

　　6.3.2 多模态传感器信息融合 / 215

　　6.3.3 空间机器人智能决策 / 215

　　6.3.4 抓捕过程碰撞动力学 / 217

　　6.3.5 空间机器人地面验证系统 / 218

　　6.3.6 强化学习在空间机器人规划和控制中的应用 / 220

　　6.3.7 非合作目标的自主相对位姿测量 / 222

　　6.3.8 空间机器人对非合作目标的自主接管 / 225

　　6.3.9 空间机器人工作空间及构型优化 / 227

　　6.3.10 空间机器人容错控制研究 / 227

　　6.3.11 空间机器人系统故障诊断 / 230

参考文献 / 231

第7章 海洋机器人智能技术 / 235

7.1 海洋机器人智能化发展的研究背景 / 237

7.2 海洋机器人研究现状 / 238

　　7.2.1 遥控水下机器人 / 238

7.2.2 自主水下航行器 / 238

7.2.3 水下滑翔机 / 240

7.2.4 自主遥控水下机器人 / 240

7.2.5 海洋机器人发展现状总结 / 241

7.3 海洋机器人水动力分析技术 / 242

7.3.1 水动力分析技术简介 / 242

7.3.2 快速性研究 / 243

7.3.3 操纵性研究 / 244

7.4 海洋机器人自主感知技术 / 247

7.4.1 水下自主感知简介 / 247

7.4.2 声学三维重建 / 247

7.4.3 水下对接 / 250

7.5 海洋机器人自主控制技术 / 251

7.5.1 水下自主控制简介 / 251

7.5.2 本体姿态与运动控制 / 252

7.5.3 海洋机器人自主作业 / 255

7.6 海洋机器人自主决策技术 / 257

7.6.1 水下自主决策简介 / 257

7.6.2 故障诊断 / 257

7.6.3 避障与动态路径规划 / 261

7.7 海洋机器人集群作业技术 / 263

7.7.1 水下集群作业简介 / 263

7.7.2 目标搜索与围捕 / 263

7.7.3 集群编队控制 / 264

7.7.4 海洋环境观测 / 267

7.8 海洋机器人智能技术面临的挑战 / 268

参考文献 / 269

第8章 无人船智能技术 / 271

8.1 研究背景与现状 / 273

8.1.1 导航避障 / 273

8.1.2 布放回收 / 274

8.1.3 减振降噪 / 282

8.1.4 集群协同 / 289

8.2 研究内容 / 296

    8.2.1 导航避障 / 296

    8.2.2 布放回收 / 296

    8.2.3 集群协同 / 297

参考文献 / 299

第9章 离散制造业无人车间/智能工厂 / 303

9.1 研究背景 / 305

    9.1.1 智能工厂是实现智能制造的核心载体,成为各国竞相争逐的战略高地 / 306

    9.1.2 新一代人工智能技术将推动离散制造企业智能工厂的发展和建设 / 307

    9.1.3 智能工厂催生新业态新模式,为新一代人工智能产业发展开拓空间 / 307

9.2 国内外发展现状与趋势 / 308

    9.2.1 "灵活分布"的美国通用电气(GE)炫工厂 / 308

    9.2.2 "虚实并行"的德国数字化工厂 / 310

    9.2.3 工业技术与信息技术呈现加速融合态势 / 310

    9.2.4 大规模个性化定制制造成为重要发展方向 / 311

    9.2.5 本节结论 / 311

9.3 无人车间/智能工厂的内涵与特征 / 312

    9.3.1 内涵与特征 / 312

    9.3.2 基本功能 / 318

9.4 重点研究内容 / 321

    9.4.1 基础理论与体系 / 323

    9.4.2 核心关键技术 / 323

参考文献 / 327

第10章 流程工业智能无人工厂 / 329

10.1 研究背景 / 331

10.2 研究现状 / 332

    10.2.1 智能的单元设备调控 / 336

    10.2.2 智能的调度优化决策系统 / 338

　　　　10.2.3　智能的自动化信息化平台　/ 341

　　　　10.2.4　智能的传感监测技术　/ 342

　　10.3　研究内容　/ 343

　　　　10.3.1　流程工业智能无人工厂技术分级　/ 344

　　　　10.3.2　无人工厂需要关注的其他技术　/ 346

　　参考文献　/ 350

第11章　高端智能控制技术　/ 353

　　11.1　研究背景　/ 355

　　11.2　研究现状　/ 355

　　11.3　研究内容　/ 357

　　　　11.3.1　硬件技术　/ 358

　　　　11.3.2　软件技术　/ 359

　　　　11.3.3　安全技术　/ 359

　　　　11.3.4　实现技术　/ 360

　　11.4　高端智能控制技术及系统　/ 361

　　　　11.4.1　高端智能控制技术及系统的硬件系统　/ 361

　　　　11.4.2　高端智能控制技术及系统的软件系统　/ 366

　　　　11.4.3　高端智能控制技术及系统的过程优化云平台　/ 368

　　参考文献　/ 396

第12章　自主无人操作系统　/ 399

　　12.1　研究背景　/ 401

　　12.2　研究现状　/ 402

　　　　12.2.1　改进型嵌入式操作系统　/ 402

　　　　12.2.2　面向特定领域的无人操作系统　/ 403

　　　　12.2.3　通用无人操作系统　/ 403

　　12.3　研究内容　/ 404

　　　　12.3.1　基础理论　/ 404

　　　　12.3.2　核心概念　/ 408

　　　　12.3.3　体系架构　/ 413

　　　　12.3.4　关键技术　/ 416

　　　　12.3.5　开发与调试　/ 427

　　　　12.3.6　适配优化与示范应用　/ 430

12.4　研究建议　/ 431

　　12.4.1　立足自主创新　/ 431

　　12.4.2　瞄准通用版本　/ 432

　　12.4.3　遵循软件定义　/ 433

　　12.4.4　实现架构统型　/ 433

　　12.4.5　践行开源创造　/ 434

　　12.4.6　坚持滚动发展　/ 434

　　12.4.7　构建健康生态　/ 435

参考文献　/ 435

第1章
智能无人系统基础理论与方法

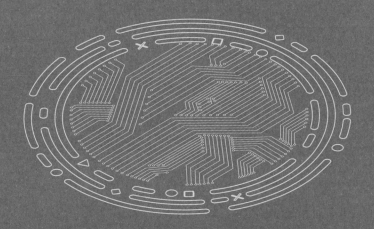

智能无人系统是一种集智能和行动于一体的高性能自动机系统,能模仿人的智能与行为,在复杂多变的环境中主动执行预定任务;能通过数据获取、环境感知和决策控制,有计划、有目的地产生智能行为来适应环境并改变现状,从而完成预定的目标任务。智能无人系统的最终目的是让机器能够像人一样思考,能够通过与环境不断交互进行持续在线的学习,并根据之前学习到的经验和知识进行推理、分析、预测与决断。智能无人系统有分布式、高性能、云传输、云储存、多传感、可复制等特点,所以其在执行很多任务时具有比人类更好的表现,如高危环境下的信息获取,大数据的记忆、传输与分享等。智能无人系统可以应用于不同的条件和环境,如海、陆、空、天等。智能无人系统涵盖不同类型和层级的应用系统,有微型系统,如智能芯片、智能手机、智能玩具等;有常用类人系统,如智能机器人、智能计算平台等;也有大型智能平台系统,如复杂无人制造系统、智能无人生产车间、无人化军事作战平台等;甚至有巨大的多级系统,如智能城市、智能医疗、智能制造、智能交通等。智能无人系统常应用于无人车、无人机、服务机器人、空间机器人、海洋机器人、智能化无人车间、智能控制平台、智能作战系统等。

　　智能无人系统的应用覆盖面非常广,因此支撑智能无人系统的关键技术也涉及多个领域。就数据端而言,如何处理数以亿计来自不同传感器的数据是一个严峻挑战,相对应的技术有信息采集、信息过滤、信息融合、信息传输、高性能计算、分布式存储与计算等。智能无人系统如何利用采集到的数据对所处环境进行感知也是一个严峻挑战,它相当于智能无人系统的眼睛,相对应的技术有模式识别、检测与分割、视觉定位、跟踪与预测、视觉场景理解、大规模对象检索等。智能无人系统中最为核心的技术是根据感知到的环境信息进行思考、学习和决策,它相当于智能无人系统的大脑,主要包括监督/半监督学习、无监督学习、迁移学习、在线与持续学习、特征与度量学习、自主学习、注意力模式、记忆力模式等。此外,对决策的执行与响应也是智能无人系统中必不可少的一环,充满了挑战性,它相当于智能无人系统的手,相对应的技术有协同决策、交互决策、自主探寻、自动控制等。本章将重点介绍以信息融合为主的数据处理模块、以计算机视觉算法为主的环境感知与分析模块,以及以机器学习为主导的智能分析和决策模块。

1.1 环境感知与理解

1.1.1 信息融合

智能无人系统往往涉及海量的传感器,这些传感器会带来数以亿计的信息数据,包括自然语言、声音、视觉、雷达、文字等。如何从海量的数据中挖掘出有效的潜在信息与行为模式,是智能无人系统数据处理中至关重要的一环。为了更好地利用和分析来自多传感器信息源的数据,智能无人系统需要对其进行关联与融合,并进行相关的判断与推理。

从信息融合的阶段及程度来看,信息融合可以分为感知层融合、表示层融合、决策层融合和跨模态推理。

1.1.1.1 感知层融合

智能无人系统对环境的感知依赖于硬件传感器采集的各种模态下的数据。常见的模态有相机采集的 RGB 单目/双目图像、深度摄像头采集的深度图像和激光雷达采集的三维(3D)点云。传统方法一般是利用单模态数据,通过算法对特定物体进行识别、检测和分割,但在缺少多模态数据的条件下,算法的精度和泛化能力会存在不足。

近年来,多传感器的数据融合技术使智能无人系统在感知层实现了信息融合。在三维物体检测领域,激光雷达采集到的点云数据含有丰富的空间信息,它能弥补二维(2D)图像缺乏三维特征的缺点。然而,与图像相比,点云数据本身是无序的,对其利用常规的结构化方法处理较为困难。

随着 Kinect 等深度相机的发展与大规模应用,RGB-D 图像作为一种新的图像数据形式得到了广泛关注。RGB-D 图像是在传统的 RGB 图像上加入了深度(depth)通道,即在二维图像中加入了三维信息,它能帮助视觉任务取得更好的效果(Lai et al.,2011)。

深度图像类似于单通道灰度图,像素值代表视点到物体的实际距离。深度相机通过双目、结构光、时间飞跃法(time of flight, TOF)等技术确定深度信息,在得到深度图像后,相机会对深度图像和 RGB 图像进行空间和时间上的配准,以确保两者的像素一一对应。

RGB 图像能够很好地捕捉物体的颜色、表面纹理等二维特征,对物体表面的外观刻画较好,但受环境、光照等因素影响较大,并且缺乏三维信息;深度图像能够很好地捕捉物体的空间结构、摆放位置、排列关系等三维特征,但对环境变化不太敏感,缺乏对二维特征的刻画。而将两者结合起来的 RGB-D 图像能够做到两者兼顾,可以同时包含物体的二维和三维信息。

目前,分析 RGB-D 图像的方式主要有两种:一种是将 RGB 图像特征与深度特征分开处理;另一种是将两者的特征融合处理。两种方法都取得了较好的效果(Wang et al.,2016)。RGB-D 技术在物体识别与分类、目标跟踪、三维重建等任务中均取得了很好的效果。

近几年,随着 GoPro 和 Google Glass 等可穿戴式相机的发展,第一视角下的视频处理发展迅速。第一视角图像会随着穿戴者的动作而进行变化,该技术在自动驾驶、机器人视觉等方面有着很高的应用价值。将 RGB-D 图像与第一视角图像进行结合也是一个新的研究方向。Wang 等(2016)通过多流深度卷积神经网络(multi-stream deep convolutional neural networks,MDCNN)处理了第一视角下的 RGB-D 图像。他们先将 RGB 信息、动作信息和深度信息分别通过卷积神经网络(convolutional neural networks,CNN)进行处理,以获得外观、时间和空间三个特征,再对分别提取出的特征进行多视图学习,得到三个分别的信息流和一个共享的数据流,最后合并输入分类器。RGB 信息能够将人手和背景进行区分,而深度信息在手势识别上更有优势,两者相结合能够提高第一视角下的手势识别效果。

在无法同时获取多个模态传感器信息的条件下,同模态不同视角下的感知融合就显得尤为重要。尽管摄像头获取的单张 RGB 图像缺少三维信息,但在不同位置的两个摄像头获取的双目图像能够模仿人的双眼,从而赋予图像以“立体感”。融合的双目特征相比于单目特征具有更丰富的空间信息,如图1.1.1所示。

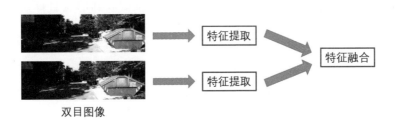

图1.1.1　双目图像的特征融合

对于点云数据,可以利用旋转矩阵获取点云在任意视角下的投影。常见的投影方式为前视投影和俯视投影。前视视角具有空间高度信息,但同一目标在远处会偏小,在近处会偏大;而俯视视角下的点云投影对所有地面目标“一视同仁”,能够均匀地提取地面目标的特征。因此,结合前视投影和俯视投影,可以在获取前视视角高度信息的同时,弥补前视视角下“近大远小”的缺陷。

1.1.1.2　表示层融合

智能无人系统通常要求能够及时、准确地感知系统外部环境,获取各种环境信息,因此多传感器数据采集成了智能无人系统必不可少的一环。对于这些不同属性的传感器数据,我们需要充分挖掘信息之间的相关性,相互弥补、协同修正、综合完善,从而使系统能够更加充分、完备地理解其外部环境。这个过程就是我们常说的"数据融合"。

按照层级划分,数据融合通常包括基于像元层的数据融合、基于表示层(特征层)的数据融合和基于决策层的数据融合三种方式,三者的融合水平依次由低到高(Pohl et al.,1988)。基于像元层的数据融合,首先需对原始传感器数据进行特征提取,得到不同数据源中的各种语义特征,如边、线、角、纹理等信息,这些语义特征信息可以视作原始数据的充分表示量或充分统计量;其次,进一步将这些特征信息进行分类、聚集和综合,产生特征矢量;最后,采用一些基于表示层的数据融合方法将这些特征矢量整合成特征图。

与基于像元层的数据融合方式不同,基于表示层的数据融合一方面不直接处理最原始的数据源,而是在特征图上进行后续数据处理,这种处理方式在传感器原始数据量巨大的时候变得尤为重要,能够保证实时性;另一方面,其对原始传感器信息的配准存在一定的误差容忍度,即使存在一定的配准误差,其所形成的特征表示仍相对稳定,这在一定程度上确保了智能无人系统的稳定性、鲁棒性和抗干扰性。

接下来,我们将从多种常见的数据模态出发,讨论如何实现不同模态之间的表示层数据融合。融合方式可以分为点云和RGB图像的融合、深度图像和RGB图像的融合两类。

激光雷达可以通过向目标发射探测信号,然后将接收到的从目标反射回来的信号与发射信号进行比较得到目标的三维信息。通过激光雷达传感器,我们能够采集到系统外部环境的三维场景信息,并将其表示成点云格式。此外,激光雷达传感器的功能几乎在所有的光照条件下都能实现,无论是白天还是黑夜、有或没有眩光和阴影,激光雷达传感器得到的点云数据都是一样的。与此同时,我们还可以通过光学传感器采集到的场景图像信息,配准得到场景中每个空间点的三维信息和像素信息。如何将两者在特征层面进行融合是目前计算机视觉中的一个重要主题。

Hong(2009)提出了一种将激光雷达点与图像匹配得到的目标点相结合的数据融合方法。该方法包括三个步骤:第一,将激光雷达数据作为控制信息来配准图像和激光雷达数据;第二,将激光雷达数据作为初始近似的图像进行匹配;第三,通过对图像匹配得到的激光点和目标点,进行鲁棒插值得到网格。如果图像匹配是稳健的、可靠的,则从图像中提取的点可以保持比激光雷达点更高的点密度,从而能更好地表示地形的点和线性特征。

Wu等(2018)针对自动驾驶场景中的分割任务提出了一种直观、通用的基于神经网络的融合框架。他们将分割任务看作一个逐点的分类问题,提出一种基于CNN和条件随机场(conditional random fields,CRF)的端到端的框架——SqueezeSeg。传统的CNN无法直接处理点云数据,为了能够将CNN应用于三维点云,他们将点云投射到一个球体上,得到了一个密集的基于网格的表示。CNN接收经过变换的点云输入后,直接输出逐点的标记图,随后使用一个由CRF实现的循环层进行精炼,最后使用传统的聚类方法,来获得实例级别的标记。

通过对RGB图像中三个颜色通道的叠加和组合,我们可以得到人类视力所能感知到的所有颜色,RGB色彩模式也是目前应用较广的颜色系统之一。但RGB图像缺少有效的深度信息,在三维计算机视觉中,深度图像是描述物体表面到视点之间距离的图像通道,距离的数值就是每个像素的大小。因此,深度图像与RGB图像有很多信息可以实现互补,融合RGB图像和深度图像的特征,可以使我们更好地感知环境。

最简单的融合方式就是把深度图像的单通道与RGB图像的R、G、B三通道合并成四通道,一起作为网络的输入,这样的做法既简单易懂,又具有一定的可解释性。由于RGB图像的像素和深度图像的像素是一一对应的,具有融合的先决条件,因此被广泛采用。但通道数的合并不能充分挖掘深度图像带来的结构信息。

近年来,很多方法在特征表示层面对RGB图像和深度图像进行融合(Hazirbas et al.,2016;Wang et al.,2019;El et al.,2015;Qu et al.,2016),并取得了不错的进展。

Fusenet是一种基于RGB-D图像做语义分割的网络,该网络先采用双流法在RGB图像和深度图像上分别提取多尺度的特征图,再通过稀疏融合(sparse fusion)的方式,将深度网络的部分特征融合到RGB网络中,实现语义分割任务上的性能提升。网络的浅层由于经过的卷积层数较少,因而得到的特征图分辨率较高,主要用于提取边缘细节信息,但这与从RGB图像和深度图像中提取出的边缘特征有很大不同。当结构信息变化不大时,边缘细节信息主要依靠纹理信息来区分;当纹理信息较为相似时,边缘细节信息主要依靠结构信息来区分。所以,从浅层开始对特征进行融合是有理论依据可循的。

稀疏融合与密集融合(dense fusion)的差别在于,稀疏融合的融合层仅在池化层之前插入,而密集融合会在每次卷积提取特征后都插入融合层。实验结果验证,两种融合方式相比于将深度图像作为第四通道进行直接融合的方式,带来的提升都很大,其中,稀疏融合带来的提升更大、计算量更少。与以往的多模态融合方式中的输入端融合策略不同,在表示层对RGB图像和深度图像进行融合能更好地挖掘特征的表示能力,同时也实现了模态之间信息的互补。

地理信息系统(geographic information system,GIS)数据(如地形、土地使用、道路和人口普查数据)可以与遥感图像结合使用,以提高图像分类、物体识别、变化检测和三维重建的准确性。Wu等(2018)的研究表明,遥感图像和GIS数据的融合在地图更新中起着至关重要的作用。遥感图像和 GIS 数据的集成正在成为一个新的研究领域。但由于遥感图像和 GIS 数据的性质和内容不同,因此两者无法进行直接比较。在收集整合阶段,我们必须关注 GIS 数据的自身语义差异。

图像通常由代表三原色信息强度的像素栅格组成;GIS 数据包含人工制作的标签,代表了此物体和标签之间的隶属关系。为了将 GIS 数据作为辅助信息或参考信息纳入训练,并在特征选择和得到分类结果后进行后处理,我们需要一种简单可行的方法(如附加频带法)来将辅助预测部分和主网络结合起来。但是,如果分类方法要求在分类过程中将 GIS 数据用作统计特征,则可不用附加频带方法,因为大多数辅助数据不能满足统计特征的要求。在这种情况下,必须先将两个数据源统一为同一物体级别,再进行融合。由于两个不同数据源之间的信息和语义的特征级别与维度不同,故无法在像素级别上对图像数据和 GIS 数据进行比较,而需先对低级别的图像像素进行聚合,直到产生有效的语义信息后,再将两种数据融合起来。这种物体级别的融合方式为有效融合两种不同信息源开辟出一条可行的道路,使用这种方法将像素聚合成有语义的多边形物体后,就可以直接与 GIS 数据的向量表示融合起来。

由于数据类型、数据结构、空间分辨率和几何特征之间存在着差异,数据集成仍然存在困难。对来自不同应用领域的数据进行集成时,必须关注对象模型表示和对象自身语义间的差异;对来自不同信息源的信息进行理解和建模时,还存在很多信息不明确、语义不一致的问题。同时,如何对融合后的结果进行分析也是关键的科学问题之一。

1.1.1.3 决策层融合

与感知层融合和表示层融合不同,决策层融合是更高层次的融合,它在决策层次上针对不同的决策目标,直接将各个决策结果进行融合,进而给出最终判断。

以智能无人系统中极为重要的视觉模式的识别任务为例,其分类器数据与一般的只使用 个分类器的决策过程不同,决策层融合 般使用 组分类器来提供说服力更强的结果。这些分类器可以是相同或不同的类型,也可以具有相同或不同的特征集。不同的分类器[如具有各种内核的支持向量机(support vector machine,SVM)、k 近邻(k-nearest neighbor,KNN)查询分类器,高斯混合模型(Gaussian mixture model,GMM)等]和单个分类器可能不太适合特定应用。因此,如果使用一组分类器进行决策,则最后要将所有分类器的输出通过各种方法合并在一起后才可以获得最终输出。

决策层融合的一般流程见图 1.1.2。一般先对数据集进行数据预处理,然后通过不同的特征提取器及对应的分类器得出相应的分类决策结果,最后对不同的决策结果进行决策融合得出最终输出。

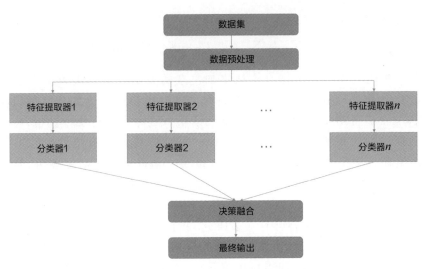

图 1.1.2　GIS 数据和 RGB 图像的融合

代数融合法：若用 $d_i(x)$ 表示第 i 种决策方案给出的决策结果，N 表示决策方案的数目，w_i 表示不同决策方案所占有的权重，$f(x)$ 表示最终融合得出的决策结果，则各个代数融合法的表示见表 1.1.1。

表 1.1.1　代数融合法

代数融合法	代数表达式
平均融合决策	$f(x) = \dfrac{1}{N}\sum\limits_{i=1}^{N} d_i(x)$
权值求和决策	$f(x) = \dfrac{1}{N}\sum\limits_{i=1}^{N} w_i d_i(x)$
最大融合决策	$f(x) = \max\limits_{i}\{d_i(x)\}$
最小融合决策	$f(x) = \min\limits_{i}\{d_i(x)\}$
中值融合决策	$f(x) = \operatorname*{med}\limits_{i}\{d_i(x)\}$
广义均值融合决策	$f(x) = \left[\dfrac{1}{N}\sum\limits_{i=1}^{N} d_i(x)^m\right]^{\frac{1}{m}}$

投票决策法：若用 $d_{i,j}(x)$ 表示第 i 种决策方案对于第 j 种情况给出的决策结果（二值变量），L 表示给出相同决策结果的决策方案的数目，w_i 表示不同决策方案所占有的权重，则投票决策法可以表示如下。

（1）多数投票决策：

$$\text{若}\ \sum_{i=1}^{L} d_{i,k}(x) = \max_{j}\sum_{i=1}^{L} d_{i,j}(x)，\text{则选择决策结果为}\ k(7)。$$

(2)权值投票决策:

$$若 \sum_{i=1}^{L} w_i d_{i,k}(x) = \max_{j} \sum_{i=1}^{L} w_i d_{i,j}(x),则选择决策结果为k(8)。$$

还有一些比上面给出的融合方法更加复杂的方法。如将决策结果顺序考虑在内的波达计数法(Borda count);Huang 等(1995)提出的行为知识空间(behavior knowledge space)可对多个决策方案的决策结果多维分布进行统计分析;Kuncheva 等(2001)提出的决策模板(decision template)可计算每种决策结果中的未知数据与当前决策模板中平均决策方案的相似性度量。但许多实证研究表明,简单的决策融合方法(如累加决策和投票决策)的一般效果并不弱于复杂的决策融合方法(Kittler et al.,1998)。

近年来,关于决策层融合已有众多研究,并且在分类领域中被普遍应用,尤其在智能无人系统的视觉领域,决策层融合的应用提高了一系列算法的表现。Tuia 等(2018)提出了CRF的多空间支持决策融合,它能在具有多个空间支持的概率决策间找到一致;Zhang 等(2018)提出了一个区域决策融合框架,其不但可以获得基于模型的CNN优势,还克服了物体边界分辨率不足和不确定性预测的问题,这对于复杂的高空间分辨率(very fine spatial resolution,VFSR)的图像分类尤为重要。

决策层融合并不针对数据本身以及数据的表征形式,它只针对不同的决策结果。如果是多模态的智能无人系统,则可通过不同模态的传感器观测同一个目标,不同模态的传感器会分别在本地进行数据获取、数据处理以及基于数据的决策,然后通过决策层融合对不同的决策结果进行融合判决,获得最终结果。决策层融合有着比较明显的优缺点。决策层融合的融合层次比感知层融合和表示层融合要高,故直接对决策结果进行融合能使结果更具稳定、安全的特点。对于智能无人系统而言,决策层融合能让系统具备更好的鲁棒性和环境适应性。但由于决策层融合需要进行不同的表示层处理以及各种决策判断过程,故对数据预处理的要求很高。

1.1.1.4 跨模态推理

近年来,随着计算机视觉的发展,智能无人系统出现了越来越多的视觉技术。与此同时,研究人员也意识到,如果能将其他方面的技术与视觉技术结合起来,将更好地提升系统的性能与鲁棒性。因此,跨模态推理与多模态融合将是智能无人系统的一个重要发展方向。下面以智能无人系统中的定位与建图、视觉语言导航为例,对跨模态推理进行介绍。

简单来说,定位与建图是指智能无人系统(如无人车、机器人等)感知周围环境并确定自己在环境中的位置(见图1.1.3)。定位与建图不仅用到了视觉传感器,还用到了全球定位系统(GPS)、惯性测量单元(IMU)、激光雷达等多模态传感器。得到多模态数据后,再利用一些算法将这些信息融合,才能最终实现系统的定位与建图功能。

图 1.1.3　智能无人系统中的多传感器

　　GPS 通过信号的接收与发送测量出智能无人系统中 GPS 接收机到卫星的距离,然后利用三角定位法确定接收机的位置。由于传播距离根据传播时间乘以光速进行测量,因此微小的传播时间误差就会带来极大的传播距离误差,定位精度将无法得到保证。研究人员利用差分 GPS 的方法缓解了这个问题,其大致原理是找到与智能无人系统相近的基站,通过 GPS 对基站进行定位,由于已知基站位置坐标,因此我们可以得到误差项,并用这个误差项去修正智能无人系统的定位结果。但即使解决了这个问题,在城市中,由于存在高层楼宇,GPS 信号会产生反射和折射,带来多路径问题,进而对 GPS 定位精度产生较大影响。除此之外,GPS 更新频率较低,约 10Hz,仍无法保证实时定位。因此,智能无人系统还常常结合视觉传感器与 IMU 进行定位。

　　IMU 通过测试智能无人系统的加速度与角速度对智能无人系统进行定位。相较于 GPS,IMU 的优势在于其更新频率快,可以做到实时定位,但问题是 IMU 为一个开环系统,其测量误差会随着时间而累积。因此,我们常常将 GPS、IMU 与视觉技术中的同步定位与地图构建(simultaneous localization and maping,SLAM)结合使用来获得更为准确的实时定位。

　　激光雷达背后的原理是 TOF 技术,即通过测量激光束遇到物体折返的时间来计算物体到激光雷达的距离。激光雷达具有高精度、高分辨率的特点,因此,我们可以通过激光雷达得到较为准确且分辨率高的深度图像和点云数据。传统的 SLAM 算法往往很难得到稠密的高精度地图,但如果知道每个视角下的高分辨率深度图像,便可以对地图进行稠密重建。如果再利用计算机视觉技术中的物体检测、语义分割等技术,将场景中的重要物体标识出来(如道路中的红绿灯、标识牌等),就可以得到具有语义的高精度稠密地图。因此,视觉与激光雷达的多模态融合技术可以实现稠密建图。除此之外,激光雷达还可用于避障。同样地,将基于激光雷达的避障算法与计算机视觉技术中的行人检测、车辆检测等算法结合起来,可以更加准确地指导智能无人系统进行避障。

视觉语言导航(vision language navigation,VLN)是一个很困难,但非常热门的应用话题。结合对环境的视觉感知和对自然语言的理解,无人车(机器人)需要结合多模态信息来完成真实环境下的导航任务。这个应用十分有意义,视觉感知和听觉感知的结合能大大地提高智能无人系统的智能性和人机交互的程度与水平,还能拓宽智能无人系统在未来真实生活中的适用范围。但这一应用面临着以下几大困难。

(1)真实场景与自然语言描述的对应场景很难结合匹配,将语言中描述的抽象场景对应到真实场景极具难度。

(2)反馈机制不完善。问题要求在最优路径下最快到达目的地,但是仅有"到达目的地"这一反馈机制是不够的,且有误导性。

(3)真实环境复杂多变,智能体对不同环境的泛化能力差。

目前,对于这一应用,很多工作领域中也提出了一些巧妙的方法,推动着这一应用的发展,也加速着这一应用的落地。

Speaker-Follower系统(Fried et al.,2018)是一个双模块相互辅助的系统。简单来说,Speaker模块类似一个人类指挥员,发出在某个场景下智能体应该采取的动作;Follower模块则是系统根据指令来选择自己应该采取哪些行动的模块。该系统可利用现有的数据与标注,训练出一个Speaker模块,这个模块将学会在一些场景下,产生一些不同于标注的新正确路径。在Speaker模块的帮助下,数据可以进行扩增来达到数据增强的效果,这将更利于Follower模块的训练。同时,也可以利用Speaker模块产生的路径来帮助Follower模块进行最优路径的选择。

强化跨模态匹配(reinforced cross-model matching,RCM)框架(Wang et al.,2019)结合了强化学习(reinforcement learning,RL)与模仿学习(imitation learning,IL),利用其内在反馈和外在反馈进行强化学习,解决了以往反馈机制不够健全的问题。外在反馈即智能体是否到达目的地,而内在反馈则是监督智能体是否遵循了行动指令的指示。为了引入内在反馈,Wang等(2019)提出了循环重建反馈,这一反馈可通过行动指令和轨迹进行监督学习得到,用于衡量它们的相似性。除此之外,为了提高模型的泛化能力,并希望在智能体训练完毕后仍可以探索未知环境,提出了自监督模仿学习(self-supervised imitation learning,SIL),通过对没有标注、也没有目标地点的行动指令进行模拟来产生轨迹,再根据与行动指令的相似度选择最优路径,并利用这些路径进行训练,提高智能体在未知环境下的表现。

Ke等(2019)提出了使用反向跟踪的前沿感知搜索模型Fast。在此之前,几乎所有的方法都是使用集束搜索(beam search)的方法来做出即时的动作决策,或者是对目前整个轨迹进行打分。但在Fast方法下,智能体可以在探索未观察到的环境时,平衡来自局部和全局的信号,这样就可以在必要的时候利用全局信号进行回溯,修正贪婪算法带来的损失,以提高效率。

从上面介绍的几个方向来看,跨模态推理与多模态融合已经在智能无人系统中初露头角,这一方向的发展能提高智能无人系统的工作能力,并扩大智能无人系统在实际场景中的适用范围,进而能更好地造福人类。

1.1.2　视觉感知

视觉感知是一门让智能无人系统去"看"的学科。高效、准确地感知和理解周围的环境,是智能无人系统进一步做出决策的前提和依据。例如,对于智能机械臂,实现抓取的关键是判断出场景中物体的类型、位置以及它们之间的相互关系;对于无人车,实现自动驾驶的前提是判断出前方路标的位置、含义以及其他车辆与行人的位置。在现实生活中,视觉感知的应用需求在不断增加,难度也在不断提高。这些对视觉感知的高效性、鲁棒性和精确性都提出了新的挑战。

计算机视觉涵盖了多项任务,包括识别(判断物体的类别)、检测(判断物体的位置和类别)、跟踪(仅根据视频第一帧中的物体信息,来确定后续帧中的物体位置)、分割(对场景中的物体进行逐像素分割)和检索(以文字搜图、以图搜图)等。下面将对这些任务进行详细介绍。

1.1.2.1　识别

智能无人系统是无须人工干预便可完成所需任务的先进人造系统。随着人工智能等前沿技术的飞速发展,智能无人系统正在引起当今世界的关注。智能无人系统是人工智能的重要应用之一,各种智能无人系统的相继出现对社会和人类都会产生显著的影响,如无人机、智能驾驶、机器人等研究推动着智能无人系统的发展,也深刻影响着人类的需求。智能无人系统感知外界环境的一大途径是通过视觉系统。作为智能无人系统的"眼睛",视觉系统能充分理解视觉信息,对智能无人系统更好地完成任务起着重要作用。视觉识别是智能无人系统对视觉环境信息理解的前提和基础。

在识别任务中,视觉特征表达是视觉识别的关键。在非受限环境中,视觉目标受光照、背景、遮挡等影响,同一类目标间往往存在较大差异,这对视觉信息的精确表达造成了一定的困难。目前,视觉目标的特征表达主要有手工特征提取和深度特征学习两大类。成功的手工特征提取的例子有尺度不变特征变换(SIFT)、局部二值模式(LBP)、方向梯度直方图(HOG)等,它们是手工特征提取中最为常用的特征描述子。然而,基于手工特征提取的方法需要研究者针对特定任务有大量的先验知识,对不同类型的数据采用同一种描述子提取特征,无法对数据的变化进行适应性调整,而且某些手工特征提取的方法可能会造成计算量大的问题,不利于现实的落地。

基于深度特征学习的提取方法,训练模型参数可自动从训练样本中学习到有效的特征表达。随着大数据时代的到来,深度特征学习推动着视觉识别的飞速发展,且在多个视觉识别数据集中取得了极为突出的成绩。相比于手工特征提取,深度特征学习不需要研究大量的先验知识,更易于研究和操作。同时,深度特征学习依照不同的训练数据集能够进行适应性变化,使学习到的特征更适用于特定的数据集。深度特征学习可以获得视觉目标中的高水平语义信息,这是人工无法提取到的特征。基于深度特征学习的视觉识别是目前主流的研究方向,其中,以 CNN 为代表的算法应用最为广泛。

一个常见的视觉识别网络包括数据预处理、特征学习和特征分类三个阶段,以 CNN 为例,视觉识别的分类网络结构如图 1.1.4 所示。CNN 的主要作用是提取高质量的特征,提取到的特征通过 Softmax、CosFace、ArcFace 等逻辑回归层计算分类概率,得到的分类概率可以利用设计好的损失函数(如交叉熵损失函数等)计算分类误差,用于反向传播和不断优化网络参数。

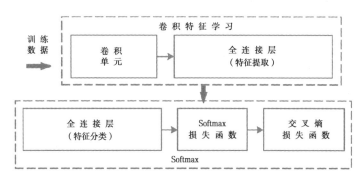

图 1.1.4　以 CNN 为例的视觉识别分类网络结构

对于深度卷积神经网络(DCNN)的研究很早就开始了。然而,直到 2012 年,亚历克斯·克里茨维斯基(Alex Krizhevsky)等才提出 AlexNet,并在大型数据集 ImageNet 上取得了远超传统方法的分类精确度成果,该成果拉开了现代 CNN 研究的帷幕。AlexNet 的结构包含五个卷积层以及三个全连接层,其中每个卷积层后都连接有一个池化层。相比于之前的 DCNN,AlexNet 做出了许多创新性的改进,使网络的性能得到了大幅度提升。首先,AlexNet 使用了一种全新的非线性激活函数——ReLU。传统的 Sigmoid 和 Tanh 激活函数中都存在饱和区,当输入一个比较大的正数或负数时,梯度就会变为零,使得权值无法更新,这也被叫作梯度弥散,而 ReLU 由于不存在饱和区,因此很好地解决了梯度弥散问题。同时,ReLU 对正数会原样输出,对负数会直接置零,这在很大程度上减小了计算量,加快了网络的收敛速度。除此之外,AlexNet 还采用了一种名为 Dropout 的方法来防止过拟合,具体实现方法就是在每一次迭代中随机将隐含层中一定比例的神经元输出设为零,这一部分神经元不参与反向传播算法,且在下次迭代中随机恢复。这种训练策略减弱了神经元之间的关联适应性,是一种非常有效的防止过拟合的方法。

　　下面介绍计算机视觉识别技术与智能无人系统相结合的一些应用及其具体方法。随着深度学习技术的发展以及硬件存储、计算性能的提升，机器对于海量数据的学习能力不断加强。尤其是近几年来获得迅速发展的 CNN，擅长处理图片中的相关数据。它的出现在很大程度上推动了计算机视觉领域的发展。在智能无人系统中，计算机视觉识别工作同样更多地依赖基于海量数据的深度学习方法，具体的识别工作主要包括人机交互识别、智能目标识别、智能巡线识别等。下面就以这些应用为例，介绍智能无人系统所用到的计算机视觉识别方法。

　　人机交互识别是指智能无人系统通过识别外界对其发出的一些指令来控制自身的行为。以手势识别智能无人飞行系统为例，该系统由控制台、被控无人机以及手势采集相机三部分构成。首先，系统通过手势采集相机来采集手势信息；其次，将采集到的信息传输到控制台；最后，利用计算机视觉中的手势识别算法识别具体的手势图像，并将这一识别信息转化为计算机可以理解的指令，从而控制无人机运动。这就使得无人机可以根据人的意图来进行运动，并且控制方法从复杂的机械控制转变为简单的手势操控，从而搭建起了更加智能的人机协同作业平台。

　　智能目标识别是指智能系统在无人值守的情况下识别目标，其主要的应用场景是资源探测、目标侦察等智能无人系统载体（包括无人机）。传统的资源探测、目标侦察任务大多依靠人眼识别，这种方式的人力成本高，并且易受黑夜、恶劣天气等极端情况的影响，难以保障识别的准确性。将计算机视觉中的识别技术与智能无人系统相结合很好地解决了这一问题。一般我们会先在智能无人系统上搭载相机用于获取图像，针对黑夜等极端情况，可以使用红外相机获得质量更高的图像，然后将获取的图像与预存的目标图像作对比，根据两者的相似度来判断拍摄到的图像是否为可疑目标，判断后便可以使用目前成熟的识别技术来具体识别目标。

　　智能巡线识别是指智能无人系统通过对拍摄到的路线等信息做识别处理后规划行进路线的方法，包括规划自身行进路线以及作为巡线工具为其他设备规划路线等，该技术在无人机和无人车中的应用较为广泛。无人车等运动式智能无人系统在离开人力辅助后面临的一个重要挑战就是运动方向的规划，这对设备本身的安全及其功能的正确实现有重要意义。在搭载计算机视觉识别技术后，智能无人系统可以进行场景识别、坐标定位以及障碍物识别，规划出正确的行驶路线。同时，系统还可以对获取到的图像进行坐标定位，为其他设备的路线规划提供帮助。

1.1.2.2　检测

　　视觉信息中，物体类别的识别是最为基础的一环。当图像中不止单个感兴趣类别的物体时，对它们的定位与分类就成了一项关键的任务，这个任务一般被称作物体检测。由于物体可能出现在图像中的任意位置，故检测一般通过在图像上

"滑窗"来遍历图像的每一个子图像块,并在每个子图像块上运行分类算法得到分类结果。涉及的类别除了感兴趣的物体类别外,还要额外添加"背景"一类。显然,由于物体的大小不定,滑窗的尺寸设计也是一个棘手问题。

在 CNN 进入计算机视觉领域之前,分类器输入的特征由人手工设计,故在语义层的表示能力极为有限,于是物体检测的精度一直停滞不前。R-CNN(Girshick et al.,2014)、Fast R-CNN(Girshick,2015)、Faster R-CNN(Ren et al.,2015)等一系列方法引入了卷积特征,并在速度和候选区域生成方面进行了不断优化。

实际的检测算法一般在开始阶段会提取一定数量的候选区域(proposal),从而避免在整张图像上滑窗。R-CNN 采用选择性搜索(Uijlings et al.,2013)作为候选区域生成算法,然后将每一个候选区域送入 CNN 提取特征,最后使用 SVM 给出分类结果。

上千个候选区域意味着有上千次的 CNN 前向传播计算,因此单张图像的处理时间会很长。注意到如此数量的候选区域会有相当大的面积重叠,其中存在着相当大的计算冗余,于是 Fast R-CNN 采取了另一种策略:每个候选区域的特征可以通过裁剪整张图像的特征得到。这样,网络前向传播只需计算一次,极大缩减了运行时间。随之而来的问题是每个候选区域的特征尺寸不一样,Fast R-CNN 通过额外的操作将所有区域的特征尺寸变到同样尺寸。另外,分类器也由 SVM 变成了更简单的全连接层。

在 Fast R-CNN 中,候选区域的生成和分类是独立的两个模块,前者不能被训练。Faster R-CNN 提出用 CNN 来生成区域候选网络(region proposal network,RPN),从而将两个模块统一为单个网络一起训练。RPN 在图像的卷积特征上滑窗(3×3 尺寸),在每一个经过的位置处提取 k 个候选区域,这 k 个区域从预定义的 k 个 anchor 变形得到。一个 3×3 尺寸的特征图,在输入分辨率上已经具有很大的感受野,在这个感受野内,我们可以定义多个不同尺度和宽高比的 anchor 来表示物体可能的位置。RPN 对其中的每个 anchor 预测其包含物体的概率以及 bounding box 相对于 anchor 的偏移量,从而得到候选区域的预测。得到候选区域之后,就可以使用 Fast R-CNN 模块进一步分类和修正。值得注意的是,RPN 和 Fast R-CNN 共用卷积特征。

R-CNN 虽然在准确率上实现了高性能,但是在实际应用中,却常常受到速度的约束,如 Faster R-CNN 在应用时的帧率约为 5fps。为了达到实时的性能要求,人们提出了 YOLO(Redmon et al.,2016)等检测方法。

YOLO 检测方法的思想与 R-CNN 的主要区别在于,它将目标检测的任务看作一个回归问题。YOLO 检测方法的网络结构在 GoogleNet 的基础上进行改进,输入图片的大小为 448×448,输出的向量维度是 $S \times S \times (B \times 5 + C)$,其中,$S=7$,$B=2$,$C=20$,其维度定义思路如下。

（1）把输入的图片划分为 $S \times S$ 个单元格，再以单元格为单位进行后续的输出。

（2）如果检测目标的中心在某个单元格中，则认为该单元格将进行该目标的检测。

（3）每个单元格将输出 B 个边界框的值，每个关键框用横坐标、纵坐标、宽和高四个数值表示。因为每个边界框输出一个检测的置信度，所以每个单元格将输出 $B \times (4+1)$ 个值。

（4）每个单元格将输出 C（检测目标类别数）个条件概率的值。

于是网络的最终输出向量维度为 $S \times S \times (B \times 5 + C)$。其特点是，每个单元格只进行一种物体的检测，但每个单元格可以输出多个边界框的值。它在应用中可以达到45fps。与 Fast R-CNN 相比，由于它利用了图片的全局信息，故由背景导致的错误识别率被降低。另外，训练学到的特征泛化能力更强也是其优点之一。它的缺点是常常受到物体长宽比的约束，对于某一类长宽比不同的物体样本，检测准确率会降低。

除 R-CNN 和 YOLO 检测方法外，SSD（single shot multibox detector）（Liu et al.，2016）也是物体检测的重要方法之一。它的核心思想如下：首先，将物体检测的目标解空间转换为一系列预设的边界框（长宽比、大小等事先确定）；其次，在每个边界框中预测目标的类别、可同时输出框的偏移量来更加精确地输出目标物体的位置。对于每张图片，可同时输出不同尺寸的特征图来解决物体检测中目标尺寸大小不一的问题。与 R-CNN 系列方法相比，因为它移除了候选区域这一环节，所以它的速度相对较快，在实时应用中的性能可以达到59fps。

1.1.2.3　跟踪

视觉物体跟踪是计算机视觉中的一个基础问题，在视觉监控、机器人控制、人机交互及高级的辅助驾驶系统等领域都有广泛应用。在过去的数十年间，大量的视觉跟踪方法被提出，但是在不受限制的自然环境中，形变、突然的运动、遮挡及光照变化使得视觉跟踪问题依然具有很大的挑战性。视觉跟踪问题的目的是仅根据第一帧的物体信息来确定视频中物体的位置。当前，效果最好的视觉跟踪方法主要分为基于相关滤波的方法和基于深度学习的方法两类。基于相关滤波的方法需设计相关滤波器，在每一帧产生目标物体的相关滤波的峰值，这种方法并不需要物体外观的多次采样；基于深度学习的方法采用 DCNN 作为分类器，从许多候选框中选出最有可能的位置。有代表性的基于深度学习的方法有 MDNet（Danelljan et al.，2014）、FCNT（Bertinetto et al.，2016）及 STCT（Wang et al.，2016），它们都采用了类似滑动窗口以及反复采样等低效的搜索技术。近年来，一些通过强化学习进行决策的视觉跟踪方法被提出，如 ADNet（Yun et al.，2017）采用策略梯度的方法对目标物体的大小和位移进行决策。另外，随着 SiamMask

（Wang et al.，2019）等与分割任务相结合的算法提出，现阶段的目标跟踪可以用更精细的分割结果去描述物体的位置信息。

　　多目标跟踪的主要任务是对一段给定视频中多个感兴趣的目标同时进行定位，并且维持目标的身份信息，记录目标的轨迹。图 1.1.5 所示是一个典型的大规模标记的多目标多摄像机行人跟踪数据集，它提供了一个由 8 个同步摄像机记录的新型大型高清视频数据集，数据集具有 7000 多个单摄像机轨迹和 2700 多个独立人物。多目标跟踪的目标有很多种，如路上的行人、车辆，操场上的运动员，多组动物（鸟、蝙蝠、蚂蚁、鱼等），甚至是一个单目标中的不同部分。

图 1.1.5　DuKeMTMC 数据集，一个典型的多目标跟踪场景

　　在多目标跟踪任务中，对行人进行跟踪的研究引起了学界的广泛关注。目前至少 70% 的多目标跟踪研究都是针对行人的，原因如下：与生活中其他目标物体相比，行人是多目标跟踪的理想例子，是典型的非刚体目标；在实际应用中，大量的视频中存在行人，这意味着行人跟踪有着巨大的可应用性。作为计算机视觉中的一项中级任务，多目标跟踪依赖于更高级的任务，如姿态估计、动作识别和行为分析，它有许多实际应用，如视频监控、人机交互和虚拟现实等。

　　目标跟踪需要解决两个主要问题：确定目标的数量（通常随时间变化）、维持各自的身份信息。除了处理与单目标跟踪的共同问题外，多目标跟踪还需要处理更为复杂的关键问题。在多目标跟踪过程中，自然会产生新目标进入与旧目标消失的问题，这是最大的区别点，这一区别点会导致跟踪策略的不同。单目标跟踪往往会使用给定的初始框，在后续视频帧中对初始框内的物体进行位置预测；而多目标跟踪大部分都不考虑初始框，其原因就是目标的消失与产生问题。多目标跟踪的对象位置变化很大，跟踪对象可以从场景入口进入，从场景出口离开，跟踪目标个数也不固定。另外，多目标跟踪问题通常追踪给定类型的多个对象，同类对象具有一定的外观轮廓相似性，如图 1.1.6 所示。

　　与单目标跟踪相比，多目标跟踪需处理的问题总结如下：跟踪目标的运动预测和相似度判别，即准确地区分每一个目标；跟踪目标的自动初始化和自动终止，

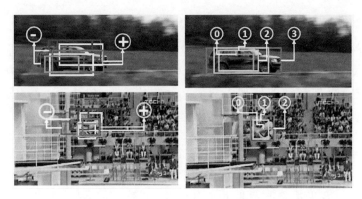

图 1.1.6　基于分类的方法和基于矩形框移动的方法对比

即处理新目标的出现与老目标的消失；跟踪目标的相似外观，如穿着相似衣服的行人；多目标间的交互和遮挡处理。在多目标跟踪领域，常用的跟踪策略是在每一帧进行目标检测，再利用目标检测的结果进行目标跟踪。因此，多目标跟踪算法可分为基于检测的多目标跟踪和基于初始框无需检测器的多目标跟踪两类。其中，基于检测的多目标跟踪是目前学界、业界研究的主流。

现有的多目标跟踪方法主要可以分为离线方法(又称批处理方法)和在线方法两类。离线方法的中心思想是把每一帧中物体的检测结果连接成小的跟踪片段，然后再用更加可靠的特征来进行片段合并。比较有代表性的离线方法主要有最小代价网络流算法(Zhang et al.，2008；Butt et al.，2013)、能量最小化方法(Milan et al.，2016)以及最小完全图算法(Zamir et al.，2012)等。而在线方法则着手于当前帧和下一帧中目标的匹配，这种方法能够做到较好的实时性，在实际应用中占有着一席之地。比较传统的在线方法大多应用了卡尔曼滤波(Kim et al.，2014)、粒子滤波(Okuma et al.，2004)，或者马尔可夫决策过程(Xiang et al.，2015)。然而，这些方法的跟踪准确率都不是很高，主要是因为这些方法对于遮挡和噪声比较敏感。

近年来，基于深度学习的跟踪算法取得了长足进步。相对来说，深度学习在多目标跟踪领域的应用，比较多地局限于匹配度量的学习和物体表观特征的学习。其主要原因是，在图像识别领域中，如图像分类和行人重识别问题中，深度学习取得的进展能够较好地直接应用于目标跟踪问题。然而，考虑到对象之间的交互以及跟踪场景复杂性，多目标跟踪问题中深度学习算法的应用研究还不够充分。随着深度学习领域理论的深入研究和发展，近年来，基于生成式网络模型和基于强化学习的深度学习越来越得到大家的关注，在多目标跟踪领域中，由于场景的复杂性，研究如何采用生成式网络模型与深度强化学习来提高对跟踪场景的适应性，提升跟踪算法的性能，是未来深度学习多目标跟踪领域研究的趋势。

1.1.2.4 分割

语义分割是当今计算机视觉的研究热点之一。它先将图像分割成几个不同的区域,再对各个区域进行类别的划分与标注。因此,语义分割能针对图片中每个像素点进行更加精细的处理。从语义分割的输入、输出看,语义分割以初始图片为输入,以分割后带不同标注的图片为输出。

语义分割被广泛应用于各种智能设备,如无人驾驶汽车、无人机巡航系统以及医疗影像系统等。对于智能无人系统来说,视觉分割技术能使智能无人系统清楚地分辨输入图片中各个像素点的所属类别,从而有利于智能无人系统对场景进行透彻感知,以及做决策与采取相应的动作。此外,分割技术的精确程度也在很大程度上影响了智能无人系统的行为准确性。存在的问题与挑战如下。

(1)语义分割复杂度较高,训练数据量十分庞大,图片的标注代价较高。为了得到较为精确的智能无人系统,大量的训练数据必不可少。对训练数据中每张图片的每个像素点进行逐一标注大大增加了计算量,这使得智能无人系统对硬件有着很高的要求。在应用过程中,如何将庞大的训练网络进行适当压缩,减小这一部分在系统中所占的规模,让智能无人系统在保持一定精度的条件下做到更加轻体量,是语义分割技术在智能无人系统中运用的难点问题。

(2)语义分割在某些智能无人系统中无法达到所要求的精度。以深度学习为基础的语义分割技术在训练过程中往往无法涵盖所有情况,这会令应用中存在隐患。对于军用无人机,试用期间不能出现任何细节上的错误,但预训练的系统无法满足无人机所处的所有情况,会有出现误操作的概率,进而产生对己方不利的后果。因此,语义分割需要后续的精细化处理,对智能无人系统可能出现的误操作进行修正。

(3)小物体语义分割不够精确。由于小物体较为模糊,当前流行的语义分割往往不能精确地区分图片中的小物体,这在智能无人系统中会带来很大影响。对于无人驾驶汽车,系统得到的图片中可能存在体积较小的猫、狗等动物,如果对这些动物的分割有误,可能会造成误撞等严重后果。因此,小物体的分割准确度对智能无人系统有很大的影响。

(4)视频(即图片序列)的处理不够高效、准确。智能无人系统需要实时读入图片数据,当以三维数据集(即视频)为输入时,语义分割技术需要相对较长的时间才能完成分割任务,这就造成了系统对于突发情况的处理不够高效。同样是在无人驾驶领域,系统可能对突然出现的行人或其他汽车无法及时做出反应,从而造成严重的后果。

目前,语义分割技术已经广泛地应用到智能无人系统中,如无人机、无人车、水下机器人、服务机器人等。语义分割技术主要用来实现对智能无人系统的环境感知、建模以及理解。在计算机视觉领域,现有主流的语义分割技术主要是基于图片和视频的分割。基于图片的分割技术包括语义分割、实例分割和全景分割。语义分割需要对场景中的每个像素分配一个类标；实例分割只考虑场景中不同物体的分割，因而不需要对图片的每一个像素进行分割；全景分割是语义分割和实例分割的结合。由于智能无人系统的需求存在差异，所采用的分割技术也有所不同。如在智能无人机系统中，主要关注特定的车、人、建筑物等，因此可以采用实例分割技术；而在智能无人车系统中，需要对整个场景有所理解，因此需要使用全景分割。

　　早期的分割技术主要使用图片的颜色、纹理、几何形状、显著性等低级特征，并利用图割、聚类的方法将图像分成互不相交的语义区域。这类方法虽然不需要任何的标注信息，但是分割结果不完整、准确度不高也限制了分割技术在实际中的应用。随着深度学习的发展及计算能力的提升，基于深度学习的分割计算取得了重大的进展。这类方法的代表工作包括 FCN（Long et al.，2015）、U-Net（Ronneberger et al.，2015）、Deeplab（Chen et al.，2017）、Mask R-CNN（He et al.，2017）等。目前主流的基于深度学习的分割技术为 FCN（Geiger et al.，2012）。基于 FCN 的语义分割是"端到端"训练，训练首先利用多层全卷积网络来得到图片的全局信息，然后利用反卷积神经网络对每一个像素进行分类。此外，还要采用 CRF 进行后处理得到最终的分割结果。FCN 算法基于监督学习，算法的性能在一定程度上依赖于大量像素级别的标注数据。

　　近年来，图片的分割技术已经获得了重大突破。然而，智能无人系统在实际应用中接收到的往往不是图片，而是由图片序列组成的视频数据。目前，对视频进行语义分割是一项具有挑战性的任务。虽然可以对视频中每一帧都进行处理，但这样做并没有利用视频数据的时序信息。目前的视频语义分割主要有利用时序信息提高语义分割的精度和降低视频处理的重复计算两类算法。第一类算法使用光流信息来融合相邻帧的语义特征以得到更加准确的特征，这类算法能够取得比较高的精度，但复杂度比较高；第二类算法考虑到相邻帧之间相似度比较高，可以利用这种相似性来减少冗余的计算，由于这类算法能够满足智能无人系统的实时性处理要求，故在近些年获得了大量的关注，取得了不错的成果，其中代表性的算法有利用光流进行特征传播的算法（Zhu et al.，2017；Jain et al.，2019）。

　　由于现实的环境是三维场景，而目前的主流分割技术都基于图片或者视频，因此很难适用于实际的场景。未来智能无人系统中的语义分割技术需要关注三维场景下的语义分割技术，如基于点云数据、三维立体像素网格、多视角图片、具有深度信息的图片数据等的语义分割技术。三维分割技术需要根据三维数据对三维场景进行建模后才能准确地分割，同时还需要解决旋转、尺度变化、噪声等缺点。因此，在处理过程中计算量大。快速准确的分割技术也是需要重点解决的问题之一。目前的分割技术在智能无人系统中往往独立存在，并没有利用智能无人系统中额外的信息,如无人车或者无人机系统中智能无人系统的速度以及方向信息等。这些辅助信息能够为语义分割提供有益的帮助,能更加准确、快速地进行场景分割。此外,智能无人系统还能融合其他数据信息进行场景的推理和分割。

1.1.2.5 检索

图像检索实现了对图像库的有效查询和管理,它是指从大规模图像数据库中检索出与文本查询或视觉查询相关的图像(孟繁杰等,2004)。检索的实质是在提取图像的某项特征后,将该特征与图像库之间进行相似度匹配。检索算法可以划分为深度检索和非深度检索两类。

非深度检索在图像特征提取方面主要依赖于人工设计,处理角度有全局视觉描述(如关键字、颜色、形状、纹理等)和局部特征描述(如亮度变换、遮挡信息、图像尺度、方向变化等)两种。

局部特征描述的代表性技术有依赖于 BoW 模型的词典学习算法、FV 算法、压缩视觉词汇表达 VLAD 算法等尺度不变特征变换(scale-invariant feature transform,SIFT)。局部特征描述通过在感兴趣的区域内使用几何线索来实现与弱几何一致性相似的协方差属性,使得与主方向相似的匹配点被加权,其处理角度有兴趣点检测、局部区域描述、二值化特征、边缘特征等。

全局视觉描述的代表性技术有基于内容的图像检索(content-based image retrieval,CBIR)技术,其适用于处理背景复杂的图像特征(许存禄,2005)。对于纹理识别等图像先验知识,常用的处理方法有自相关函数、边界频率、空间灰度依赖矩阵、傅里叶变换、统计几何特征、Gabor 滤波器和小波变换等。

智能无人系统的交互方式不仅依赖于图片的底层特征,还要引入包含人类认知推理的高层特征,如空间关系、场景和情感等方面的图像信息。代表性技术有基于文本的图像检索(text-based image retrieval,TBIR)和基于语义的图像检索(semantic-based image retrieval,SBIR)技术(孟繁杰等,2004)。TBIR 通过人工标注文本信息来描述图像特征,SBIR 包含了自然语言处理和传统的图像检索技术。

图像相似度常使用特征向量之间的距离函数(如欧式距离、汉明距离)进行计算。在特征匹配中,提取的图像特征数据需要经过索引、降维等处理(邵福波等,2019)。以基于 CBIR 的图像检索系统为例,特征向量匹配可以先通过降维技术和选择高效的索引机制(如倒排索引)来降低搜索的计算量,从而提升计算效率;再使用高维访问方法来索引和检索相关图像。

深度学习源自神经网络的研究,这类网络由许多信息处理模块层级联而成。由多层卷积层、池化层以及全连接层组成的 CNN 是深度学习的里程碑,在视觉识别问题中取得了很好的成绩。受 CNN 的启发,基于深度特征学习的检索问题得到了广泛的研究。采用深度学习的检索问题的普遍做法是采用 CNN 提取特征,然后通过用深度网络模型处理输入的图像或者视频得到描述视觉样本的特征向量。这类特征向量较非结构化的原视觉数据具有更强的语义特性以及更低的存储和运算需求。为了解决卷积网络特征在大尺度变换以及翻转时的敏感性问题，部分方法对图像的不同部分进行了不同尺度的采样，然后对这些采样部分池化得到卷积特征，再将这些特征串联得到最终的视觉特征。另外，也有方法采用多模态融合的方式，将领域知识和手工设计的特征作为输入，一同输入到神经网络中。

智能无人系统通常面临着爆炸性增长的图像和视频数据，这一问题给大规模检索带来了很大的挑战。哈希成为解决大规模近邻检索的一种手段，其优势在于，紧致的哈希码存储空间小、码间距离可机器加速。深度哈希，一般先训练一个深度神经网络输出连续的哈希值，这些连续的哈希值可以通过诸如 Sigmoid、双曲正切或 Softmax 等作用在网络最后一层的激活函数而得到；然后将连续的哈希值利用适当的门限方法量化得到二值码。由于 CNN 强大的功能，联合模型可以从原始像素点中同时学习视觉特征和哈希值，其好处在于特征学习和哈希学习可以有机结合在一起，并对彼此产生有利作用。

1.1.3　机器学习

本节将详细介绍机器学习领域中的一些重要算法，具体包括强化学习、迁移学习、无监督学习、在线学习和主动学习。

1.1.3.1　强化学习

近年来，人工智能得到了飞速发展。AlphaGo 打败了人类专业围棋手，AlphaGo Zero 更是在不接受人类知识的基础上以 100:0 完胜了 AlphaGo，专业的游戏玩家在游戏中输给了 OpenAI 的游戏机器人。这些智能机器人背后的一个重要算法就是强化学习。

强化学习源于对人类行为进行模仿，即有机体在外部环境的激励和惩罚下，通过学习形成对刺激的预期，从而产生能够获得最大利益的决策。强化学习方法具有较强的普适性，在机器人控制、智能对弈、博弈算法、自然语言处理和计算机视觉中都有着广泛的应用，并与博弈论、控制论、运筹学和信息论等领域有着广泛的联系。区别于标准的监督学习，强化学习并不需要准确的输入输出对，也不需要精确校正等行为，这在一定程度上减少了算法对标注数据的依赖。强化学习更擅长解决在线规划问题，能够在探索未知领域和遵从现有知识之间找到平衡。

在强化学习中，智能体通过与未知的环境进行交互来最大化累积奖励。强化学习的目的是通过一系列尝试和相对较简单的反馈，让智能体学习到一个最优化的策略。通过这个最优化的策略，智能体能够主动适应环境并获得最优化未来的奖励。强化学习问题的环境通常被规范为马尔可夫决策过程（Markov decision process，MDP），所以许多强化学习算法在这种情况下使用动态规划（dynamic programing，DP）、随机采样等方法来求解马尔可夫决策过程，以获得智能体最大化回报。马尔可夫决策过程如图1.1.7所示。

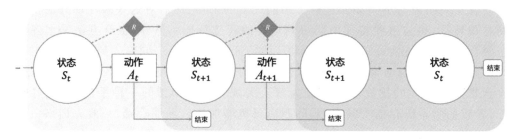

图 1.1.7　马尔可夫决策过程

在马尔可夫决策过程中，智能体处在环境中的某个状态（state），且每次可以选择某个动作（action）。采取动作后，智能体将会以一定的概率转移到另一个状态，并获得一个奖励（reward）作为反馈。我们常用价值函数来衡量一个状态的好坏。价值函数分为状态价值函数和动作价值函数。状态价值函数定义如下。

$$G_t = R_{t+1} + \gamma R_{t+2} + \cdots = \sum_{k=0}^{\infty} \gamma^k R_{t+k+1}$$

式中，γ 为折扣系数。对于状态 s，其状态价值函数为：

$$V_\pi(s) = E_\pi[G_t]$$

类似的，可定义动作价值函数为：

$$Q_\pi(s,a) = E_\pi[G_t | S_t = s, A_t = a]$$

由以上定义可以写出：

$$V_\pi(s,a) = \sum_{a \in A} Q_\pi(s,a) \pi(a|s)$$

将最优的价值函数定义为：

$$V_*(s) = \max_\pi V_{\pi(s)}, Q_*(s,a) = \max_\pi Q_\pi(s,a)$$

对应的最优策略定义为：

$$\pi_* = \arg\max_\pi V_\pi(s)$$

基于以上定义，可以得到许多著名的强化学习算法。其中最基础的一种是时间差分学习，它使用 $R_{t+1} + \gamma V(S_{t+1})$ 作为目标函数，并在每次训练中使用滑动平均计算价值函数：

$$V(S_t) \leftarrow (1-\alpha) V(S_t) + \alpha G_t$$

即

$$V(S_t) \leftarrow V(S_t) + \alpha[R_{t+1} + \gamma V(S_{t+1}) - V]$$

对于动作价值函数,有

$$Q(S_t, A_t) \leftarrow Q(S_t, A_t) + \alpha \left[R_{t+1} + \gamma Q(S_{t+1}, A_{t+1}) - Q(S_t, A_t) \right]$$

时间差分学习可以衍生出 SARSA(在线时间差分)和 Q-Learning(离线时间差分)两种方法。在 SARSA 中,我们从 S_t 开始,使用 ε-greedy 的方法选择一个动作 A_t 并执行,随后获得奖励 R_{t+1} 并进入下一个状态 S_{t+1}。接下来,使用同样的方法选择下一时刻的动作 A_{t+1},即

$$Q(S_t, A_t) \leftarrow Q(S_t, A_t) + \alpha \left[R_{t+1} + \gamma Q(S_{t+1}, A_{t+1}) - Q(S_t, A_t) \right]$$

Q-Learning 中则没有选择 A_{t+1} 的步骤,而是直接计算:

$$Q(S_t, A_t) \leftarrow Q(S_t, A_t) + \alpha \left[R_{t+1} + \gamma \max_{a \in A} Q(S_{t+1}, a) - Q(S_t, A_t) \right]$$

理论上来讲,任何一个状态-动作对都可以保存为一个表项。然而对于状态和动作空间庞大的问题,使用 Q-Learning 会面临很大的计算困难。为了解决这个问题,深度 Q 网络(DQN)被提出。DQN 使用 Q 网络来估计每个状态-动作对相应的 Q 值,使用经验回放和周期性更新的方法提升训练的稳定性。除了学习从状态-动作对到价值函数的函数关系,还有一类方法是直接学习一个参数化的策略函数 $\pi(a|s; \theta)$。首先,定义奖赏函数为:

$$J(\theta) = \sum_{s \in S} d_\pi(s) V_\pi(s) = \sum_{s \in S} d_\pi(s) \sum_{a \in A} \pi_\theta(a|s) Q_\pi(s, a)$$

式中,$d_\pi(s)$ 是马尔可夫链的稳定分布。策略梯度定理指出:

$$\nabla J(\theta) = E_\pi \left[\nabla \ln \pi(a|s, \theta) Q_\pi(s, a) \right]$$

上式是所有策略梯度算法的理论基础。可使用下式更新参数:

$$\theta \leftarrow \theta + \alpha \gamma^t G_t \nabla \ln \pi(A_t|S_t, \theta)$$

在 Actor-Critic 算法中,我们交替更新价值函数和策略函数的参数。上述方法中,每个策略的输出动作都是一个分布,然而在确定策略梯度算法(deterministic policy gradient,DPG)中,策略是一个确定性的决策 $a = \mu(s)$。定义 $\rho_\mu(s)$ 为策略 μ 下衰减的状态分布,则目标函数为:

$$J(\theta) = \int_S \rho_\mu(s) Q[s, \mu_\theta(s)] \mathrm{d}s$$

可以证明:

$$\nabla_\theta J(\theta) = E_{s \sim \rho_\mu} \left[\nabla_a Q_\mu(s, a) \nabla_\theta \mu_\theta(s)_{a = \mu_\theta(s)} \right]$$

1.1.3.2　迁移学习

智能无人系统往往需要部署在各种不同的环境中,针对每个新环境都设计一套新的算法或者模型是不现实的,因此,如何保证智能无人系统在新环境下能稳定工作,且利用好海量的线下标注数据是一个非常重要的研究问题。

迁移学习是机器学习中的一个基本问题,不同于监督学习或者主动学习,其

放宽了训练数据和测试数据服从独立同分布这一前提。迁移学习的核心思想是模仿人从不同任务间迁移学习到知识的这一能力。

迁移学习的问题建模如下：给定由 d 维特征空间 X 和边缘概率分布 $P(X)$ 组成的源域 $D_s=\{X,P(X)\}$，定义学习任务 T_s，以及同样由特征空间和边缘概率分布组成的目标域 D_t 和学习任务 T_t，迁移学习的目的是在 D_s 与 D_t 不相等或者 T_s 与 T_t 不相等的条件下，利用 D_s 和 T_s 中的知识，降低目标域 D_t 的目标函数的泛化误差。迁移学习的原理见图 1.1.8。可以看出，迁移学习通过从源域的大量标注数据中迁移共享的知识结构来改进目标域的任务性能。

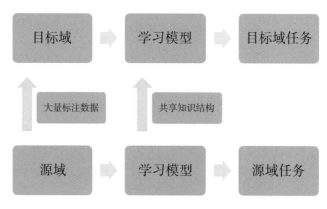

图 1.1.8　迁移学习原理

迁移学习最早在 20 世纪 90 年代被提出，近年来随着深度学习的发展受到了极大的关注。现有的迁移学习主要可以分为基于传统的非深度迁移学习和基于深度学习的迁移学习两大类。早期都是统计机器学习领域中所提出的非深度迁移学习，这类迁移学习的主要侧重点是无监督迁移学习，在这种情况下，目标域是没有标注数据的。非深度迁移学习可以分成样本权重法和特征表示法两种方法。

基于深度学习的迁移学习方法是传统迁移学习与深度学习相结合的产物。众所周知，深度学习需要大量的训练样本才能使训练得到的模型具有良好的描述能力。然而，许多任务中缺乏训练样本，无法满足模型训练的要求，而迁移学习能够很好地解决这一问题。深度迁移学习的目标是从任务 A 迅速迁移到任务 B，且不需要大量的数据进行重新训练。深度迁移学习与多任务学习和概念偏移相关，不只是一个单一的深度学习领域。

迁移学习并不是在任何场景中都适合的。迁移学习是一种优化、节省时间与获得更好性能的捷径。在模型开发和评估之前使用迁移学习通常不会带来好处。丽莎·托里（Lisa Torrey）和裘德·沙夫利克（Jude Shavlik）在关于迁移学习（Olivas et al.，2009）的著作中描述了使用迁移学习时的三种好处（见图 1.1.9）。

（1）高起点：源模型上的初始技能（在精炼模型之前）比其他情况要高。

（2）较高的坡度：在训练源模型的过程中，技能的提高速度比其他情况要陡峭。

（3）高渐近线：经过训练的模型的融合技能要好于其他方式。

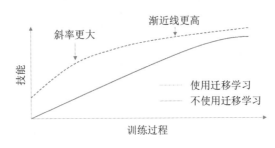

图 1.1.9　迁移学习优势

1.1.3.3　无监督学习

随着存储技术和计算能力的提高，基于大数据的神经网络算法在诸多领域得到了应用并取得了优异的性能。目前，基于标签监督信息的机器学习模型存在如下缺陷。

（1）基于大数据的学习方式通常需要人工进行数据标注，产生大量的人力、物力成本，尤其是在语义分割等标注成本比较昂贵的任务中。

（2）一些专业性要求较高的标注，如医疗图像标注，通常面临着专业人员缺口较大的问题。

（3）绝大多数的数据由于得不到有效标注而无法应用，阻碍了机器学习模型潜力的进一步挖掘。

（4）基于特定数据标签学习到的模型迁移性较差，模型无法在多任务中通用，大大影响了模型的适用范围。

无监督学习模仿人类学习的方式，从数据自身的结构中发现数据的规律，从而学习到相应的知识，能在充分利用大数据、减少标注成本的同时，学习到通用的表征，模型的泛化能力得到了提升。

由于机器学习模型需要在标签信息缺乏的情况下学习数据中的知识，故需要模型充分发掘样本内部的结构信息以及样本之间的相关性，使无监督模型学习到的特征具有较小的类内距离和较大的类间距离，主要的理论研究包括如下几点。

（1）模型对样本分布进行拟合，学习样本内部的结构信息或样本之间的相关性，以实现样本中代表性信息的提取。由于缺失监督信息，样本分布是模型唯一可获得的样本信息。在样本的分布信息中保留具有较强分辨率的信息，去除冗余和无关信息，并对样本噪声具有鲁棒性，是性能优异的无监督模型的基本要求。具体的途径包括聚类、能量函数以及伪标签等。

(2)通过加入人工先验,学习到由人类指定的概念,从而提高模型的分辨能力。由于无监督学习类似于人类的学习方式,人工先验的加入能够极大地提升无监督模型的性能。无监督模型通过学习样本中的"概念",即决定样本性质的最关键因素来获得具有更高分辨能力的无监督模型。其具体的途径包括样本的各种变换不变性、层级结构一致性、多视角一致性等。

无监督学习研究方法可以分为以下几个主要类别。

1. 聚类(clustering)

聚类是最经典且简单的无监督学习算法,它将数据集中的点划分为若干个不同的类,使类内数据尽可能相似、类间数据的差异尽可能大,常用距离来表征数据点间的相似程度。

k-means 算法是最经典的聚类算法,其通过反复迭代改变分组,直到收敛。其他常见的聚类算法包括基于层次的聚类(如 BIRCH 算法)、基于密度的聚类(如 DBSCAN 算法)和基于模型的聚类(如 GMM)。聚类算法十分常用,其后很多的高性能算法也都以此为基础。

2. 能量函数(energy-based objective)

在机器学习中,借鉴热力学引入系统的能量函数概念,能量函数值越小,系统越稳定。能量函数在优化上以最小化能量函数为目标,在意义上与损失函数(loss function)类似。2016年,Lin 等(2016)针对无监督的二值表示学习提出了相应的能量函数,包括量化误差最小化、伯努利分布以及位与位间的不相关性三项,通过优化这个能量函数使训练出的二值表示包含更多的信息。

能量函数的优点在于简单并易于实现,且物理意义清晰。但由于难以挖掘深层的语义信息,能量函数的性能通常不能达到当前最先进的水平。

3. 伪标签(pseudo labels)

伪标签的方法常被用于无监督和半监督学习中,它可以利用未标记的数据来提高模型的性能。Shen 等(2018)通过高斯函数计算了两个样本点间的"距离",并将这个"距离"作为表示两样本之间是否相似的伪标签,进而作为弱监督信息以供训练。同年,Zhang 等(2018)通过将图片的低维特征进行聚类获得了伪标签。

伪标签的优点在于能从数据中挖掘出语义信息,并将语义信息作为监督信息来训练。但由于这一过程并不十分精确,因而监督信息的不准确会导致模型性能不理想。

4. 自监督学习(self-supervised learning)

自监督学习是数据自身提供监督的一种无监督学习。与伪标签方法不同,自监督学习对原始图像进行各种变换(如翻转、切分、遮挡、上色等),力求新图像与原图像的输出相似,产生相似数据对的监督信息。

三种自监督学习方法如图1.1.10所示，分别是Gidaris等（2018）采用的图像旋转法，Zhang等（2016）采用的上色法，Doersch等（2015）采用的切分并打乱的方法。更加前沿的方法由Henaff等（2019）于2019年提出，他们将对比学习（contrastive learning）的思想用于自监督学习。

自监督学习通过人为变换有效挖掘数据中的语义信息，其难点在于方法的设计需要大量的先验知识。

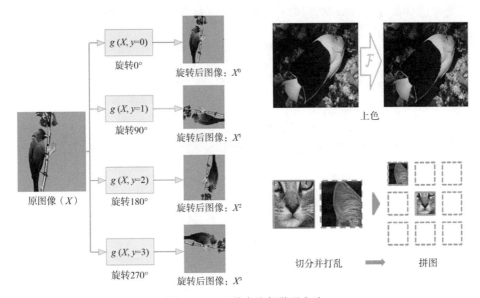

图1.1.10 三种自监督学习方法

1.1.3.4 在线学习

近年来，随着信息技术与通信技术的飞速发展，产生的数据呈爆炸式增长，人类社会已经进入了大数据时代。据统计，平均每秒有200万用户在使用谷歌搜索，Facebook的用户平均每天分享的内容条数超过40亿，推特每天处理的数量超过了3.4亿（冯登国等，2014）。与传统的静态数据不同，这些海量数据大多是流式数据。相比于传统的数据，流式数据具有实时性、易失性、突发性、无序性、无限性等特点（孙大为等，2014）。因此，如何在新环境下有效利用和处理这些流式数据是一个重要的科学问题。

传统的批量学习虽然可以给出梯度向量的精确估计，但其对存储有着较高的需求，学习时间也较长，面对流式数据难以有效更新模型。而在线学习作为一种模型的训练方法，可以有效应用在流式数据中。在线学习可以根据线上的反馈结果，实现实时模型调整，从而让模型可以及时反映出线上的变化，提高线上预测的准确率。在线学习的基本流程如图1.1.11所示。过往的数据流通过训练过程获得训练后的模型，随着新的数据流的到来，使用训练好的模型对数据进行新的预测，预测得到的结果将会展示给用户并且得到反馈,而反馈之后的结果又会用来训练模型,因此模型一直处于迭代的过程中,这样一个不停反馈的过程使模型可以迅速适应新的数据流。与此相反,传统的训练方法往往在模型上线之后就处于静止状态,无法与线上的实时情况进行互动,这也导致其更新的周期比较长,无法快速适应多变的环境。传统的训练方法一旦存在某种特定的预测错误,就只能在下一次更新时才有可能得到更正。由此可见,在线学习可以更加及时地反映出线上的变化,非常适合处理流式数据,同时有效提高了海量数据的学习效率。

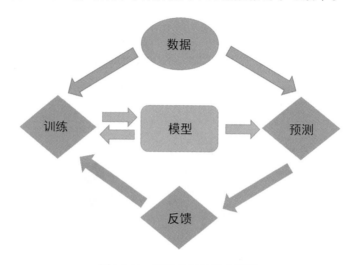

图 1.1.11　在线学习的基本流程

根据模型是线性模型还是非线性模型,可将在线学习算法大致分为线性在线学习算法和基于核的在线学习算法。

线性在线学习中一个重要的方法是线性感知器算法(Rosenblatt,1958),它是经典的二分类算法,目标是通过学习得到线性分类面 $f(x)=\boldsymbol{w}^{\mathrm{T}}x$,然后根据 $f(x)$ 的正负来预测样本类别。若 $f(x)>0$,则 x 判定为正类,反之判定为负类。线性感知器算法是一个赏罚过程,当分类正确时,权重向量 w 不变;当分类错误时,则对 w 进行修正,使其向正确方向转变。在样本线性可分的情况下,经过有限次修正后,权重向量最终将收敛于一个解向量 $\boldsymbol{w}^{*}$,但当样本线性不可分时,感知器向量不能收敛。

此外,还有稀疏在线学习算法,随着压缩感知技术的发展,基于 l_1 范数的稀疏优化技术受到越来越多的关注。在线学习通常采用随机梯度下降算法,难以在每一步保证解的稀疏性,因此,需要采用其他方法获得稀疏解。稀疏解一般可通过截断梯度法、前进后退分离法和正则化对偶平均法(Xiao,2009)等方法来获得。

非线性样本的分类,往往需要将样本特征向量映射到高维再生希尔伯特空间(reproducing kernel Hillbert space),从而将线性不可分问题转化为线性可分问题。

通常情况下,映射函数 φ 难以直接求出,故实际算法中多使用核函数来实现非线性映射。

基于核的感知器算法是将核函数的思想引入线性感知器,构造出基于核的非线性感知器或核感知器,从而使感知器获得非线性分类能力。

基于核的感知器算法在迭代过程中需要存储判定错误的样本信息,存储数据量和计算复杂度会随着样本数量的增加而不断增加和提高,进而导致模型更新速度变慢。为解决这一问题,有学者提出了固定缓冲区的核在线学习算法,主要包括投影法(Orabona et al.,2009)、遗忘法(Dekel et al.,2008)和随机固定缓冲区的感知器法(Cavallanti et al.,2007)等,通过设定不同的核函数更新机制,以达到控制支持向量数量、降低计算量的目的。

线性感知器算法和核感知器算法主要针对单任务学习问题,而现实场景中很多问题往往为多任务的。有 Q 个任务的多任务学习问题,需要学习 Q 个判别函数 $f_1, f_2, \cdots, f_Q$,再利用 $f_q(x_i^q)$ 判定 y_i^q,$q \in [1, Q]$。f_q 是以权重向量 $\boldsymbol{w}_q$ 为参数的超平面,Q 个判别函数的权重向量共同构成学习权重矩阵。

1.1.3.5 主动学习

在人工智能领域,很多算法需要大量的训练数据来实现模型参数的学习,从而充分挖掘算法的潜力。然而大部分的训练数据需要人工标注,这个过程需要投入大量人力、物力等。类似于垃圾邮件分类或电影评分等的标注工作较为简单,但对于演讲识别、信息提取和文件归档等工作的训练数据,标注难度就相当大,既耗时又费力。因此,主动学习就是要解决数据收集过程难度大的问题,希望让机器学会自动地决定哪些样本值得标注,从而让数据标注和模型训练过程变得更加方便、快捷。它是机器学习的一个分支,在人工智能中起着重要的作用。

主动学习中有一个关键的假设:如果学习算法可以选择它要从哪些数据中进行学习,那么它就能在更少的数据条件下获得更好的性能。主动学习系统可以尝试要求将一些未标注数据被"先知"(如标注员)标注,从而减轻标注瓶颈的问题。在给定一个机器学习模型和未标注数据后,主动学习系统要从中选择应该被标注的数据,不需要标注员标注所有数据,而是模型自己利用数据进行训练和获取,这是一个迭代、自适应的高效流程(见图1.1.12)。假设现在有一个对目标数据集进行分类的任务,我们需要选择一个分类器来完成数据的分类任务,但只需在其中的一部分子集上进行训练即可。规范的主动学习步骤如下。

(1)算法从一个小的标注的训练集出发,此时大部分的训练数据是没有标注的。

(2)分类器用这部分小的训练集进行分类任务的训练。

(3)从余下的未标注数据中选择一个样本,要求在下一个循环中将其标注。

(4)"先知"标注该样本的类标,此时标注数据集和未标注数据集被更新。

(5)循环步骤(2)～(4),直到模型达到预期的性能或循环至预定的轮次。

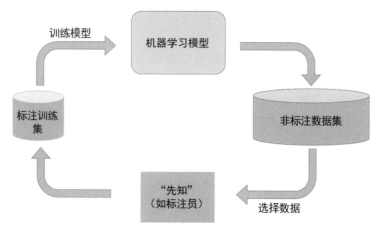

图 1.1.12

对于需要标注样本的选择,不确定性采样被证实在多个场景和设置下都非常有效。该方法不仅操作简便,性能也十分优秀,它将样本的选择集中在当前分类器最没有把握的样本上。在主动学习中,最大不确定性有多种定义,但其中最为认可的是选择一个使分类预测损失达到最大的样本。这样一来,系统就能够从数据集中选择对模型训练最有帮助的"困难"样本,从而减少所需样本数量,提高模型训练效率,大大减少了模型训练对人工标注的需求。

主动学习作为一个通用的机器学习技术,可以辅助提高多种人工智能方法的效率,如半监督学习、强化学习、模型压缩等。

主动学习的思想在半监督学习中的一个很重要的体现是自我训练(self-training)(Yarowsky,1995),其首先用少量有标记的数据对模型进行训练,然后使用训练后的模型对未标记的数据进行分类,通常将未标记数据中预测差异小(高置信度)的样本及其预测标签加到有标记训练集中,之后重复此过程。

在强化学习中,学习者通过动作与环境交互,并尝试找到最优的动作选择策略来最大化环境带来的奖励。为了找到更好的策略,学习者必须通过主动学习去积极探索周围的环境与不同策略。一般来说,采取在过去尝试中最好的策略是最简单的做法,但它只是一个次优解。为了不断提高决策水平,学习者必须冒险尝试不确定的结果去强化最优解。

在深度学习的潮流中,机器学习技术在多个任务上都取得了突破性的进展。在实际应用中,制约深度学习的瓶颈问题是模型过大与计算消耗大。因此,模型压缩在现代深度学习中已成为一个关键的技术。其中,一类做法是知识蒸馏,即用一个训练好的大网络来指导一个小网络的训练过程,希望将大网络学习到的知识转移到小网络中。该过程事实上运用了主动学习的思想,大网络作为标注者,为小网络提供了高质量的标注信息来指导其学习。

主动学习的主要思想是最大程度地减少人工标注的成本,其在实践中有重大的意义。在大型智能无人系统中,由于外界环境在不断变化,各个智能体需要无时无刻与外界环境交互。在这个交互过程中,智能体需要不断学习并完善自己,且这个训练过程可能需要人类的标注作为指导信息。然而,人类不可能对智能体的输入不停做标注,因此需要运用主动学习的技术,使智能体首先选择其最需要指导的情况来请求标注,再通过人类专家的标注来进化自己,进而最大化地提高工作效率。

虽然主动学习在多种人工智能方法中都取得了良好的效果,但其在目前的阶段还存在如下一些问题及挑战。

(1)在大多数主动学习工作中,一个强的假设是标注数据的质量很高。然而,如果标签来自经验实验(如生物学、化学或临床研究),实验仪器偏差等因素会产生一些噪声。即使标签来自人类专家,由于某些原因,它们也可能并不可靠,人们可能随着时间的流逝而分心或疲劳,从而导致其注释质量参差不齐。因此,在标注有噪声的情况下,如何进行高效鲁棒的主动学习,是一个亟待解决的问题。

(2)在许多应用中,一个样本与另一个样本不仅标签质量存在差异,标注成本也存在差异。因此,如果主动学习的目标是最大限度地降低训练成本,那么简单地减少标注样本的数量并不一定能保证整体标注成本降低。如何在主动学习中考虑样本标注成本,是主动学习发展道路上的一大挑战。

(3)主动学习只使用了所有样本中的一个子集,这样的样本选择势必会对训练模型造成偏差。此外,采集的样本有可能是样本集中的孤立噪声点,会降低模型的性能(Friedman et al.,2011)。

随着采集设备的不断发展,数据变得越来越廉价和容易获得,然而对样本的标注却仍是一个耗费昂贵的过程。在这样的大环境下,主动学习作为机器学习研究的一个新兴领域,具有极大的现实意义。在过去的几年里,有很多工作投到了站在学习者的角度去解决如何选择需要标注的样本从而最大化提高效率的问题中,这也是目前主动学习的核心问题之一。

1.1.4　总结与展望

现阶段的智能无人系统仍然存在较多的局限和不足,其智能水平远远没有达到人类的水平,如当前无人驾驶系统只能实现辅助驾驶,距离实现五级自动驾驶仍然任重而道远等。另外,当前基于深度学习的方法需要较多的资源消耗,如AlphaGo 在 5h 的比赛中消耗了约 3000MJ 的电能,这是一个成年人每天平均消耗能量的 300 倍。最后,当前智能无人系统可以应用的场合非常有限,而且鲁棒性和扩展性较低,无法自适应外界环境的改变,也无法处理异常情况,如黑天鹅事件依然是机器学习领域的一个难点。我们不能满足于当前智能无人系统取得的成就,应该正视当前智能无人系统存在的问题,并且着力克服现阶段的困难,提高无人系统的智能化水平,进一步推动智能无人系统的发展。

1.2 分布式无人系统的安全性与可靠性理论及技术

1.2.1 研究背景

系统安全性是指系统运行过程中不对环境和人员造成危险,系统可靠性是指系统在规定的时间和条件下完成特定任务的能力。随着计算机技术、网络技术、人工智能技术和生产加工技术的发展,智能无人系统变得越来越复杂,系统一旦发生故障,将会影响系统功能,导致任务失败,造成经济损失,甚至威胁人员安全(周东华等,2009)。故障诊断与容错技术能够及时对系统中的异常和故障进行检测,并进行适当的补救和修复,使系统仍然保持可接受的性能。由此可见,故障诊断与容错控制技术可以有效减少因系统异常或故障造成的系统脆弱性,是提高系统安全性与可靠性的重要技术(拉巴特等,2015)。广义的故障诊断包括故障检测、分离和辨识。故障检测主要是判断故障是否发生;故障分离是指定位故障发生的部位和种类;故障辨识是确定故障发生的大小和发生时间。容错控制包括主动容错控制和被动容错控制,即当系统发生故障时,仍能保持系统稳定和较理想的系统性能。在过去的几十年中,故障诊断与容错控制得到了国内外学者的广泛关注,取得了丰硕的研究成果,并在航空航天、化工生产、交通运输等多个领域得到了成功应用,对保障系统和人员安全起到了积极作用。

自然界中存在着众多有趣的生物集群行为(swarming behavior),如鱼群巡游、鸟类迁徙、蚂蚁觅食和昆虫结阵等。生物学家发现,生物群体合作比单个生物体在抵御天敌、迁徙和觅食等许多方面有显著优势,这些生物群体通常由一定数目的个体构成,但群体中单个个体结构简单、能力有限,只能完成相对简单的任务。多个个体通过信息交互组成群体系统后,彼此之间通过协作可将不同个体的行为能力集中起来,从而克服单一个体功能的不足,完成更加复杂的任务。

生物群体相对于单一个体具有以下的明显优势。

(1)抵御天敌捕食。以海洋生物为例,多种海洋大型生物捕猎时是通过生物声呐来定位和追踪猎物的,密集的鱼群很可能会被误认为是海洋巨兽,使狩猎者不敢靠近。

(2)降低能量消耗。如大雁迁徙时排成一字形或人字形编队可以改变队形附近的气流结构,一定程度上减小空气阻力,节省体力。

(3)完成复杂任务。如多个蚂蚁通过相互配合可以顺利完成觅食。另外,蚂蚁筑巢、抵御敌害等工作也必须通过群体协作来完成。

仿生学启示人们对生物群体性行为进行研究,为工程实践中相关问题的解决提供思想启迪和方法指导。美国学者对不同生物群体进行了分析,把单个个体概括为具有一定行为能力和自适应性并能认知和模拟人类行为的硬件、软件或其他实体,首次提出了智能体(agent)的概念。近年来,随着计算机和通信技术的发展,很多系统都由具有信号采集、运算和通信能力的智能体构成,不同的个体之间通过通信网络实现信息交互、互相协作,以完成预定的工作。具有这些特点的系统称为多智能体系统(multi-agent system,MAS)。系统中的个体可以是无人机(unmanned air vehicle,UAV)、航天器、机器人、车辆、船只、自主水下航行器(autonomous underwater vehicle,AUV)和无线传感器等具有一定自主行为能力的控制对象。

借鉴自然界中的协作现象,多个智能无人系统可以通过协作完成单个智能无人系统无法实现的功能,同时具备单个智能无人系统所不具备的优势,主要概括如下。

(1)多个智能无人系统相互协作具有分布式组成结构和并行执行任务的特性,可以显著提高整个系统的工作效率和可扩展性。例如,在战场上执行侦察、监控等任务,在农业生产中执行喷洒农药和液体施肥作业,以及在林业生产中执行林区监控和灭火作业时,多架无人机组队协同工作可以成倍地提高功效,并可根据任务需求灵活决定作业无人机的数目和队形结构。

(2)系统中不同个体之间的相互作用是分布式的,功能可以不相同,从而使系统可以适应不同的工作环境和应用需求。例如,战场上可由侦察无人机和攻击无人机组成特混编队,以便执行情报收集、敌情监控和目标攻击等任务。

(3)对于高复杂性任务,设计大型装备不易实现且成本高昂,因此,可通过多个廉价、功能简单的个体协作来完成复杂的任务,有效节约成本。例如,美国空军模拟战争,在战场侦察和打击中,以多架小型无人机取代"捕食者"大型无人机,其作战效能和损毁综合评估结果显示综合成本降低了43.5%。

综上,多个智能无人系统可以通过协作完成单个智能无人系统难以完成的任务,且具有可扩展性强、成本低等优势。这受到了物理学、生物学、计算机科学,以及控制科学等领域学者的关注,成为近年来的研究热点。

然而,多个智能无人系统的协作也具有自身的不足和劣势,在运行过程中比一般智能无人系统更容易发生故障,主要概括如下。

(1)多个智能无人系统协作具有分布式的特点,其中每个智能无人系统的控制均需要利用网络传输邻居个体的相对信息,因此系统更为脆弱。

(2)多个智能无人系统协作研究中不仅需要考虑单个智能无人系统的动态,还需要考虑不同智能无人系统之间的信息交互作用,因此,多智能无人系统的闭环动态模型中包含系统拓扑信息,与单智能无人系统相比,其结构和动态特性更复杂。

（3）单个智能无人系统发生故障后，故障可能会通过通信网络进行传播，影响其余智能无人系统的正常工作，造成任务失败。

（4）多个智能无人系统协作，相互之间需要进行通信，因此系统故障除了要考虑单个智能无人系统自身的故障外，还要考虑通信故障，这就使得故障类型更加复杂。

多智能无人系统故障的上述特点使多智能无人系统的故障诊断与容错控制更加困难，具体表现如下。

（1）通信拓扑故障难以诊断与容错。如果多智能无人系统中的节点只利用自身的信息，则难以实现拓扑故障的诊断与容错控制。每个节点需要利用邻居节点的信息，通过与邻居节点协作，才能实现拓扑故障的诊断与容错控制。

（2）故障可传递性的特点使故障分离更加困难。故障的可传递性使得每个智能无人系统在检测到故障后，难以判断是受到自身节点故障的影响，还是受到邻居节点故障的影响。

（3）故障可传递性的特点要求多智能无人系统的节点能够实现对自身以及邻居节点故障的快速诊断，进而采取容错控制策略，从而避免故障的传递使整个编队系统崩溃。

（4）非理想通信环境，如通信时延、丢包等，会干扰故障诊断与容错控制结果。

综上可知，多智能无人系统具有更加强大的功能，但同时，系统的故障也更加复杂，因此确保其可靠性与安全性至关重要。有效的故障诊断与容错控制技术能够为多智能无人系统的安全运行提供可靠保障。深入研究此类系统的故障诊断与容错控制问题，具有重要的理论意义和实际的应用价值。

1.2.2 研究现状

1.2.2.1 智能无人系统故障诊断

故障诊断最早由 Beard（1971）提出，随后该问题得到了学者的广泛关注，取得了一系列研究成果。Willsky（1976）在 *Automatica* 上发表了故障诊断领域的第一篇综述文章，并提出了广义似然比方法；Ge 等（1988）提出了著名的鲁棒观测器方法；周东华等（1993）提出了非线性系统故障诊断的强跟踪滤波器方法，并于 1994 年出版了国内第一本动态系统故障诊断学术专著，促进了国内故障诊断领域的发展。

故障诊断方法可以分为基于模型的方法、基于数据的方法和基于知识的方法三大类。基于模型的方法主要包括状态估计方法、参数估计方法和等价空间方法等；基于数据的方法主要包括多元统计分析方法、机器学习方法、信息融合方法和信号处理方法等；基于知识的方法主要有专家系统和图论方法等。状态估计方法又可以进一步分为基于观测器的方法和基于滤波器的方法两类；参数估计方法可以分为最小二乘方法和回归分析方法；多元统计分析方法可分为主元分析方法、偏最小二乘方法和独立主元方法等；机器学习方法可分为神经网络方法和支持向量机方法等。近半个世纪以来，动态系统的故障检测与容错控制研究受到了越来越多的关注，尤其是对基于解析模型的方法研究，已有大量的优秀研究成果出现，部分研究成果已经在工程实践中得到了成功应用，并取得了显著的经济和社会效益。

按照故障诊断的框架，当前多智能无人系统协作系统的故障诊断算法可以分为集中式故障诊断、分层式故障诊断和分布式故障诊断三种。

1. 集中式故障诊断

集中式故障诊断如图 1.2.1 所示。在集中式故障诊断算法中，多智能无人系统中只有一个节点或者一个外部系统，此节点或者此外部系统称为中心节点。中心节点利用整个系统的模型信息设计残差生成器，并利用所有其他节点传递来的输入信息和输出信息更新残差生成器的状态，进而实现整个系统的故障诊断。

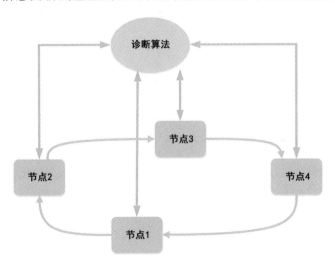

图 1.2.1　集中式故障诊断

集中式故障诊断已经得到了一定研究。Micalizio 等（2006）针对一组协同服务机器人，设计了基于自动机的集中式的故障诊断单元，故障诊断单元在高层的监控器中运行，监控器利用所有机器人传递来的信息，对所有机器人进行故障诊断。Meskin 等（2009）针对具有随机通信丢包的离散时间自主体系统，基于随机丢包的希尔伯特模型，建立了整个自主体系统的离散时间马尔可夫模型，并利用此模型设计了基于几何方法的观测器，实现了整个系统的故障诊断。Wang 等（2011）针对一组机器人系统，基于神经网络方法，设计了集中式的故障诊断单元，并利用所有节点的正常和故障数据训练神经元网络，进而实现整个自主体系统的故障诊断。

集中式故障诊断的优点是能够利用系统中所有信息设计最优的诊断策略,但其缺点也非常明显,具体表现如下(Reppa et al.,2016;Daigle et al.,2007)。

(1)计算负载大。中心节点需要利用所有节点的模型信息来设计残差生成器,残差生成器状态的维数等于节点的个数和单个节点维数的乘积,因此计算量非常大。随着节点个数的增多,计算量也会显著增大。

(2)通信负载大。多智能无人系统中所有节点的输入、输出信息都需要传递给中心节点,因此中心节点的通信负载大。随着节点个数的增多,通信负载也会显著增大。

(3)可靠性较差,易产生单点失效。诊断算法集中在系统的一个节点中,一旦中心节点失效,整个系统都无法实现故障诊断。

(4)可扩展性差。当新的节点加入时,中心节点的诊断算法和通信协议都需要重新设计才能实现新系统的故障诊断。

(5)资源利用率较低。多智能无人系统中每个节点都有一定的计算资源可以利用,集中式的方法只利用了中心节点的计算资源,而没有利用其他节点的计算资源。

2.分层式故障诊断

分层式故障诊断如图1.2.2所示。分层式故障诊断算法,一般具有节点层(单智能无人系统层)和协作层(多智能无人系统层)两个基本的层次。在较复杂的分

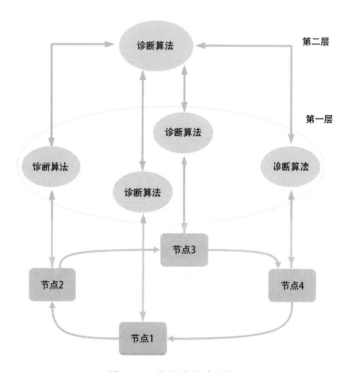

图1.2.2　分层式故障诊断

层式故障诊断算法中,节点层的算法还可以根据节点的结构进一步分为元部件层、子系统层等。不同层的算法可以诊断不同的故障。节点层的算法负责单个智能无人系统的元部件、执行器和传感器故障诊断,且不需要邻居节点的信息。协作层的故障诊断算法主要针对需要智能无人系统之间协同才能够诊断的故障,如通信拓扑故障、测量相对距离的传感器故障等,因此协作层算法需要利用节点层算法传递过来的信息。

在分层式故障诊断算法中,不同层上可以运行不同的算法,即可以根据每个智能无人系统的计算资源和系统的拓扑进行算法的分配与运行。比如计算资源较小的节点可以运行较底层的算法;计算资源较多的节点可以运行高层的算法,也可以利用系统外部的节点来运行高层的算法。

分层式故障诊断算法得到了越来越多学者的关注。Carrasco等(2011)针对一组协同的移动机器人设计了两层故障诊断算法。节点层的算法利用一组基于卡尔曼滤波器的残差生成器实现节点执行器故障和部分传感器故障的诊断。协作层的算法利用数据驱动的方法实现冗余传感器故障的诊断。Valdes等(2010)针对具有推进器故障的卫星协作系统,设计了基于动态神经元网络的三层故障诊断算法,每层的故障诊断算法都是基于动态神经元网络设计的。其中,第一层故障诊断算法是利用节点自身的数据实现较低精度的故障诊断;第二层和第三层故障诊断算法是利用邻居节点的数据提高了诊断结果的准确度和精度。Barua等(2011)针对卫星系统,设计了基于贝叶斯网络的四层故障诊断算法,以实现卫星自主体的故障诊断,该方法由低到高将系统依次分为子系统元部件层、子系统层、系统层和自主体层,分层进行设计。

分层式的故障诊断算法的可靠性、可扩展性和资源利用率都比集中式故障诊断算法高。但此种算法设计困难,尤其是对具有跨层响应的故障,其设计难度更大。

3.分布式故障诊断

分布式故障诊断如图1.2.3所示。在分布式故障诊断中,系统中的每个节点都具有故障诊断算法。为了能够实现通信故障诊断、减小多智能无人系统协作系统中故障的传递效应以及实现快速容错,每个智能无人系统不仅要对自身的故障进行诊断,还要对邻居节点的故障进行诊断。因此,每个智能无人系统的诊断算法不仅要利用自身的信息,还要利用邻居节点的信息,如邻居节点的模型信息、输入信息和输出信息,甚至邻居节点系统诊断单元的信息。

Shames等(2012)针对二阶积分器协作系统提出了一种基于整个协作系统模型的分布式故障诊断策略。每个节点基于整个系统的模型设计了分布式的未知输入观测器(unknown input observer,UIO)来实现自身和邻居节点的故障诊断。每个节点利用自身和邻居节点的闭环输入、输出信息更新分布式UIO的状态。一些学者提出了基于邻居节点模型的分布式故障策略。Daigle等(2007)针对一组具

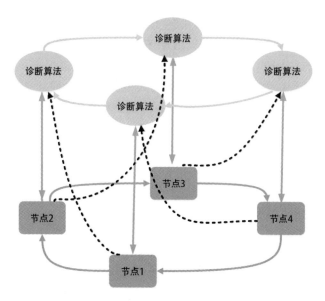

图 1.2.3　分布式故障诊断

有执行器和传感器故障的移动机器人,基于自身和邻居节点的模型,设计了基于卡尔曼滤波器的分布式残差生成器,实现了自身和邻居节点的故障诊断。同时基于键合图模型和相对测量时序,也实现了故障的分离。Meskin 等(2010)针对具有相对输出测量信息的协作系统,设计了一种基于几何方法的分布式观测器,实现了分布式故障诊断。每个节点中的观测器都是基于自身和邻居节点的模型设计的。每个节点利用自身和邻居节点的输入信息以及相对输出信息来更新自身观测器的状态。Teixeira 等(2010)针对二阶积分器协作系统,基于自身节点、邻居节点和邻居的邻居节点的模型,设计了分布式的 UIO,实现了自身和邻居节点的故障诊断。每个节点的观测器需要利用自身和邻居节点的输入、输出信息以及邻居的邻居节点的输出信息,以实现 UIO 的状态更新。

在分布式故障诊断算法中,由于每个节点只需要邻居节点的信息,因此与集中式故障诊断算法相比,通信负载较小。另外,在分布式故障诊断算法中,每个节点都有故障诊断单元,可以实现对自身和邻居节点的故障诊断,因此其可靠性较高,不会产生单点失效的问题。当有新的节点加入系统时,只需要修改新节点的邻居节点的算法即可实现算法更新,而其他节点的算法无须更改,因此其可扩展性较好。分布式故障诊断算法充分利用了每个节点的计算资源和通信资源,因而资源利用率较高。基于上述优点,分布式故障诊断得到了越来越多的关注。

1.2.2.2　智能无人系统容错控制

容错控制的目的是保证系统在发生故障后仍能稳定运行,并具有可接受的性能指标。容错控制可以分为被动容错控制(passive FTC)与主动容错控制(active

FTC)两大类。被动容错控制需要为系统设计结构不变的控制器,控制器参数的设计需要综合考虑系统正常运行和发生故障的情况,以保证系统运行对故障影响的鲁棒性。与被动容错控制相对应的是主动容错控制,此类容错控制方法通常需要设计适当的故障诊断单元,预先完成对故障信号的检测和辨识,并利用获取的故障信息对控制器的参数或者结构进行实时调整,从而使系统稳定并保持一定的系统性能。

容错控制的思想最早可以追溯到1971年,Niederlinski提出了完整性控制的新概念;1988年,叶银忠等发表了容错控制的论文,并于次年发表了第一篇综述文章;1994年,葛建华等出版了我国第一本容错控制的学术专著;2000年,《自动化学报》发表了第一篇容错控制的综述文章(周东华等,2000)。经过几十年的发展,容错控制理论研究已日趋成熟,并成功应用于运载火箭、航天飞机、核反应堆和高速铁路等领域(Zhang et al.,2008)。然而,多智能无人系统的容错控制问题至今尚未引起足够的重视,相关的研究成果还很少,在对象模型、技术手段和性能分析等研究方面也还不成熟。多智能无人系统,尤其是无人机编队系统等,通常需要执行远程作业,经常在危险和复杂环境中进行工作,如战场侦察、作战攻击、森林灭火、灾区航拍等,一旦编队中的某一架或多架无人机发生故障,考虑到环境条件的限制和完成任务的要求,通常不能、也不允许对其进行及时的维修。这时,确保系统在发生故障时能够对故障机做出反应,采取适当的容错控制措施,从而使无人机编队能够继续有效运行就显得至关重要。因此,非常有必要对多智能无人系统的容错控制领域进行系统和深入的研究。

Chen等(2014)研究了多智能无人系统的容错输出同步控制问题,将基于局部测量的自适应观测器与自适应阈值设计相结合,给出了使系统同步误差有界的充分条件并具体分析了误差界限的影响因素。因为在系统跟踪误差分析的过程中引入了符号函数,从本质上来看,这是一种类似于滑模控制的思想,会不可避免地使控制信号出现快速抖振现象。王巍等(2015)针对一类非线性多智能体系统的容错协同控制问题,利用模糊逻辑系统逼近系统模型中的非线性动态,设计了适当的估计器以辨识故障信息。Zuo等(2015)利用邻居节点之间的相对状态信息给出了基于投影算子的故障参数自适应估计方法,并利用估计信息设计故障补偿项对多智能体系统的控制律进行改进。Davoodi等(2016)针对执行器故障,利用有界实引理设计了一种能同时用于故障检测和容错控制的滤波器。控制律的设计依赖于拓扑结构,并且要求拓扑图是无向图。

1.2.3 研究内容

根据当前的研究状况和未来智能无人系统发展预测,智能无人系统故障诊断与容错控制的研究主要包括以下几个方向。

1.2.3.1 单个智能无人系统的故障诊断与容错控制技术

1.智能无人系统避障与轨迹规划技术

对于无人机、无人车和无人潜水器等众多智能无人移动平台来说,避障与轨迹规划技术是智能无人移动平台完成功能的基本要求。在实际应用中,智能无人移动平台的工作环境是非结构化、动态变化的,且移动平台获得的环境信息带有不确定性。如何在复杂动态环境中自动避障与规划轨迹是迫切需要解决的问题。其主要研究内容有静态和动态障碍物并存情况下的避障理论与方法、动态环境中的轨迹规划等。

2.非线性系统的故障诊断与容错控制

实际的智能无人系统为非线性系统,而现有的故障诊断与容错控制大多针对线性系统或者特殊形式的非线性系统。对于非线性系统的处理方法,一般采用平衡点线性化或者分段线性化的方式将非线性系统转化为线性系统,然后再使用线性系统故障诊断与容错控制进行处理。但这样的近似处理存在很大的局限性,因为它对于非线性程度较大的系统并不适用。一般线性系统的故障诊断与容错控制,是一个极具挑战的难题,目前针对这一问题的研究依然很少。

3.传感器故障下的智能无人系统的故障诊断和容错控制

传感器的正常工作是系统安全运行的重要保证。当前的故障诊断和容错控制大部分是针对执行器故障的,而很少有针对传感器故障的。然而,在很多情况下,传感器故障的诊断无法直接用执行器故障的诊断算法来实现。闭环系统对执行器故障具有天然的容错能力,但对传感器故障却不具有容错能力。因此,传感器故障下的容错控制更加困难,对传感器故障下的故障诊断和容错控制的研究非常有必要。

4.故障诊断与容错控制的联合设计

构建一个完整的主动容错控制方案需要对每个子系统进行仔细考虑,以确保不同子系统之间能够协调工作。从控制器角度来说,我们需要检查故障诊断单元提供的故障信息;从故障诊断角度来说,我们需要考虑故障诊断单元能够提供的故障信息。这两个子系统之间的需求和供应必须充分匹配,否则整个系统可能无法按预期运行。同时,设计过程中还需要考虑故障诊断单元提供故障信息的时滞影响,若时滞过大,则系统可能还未进行容错控制便已经不稳定了。

5.微小故障与间歇故障诊断

实际系统中的故障都有一定的演化过程,初期可能间断出现且幅值很小,若不及时处理,则会逐渐发展为严重故障,影响系统性能。但在故障初期,由于存在故障幅值小、持续时间短等因素,很难进行故障检测。现有的故障检测方法多为针对幅值较大、持续时间较长的故障,对微小故障和间歇故障的研究很少。因此,研究微小故障与间歇故障的诊断问题具有很重要的意义,应用它可以及时进行系统维护,从而减少经济损失。

6. 系统与环境的约束

实际工程中,智能无人系统不可避免地会碰到各种约束和干扰,其中,执行器饱和是常见的输入约束,传感器饱和是常见的输出约束。此外,还存在系统状态约束等更加复杂的系统约束条件。考虑到系统与环境的约束,则对系统的控制器设计很有挑战性。当系统发生故障时,考虑到实际环境与系统自身约束,对控制律进行修正和重新设计时增加了系统的非线性,其设计较为复杂。

1.2.3.2　多智能无人系统的故障诊断与容错控制技术

1. 分布式故障诊断框架的研究

分布式故障诊断算法可以进一步分为基于全局模型的分布式故障诊断(global model-based distributed fault diagnosis,GMDFD)算法和基于局部模型的分布式故障诊断(local model-based distributed fault diagnosis,LMDFD)算法。虽然LMDFD 算法相对于 GMDFD 算法的计算量较小,但是当邻居节点的个数增多时,此方法的计算量仍然较大。因此,有必要加强对分布式故障诊断框架的研究,以探索新的、更加有效的故障诊断框架。

2. 传感器故障下的智能无人系统协同容错定位技术

在复杂环境中,智能无人系统会面临传感器失效、卡死等故障,造成了定位不准的现象。因此,有必要研究智能无人系统传感器故障检测与容错定位技术,通过其他智能无人系统的定位信息以及相对位置信息实现自身的定位,利用多智能无人系统协作的优势对单个或部分智能无人系统的传感器故障进行容错。

3. 非理想通信下的分布式故障诊断研究

多智能无人系统之间需要一定的通信方法来进行信息交流,而实际环境中的干扰和噪声会影响通信质量。当前大部分的分布式故障诊断策略是在理想通信假设下设计的,并没有考虑到非理想通信环境(如时延、丢包、错序等)对系统故障诊断的影响,因此需要进行非理想通信环境下分布式故障诊断算法的研究。

4. 环境扰动与噪声等因素的影响

现有的多智能无人系统故障检测的研究大多假设为理想条件,极少考虑扰动和噪声等因素的影响。从工程应用的角度来看,多智能无人系统,尤其是无人机编队、无人车编队、航天器编队和多机器人系统等,工作环境恶劣复杂,系统运行状态和测量信息不可避免地会受到各种扰动和噪声的影响,因此在多智能体系统故障检测的研究中,这些随机干扰因素必须给予充分考虑。

5. 系统模型不确定性的影响

存在模型不确定性的异构线性随机多智能无人系统的故障检测问题还未引起足够关注。现有的研究基本是在同构模型框架下进行的,即假设系统中所有的个体具有完全相同的动态模型结构和参数。从实际应用的角度来看,不同类型、不同功能的智能无人系统组队完成复杂任务的情况很常见,如多种不同类型的无人机组成的无人机群编队。另外,考虑到物理硬件的约束和环境条件的限制,系统建模不可能完全准确,故有必要考虑模型不确定性的影响。

6.协同任务规划

任务规划是多智能无人系统协作完成一项任务的基础。在任务规划建模方面,多智能无人系统不仅需要建立更为全面的环境模型,还需要考虑个体的动力学模型,以便给出实际可行的解;在任务规划问题求解方面,由于实际环境是实时动态变化的,因此需要研究在线快速的任务规划方法,以便进行实时的任务分配,以保证任务完成。同时,当整个系统中某一个体发生故障时,任务规划模块需要重新进行任务的分配,以提高系统的安全性和可靠性。

1.2.3.3 智能无人系统支撑平台研究与推广

由于现有智能无人系统的故障检测和容错控制的研究中只有简单的数值仿真,缺乏更有说服力的实验验证,因而需要依赖具体智能无人平台的支撑。因此,大力推进智能无人系统平台的研究和建设,有利于系统安全性和可靠性的理论与技术进步。支撑平台一般包括软件系统支撑、硬件系统支撑和人机交互系统支撑三大部分。依据支撑平台的三个组成部分,可以搭建各种类型的支撑平台,从而实现多种安全性与可靠性问题的验证。

1.3 新一代高效智能控制理论与技术

传统控制充分利用系统动态模型,较好地解决了动态系统稳定在期望工作点附近的反馈控制设计问题,也提供了给出系统轨迹规划的最优控制方法。但由于基于传统控制理论和技术设计实现的控制系统对参数和运行环境有较强的假设,故在复杂未知环境下,面临着适应性差、性能明显退化,甚至是安全约束都无法保证的问题。

为了克服传统控制依赖模型带来的对复杂环境缺乏适应性的缺点,人们引入了智能控制的概念。最初的智能控制方法的基本思路是模仿人类专家对特定系统给出适当的控制动作。常用的方法是根据专家经验建立控制知识库,利用软计算(有时称为计算智能)进行仿人的推理,为给定的输入信息找到相匹配的知识来生成控制动作。描述控制知识库最常用的方法是模糊逻辑,表现为将控制器设计为具有一系列规则的软件。

近年来,物联网、大数据和云计算等信息技术的快速发展与互联网的海量数据,催生了以深度学习为代表的机器学习算法,这种算法在图像识别、语音处理和机器博弈等方面取得的巨大成功,标志着人工智能的研究从算法研究走向了实用,进入了一个新的时代,对人类社会生活多方面产生着深远的影响。人工智能算法战胜人类围棋冠军的壮举,在展示人工智能算法巨大潜力的同时,也模糊了传统上为处理决策复杂性和方便人工干预而设置的系统决策与控制的层次划分的边界。事实上,是否把人类知识和经验作为智能无人系统控制算法设计的基础,已经没有那么重要了。机器完全有可能通过自我提升,探索出超越人类智慧的、更有效的控制方案。

1.3.1　智能控制技术进展

本节选取支撑智能无人系统的几项前沿控制技术进行概述。

1. 智能控制器

传统的控制器以可编程逻辑控制器(programmable logic controller,PLC)为主要的硬件载体,可以实现 PID[即 proportional(比例)、integral(积分)、derivative(微分)]的实时数字控制算法,适合于特定的工作场景、固定工序和设定的控制逻辑。但未知场景中智能无人系统中的控制器则需要能够高效运行的人工智能算法,为此,国内外正在大力研发人工智能芯片和相应的计算平台。有代表性的包括图形处理器(graphic processing unit,GPU)和中央处理器(central processing unit,CPU)等适合深度神经元网络计算的芯片。这些神经元网络计算芯片大幅提高了执行智能算法的效率,展现出了支撑智能算法完成高效控制任务的巨大潜力。

2. 智能机器人

早期机器人基本仅限于特定场景下完成预设任务的工业机器人。得益于人工智能、新材料等支撑条件的发展,特别是感知能力、定位能力的提高,加之计算、通信和存储成本的降低,在未知环境下具有一定自主感知、移动、决策和执行任务能力的智能机器人得到了发展。

智能机器人的出现为智能无人系统提供了可移动的感知和驱动平台,拓展了传统控制系统中固定传感器和执行机构所定义的能控性和能观性,为智能无人系统的控制方案拓宽了新的维度。

3. 网络化协同控制

物联网、大数据、云计算等技术将系统中分散的设备和资源连接起来,构成了网络化系统。系统中部署在不同位置上的传感器通过相互通信和协同信息处理,可以给出系统整体的态势估计。部署在网络上的决策装置能根据系统的整体态势和运行控制目标,生成运行控制指令,并分发给网络中各个执行机构,以实现整体的协同控制。网络化协同制造和智能电网的优化控制,都是网络化协同控制的例子。

1.3.2　智能控制理论进展

从人们引入智能控制概念的目的来看,智能控制关注的范围无论是在执行任务的多样性,还是在面对环境的复杂性时,都大大超出了传统控制的研究范围。

充分发挥智能控制技术的潜力常常需要打破人为设置的控制、决策及规划问题的层次划分。以无人驾驶为例,Williams 等(2017)指出,轨迹规划和轨迹跟踪控制的层次划分,虽然适用于常规驾驶任务,但对于赛车和紧急避障等展示车辆极限性能的情形(特别是无人驾驶摆脱人工控制在反应时间和计算能力上的物理限制的情形)就显得比较局限了,需要智能体直接考虑原始的最优安全控制问题,即在安全约束下搜索最优的车辆运动控制策略。

由于传统的控制理论主要是基于数学理论发展起来的,在模型或运行环境信息不准确的情况下,智能控制要想取得理论上的突破,具有很大难度。以自主无人系统运动控制中的避障问题(如无人车的安全驾驶控制)为例,理论分析表明,精确求解无碰撞的运动轨迹是非常难的。因此,智能控制的理论发展,在关注数学理论发展最新成果的同时,也在不断尝试借助数值或物理实验。

基于此,我们结合具有安全约束的自主无人系统的运动控制与轨迹规划问题,概述了如下近年来控制理论的新进展,以展示智能控制理论发展的新趋势。

(1)可精确求解的最优控制问题,思路是利用约束的无损凸化方法,将最优轨迹规划问题转化为凸优化问题。

(2)近似求解,包括严格无碰撞的随机搜索算法、放松安全约束的强化学习算法和多智能体的分布式协同控制算法。

最后,我们分析了人工智能技术推动下的新一代智能控制理论研究面临的挑战。

1.最优控制问题的全局最优求解算法

理论上,非凸的最优控制问题需通过迭代求解,故很难求到全局最优解。但是美国国家航空航天局(NASA)喷气推进实验室(JPL)的 Blackmore 等(2012)分析了一类具有连续时间非线性动力学和非凸控制约束的最优控制问题后,创造性地提出了一项无损凸化方法。他们将非凸控制约束松弛化,证明了松弛问题的最优解是原始问题的全局最优解。这种将具有非凸约束的最优控制问题转化为凸问题的无损凸化方法,为开发智能无人系统高效的最优实时控制策略提供了很有价值的新思路,为智能机器人在未知环境中完成自主控制任务提供了理论基础。

下面以软着陆问题为例,介绍无损凸化求解最优控制问题的主要思路。

首先,根据相关研究(Williams et al.,2017)建立简化的最省燃料着陆模型。

问题1:

$$\min_{\tau, t_f} J = \int_0^{t_f} \|\tau(t)\| \mathrm{d}t$$

$$\text{s.t. } \ddot{r}(t) = g[r(t)] - C_D[r(t)]\|\dot{r}(t)\|\dot{r}(t) + \frac{\tau(t)}{m(t)}$$

$$\dot{m}(t) = -\beta\|\tau(t)\|$$

$$0 < \rho_1 \leqslant \|\tau(t)\| \leqslant \rho_2$$

$$r(0)=r_0,\dot{r}(0)=\dot{r}_0,r(t_f)=t_p,\dot{r}(t_f)=t_v$$

模型中，m 为质量，r 为位置，τ 为推力，t_p 和 t_v 为目标位置及到达时的速度，C_D 为阻力系数，g 为引力场（文中假设引力场非线性）。若实际情况允许，则可将引力场简化为线性或常值来降低问题的复杂度与求解时间。模型约束中，由于推力是矢量且其大小存在上下限，故 $0<\rho_1\leqslant\|\tau(t)\|\leqslant\rho_2$ 为非凸约束。为了对其进行凸化，考虑如下形式更一般的问题。

问题 $1'$：

$$\min_{u,t_f}J=\int_0^{t_f}\{t,g_c[u(t)]\}\mathrm{d}t$$
$$\mathrm{s.t.}\,\dot{x}(t)=f[t,x(t),u(t),g_c(t)],0\leqslant t\leqslant t_f$$
$$0<\rho_1\leqslant g_c(t)\leqslant\rho_2,0\leqslant t\leqslant t_f$$
$$x(0)=x_0,x(t_f)\in F$$

引入松弛变量 Γ，考虑松弛问题 2：

$$\min_{u,t_f,\Gamma}J=\int_0^{t_f}[t,\Gamma(t)]\mathrm{d}t$$
$$\mathrm{s.t.}\,\dot{x}(t)=f[t,x(t),u(t),g_c(t)],0\leqslant t\leqslant t_f$$
$$0<\rho_1\leqslant\Gamma(t)\leqslant\rho_2,0\leqslant t\leqslant t_f$$
$$g_c[u(t)]\leqslant\Gamma(t),0\leqslant t\leqslant t_f$$
$$x(0)=x_0,x(t_f)\in F$$

注意到，松弛问题中的推力约束为：

$$0<\rho_1\leqslant\Gamma(t)\leqslant\rho_2,0\leqslant t\leqslant t_f$$
$$g_c[u(t)]\leqslant\Gamma(t),0\leqslant t\leqslant t_f$$

图1.3.1为该凸化技术将二维空间的非凸集合转化为三维空间中凸集的图示。

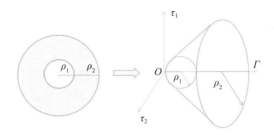

图1.3.1 无损凸化技术图示

若松弛问题与原问题的最优解总相等，则可通过求解松弛问题来代替求解原问题。Williams 等（2017）证明了满足下述两种条件之一时，松弛问题与原问题的最优解相等。

条件一：

$$x = \begin{bmatrix} x_1 \\ x_2 \end{bmatrix}, f(t,x,u) = \begin{bmatrix} f_1(t,x,u) \\ f_2(t,x) \end{bmatrix}, \text{Null}(\nabla_u f_1) = 0, \text{Null}(\nabla_{x1} f_2) = 0$$

$$l(t,\Gamma) \neq 0, \forall \Gamma \in [\rho_1, \rho_2], \forall t$$

条件二：

$$x = \begin{bmatrix} x_3 \\ x_4 \end{bmatrix}, f(t,x,u) = \begin{bmatrix} f_3(t,x,u) \\ f_4(t, g_c(u)) \end{bmatrix}, x_3 \in \mathbf{R}^{x_3}, x_4 \in \mathbf{R}^{x_4}$$

$$F = \{x | x = Lv + a_x\}, L^{\mathrm{T}} = [L_1^{\mathrm{T}} L_2^{\mathrm{T}}], L_2 \in \mathbf{R}^{x_4 \times x_4}$$

$$M_3 = \begin{bmatrix} (\nabla_u f_3) \\ \dfrac{\mathrm{d}(\nabla_u f_3)}{\mathrm{d}t} - (\nabla_u f_3)(\nabla_x f_3) \end{bmatrix}, \text{Null}(M_3) = 0, \text{Null}(L_2) = 0$$

$$l(t,\Gamma) \neq 0, \forall \Gamma \in [\rho_1, \rho_2], \forall t$$

在简化最省燃料模型中，可令

$$f(t,x,u) = \begin{bmatrix} f_5(t,x,u) \\ f_6(t,x) \\ f_7(t, g_c(u)) \end{bmatrix} = \begin{bmatrix} g(r) - C_D \|\dot{r}\| \dot{r} + \dfrac{\tau}{m} \\ \dot{r} \\ -\beta \|\tau\| \end{bmatrix}$$

此时，条件二满足，故可通过求解松弛问题代替求解原问题，以实现推力约束的无损凸化。但此时由于存在非线性引力场、大气阻力等非线性等式约束，松弛问题 2 仍为非凸优化问题。因此，此时需要采用分段线性化等手段，近似求解问题 2。

2.近似算法

由于精确求解包含障碍物的轨迹规划和运动控制等极其复杂的问题，故人们引入了一些近似算法，其中主流的三种避免碰撞的轨迹规划法（Frazzoli et al.，2002）包括元胞分解法、路线图法和人工势场法。轨迹规划常常用到构型空间的概念，构型是指能够描述智能无人系统在惯性坐标系中位置姿态的一组有限参数集合。元胞分解法假设构型空间可以划分为有限个区域（叫作元胞），每个区域都很容易找到无碰撞路径。于是，轨迹规划问题就可归结为寻找相邻元胞的问题，需要满足在元胞中的起始和终了条件约束。路线图法依赖于构建一个由无碰撞路径构成的网络。轨迹规划问题可转换为寻找把起始和终了构型连接到路线图上的路径问题以及在路线图上的一系列路径问题。人工势场法中，智能无人系统可在局部靠着势函数负梯度定义的力来产生无碰撞轨迹，势函数提供朝向目标的吸引力和远离障碍物的排斥力。

3.强化学习算法

近年来，随着策略的参数化表示，以及策略梯度算法的引入，强化学习算法在控制策略问题研究方面得到了长足的发展。其中,基于深度神经网络表示的运动控制问题已经被用于车辆的自动驾驶方法研究中。

在处理安全控制问题方面,强化学习算法就是研究问题的随机解。总体的思路是通过设计合适的代价函数来引导控制策略的搜索,以限制系统选择产生碰撞(发生安全事故)的动作。在这方面的研究中,Shalev-Shwartz 等(2016)指出,强化学习框架中以代价函数的期望值作为优化目标的固有特点,会使期望值估计方面的方差偏大,进而导致梯度估计非常不准。

为了设计碰撞约束下高效的安全控制策略,人们引入了分层的控制策略(Hoel et al,2018)。上层是优化层,负责生成宏动作,有一系列的控制指令,决定运动的大致方向;下层是执行层,负责产生实时的控制动作和运动轨迹。上层宏动作的控制策略需要通过学习来进行优化,以提高在不同场景中的长期性能表现。

4. 群体智能算法

当控制大量个体进行协同运动时,传统的控制方法会面临维数灾难的问题。人们在自然界社会性动物运动控制的启发下,提出了群体智能控制算法。其中,较具代表性的是一种粒子群运动的控制协议,粒子的位置更新公式为:

$$x_i(t+1) = x_i(t) + v_i(t)\Delta t$$

式中,Δt 为更新时间周期,速度 $v_i(t)$ 的值恒定为常数,速度的方向更新公式为:

$$\theta_i(t+1) = \langle \theta(t) \rangle_r + \Delta\theta$$

式中,$\langle \theta(t) \rangle_r$ 表示以粒子 i 为中心,半径(r)范围内所有粒子 t 时刻速度的平均方向,$\Delta\theta$ 为方向的随机噪声。该运动控制协议仅仅用到了邻居之间的信息交换,因而具有很好的扩展性。在粒子相互作用构成的图满足一定的连通性条件下,该协议下所有粒子的运动方向最终会趋于一致。在此基础上,控制与系统学者围绕多智能体的一致性控制问题,展开了大量后续研究,取得了丰硕的研究成果。研究对象也从低维系统扩展到高维系统,从一致性控制扩展到编队控制(见图1.3.2)。

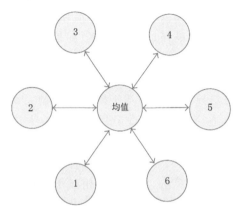

图1.3.2　六个多智能体通过求平均值来达到一致性

当个体系统之间存在耦合约束关系时,多智能体系统构成网络化动态系统,其控制问题更为复杂,设计群智能算法面临挑战。如Kuramoto模型(藏本模型):

$$\dot{\theta}_i = \omega_i + K \sum_{j=1}^{N} A_{ij} \sin(\theta_j - \theta_i)$$

式中,ω_i为每个振子的角速度,A_{ij}表示振子网络的关联矩阵,$KA_{ij}\sin(\theta_j - \theta_i)$表示与$i$相邻的振子$j$对其角速度产生的影响,$K$为全局耦合强度。Skardal等(2015)指出,当选取部分振子施加合适的外部控制$F_i \sin(\varphi_i - \theta_i)$时,可以让随机初始化的振子大部分进入相角同步的状态。这类控制方法,有助于为大型规模智能电网等工程问题的协同控制设计提供理论指导。部分节点施加了外部控制的耦合多智能体系统,如图1.3.3所示,其中节点代表多智能体,实线代表多智能体之间的耦合关系,虚线代表节点接受外部控制。

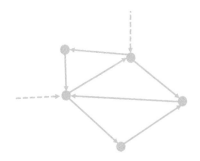

图1.3.3　部分节点施加了外部控制的耦合多智能体系统

5.智能控制理论研究上的挑战

(1)适应性挑战

以强化学习为代表的机器学习类算法,为通过基于系统运行(或仿真)数据来求得系统控制策略、改进方向,进而为持续提示控制系统的性能提供了一般性的设计框架。但该类方法存在一个明显的局限:对于复杂的控制问题,为了获得完整的最优(高性能)控制策略,需要产生大量的高质量训练样本。如果样本从实际系统获得,则意味着需要付出高昂的运行成本;如果样本从仿真模型获得,则需要面临如何保证在仿真环境下学习出来的控制策略能够在实际运行环境中仍然保持高性能的问题。常见的情况是,仿真环境不同于实际环境,系统的仿真模型与实际系统存在参数上的差异。传统的基于模型的控制系统的设计方法,依赖于控制器的鲁棒性设计或自适应设计,而对于强化学习类方法,需要探索赋予控制策略鲁棒性和适应性的训练方法(Peng et al.,2017)。

(2)非线性挑战

以群智能为代表的分布式算法,利用局部相互作用取得了全局的控制效果。虽然在针对线性智能体系统的研究方面已有许多成果,但是近期的研究(Jiang et al.,

2019)表明,对于典型的非线性系统,线性化模型得出的能控性结论与原始非线性系统的实际系统存在明显的偏差。

从根本上来说,非线性系统缺乏统一的描述和分析工具,而线性化只在某个特定的工作模式下才有效,因而涉及全局性问题时,线性近似往往会失效。分段(分片)线性化的近似处理,常常可以把全局非线性的问题转化为若干线性模式的组合,但会导致维数灾难等复杂性问题。非线性系统的控制问题的分析和设计仍面临极大的挑战。

从工程方面看,物理信息深度融合系统包含紧密耦合交互作用的信息流和物质能量流,系统的动态过程同时包含事件驱动和时间驱动的变量,是一个高度复杂的非线性系统。

1.4 自主无人系统的智能决策

人类的决策是一个复杂的过程。用经典决策理论描述人的理性行为通常包含四个要素(Lipshitz et al.,2011):①选择项;②输入、输出倾向;③理解;④形式化。经典决策理论在构建决策支持系统方面起到了很大作用,但用于社会经济等复杂决策环境时,并不能很好地描述人的决策行为。两者之间有一个很大的不同:人的决策常常是有限理性的,而非完全理性的。

自主无人系统的智能决策研究大体上可分为两条思路:一条是走人机共融的道路,这是目前大多数实际系统采用的思路,其通过先进的信息技术进行信息处理、态势分析,为人类提供决策支持,以达到系统的任务目标;另一条是为自主无人系统设计自主智能决策算法,通过计算智能决定系统的行动,以达到人类设置的任务目标,其决策过程如图1.4.1所示(Veres et al.,2011)。

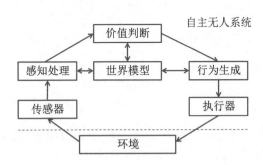

图1.4.1 自主无人系统的智能决策过程

通过人机共融的思路,我们可以充分利用机器超强的感知和计算能力,为人类决策提供更为准确、全面的状态信息,并在推演不同行动选项时带来各种回报,从而减轻人类收集信息、分析判断趋势的压力,以提升决策效率。面向任务目标的自主智能决策算法研究,有可能使系统避免人类非理性(如心理因素或过失)导致的不合理决策,甚至使系统探索人类经验之外的新策略,从而获得超过人类水平的决策。

为了解当前自主无人系统实现完全自主决策的可行性和存在的挑战,我们首先介绍以下基于完全理性模型的智能决策理论和技术进展。

1.4.1 完全信息假设下的深度强化学习决策框架

近年来,深度强化学习在完全信息假设下取得了突破性进展,算法设计包括用于决策的强化学习决策框架和用于知识表示的深度神经网络决策框架两个基本要素。两者的共同特征是都可以采用数据驱动的方式进行训练。

强化学习决策框架源于经典的理性动态决策理论,其决策过程如图 1.4.2 所示。该理论的模型是马氏决策过程,由状态空间、动作空间(选择项集合)、回报函数组成。决策过程由若干个决策时间点组成,在每个决策时刻,决策者需要根据所处的状态,从动作空间中做出选择,最终使整个决策区间(时间段)上的总回报最大化。决策的动态性体现在每个决策时间点上所做的选择会导致状态的演化结果不同,进而直接影响下一个决策点所处的状态和后续决策的选项。对应到围棋问题上,状态就是当前的棋局,决策者就是一方的棋手,动作空间就是棋手可以落子的位置,当本方获胜时,会获得正的回报值;失败时,则获得负的回报值;而没有分出胜负时,回报值则为零。马氏决策过程的求解基于动态规划的贝尔曼最优性原理,采用了策略迭代或值迭代方法。马氏决策过程模型具有完备的数学理论,但遗憾的是,其求解需要输入状态转移函数(即不同动作选项下,状态从当前决策时刻到一下决策时刻的变化规律)的准确信息,并且需要显式地存储值函数和策略,因而存在建模数据不足以及只适合小规模问题的缺点。

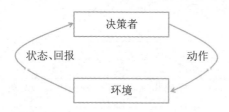

图 1.4.2 强化学习决策的一般性框架

为了克服建模数据不足,有学者提出了强化学习决策框架。强化学习决策框架的基本思想是借助在线运行系统或对系统进行模拟仿真代替基于状态转移函数的模型信息,产生给定策略下的样本轨道,进而通过统计多条样本轨道上的平均回报,为每个策略的表现进行打分,分析在给定时间点和状态下的策略改进方向。具体方式是在每个决策时间点的状态上,试探是否存在更好的选项,以获得更大的回报。

在有仿真模型的情况下,强化学习决策框架可以解决模型数据来源问题,但它需要存储策略向量(每个状态下选取所有动作概率分布的表格)以及给定策略下每个对(状态对和动作对)的评分,因而它仍然只适合小规模问题。而深度神经网络的引入则解决了这个难题,它的思想是用神经网络来近似表示强化学习中的策略和价值函数,从而引入策略网络和价值网络,形成深度强化学习决策框架(Li,2017)。一种典型的深度强化学习框架如图 1.4.3 所示。

深度强化学习决策框架综合了深度学习和强化学习的优势,本质上将离散的策略优化过程用深度神经网络进行了参数化,克服了策略和值函数难以紧凑描述的困难,利用仿真在产生的大量样本轨道上进行统计分析,估计出参数变化对期望回报的影响趋势,从而找到策略参数改进的梯度方向,再搭配利用爬山法,不断改进策略,从而逼近原始决策问题的最优解。其优势在于,随着计算机硬件成本的下降和计算性能的提升,以往许多无法求解的大规模离散决策问题,都能得到解决。

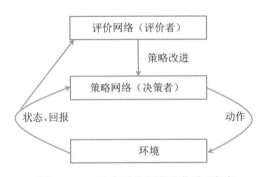

图 1.4.3　一种典型的深度强化学习框架

1.4.2　部分信息下的马氏决策过程深度强化学习决策框架

深度强化学习决策框架成功展示了解决大规模决策问题的潜力,但在面对状态和环境信息仅为部分已知的问题时,仍面临挑战。

传统上,我们采用信念函数(即系统所处的实际状态的概率分布)来重新定义决策过程的状态,将函数问题转化为连续状态空间上的决策问题。为了进行求解,需要解决信念函数的更新问题,即基于过程的历史信息,建立对信念函数的最优估计,并以此为基础确定最优的动作。鉴于问题的复杂性,我们通常只能在具有特殊结构的问题上得到最优解。

Gerger 等(2018)从深度学习的角度出发,对部分可观决策问题进行了研究。他们将 RNN(具有反馈结构的神经网络)引入动作-观测历史数据的编码过程,结合完全信息下深度强化学习设计机制,建立了面向部分可观场景下的端到端的深度强化学习框架,如图 1.4.4 所示。

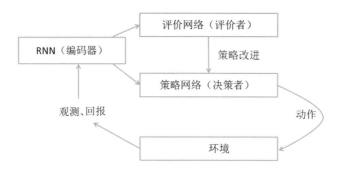

图 1.4.4　部分信息下深度强化学习的一种典型决策框架

1.4.3　群体深度强化学习决策框架

　　群体深度强化学习决策框架是对集中式深度强化学习决策框架的继承和推广，它包含多个能够独立做出决策的群体，且系统的状态演化和个体的回报由群体中所有个体的选择共同决定。根据决策者群体中个体优化目标的异同，群体深度强化学习决策问题可分为完全合作、完全竞争和混合型群体决策（博弈）问题。在完全合作博弈中，所有个体优化共同的目标；在完全竞争博弈中，个体的回报是相互冲突的；混合型博弈，则处于这两个极端之间。

　　群体深度强化学习决策框架被推广到多个决策者的策略搜索问题上时，需要处理决策复杂性的问题。常用的一种思路是采用独立学习的策略，即在个体决策训练时，把其他决策者仅仅看作是环境的一部分，从而利用单个决策者的深度强化学习方法进行训练；另一种思路是将除当前个体之外的其他所有决策者的影响用一个平均值代替，从而将群体决策问题简化为双人决策问题。Muller 等（2019）提出用博弈的视角把每个决策者的策略抽象为选项，再分层进行训练，在训练过程中，把新发现的策略添加到选项集合中，把强化学习当作从策略空间中挑选更好的策略的学习过程。博弈视角下群体强化学习思路如图 1.4.5 所示。

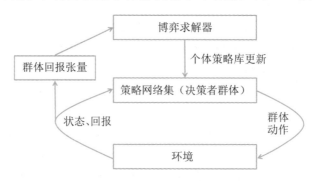

图 1.4.5　博弈观点下的一种群体强化学习框架

1.4.4　无人车的智能决策

　　无人车的运行环境具有高度的不确定性,决策问题十分复杂,考虑到工程上的可行性,无人车决策大多采用如图 1.4.6 所示的分层结构(Veres et al.,2011)。底层传感器和控制器分别处理信号的采集和车辆的实时控制问题,以保证系统响应的及时性。中间层在信息输入通道上,初级抽象器负责信号噪声过滤,并对环境进行初步分析和抽象,识别出环境中的物体,特别是目标、障碍物以及可通行的道路;在控制通道上,动作序列生成器负责把决策器发出的动作指令转换为底层控制器可执行的动作序列。上层的效果抽象器负责对态势进行判断分析、对任务执行情况进行评价,并预测场景变化的趋势。决策器根据效果抽象器的输入、任务目标和决策准则,做出动作指令的选择,再下发给动作序列生成器。不同的层次中都有信息的传递,保证了系统决策的及时性和协调性。

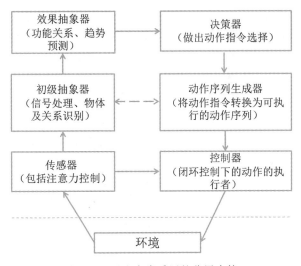

图 1.4.6　无人车常采用的分层决策

　　近年来,发展的深度强化学习在以无人车为代表的自主无人系统智能决策系统的各个层次和模块上都有应用的潜力,正成为机器人和人工智能交叉学科的研究热点。一方面,深度强化学习为无人车带来了从获取智能感知到做出智能决策的训练手段;另一方面,开发复杂环境下执行挑战性任务的无人车,也促进了深度强化学习乃至基于机器学习的智能决策理论的深入研究。

　　目前,无人车在环境感知方面通过深度强化学习和多源信息融合,在典型物体(包括车道、交通标志、车辆、行人)等方面取得了很多进展。在无人车的决策方面,主要以短期轨迹规划研究为主,研究热点和难点集中在如何考虑车辆动力学特征、避障等安全约束及节能、舒适或速度等其他性能约束。

由于深度强化学习有数据驱动的特点,故运用于无人车智能决策算法的开发时,常采用建立实际运行环境和车辆计算机模拟系统的方法,通过仿真方法产生大量训练数据。

1.4.5 自主无人系统智能决策研究面临的挑战

深度强化学习决策框架用于智能决策时,存在以下不足。

(1)深度强化学习框架下,最优决策的学习归结为包含高维参数的非线性函数优化问题,若采用梯度法,则存在众多的局部极小值,从一个起始点出发很容易陷入局部极小值,难以求得全局解,并且难以估计所得解的性能。

(2)深度强化学习框架下,训练样本由仿真模型生成。智能决策虽然在计算机棋牌等游戏场景中展示了很高的决策水平,但当仿真训练好的决策应用于真实物理对象时,传感信号的噪声和参数的失配都可能导致决策性能退化,甚至导致决策安全约束得不到满足。

(3)用于不确定环境的决策,即使在仿真模型上,其深度强化学习算法的训练也需要产生大量的随机样本。在决策改进时,提高决策性能相对于参数的梯度估计,存在估计方差大、收敛慢的困难。

(4)部分自主决策的性能很难得到奖励评价,存在稀疏回报的情况,导致样本产生有效信息量小、梯度估计方差大、收敛慢等问题。

Waldrop(2019)对比了深度强化学习与人类学习在能力和特点上的不同,得到以下结论。

(1)对于一些人类看来非常简单的物体识别问题,深度强化学习所需要的标注样本数远远超过了一个普通小孩学习时需要的样本数。深度强化学习在数据的利用效率上存在明显的偏低问题,这似乎暗示着深度强化学习在机理上就存在根本性的问题。

(2)深度强化学习给出的学习结果,以多层神经网络的权重形式体现,缺乏与实际待识别对象特性相对应的物理解释,这使得深度神经网络表示的策略难以理解。与之相关的问题也体现在训练结果的鲁棒性上。理论研究表明,深度强化学习的分类器,尽管能在物品分类上接近,甚至超过人类的识别准确率,但若在某些原始图像上叠加少量随机噪声,这类分类器就有可能给出明显的错误分类结果,而对于人类,若对象添加了随机噪声的识别,则不会犯这样的低级错误。少量噪声攻击的脆弱性,给自主无人系统智能决策带来了重大隐患。

除了上述技术问题外,当考虑自主无人系统的智能决策应用于真实世界时,还会不可避免地涉及伦理问题(Yang et al.,2018)。由于自主无人系统做出自主决策的反应时间可能远快于人类,因此,需要把人类的道德判断和社会推理功能植入系统的自主决策过程(典型的应用场景包括在城市道路上行驶的无人驾驶车辆),从而生成在真实世界中符合人类行为规范的行动选择。在这方面已有了初步研究，基本思路是在系统决策的过程中引入刻画人类的行为规则，并按重要性给这些规则排出优先次序，决策过程中再按照这些规则，确定系统的行为（Censi et al.，2019）。

1.4.6　自主无人系统智能决策研究的新方向

算法设计如果离开了对问题场景的分析和理解，则在兼顾高性能和鲁棒性方面将难以取得满意的效果。因此，在改进深度学习的机制方面，Waldrop（2019）基于对人类学习过程的分析和借鉴，基于问题场景知识的传统人工智能方法，提出了以下思路。

（1）添加反馈回路，以加强网络的记忆能力。

（2）引入分层学习机制，用多个网络取代单一网络，配合起来完成学习任务。

（3）改进知识的表示机制，以图模型作为输入，对待识别物体的基本要素直接进行编码，提高训练效率，同时降低噪声或恶意攻击的影响。

以上思路都是以某种形式模仿人类决策过程的方式，以期帮助深度强化学习提高训练效率和鲁棒性，降低仿真数据训练策略应用到真实环境中的风险。在具体问题上如何实施，则需要进一步研究。从强化学习机制自身看，需要进行以下研究。

（1）如何结合问题特征设计回报函数。

（2）在有限的计算量条件下，如何平衡探索新策略或更准确地评价已有策略以降低梯度估计方差。

（3）如何引入强化学习的分层学习机制，以降低训练的复杂度，提高策略的适应性。

具体而言，在某些问题上，可以考虑为决策过程设计阶段性的目标。在搜索过程中，可记录历史数据，并给出搜索空间的分区划分，通过采样形成区域的评价，为更有可能改进策略的区域分配计算资源。面对复杂问题时，人类常采用分层的决策框架作为简化问题和提高适应性的重要途径。在群体决策环境中，为每个决策者引入群体中其他决策者的意图推断模块，也是一种把宏观规划和微观动作区分开的较为自然有效的分层方案。对于多个任务的强化学习问题，也有学者提出了基于分层机制的连续学习策略。

Lipshitz 等（2011）总结了不同于经典的完全理性决策模型的研究进展，其中给出的自然决策模型（naturalistic decision making，NDM），对于深刻理解人类专家在真实场景中做出决策，进而构建人机共融的智能决策机制很有启发意义。

NDM 包含专业决策者、决策过程、场景-动作匹配决策规则集、上下文有限的非形式化模型和基于经验的操作五个要素。NDM 的基本观点是发现人类专家在实际决策过程中的行为,远远偏离了完全理性决策模型预测的行为。其理由是完全理性决策模型所需要处理的复杂信息远远超过了人类专家的决策能力。

决策者是NDM的核心。围绕决策者,该模型研究的是决策的过程,而不是聚焦在输入信息到输出动作的映射关系上。该模型关注的重点是,决策者在决策过程中实际看到了什么样的信息,是如何理解这些信息的,又是利用了什么样的决策规则。

NDM中,决策者利用的是匹配机制,而非选择机制。匹配机制与选择机制存在三个方面的不同:①匹配是一个序贯过程,每次评价一个选项,决策者在多个选项中迅速排除与一个(绝对)标准不符的大部分选项,仅保留一两个选项进一步比较,而不是所有选项两两相互比较;②匹配过程中,接受或排除选项的依据是看它们是否适合特定的场景或者决策者的价值判断,而不是它们的相对好坏;③匹配过程虽然可能用到计算,但大多是基于模式识别或非形式化的推理。

NDM中,决策者在决策过程中依赖经验知识,这就限制了决策过程利用的抽象形式化模型。这一点基于两方面的原因:①专家知识是限定在特定领域的,和场景密切相关;②决策过程与所利用信息的内容和形式都有关系。

NDM中,实际的决策过程基于决策者经验,因此,决策者可以解决的问题限定在其具备实战经验的特定领域,而跨领域的通用决策模型在用于实际操作时,需要检验其真实的有效性,不能直接搬用,以免引起滥用。

目前,利用人类在特定领域的专业经验结合高效的搜索机制所构建的智能算法,已经展现出了提升系统决策水平的强大实力。这从侧面说明了借鉴人类经验开展人机共融智能决策的研究有着巨大的潜力。

参考文献

冯登国,张敏,李昊,2014.大数据安全与隐私保护 [J].计算机学报,37(1):246-258.

萬建华,孙优贤,1994.容错控制系统的分析与综合 [M].杭州:浙江大学出版社.

拉巴特,祝小平,莱舍万,等,2015.协同无人机系统的安全与可靠性 [M].北京:国防工业出版社.

孟繁杰,郭宝龙,2004.CBIR关键技术研究 [J].计算机应用研究(7):21-24,27.

邵福波,黄静,2019.图像检索研究综述 [J].山东化工,48(15):81-82.

孙大为,张广艳,郑纬民,2014.大数据流式计算:关键技术及系统实例 [J].软件学报,25(4):839-862.

王巍,王丹,彭周华,2015.不确定非线性多智能体系统的分布式容错协同控制 [J].控制与决策,30(7):1303-1308.

许存禄,2005.图像纹理分析的新方法及其应用 [D].上海:复旦大学.

叶银忠,潘日芳,蒋慰孙,1988.控制系统的容错技术的回顾与展望 [C]//俞金寿,华向明.第二届过程控制科学论文报告会论文集.上海:华东化工学院出版社,49-61.

周东华,Ding X,2000.容错控制理论及其应用 [J].自动化学报,26(6):788-797.

周东华,胡艳艳,2009.动态系统的故障诊断技术 [J].自动化学报,35(6):748-758.

周东华,孙优贤,1994. 控制系统的故障检测与诊断技术 [M]. 北京:清华大学出版社.

Barua A，Khorasani K，2011. Hierarchical fault diagnosis and health monitoring in satellites formation flight [J]. IEEE Transactions on Systems, Man, and Cybernetics, Part C: Applications and Reviews, 41(2): 223-239.

Beard R V, 1971. Failure accommodation in linear systems through self-reorganization [D]. Massachusetts, USA: MIT.

Bertinetto L，Valmadre J，Henriques J F，et al.，2016. Fully-convolutional siamese networks for object tracking [C]// European Conference on Computer Vision (ECCV), Amsterdam, Netherland: 850-865.

Blackmore L，Acikmese B，Carson J M，2012. Lossless convexification of control constraints for a class of nonlinear optimal control problems [J]. Systems & Control Letters, 61(8): 863-870.

Bolme D S，Beveridge J R，Draper B A，et al.，2010. Visual object tracking using adaptive correlation filters [C]// IEEE Conference on Computer Vision and Pattern Recognition (CVPR), Heraklion, Greece: 2544-2550.

Brown N，Sandholm T，2019. Superhuman AI for multiplayer poker [J]. Science, 365(6456): 2400.

Butt A A，Collins R T，2014. Multi-target tracking by lagrangian relaxation to min-cost network flow [C]// IEEE Conference on Computer Vision and Pattern Recognition (CVPR), Zurich, Switzerland: 1846-1853.

Carrasco R A，Nnez F，Cipriano A，2011. Fault detection and isolation in cooperative mobile robots using multilayer architecture and dynamic observers [J]. Robotica, 29(4): 555-562.

Cavallanti G，Cesa-Bianchi N，Gentile C，2007. Tracking the best hyperplane with a simple budget perceptron [J]. Machine Learning, 69(2/3):143-167.

Censi A，Slutsky K，Wongpiromsarn T，et al.，2019. Liability, ethics, and culture-aware behavior specification using rulebooks [C]// International Conference on Robotics and Automation (ICRA), Montreal, Canada: 1120-1124.

Chen G，Song Y D，2014. Fault-tolerant output synchronisation control of multi-vehicle systems [J]. IET Control Theory and Applications, 8(8):574-584.

Chen L C，Papandreou G，Kokkinos I，et al.，2017. DeepLab: Semantic image segmentation with deep convolutional nets, atrous convolution, and fully connected CRFS [J]. IEEE Transactions on Pattern Analysis and Machine Intelligence, 40(4): 834-848.

Daigle M J，Koutsoukos X D，Biswas G，2007. Distributed diagnosis in formations of mobile robots [J]. IEEE Transactions on Robotics, 23(2): 353-369.

Danelljan M，Häger G，Khan F S，et al.，2014. Accurate Scale Estimation for Robust Visual Tracking [C]// British Machine Vision Conference (BMVC), Nottingham, UK: 1-11.

Davoodi M，Meskin N，Khorasani K，2016. Simultaneous fault detection and consensus control design for a network of multi-agent systems [J]. Automatica, 66: 185-194.

Dekel O，Shalev-Shwartz S，Singer Y，2008. The forgetron: A kernel-based perceptron on a budget [J]. Advances in Neural Information Processing Systems, 37(5): 1342-1372.

Dohmatob E, 2018. Limitations of adversarial robustness: Strong no free lunch theorem [J]. arXiv preprint, arXiv:1810.04065.

Doersch C, Gupta A, Efros A A, 2015. Unsupervised visual representation learning by context prediction [C]// IEEE International Conference on Computer Vision (ICCV), Santiago, Chile: 667-676.

Duchi J, Singer Y, 2009. Efficient online and batch learning using forward backward splitting [J]. Journal of Machine Learning Research, 10(18): 2899-2934.

El R O, Rosman G, Wetzler A, et al., 2015. RGBD-fusion: Real-time high precision depth recovery [C]// IEEE Conference on Computer Vision and Pattern Recognition (CVPR), Boston, USA: 1427-1436.

Ernest N, Carroll D, Schumacher C, et al., 2016. Genetic fuzzy based artificial intelligence for unmanned combat aerial vehicle control in simulated air combat missions [J]. Journal of Defense Management, 6(144): 1000144.

Frazzoli E, Dahleh M A, Feron E, 2002. Real-time motion planning for agile autonomous vehicles [J]. Journal of Guidance, Control, and Dynamics, 25(1): 362-374.

Fried D, Hu R, Cirik V, et al., 2018. Speaker-follower models for vision-and-language navigation [J]. arXiv preprint, arXiv:1806.02724.

Friedman A, Steinberg D, Pizarro O, et al., 2011. Active learning using a variational dirichlet process model for pre-clustering and classification of underwater stereo imagery [C]// International Conference on Intelligent Robots and Systems, San Franciso, USA: 1533-1539.

Ge W, Fang C Z, 1988. Detection of faulty components via robust observation [J]. International Journal of Control, 47(2): 581-599.

Geiger A, Lenz P, Urtasun R, 2012. Are we ready for autonomous driving? The kitti vision benchmark suite [C]// IEEE Conference on Computer Vision and Pattern Recognition (CVPR), Providence, USA: 3354-3361.

Gidaris S, Singh P, Komodakis N, 2018. Unsupervised representation learning by predicting image rotations [J]. arXiv preprint, arXiv:1803.07728.

Girshick R, 2015. Fast R-CNN [C]// IEEE International Conference on Computer Vision (ICCV), Santiago, Chile: 1440-1448.

Girshick R, Donahue J, Darrell T, et al., 2014. Rich feature hierarchies for accurate object detection and semantic segmentation [C]// IEEE Conference on Computer Vision and Pattern Recognition (CVPR), Columbus, USA: 580-587.

Hazirbas C, Ma L, Domokos C, et al., 2016. FuseNet: Incorporating depth into semantic segmentation via fusion-based CNN architecture [C]//Asian Conference on Computer Vision (ACCV), Taipei, China: 1063-1068.

He K, Gkioxari G, Dollár P, et al., 2017. Mask R-CNN [C]// IEEE International Conference on Computer Vision (ICCV), Venice, Italy: 2961-2969.

Henaff O J, Razavi A, Srinivas A, et al., 2019. Data-efficient image recognition with contrastive predictive coding [J]. arXiv preprint, arXiv:1905.09272.

Hoel C J, Wolff K, Laine L, 2018. Automated speed and lane change decision making using deep reinforcement learning [C]// 21st International Conference on Intelligent Transportation Systems(ITSC), Big Island, USA: 763-778.

Hong J, 2009. Data fusion of LiDAR and image data for generation of a high-quality urban DSM [C]// Joint Urban Remote Sensing Event, Shanghai, China: 365-372.

Huang Y S, Suen C Y, 1995. A method of combining multiple experts for the recognition of unconstrained handwritten numerals [J]. IEEE Transactions on Pattern Analysis and Machine Intelligence, 17(1): 90-94.

Igl M, Zintgraf L, Le T A, et al., 2018. Deep variational reinforcement learning for POMDPs [J]. arXiv preprint, arXiv:1806.02426.

Jadbabaie A, Jie L, Morse A S, 2003. Coordination of groups of mobile autonomous agents using nearest neighbor rules [J]. IEEE Transactions on Automatic Control, 48(6): 988-1001.

Jain S, Wang X, Gonzalez J E, 2019. Accel: A corrective fusion network for efficient semantic segmentation on video [C]// IEEE Conference on Computer Vision and Pattern Recognition (CVPR), Long Beach, USA: 8866-8875.

Jiang J, Lai Y C, 2019. Irrelevance of linear controllability to nonlinear dynamical networks [J]. Nature Communications (10):3961.

Ke L, Li X, Bisk Y, et al., 2019. Tactical rewind: Self-correction via backtracking in vision-and-language navigation [J]. arXiv:1903.02547v1.

Kim D Y, Jeon M, 2014. Data fusion of radar and image measurements for multi-object tracking via Kalman filtering [J]. Information Sciences, 278:641-652.

Kittler J, Hatef M, Duin R P W, et al., 1998. On combining classifiers [J]. IEEE Transactions on Pattern Analysis and Machine Intelligence, 20(3): 226-239.

Kuffner J J, LaValle S M, 2000. RRT-connect: An efficient approach to single-query path planning [C]// IEEE International Conference on Robotics and Automation (ICRA), San Francisco, USA: 995-1001.

Kuncheva L I, Bezdek J C, Duin R P W, 2001. Decision templates for multiple classifier fusion: An experimental comparison [J]. Pattern Recognition, 34(2): 299-314.

Lai K, Bo L, Ren X, et al., 2011. A large-scale hierarchical multi-view RGB-D object dataset [C]// IEEE International Conference on Robotics and Automation (ICRA), Shanghai, China: 786-801.

Langford J, Li L, Zhang T, 2008. Sparse online learning via truncated gradient [J]. Journal of Machine Learning Research, 10(2): 777-801.

Leonard J J, Durrant-Whyte H F, 1991. Mobile robot localization by tracking geometric beacons [J]. IEEE Transactions on Robotics and Automation, 7(3): 376-382.

Lesort T, Lomonaco V, Stoian A, et al., 2019. Continual learning for robotics [J]. arXiv preprint, arXiv:1907.00182.

Li Y, 2017. Deep reinforcement learning: An overview [J]. arXiv preprint, arXiv:1701.07274.

Li Y, Zhu J, 2014. A scale adaptive kernel correlation filter tracker with feature integration [C]// European Conference on Computer Vision (ECCV), Zurich, Switzerland: 254-265.

Lin K, Lu J, Chen C S, et al., 2016. Learning compact binary descriptors with unsupervised deep neural networks [C]// IEEE Conference on Computer Vision and Pattern Recognition (CVPR), Las Vegas, USA: 1183-1192.

Lipshitz R, Klein G, Orasanu J, et al., 2011. Taking stock of naturalistic decision making [J]. Journal of Behavioral Decision Making, 14(5): 331-352.

Liu W, Anguelov D, Erhan D, et al., 2016. SSD: Single shot multibox detector [C]// European Conference on Computer Vision (ECCV). Amsterdam, Netherlands: 1163-1182.

Long J, Shelhamer E, Darrell T, et al., 2015. Fully convolutional networks for semantic segmentation [C]// IEEE Conference on Computer Vision and Pattern Recognition (CVPR), Boston, USA: 3431-3440.

Lowe D G, 2004. Distinctive image features from scale-invariant keypoints [J]. International Journal of Computer Vision, 60(2): 91-110.

Meskin N, Khorasani K, Rabbath C, 2010. A hybrid fault detection and isolation strategy for a network of unmanned vehicles in presence of large environmental disturbances [J]. IEEE Transactions on Control Systems Technology, 18(6): 1422-1429.

Meskin N, Khorasaniy K, 2009. Fault detection and isolation of discrete-time Markovian jump linear systems with application to a network of multi-agent systems having imperfect communication channels [J]. Automatica, 45(9): 2032-2040.

Micalizio R, Torasso P, Torta G, 2006. On-line monitoring and diagnosis of a team of service robots: A model-based approach [J]. AI Communications, 19(4): 313-340.

Milan A, Leal-Taix'e L, Reid I, et al., 2016. MOT16: A benchmark for multi-object tracking [J]. arXiv preprint, arXiv:1603.00831.

Minsky M L, 1988. The Society of Mind [M]. New York, USA: Simon &. Schuster.

Muller P, Omidshafiei S, Rowland M, et al., 2019. A generalized training approach for multiagent learning [C]//IEEE International Symposium on Multi-Robot and Multi-Agent Systems (MRS), New Brunswich, USA: 336-352.

Nam H, Han B, 2016. Learning multi-domain convolutional neural networks for visual tracking [C]// IEEE Conference on Computer Vision and Pattern Recognition (CVPR), Las Vegas, USA: 4293-4302.

Niederlinski A, 1971. A heuristic approach to the design of interacting multi variable systems [J]. Automatica, 7:691-701.

Nigam I, Huang C, Ramanan D, 2018. Ensemble knowledge transfer for semantic segmentation [C]// IEEE Winter Conference on Applications of Computer Vision (WACV), San Diego, USA: 1499-1508.

Okuma K, Taleghani A, De Freitas N, et al., 2004. A boosted particle filter: Multitarget detection and tracking [C]//European Conference on Computer Vision (ECCV), Zurich, Switzerland: 28-39.

Olivas E S, Guerrero J, Martinez-Sober M, et al., 2009. Handbook of Research on Machine Learning Applications and Trends: Algorithms, Methods, and Techniques: Algorithms, Methods, and Techniques [M]. Hershey, USA: IGI Global.

Orabona F, Keshet J, Caputo B, 2009. Bounded kernel-based online learning [J]. Journal of Machine Learning Research, 10(6): 2643-2666.

Peng X B, Andrychowicz M, Zaremba W, et al., 2017. Sim-to-real transfer of robotic control with dynamics randomization [J]. arXiv preprint, arXiv:1710.06537.

Pohl C, Genderen J, 1998. Multisensor image fusion in remote sensing: Concepts, methods and applications [J]. International Journal of Remote Sensing, 19(5): 823-854.

Qu L, He S, Zhang J, et al., 2016. RGBD salient object detection via deep fusion [J]. IEEE Transactions on Image Processing, 5(26): 2274-2285.

Redmon J, Divvala S, Girshick R, et al., 2016. You only look once: Unified, real-time object detection [C]// IEEE Conference on Computer Vision and Pattern Recognition (CVPR), Las Vegas, USA: 779-788.

Ren S, He K, Girshick R, et al., 2015. Faster R-CNN: Towards real-time object detection with region proposal networks [J]. IEEE Transactions on Pattern Analysis and Machine Intelligence, 39(6): 1137-1149.

Reppa V, Polycarpou M M, Panayiotou C G, et al., 2016. Sensor Fault Diagnosis [J]. Foundations & Trends in Systems & Control, 3(1-2): 1-248.

Ronneberger O, Fischer P, Brox T, 2015. U-net: Convolutional networks for biomedical image segmentation [J]. International Conference on Medical Image Computing and Computer-assisted Intervention, 6(2): 234-241.

Rosenblatt F, 1958. The perceptron: A probabilistic model for information storage and organization in the brain [J]. Psychological Review, 65(6): 386-408

Rublee E, Rabaud V, Konolige K, et al., 2011. ORB: An efficient alternative to SIFT or SURF [C]// IEEE International Conference on Computer Vision (ICCV), Barcelona, Spain: 2.

Shalev-Shwartz S, Shammah S, Shashua A, 2016. Safe, multi-agent, reinforcement learning for autonomous driving [J]. arXiv preprint, arXiv: 1610.03295.

Shames I, Teixeira A, Sandberg H, et al., 2012. Distributed fault detection and isolation with imprecise network models [C]//American Control Conference (ACC), Montréal, Canada: 763-771.

Shen F, Yan X, Li L, et al., 2018. Unsupervised deep hashing with similarity-adaptive and discrete optimization [J]. IEEE Transactions on Pattern Analysis and Machine Intelligence, 99(1): 1-12.

Skardal P S, Arenas A, 2015. Control of coupled oscillator networks with application to microgrid technologies [J]. Science Advances, 1(7): e1500339.

Tang Y, Wang Z, Lu J, et al., 2018. Multi-stream deep neural networks for RGB-D egocentric action recognition [J]. IEEE Transactions on Circuits and Systems for Video Technology, 99:1.

Teixeira A, Sandberg H, Johansson K H, 2010. Networked control systems under cyber attacks with applications to power networks [C]// American Control Conference (ACC), Baltimore, USA: 37-56.

Tuia D, Volpi M, Moser G, 2018. Decision fusion with multiple spatial supports by conditional random fields [J]. IEEE Transactions on Geoscience and Remote Sensing, 56(6): 3277-3289.

Uijlings J R R, VD Sande K E A, Gevers T, et al., 2013. Selective search for object recognition [J]. International Journal of Computer Vision, 104(2): 154-171.

Valdes A, Khorasani K, 2010. A pulsed plasma thruster fault detection and isolation strategy for formation flying of satellites [J]. Applied Soft Computing, 10(3): 746-758.

Veres S M, Molnar L, Lincoln N K, et al., 2011. Autonomous vehicle control systems: A review of decision making [J]. Proceedings of the Institution of Mechanical Engineers Part I: Journal of Systems & Control Engineering, 225(12): 155-195.

Vicsek T, Czirok A, Jacob E B, et al., 1995. Novel type of phase transitions in a system of self-driven particles [J]. Physical Review Letters, 75(6): 1226-1229.

Waldrop M M, 2019. News feature: What are the limits of deep learning? [J]. Proceedings of the National Academy of Sciences, 116(4): 1074-1077.

Wang C, Shang W, Sun D, 2011. Monitoring malfunction in multirobot formation with a neural network detector [J]. Proceedings of the Institution of Mechanical Engineers Part I: Journal of Systems and Control Engineering, 225(18): 1163-1172.

Wang C, Xu D, Zhu Y, et al., 2019. DenseFusion: 6D object pose estimation by iterative dense fusion [J]. arXiv preprint, arXiv:1901.04780v1.

Wang L, Ouyang W, Wang X, et al., 2016. STCT: Sequentially training convolutional networks for visual tracking [C]// IEEE Conference on Computer Vision and Pattern Recognition (CVPR), Las Vegas: 1373-1381.

Wang Q, Zhang L, Bertinetto L, et al., 2019. Fast online object tracking and segmentation: A unifying approach [C]// IEEE Conference on Computer Vision and Pattern Recognition (CVPR), Long Beach, USA: 1127-1136.

Wang X, Huang Q, Celikyilmaz A, et al., 2019. Reinforced cross-modal matching and self-supervised imitation learning for vision-language navigation [C]// IEEE Conference on Computer Vision and Pattern Recognition (CVPR), Long Beach, USA: 1028-1033.

Wang Z, Lu J, Lin R, et al., 2016. Correlated and individual multi-modal deep learning for RGB-D object recognition [J]. arXiv preprint, arXiv:1604.01655.

Weis M, Müller S, Liedtke C E, et al., 2005. A framework for GIS and imagery data fusion in support of cartographic updating [J]. Information Fusion, 6(4): 311-317.

Werfel J, Petersen K, Nagpal R, 2014. Designing collective behavior in a termite-inspired robot construction team [J]. Science, 343(6172): 754-758.

Williams G, Drews P, Goldfain B, et al., 2017. Information theoretic model predictive control: Theory and applications to autonomous driving [J]. IEEE Transactions on Robotics, 34(6):1152-1165

Willsky A S, 1976. A survey of design methods for failure detection in dynamic systems [J]. Automatica (12): 601-611.

Wu B, Wan A, Yue X, et al., 2018. SqueezeSeg: Convolutional neural nets with recurrent CRF for real-time road-object segmentation from 3D LiDAR point cloud [C]// IEEE International Conference on Robotics and Automation (ICRA), Brisbane, Australia: 1887-1893.

Wu L, Zhi L, Song H, et al., 2018. RGBD co-saliency detection via multiple kernel boosting and fusion [J]. Multimedia Tools & Applications, 77(5): 1-15.

Xiang Y, Alahi A, Savarese S, 2015. Learning to track: Online multi-object tracking by decision making [C]// IEEE International Conference on Computer Vision (ICCV), Santiago, Chile: 4705-4713.

Xiao L, 2009. Dual averaging method for regularized stochastic learning and online optimization [C]// Conference on Neural Information Processing Systems, Vancouver, Canada: 2543-2596.

Yang G Z, Bellingham J, Dupont P E, et al., 2018. The grand challenges of science robotics [J]. Science Robotics, 3(14): 76-80.

Yarowsky D, 1995. Unsupervised word sense disambiguation rivaling supervised methods [J]. Association for Computational Linguistics, 11(4): 189-196.

Yun S, Choi J, Yoo Y, et al., 2017. Action-decision networks for visual tracking with deep reinforcement learning [C]// IEEE Conference on Computer Vision and Pattern Recognition (CVPR), Honolulu, USA: 2711-2720.

Zamir A R, Dehghan A, Shah M, 2012. GMCP-tracker: Global multi-object tracking using generalized minimum clique graphs [C]// European Conference on Computer Vision (ECCV), Florence, Italy: 343-356.

Zhang C, Sargent I, Pan X, et al., 2018. VPRS-based regional decision fusion of CNN and MRF classifications for very fine resolution remotely sensed images [J]. IEEE Transactions on Geoscience and Remote Sensing, 56(8): 4507-4521.

Zhang H, Liu L, Long Y, et al., 2018. Unsupervised deep hashing with pseudo labels for scalable image retrieval [J]. IEEE Transactions on Image Processing, 27(4): 1626-1638.

Zhang L, Li Y, Nevatia R, 2008. Global data association for multi-object tracking using network flows [C]// IEEE Conference on Computer Vision and Pattern Recognition (CVPR), Anchorage, USA: 1-8.

Zhang R, Isola P, Efros A A, 2016. Colorful image colorization [C]// European Conference on Computer Vision (ECCV), Amsterdam, Netherlands: 1063-1067.

Zhang Y, Jiang J, 2008. Bibliographical review on reconfigurable fault-tolerant control systems [J]. Annual Reviews in Control, 32(2): 229-252.

Zhu X, Xiong Y, Dai J, et al., 2017. Deep feature flow for video recognition [C]// IEEE Conference on Computer Vision and Pattern Recognition (CVPR), 2349-2358.

Zuo Z Q, Zhang J, Wang Y J, 2015. Adaptive fault-tolerant tracking control for linear and Lipschitz nonlinear multi-agent systems [J]. IEEE Transactions on Industrial Electronics, 62(6): 3923-3931.

第 2 章

无人机智能技术

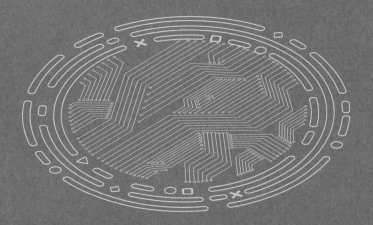

2.1 研究背景

无人机(unmanned aerial vehicle,UAV)又名无人驾驶航空器,是无人驾驶飞机的简称,是利用无线电遥控设备和自备的程序控制装置操纵的不需要驾驶员的飞行器(Wikipedia,2016)。因此,无人机属于一种典型的自主式高级无人系统。无人机通常用于数据搜集,完成监视、监测与侦察等任务(Nagaty et al.,2013),并正在向具有人员/货物运输、作战攻击等有人驾驶飞机所具备的各项能力发展。

无人机的历史可以追溯到20世纪初,几乎与以1903年12月17日莱特兄弟成功实现人类第一次载人飞行为标志的有人驾驶飞机同步出现。无人机以遥控飞行器的形式出现,第一架遥控航模无人机于1909年在美国成功试飞(OSD,2002)。

军事需求推动了无人机的不断发展。1915年,德国西门子(Siemens)公司成功研制采用伺服控制装置和指令制导的滑翔炸弹,被公认是有控无人机的先驱。1921年,英国研制成可付诸使用的第一架无人驾驶遥控靶机。随着无线电通信、电子、自动控制、计算机、导航定位等现代高新技术的大量涌现,无人机的研究与应用从20世纪后半叶开始迅速发展。各种应用需求,特别是要求越来越高的军事应用需求,大大提高了对无人机的自主性要求。为了提升无人机的自主性,各种先进技术得到应用并获得强有力的深入研究动力。人工智能技术就是实现无人机自主性最重要的途径之一。

无人机的自主性与其自我操控、外部感知、任务规划以及任务设备协调等各方面能力都紧密相关。因此,无人机智能技术研究几乎覆盖了与无人机自主性相关的所有方面,正在蓬勃发展。

根据应用领域的不同,无人机可以分为军用无人机与民用无人机两大类。军用无人机是武器的一种,主要用于监视、侦察、电子对抗、攻击和伤害评估等。与军用无人机相比,民用无人机具有更广泛的应用范围,可应用于环境监测、资源勘查、农业测绘、交通管制、货物运输、天气预报、航空摄影、灾害搜救、输电线路和铁路线路巡查等。在可靠性、稳定性、续航里程、载重量等方面,军用无人机占有绝对优势,而在自主性、灵活性、便携性、智能性等方面,民用无人机绝不逊色于军用无人机。

2.1.1 军用无人机研究现状

各国无人机在各类战争中发挥了重要作用(Wikipedia,2016)。频繁的测试与实战使军用无人机技术得到了突飞猛进的发展。目前,最先进和著名的军用无人机包括全球鹰无人机、捕食者无人机、X47-B舰载无人机、火力侦察兵无人直升机等,如图2.1.1所示。

(a)全球鹰无人机

(b)捕食者无人机

(c)X47-B舰载无人机

(d)火力侦察兵无人直升机

图2.1.1　国外具有代表性的先进军用无人机

与西方国家相比,我国军用无人机的研发与应用起步较晚,在空气动力、发动机、高精度导航等方面还有一定的差距。但我国的军用无人机技术目前正处于快速发展阶段,在现有的水平上,已经取得了相当大的成果,尤其在无人机的自主能力方面,已经与国外军用无人机技术相当并有超越的趋势(Hsu,2013)。目前,我国的军用无人机工业已经具有很强的实力,翼龙、CH等无人机系列均已投入战场或列入部队装备,且表现出很好的实战性能,在国内外享有很高的声誉,如图2.1.2所示。

(a)翼龙Ⅱ无人机

(b)CH-5无人机

(c)AV500W无人武装直升机

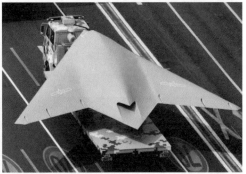
(d)攻击-11无人机

图2.1.2　国产具有代表性的先进军用无人机

2.1.2　民用无人机研究现状

虽然军用无人机技术在总体水平上比民用无人机先进,但在自主性方面,民用无人机并不一定逊色。随着国内无人机政策的规范和低空空域改革的深化,民用无人机技术与产业迅猛发展(Canis,2015)。目前,民用无人机的应用主要集中于农林植保、影视航拍、电力巡检等领域,并在快递物流、城市交通等方面开始尝试,如图2.1.3所示。

民用无人机主要分为固定翼(Chao et al.,2010)和旋翼(Kendoul,2012)两大类,由于大部分工农业生产空中作业条件为低空低速环境,因此旋翼类无人机在民用无人机领域具有主流地位。随着通信、传感器、嵌入式系统等发展,民用无人机的自主性大大提高。先进的民用无人机不仅可以做到自主起飞与降落、自主航

（a）航拍无人机　　　　　　　　　　　（b）植保无人机

（c）电力巡检无人机　　　　　　　　　　（d）快递无人机

（e）交通无人机　　　　　　　　　　（f）无人机编队灯光秀

（g）复合翼无人机Ⅰ　　　　　　　　　（h）复合翼无人机Ⅱ

图 2.1.3　具有代表性的民用无人机

线飞行,还可以实现自主障碍物检测与避让、无人机群自主编队飞行和一定的集群配合(Wang et al., 2007)。因此,从自主能力上看,民用无人机在某些方面已经超过军用无人机。

近年来,由于民用无人机需求的多样化和技术的进步,除了传统的固定翼和旋翼无人机以外,又发展出了一些新结构的无人机,如旋翼可倾转无人机、可垂直起降复合翼无人机(又称垂直起降固定翼无人机)等。其中,可垂直起降复合翼无人机兼具旋翼无人机和固定翼无人机的优势,具有起降方便、巡航模态能耗低、续航时间长等特点,特别适合于长距离巡航检测任务,可用于电力线、输油管线和铁路线的日常巡查与异常故障定位等。

2.1.3　无人机发展趋势

随着各方面技术的发展和进步,无人机未来的发展趋势是多元化的。然而,作为一个智能无人系统,无论是军用还是民用,其未来的发展趋势必定是朝着人工干预少、自主性强、智能化程度高的方向发展。无人机在2050年以前的智能技术发展趋势如图2.1.4所示。下面将从三个方面阐述其发展趋势。

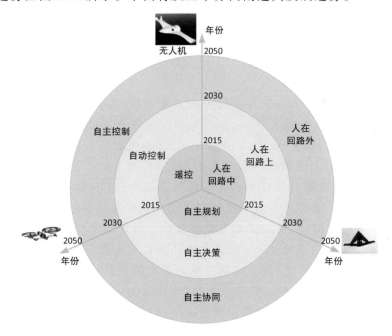

图2.1.4　无人机智能技术发展趋势

1.控制系统特点角度

无人机在自主控制方面可以划分为多个级别。一般情况下,我们可以将自主控制级别划分为遥控、自动控制和自主控制三个级别。目前,大部分无人机已经达到自动控制的级别,即自动的姿态控制、速度控制、位置控制以及飞行轨迹控制

(Kendoul,2012)。但这些控制理论与技术仍然是预编程的确定性行为,并没有体现无人机的智能化与自主性。随着传感器技术的发展和嵌入式计算能力的提升,未来无人机的自主控制能力将得到极大的提升,当飞行环境中存在碰撞风险或任务条件发生变化时,无人机有自主控制自身飞行状态的能力,而不再机械地按照既定的航线飞行。当异常状况消失时,无人机能够切换至原有航线(Fang et al.,2017)。具备自主控制能力的未来无人机的主要特点是飞行控制带有不确定性,但是其安全性和灵活性则大大提高。

2.人-机关系角度

人-机关系(Hoc,2000)的变化是未来无人机的又一发展趋势(Gupta et al.,2013)。早期的无人机系统都是"人在回路中"(man-in-the-loop)的工作模式,无人机的运行离不开人的操作和干预。发展到现阶段,无人机的人-机关系开始转向"人在回路上"(man-on-the-loop)的模式,即无人机按照预先设定的程序执行任务,而人的角色只是作为一个监控者,监视无人机运行是否正常。随着无人机软硬件可靠性的提高和自主能力的提升,未来的无人机系统中,人-机关系将进一步分离,人将只是作为无人机任务的命令下达者,无须再对无人机进行实时的监视和控制,我们将这种操作模式称为"人在回路外"(man-off-the-loop)模式。具备人机完全分离级别的无人机系统将具有更高级别的安全性和可靠性,成为真正的智能无人系统。

3.智能化的角度

智能化是未来无人机自主性能提升的必要条件。无人机的智能化主要体现在自主航迹规划能力(Tisdale et al.,2009)、自主任务决策能力(Ren et al.,2010)和自主群体协同能力(Maza et al.,2010)。自主航迹规划是无人机智能化的第一个趋势,目前大部分无人机的航迹都是人为指定的,效率低下且缺乏灵活性。未来的无人机应当能够根据具体任务和相应的约束条件,自主规划并优化航迹,当约束条件发生变化时,能够自主地调整航迹。无人机智能化的第二个趋势是对于任务的理解、分解和决策能力,未来无人机在面对复杂任务时,将不需要人工进行指派和决策,而是能够自主地进行决策,完成任务。无人机智能化的高级阶段即第三个趋势,必定是群体智能,无人机群往往由多架同构或异构的无人机组成,相互之间应当具有自主协调、冲突消解的能力,使群体的效益最大化。未来智能化的无人机的特点是能够高效、完备和协调完成复杂任务。

总之,随着技术的进步、管理的规范化和政策的开放,未来无人机系统将成为一个真正的自主式高级无人系统。至2020年,全球无人机技术自主水平达到了美国国防部发布的2005—2030年无人机系统路线图10级中的7~8级,无人机系统将广泛应用于许多民事应用。到2030年,无人机的自主级别将进一步提高至9~10级,航空航天和其他行业的无人机应用覆盖率将达到50%。

2.2　研究领域概述

通过对无人机研究现状的评估和未来 15 年无人机技术发展的预测,无人机智能技术的研究领域主要围绕三大方面:①面向单无人机系统自主能力提升的单机核心技术研究;②面向多无人机系统或群体无人机系统自主能力提升的多机核心技术研究;③在单机和多机核心技术研究的基础上,无人机相关支撑平台核心技术的研究与开发。主要研究领域的架构如图 2.2.1 所示。

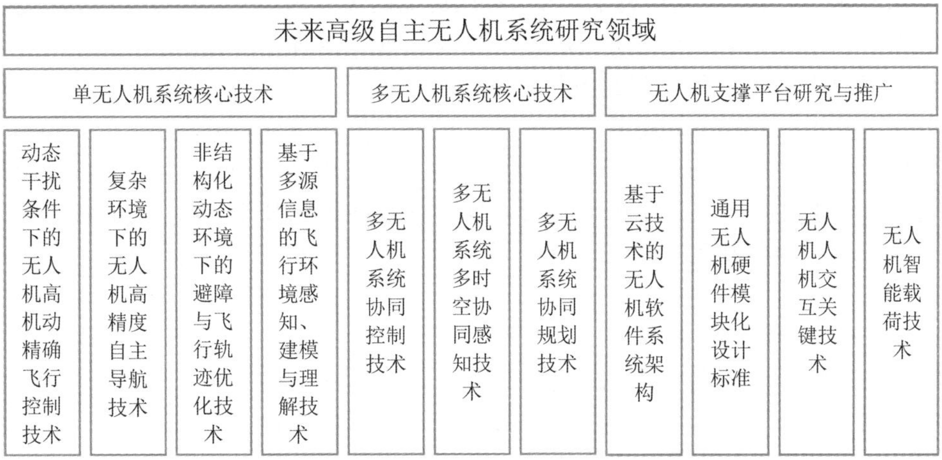

未来高级自主无人机系统研究领域			
单无人机系统核心技术	多无人机系统核心技术	无人机支撑平台研究与推广	
动态干扰条件下的无人机高机动精确飞行控制技术 / 复杂环境下的无人机高精度自主导航技术 / 非结构化动态环境下的避障与飞行轨迹优化技术 / 基于多源信息的飞行环境感知、建模与理解技术	多无人机系统协同控制技术 / 多无人机系统多时空协同感知技术 / 多无人机系统协同规划技术	基于云技术的无人机软件系统架构 / 通用无人机硬件模块化设计标准 / 无人机人交互关键技术 / 无人机智能载荷技术	

图 2.2.1　高级自主无人机系统研究领域框架

2.2.1　单无人机智能技术研究

1. 无人机高机动精确飞行控制技术

无人机的飞行控制技术已日趋成熟,但现有的控制器只能对无人机进行常规控制,如平衡点附近的悬停、一定速度的水平前飞与侧向飞行、一定半径范围的协调转弯飞行等,无法实现人类驾驶飞机时所做的高精度机动飞行,且在有大风和其他动态干扰情况下,也无法保证飞行的稳定性和精确性。这样的现状使得无人机的飞行包线范围有限,使用场景也受到了很大的限制,特别是军用无人机,其飞行动作需要有一定的机动性,否则无法保证作战性能。因此,研究动态干扰条件下的无人机高机动精确飞行控制技术具有非常重要的意义。其具体研究方向包括基于在线学习的无人机非线性建模理论,基于学习机制的控制理论与方法研究,变结构、变参数和变翼型智能飞行控制技术等。

2. 无人机高精度自主导航技术

无人机需要在多种环境下飞行,包括高空、低空、室内、室外、城市、郊区、丛林等。依赖于全球卫星定位系统或室内运动捕捉系统的导航方式虽然可以提供非常精确的导航信息,但严重制约了无人机的应用场合。因此,研究无人机全自主的导航理论和方法,是提升无人机适应性和自主性的关键研究内容。如何通过多源传感器的信息融合,实现无人机在自感知条件下的精确运动估计,是一个极具挑战的难题。其目标是实现无人机在复杂环境与飞行条件下精确稳定地定位与姿态解算,使之最终能适应光照强度变化、雨雪雾等复杂天气、白天与黑夜环境、室内与室外环境等条件下的稳定自主导航。

3.无人机飞行轨迹优化与避障技术

无人机的运动是在三维空间中进行的,飞行环境中经常会出现动态与静态的各类障碍物,如何避开障碍物的影响,实现最优的飞行轨迹,是无人机在空中进行安全作业的重要保障,也是无人机自主能力的重要体现。因此,研究无人机在动态环境下的飞行轨迹优化与避障技术非常迫切。其主要研究内容包括:全局路径规划与优化方法、避障模式下的动态飞行轨迹优化与生成、静态与动态障碍物并存条件下的避障理论与技术等。如何将多目标优化理论、深度学习理论等成果进行结合和创新,研究出一种新型的无人机飞行轨迹优化技术,是一项非常大的挑战。期望最终能够使无人机在丛林、城市、室内等非结构化环境中实现安全、无碰撞的快速飞行。

4.无人机环境感知、建模与理解技术

不论是哪一类型的无人机,都需要在特定的环境中执行相应的任务。因此,无人机需要与环境发生交互,而交互的前提是能对环境进行有效的感知、建模和理解。目前,机器人领域的环境感知与理解研究仍然处于初级阶段,特别是对于环境的准确理解,还存在很大困难。而无人机在飞行过程中的环境感知视角比机器人更加灵活,其可以进行快速多视角地观测,也可以同时实现多传感器的环境数据获取。因此,将无人机作为一个环境感知的平台,从空中视角研究三维环境的感知、建模与理解很有意义。其具体研究内容包括环境感知数据的表达与存储、环境中目标的分割与识别、对环境的语义分析和理解等。通过有效的理论和方法对环境进行感知,最终形成可以使用的几何地图、温度场地图、感兴趣目标地图和语义地图等,将对无人机领域产生非常重要的影响。

2.2.2 多无人机智能技术研究

1.多无人机系统协同控制技术

多架无人机协同作业是无人机执行复杂任务的有效方式之一。由于通信能力的限制,在实际作业系统中,无人机群的集中式控制难以实现,分布式的、同构或异构的无人机群如何协同控制,是需要解决的问题。多无人机协同作业时,如执行集结和区域覆盖等作业时,无人机之间的相对位置或姿态要满足某些指定的关系,同时无人机群的中心轨迹要满足指定的航迹要求。因此协同控制问题可以描述为多无人机编队控制问题,包括队形产生、队形控制和队形变换等问题。无

人机个体间的相互作用或运动关系由机体间的通信能力和相对位置决定,可由机体间相互作用(通信)的拓扑关系来描述。如何实现无人机集群智能自主在线航迹规划、同构/异构无人机群的分布式自主协同鲁棒编队飞行、无人机集群智能自主编队变换,是目前待研究的问题。通信条件改变、无人机个体故障或失效等情况下的编队控制也是具有挑战性、值得研究的问题。

2. 多无人机系统多时空协同感知技术

单个无人机感知的范围有限,难以在短时间内对大面积环境进行精确的数据搜集和感知。因此,利用多架同构或异构的无人机进行多时空的协同感知是一个新问题。当多架无人机进行协同感知时,信息的拼接与融合是问题的关键。如何利用最少的无人机在最短的时间实现对环境的全覆盖感知,并对获得的环境数据进行快速的时空配准是要解决的核心问题。此外,多无人机协同感知获取的环境信息量远远大于单无人机系统获取的信息,因此如何从海量的信息中感知并获取有效的信息,实现对大范围环境态势的理解是一个非常有挑战性的问题。该研究内容的开展对于土地测绘、军事作战等领域具有非常重要的指导意义。

3. 多无人机系统协同规划技术

单个无人机在轨迹规划或任务规划过程中,约束条件和目标都比较单一,因此规划问题比较简单。然而,随着无人机构成一个庞大的群体,其约束条件和目标会呈现多元化。多无人机的协同规划技术包含的具体问题可以分为任务规划、飞行轨迹规划等,由于每架无人机的结构和特性(如续航时间、飞行高度、载重量)各不相同,因此,在任务规划与飞行轨迹规划时,如何将无人机的不同特点进行表达与量化,形成一个新的规划框架,是一个需要深入研究的课题。最终要实现对复杂任务的自动分解与自组织协调,将复杂任务自动分解成多个单一的子任务,分配给不同的无人机执行,并根据性能要求和无人机配置实现不同任务的协调优化。

2.2.3　无人机支撑平台研究与推广

单无人机系统与多无人机系统核心技术的研究与验证需要依赖相应的无人机支撑平台。因此,大力推进无人机系统支撑平台的研究和建设,有利于无人机相关核心理论与技术的进步。其主要内容包括无人机系统的三大支撑,即软件系统支撑、硬件系统支撑、人机交互与人机共融系统支撑。具体研究内容包括:①基于云技术的无人机软件系统架构;②无人机硬件模块化设计标准;③无人机的人机交互与人机共融关键技术。根据目前的突出需求,建议推广与实施的高级自主无人机系统包括全自主电力巡检无人机系统、全自主农业植保无人机系统、全自主安防监控无人机系统等。

2.3 重点研究内容

2.3.1 无人机高机动精确飞行控制技术

飞行控制技术作为无人机的重要核心技术之一,一直是无人机领域和控制领域研究的热点,通过这些领域的专家和学者的不懈努力,固定翼、旋翼和扑翼等多种类型无人机的自动飞行控制已经成功实现。然而,现有的飞行控制技术都基于传统的数学建模和控制理论进行研究与实现,能完成的飞行动作都较为单一,如空中定点悬停、平滑的航线飞行、平稳地协调转弯飞行等。这些飞行控制技术的背后都是预编程的控制算法,这是一种确定性的控制行为,因此对飞行环境(室内与室外、低空与高空、山川与丛林等)和飞行条件(阵风、旋风、湍流等)的适应能力较差。此外,与人类驾驶飞机的性能相比,尤其是跟特技飞行和机动飞行相比(见图2.3.1),现有的飞行控制技术还远远不能达到该水准。因此,从对飞行条件的适应性和飞行的机动性这两个角度而言,现有的飞行控制技术只能算是无人机在一些线性模型或者弱非线性区域的自动控制过程,无法体现出无人机在控制方面的智能化特征。要想实现无人机的智能化控制技术,一方面需要使无人机能够在各种环境条件下进行自主的飞行控制律调整;另一方面,需要使无人机能够在一些强非线性的动力学区域做出像人类驾驶飞机一样的机动飞行动作,从而实现在复杂飞行条件下的高机动精确飞行。该领域需要重点展开的研究内容包括:①基于在线学习的无人机非线性建模理论;②基于学习机制与进化机制的控制理论与方法研究;③变结构、变参数、变翼型智能飞行控制技术。

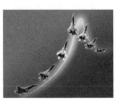

图2.3.1 各类飞行器的机动飞行

1.基于在线学习的无人机非线性建模理论

现有的无人机动力学模型建立主要有三种方式(见图2.3.2)。第一种方式是机理建模,即通过物理定律进行动力学方程的推导,可以给出无人机的微分方程模型或者状态空间模型。但是这类建模方法获得的理论模型与实际系统之间往往存在较大的偏差,即存在较大的建模不确定性。因此,基于此类模型设计的飞行控制器不仅飞行性能较差,而且很容易导致控制系统不稳定而发散。第二种方式是数据建模,即通过实验手段获取无人机系统输入与输出的数据,然后通过各种系统辨识的方法进行模型辨识。获取数据的方式可以是风洞中获取的飞行数据,也可以是遥控过程中采集的输入与输出数据。但是这类方法也具有一定的局限性,一方面,风洞中获取的数据与真实环境中的飞行数据存在着一定的偏差;另一方面,通过遥控飞行获取的飞行数据无法一般无法遍历整个飞行状态空间,因此通过数据辨识获取的模型只是真实模型的子模型,而且辨识过程也存在一定的误差。第三种方式是将机理建模与数据建模进行混合,即混合建模。首先,通过机理分析,得到无人机的飞行模型结构,并确定待辨识的参数集合;其次,通过测量或者数据辨识的方式进行参数的确定。混合建模的方式很好地解决了单一建模方式的缺陷,但是这类模型仍然没有考虑外界环境的不确定干扰条件,同时也无法得到瞬态大机动飞行所需的强非线性区域的动力学模型。

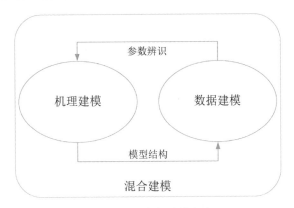

图 2.3.2　无人机建模方法

　　通过对以上无人机建模存在问题的分析,针对无人机的高机动精确飞行控制的需求,需要研究出一类基于在线学习机制的无人机强非线性区域的动力学建模方法。重点研究内容包括:①如何在保证飞行稳定的前提下,通过自发地产生适当的控制激励信号来获取相应的飞行数据;②如何基于在线获得的新飞行数据,实时地对系统模型进行在线辨识,并且对原有模型进行修正。

　　2.基于学习机制与进化机制的控制理论与方法研究

　　现有的无人机控制理论主要分为线性控制、非线性控制和智能控制三大类。由于无人机常规飞行的工作点大多是局部线性区域,因此 PID 控制是目前大部分无人机最常使用的控制方法。为了提升飞行性能和扩大飞行包线,往往会采用分段 PID 控制或者增益自适应 PID 控制等方法,但是这类方法比较工程化,没有很好的可扩展性和通用性。非线性控制方法虽然在理论上具有非常严格的数学证明,并且在鲁棒性、自适应能力上相对于线性控制方法也有很大的提升,但是其对于动力学模型的要求较高,建模误差会严重影响真实飞行性能,甚至导致飞行控制发散。智能控制在无人机飞行控制领域的研究尚不够成熟,主要的研究方法有模糊控制、神经网络控制、强化学习控制等,一般仅限于仿真阶段,很少真正应用于无人机的真实飞行控制,主要原因在于现有的智能控制方法收敛性慢、控制精度不高,很难适用于无人机的高精度、高动态飞行控制任务。除此之外,无人机的飞行控制律设计和参数调整过程并没有成熟而完善的流程,需要通过复杂的手工演算、计算机求解以及大量实验的试凑来完成。

与此同时,我们也观察到鸟类与昆虫在成长过程中,飞行技巧是逐步习得的,并且在长期的进化过程中,逐渐形成了各种独特的飞行性能,这些飞行性能有的用于躲避天敌,有的用于猎食。就鸟类与昆虫的飞行技术而言,其适应性、灵活性与机动性都要比无人机高得多。

综合以上飞行控制理论与技术存在的问题,并借鉴飞行生物的学习特性和进化特性,我们需要研究并提出一种新的无人机飞行控制理论框架,进一步提升无人机在飞行控制方面的智能化程度,尤其是从自主学习,自主控制律生成的角度。因此,我们需要重点研究的内容包括:①基于新飞行数据驱动的自学习控制理论方法研究;②无人机飞行过程中的控制器自我进化与优化方法研究;③基于学习与进化策略的无人机机动飞行控制方法研究等。

3.变结构、变参数、变翼型智能飞行控制技术

传统的无人机一般分为固定翼、旋翼和扑翼这几种类型(见图2.3.3),气动布局一般也都是固定不变的。这样的飞行器在动力学模型上没有太大的调整空间,很容易导致飞行器产生如执行器饱和、结构强度超过极限等问题。因此,传统无人机往往无法同时适应多种飞行环境、飞行条件和飞行任务的要求。

图 2.3.3   不同翼型的无人机

为了解决上述问题,人们提出了变结构、变参数与变翼型的混合翼型无人机,如图2.3.4所示。这类飞行器相比传统的飞行器,其在结构与翼型上可变,且得到了多种翼型的优势互补,同时在操纵的灵活性、机动性上提升明显,飞行包线也得到了较大的扩展。但同样也带来了飞行控制上的挑战,由于其动力学模型在变结构、变参数与变翼型过程中会发生非常显著的变化,所以很难用一套控制律对无人机进行稳定控制,即使采用模型切换的方式进行分别控制,切换过程的平稳性与稳定性也无法得到保障。因此,特别针对此类新型无人机研究一套智能飞行控制技术具有很大的挑战性和必要性。

图 2.3.4　变结构、变参数与变翼型无人机

2.3.2　无人机高精度自主导航技术

无人机导航技术主要解决无人机在飞行过程中的位置与姿态估计问题,是无人机的重要组成部分,也是体现其自主飞行能力的关键核心技术之一。一般采用 GPS 和惯性导航系统(inertia navigation system, INS)的单一导航方式或组合导航方式。该技术能够在全球导航卫星覆盖范围内为高空无人机提供稳定、可靠的定位信息。随着无人机技术的发展和应用领域的拓展,无人机的飞行空域发生了很大的变化,开始从高空(3000m 以上)空域向近地面空域、室外飞行环境向室内飞行环境、偏远郊区环境向人口密集的城市环境拓展。而 GPS 导航属于非自主导航方式,且 GPS 信号并不是在所有时间和位置都可用,如果 GPS 信号受遮挡、屏蔽或失效,则会造成较大的定位偏差。同时,INS 中的惯性器件对初始值比较敏感,且在长距离飞行时,会产生较大的累积误差,单独使用 INS 无法保证无人机所需的导航精度。此外,当无人机在城区飞行时,一方面,GPS 信号会受到高楼的阻挡而失效;另一方面,高楼也变成了无人机在飞行航路中的障碍物,需要进行实时的探测和定位。因此,仅采用 GPS 和 INS 组合的导航方式已经远远不能满足军用无人机和民用无人机的实际需要。

无人机自主导航是指无人机在飞行中不需要依赖外部提供的信号源进行定位,只需要通过自带的传感器对周围环境进行主动或被动的感知,从而实现自己的位置和姿态估计。计算机视觉技术的发展和进步,为无人机导航提供了一种自主导航方式,即视觉导航。同时,也对无人机导航的概念赋予了新的内容,即导航不仅要给无人机提供速度、位置和姿态等自身信息,还需要实时提供无人机所处的环境信息。将计算机视觉引入无人机导航有许多优点。首先,计算机视觉系统体积小,质量轻,非常适合于无人机的安装和集成。其次,视觉所提供的实时信息比较全面、完整,INS 信息和 GPS 信息融合可以有效弥补后者的缺陷和不足,进一步提高导航精度。再次,视觉信息能够很好地描述运动物体的特征,实现目标识别、障碍物回避和运动规划等重要功能。然而,计算机视觉又因为光照条件变化、视觉纹理缺失、运动模糊等问题导致利用单一可见光谱的视觉导航方法应用于无人机导航系统时,可靠性无法保证。为此,需要为无人机研究一套比较可靠的自主导航理论与技术。

纵观生物界,很多飞行生物都具有非常强大的自主导航能力,它们能够在环境中自如地穿梭飞行,不依赖于任何外部设施就能准确实现自身位姿的估计(见图2.3.5)。蜜蜂的眼睛由一对复眼和三只单眼形成三角排列,能够准确感受光度变化和光源方向,通过对环境光源的感知准确估计自身的飞行速度和方向;苍蝇具有两对复眼和三只单眼,每只单眼由3000多个小眼组成,不仅有速度、高度的分辨能力,还能从不同的方位感受图像;鸽子颅骨下方的前脑中具有长约0.1μm的针状磁铁,它能感受地磁场的分布状态,从而为自己在远距离飞行中提供准确的航向;蝙蝠虽然眼睛系统退化,但是它能向外发射超声波,依靠周围物体反射的超声波信号强弱,估计自己在环境中的位置和姿态变化。

图 2.3.5 可自主导航的各类飞行生物

结合当前无人机自主导航存在的问题和飞行生物具有的自主导航特点,我们可以对无人机的自主导航方法进行深入研究,探索一种全自主的智能化无人机导航方法框架。该领域需要重点研究的内容包括:①针对无人机导航需求,展开仿生类环境信息智能感知设备的研究与开发;②研究一类基于多光谱视觉信息的无人机智能自主导航方法;③着重研究基于多源信息融合的智能化自主导航方法,提升无人机导航系统的可靠性,以做到长时间的可靠自主导航。

1.仿生类环境信息智能感知设备的研究与开发

现有的无人机传感器与飞行生物的感官相比,存在很大的差距。如摄像机在强光与弱光并存的环境中总是会曝光过度或者曝光不足,其动态范围远远小于生物视觉,在分辨率、光照适应性等方面,摄像机也无法与生物视觉相比。因此,研究仿生类的感知设备是提高无人机自主导航能力的基础和关键,也是提升自主导航智能化的重要途径。具体的研究内容有:①仿照蜜蜂、苍蝇等飞行昆虫的眼睛结构,设计构建复眼型相机;②借鉴蝙蝠的超声系统原理,研究远距离高精度超声传感系统;③仿造鸽子头部微型针状磁铁,研究一种微型的仿生磁罗盘,提升传统磁罗盘的抗干扰能力;④研究老鹰眼睛的特殊构造,构建具有分像素分区域曝光能力的高分辨率相机。

2.基于多光谱视觉信息的无人机智能自主导航方法研究

无人机主要依靠可见光波段的视觉里程计和视觉SLAM技术进行自主导航。目前,利用该技术已经可以使无人机在室内、近地面、丛林等无GPS信号的区域进行定位与姿态估计,实现导航功能,但是其稳定性和可靠性还有待提高。这类方法主要分成两大类：一类方法是依靠特征提取的方法，实现相邻图像帧之间匹配与运动估计，该类方法需要无人机的飞行环境中具备丰富的视觉纹理特征，如果纹理特征不明显，则会使运动估计算法因缺少约束条件而估计失败；另一类方法不需要进行特征提取，可直接利用图像中的梯度信息进行比对和位姿估计，对图像信息的利用率更高，即使某些环境中纹理特征不丰富，只要在图像中存在梯度信息，仍然可以成功导航，该类方法对光照条件有严格的要求，即环境中的光强变化不能太剧烈，否则也会导致估计失败。事实上，可见光光谱段在整个环境光谱段中只是占据了一段非常窄的位置，如果可以充分利用多个光谱段的信息，则可以显著提升数据的稳定性与可靠性，从而提升无人机自主导航的性能。

　　然而，不同波段的电磁波信号特点各不相同，如何构建一套在多光谱条件下的视觉导航框架，是十分值得研究的问题，也是提升无人机视觉导航智能化水平的核心所在。对此需要重点研究的内容包括：①多光谱数据的时空对准与数据结构表达；②基于多光谱数据的精确运动估计方法研究；③基于多光谱数据的同时定位与建图理论。

3.基于多源信息融合的智能化主导航方法

　　仅仅依靠多光谱的视觉导航对于无人机而言仍不够可靠。无人机飞行速度快、飞行范围广，单一手段的自主导航往往无法满足整个任务的要求。因此，如何将多源异构传感器数据进行有效融合，是实现无人机长期自主导航的技术发展趋势。目前，进行导航信息融合主要有两大框架：一是基于滤波的方法，主要以卡尔曼滤波为主要核心思想，将可靠性相对较低的传感器数据作为导航预测值，将可靠性相对较高传感器数据作为新的观测值进行状态的估计更新，但是这类方法需要准确知道各类数据的噪声分布模型，当噪声模型未知时，融合效果就会不理想；另一种是基于优化的框架，将不同传感器给出的导航信息放在统一的图优化框架中，进行局部滚动的优化和全局最优化估计，但是这类方法具有较高的计算复杂度，长距离导航时，实时性是一个严峻的挑战。

　　基于以上分析可知，对多源异构传感器信息进行有效融合是无人机最终实现智能自主导航的关键。具体需要研究的内容包括：①传感器数据的噪声模型在线估计方法；②多源数据的智能化选择与融合方法；③多源异构传感器紧耦合与超紧耦合智能导航方法。

2.3.3　无人机飞行轨迹优化与避障技术

　　无人机已在灾害搜救、航拍、交通监控、电力巡线、森林防火等诸多领域获得了广泛应用（见图 2.3.6）。随着无人机的大量使用，中空、低空、超低空的空域变得越来越"拥挤"，无人机与民航客机、楼宇、高压线等相撞的事故愈加频发，对人民的生活及财产安全造成了巨大威胁。实现无人机和有人机安全空域共享，以及无人机在多种安全威胁并存（地理地形、气象、建筑、飞行器等）、目标状态属性各异［静态、动态（合作/非合作）］的环境中自主安全飞行是当前无人机应用与发展所面临的重要挑战。无人机飞行轨迹优化与避障技术是解决该问题的关键技术之一，是无人机在空中进行安全作业的重要保障，也是无人机自主飞行能力的重要体现。其主要研究内容包括空域综合态势感知与威胁评估、安全区域识别与动态安全包络建模技术、多约束下的静态/动态障碍物规避路径规划与优化设计等。具体研究框架如图2.3.7所示。

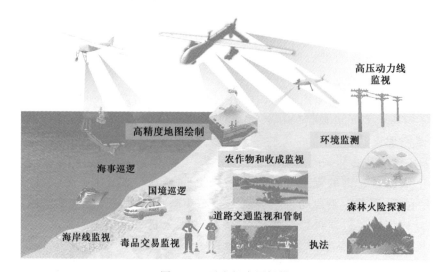

图2.3.6　无人机应用场景

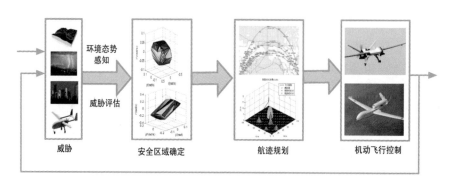

图2.3.7　无人机航迹规划与避障技术

1.空域综合态势感知与威胁评估

态势感知是指无人机通过装备的多种传感器，克服单一传感器存在的功能局限性，利用传感器信息融合技术，发挥各传感器的特点，获取更为广泛和可靠的环境信息。威胁评估的目的是根据目标的各种属性计算威胁估计的综合值，反映目标对本机威胁程度的量化值，这一数值是信息融合系统对目标进行威胁判断的结果。针对态势感知的准确性、可靠性,信息的不确定性以及威胁评估的实时性、多因素,要求选择合适的态势感知方法、威胁评估指标和量化方法,构建一种多属性威胁评估模型,为后续控制决策、路径规划提供前提和依据,保证整个感知与规避系统的可靠性。

2. 安全区域识别与动态安全包络建模技术

常规避撞机动对于无人机完成飞行任务的影响较小,而紧急规避机动可能导致无人机偏离预定航路很远,是一种不得已的安全措施。因此,亟须制定相应的避撞决策来决定规避机动方式和机动时刻,以尽可能减少对预定飞行任务的影响。基于无人机的机动性能合理划分碰撞区以及根据本机与目标的相对信息建立动态安全包络,需从实际应用出发,反复仿真及实验以获得最优策略,如图 2.3.8 所示。

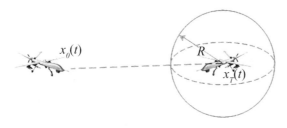

图 2.3.8　无人机飞行安全包络

3. 多约束下无人机实时最优航迹规划

无人机航迹规划需同时考虑无人机的内部约束(机动能力、续航能力等)、外部因素(静/动态各种障碍威胁)、任务需求等多种因素,为无人机设计一套从起点到目的地的路径,使其在保证飞行安全的条件下确保任务的顺利完成,尽量规避机动造成的航程增加量(见图 2.3.9)。航迹规划是一个多约束下的非线性优化问题,计算复杂度高。实际应用中,机载计算机的处理能力有限,达不到路径规划的高实时性要求,就其规划算法而言,其实时性往往与其最优性相制衡。因此,复杂环境多约束下,无人机实时最优航迹规划算法有待于进一步研究。

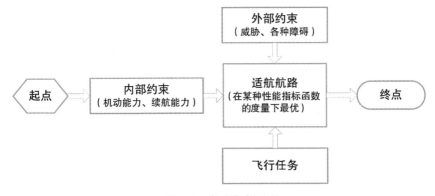

图 2.3.9　航迹规划过程

针对无人机多约束条件的组合优化问题,我们要探索多约束指标与无人机航路之间的耦合机理,建立航迹规划的约束指标体系和代价函数,设定安全性、精确性、高效性等指标,为不同任务环境(城市密集环境、海洋大风浪环境、山区复杂地势环境等)下不同类型的无人机构建完整的实时最优路径规划算法。同时,还要对本机和威胁目标进行博弈建模,建立规避策略库并分析双方规避策略,通过强化学习优化求解规避策略,达到双方均衡共赢(针对合作方目标)或本机收益最优(针对对抗方目标)的局面。

4.威胁目标的博弈建模及规避路径优化求解

无人机在规避路径规划过程中,针对空中静/动态(合作/非合作)目标,根据威胁目标的不同意图,应采取不同的规避方式达到最优规避效果。针对静态障碍物,可采用经典优化算法进行最优规避路径求解;针对动态障碍物,需根据其与本机合作或对抗的不同性质,建立不同的博弈模型进行优化求解(见图2.3.10和图2.3.11)。

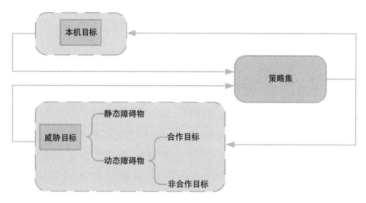

图 2.3.10　博弈双方示意

5.基于威胁预测的无人机动态避撞航路规划算法

目前,无人机动态规划的研究基本上是把突发威胁处理为固定威胁,认为威胁的类型、位置、威胁范围等状态已知,无法解决快速移动威胁下的路径规划问题。移动威胁情况下的动态路径规划主要技术难点是对威胁的预测以及路径规划的实时性。在无其他外在设备辅助的条件下,无人机需要通过机载传感器探测空域目标,并获得目标的距离、速度、方位等信息。如何利用传感器探测信息,有效判断空域中的目标是否能对无人机造成碰撞威胁以及造成威胁的程度,并实时预测可能发生碰撞的航迹,进而生成备选航路集,为后续的避撞航路规划提供参考(见图2.3.12),是该项研究的一个关键问题。目前,存在着众多的无人机航路规划算法,并且各种算法的应用背景也不尽相同,因此要结合无人机典型遭遇场景及动力学约束,改进当前的避撞航路规划算法,使改进后的算法更加适用于无人机感知与规避防撞系统。无人机静态与动态障碍物规避航迹规划如图2.3.13所示。

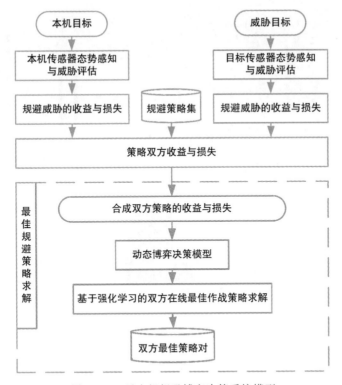

图 2.3.11 无人机规避博弈决策系统模型

图 2.3.12 航路生成与路径规划

6.无人机受限条件下应急机动控制

无人机在执行任务的过程中可能会受气流、威胁等干扰,影响任务的执行效率,也可能会因为执行器、传感器以及结构损伤等造成的故障,导致飞行事故。因此,及时、安全、可靠地完成所设定的任务,对无人机系统的安全性和可靠性提出了极高要求。针对多种约束条件的影响,如何自主地使故障无人机安全返航,如何自主地重新协调并控制无人机顺利完成既定任务是亟待研究解决的关键技术问题。

针对紧急情况下突然出现在无人机安全包络内的威胁目标,可分析其侧向、纵向躲避时间,选取不同向的最大过载控制模式实施紧急规避机动;针对无人机传感器失效情况,可分析其他可能信息来源,研究多源信息融合技术,弥补缺失信

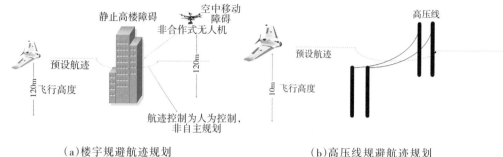

（a）楼宇规避航迹规划　　　　　　　　（b）高压线规避航迹规划

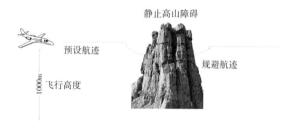

（c）高山规避航迹规划

图 2.3.13　无人机静态与动态障碍物规避航迹规划

息；针对舵面故障情况，可分析飞行控制系统各个操纵面之间的空气动力学关系，研究通过利用其他操纵面来实现故障操纵面功能的方法；针对无动力情况，可设计无人机无动力应急着陆轨迹，引导无人机安全着陆。具体的应急机动控制系统结构如图 2.3.14 所示。

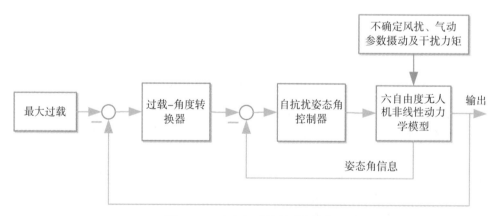

图 2.3.14　应急机动控制系统结构

无人机飞行轨迹优化与避障技术还有很大的发展空间，未来几年的发展趋势为实现无人机在各种飞行环境下的实时防撞系统，如基于深度神经网络框架，实现对移动障碍物（人、车、空中飞行器等）和固定障碍物（建筑物、树、电缆等）的快速、可靠的定位、识别与威胁评估;基于深度增强学习框架,实现对障碍物安全、高效地碰撞规避。

2.3.4 无人机环境感知、建模与理解技术

1.基于多源异构传感器信息融合的环境感知技术

无人机对运动环境的感知,尤其是对运动物体的跟踪和避障是保证其自主、安全、可靠飞行的前提和基础。复杂的非结构化飞行环境中,多种安全威胁并存,且目标状态属性各异。单一传感器难以满足各种光照和天气条件下的环境感知要求,而多传感器融合能够将空间和时间上的互补与冗余信息,依据某种优化准则,提炼和产生对观测环境的一致性解释或描述,为无人机平台自适应路径规划和自主导航提供必要、可靠的信息。因此,大部分无人机系统都采用多传感器融合技术。环境感知系统一般包括传感器、传感器数据处理以及多传感器数据融合三个子系统。传感器系统通常采用摄像机、激光雷达、超声传感器、微波雷达、GPS 等多种传感器来感知环境。立体传感器包括单目和立体彩色摄像机,距离探测设备包括声呐、雷达和激光雷达等。激光雷达和雷达能够测得目标的相对速度。各类机载传感器的探测区域和探测范围如图 2.3.15 所示。

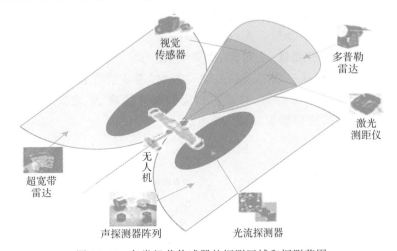

图 2.3.15 各类机载传感器的探测区域和探测范围

可通过对多种感知方式的感知特点进行建模和功能分析,基于任务环境属性和平台属性约束计算传感器种类组合和设备参数,形成初始感知系统配置。基于感知方案配置进行融合感知算法设计,可实现基于机器学习的无人机飞行空间环境智能理解和多机分布式协同目标定位与跟踪技术。可通过将感知系统配置与算法设计进行仿真、硬件平台测试分析,对比感知与规避的安全性、精确性、高效性等主要性能指标进行评估,以性能评估结果作为反馈进行传感器重配置和参数重优化。可通过反复迭代优化实现感知规避性能最大化的感知方案设计。对飞

行环境进行有效分割(地形、建筑等)和目标属性有效分类、识别,可实现对飞行环境态势感知的综合描述和各种危险的在线评估,为无人机的自主导航和路径规划提供了证据,保证了无人机能够自主、安全、可靠飞行。

2.复杂、动态、多威胁任务环境建模技术

复杂环境下非结构化障碍物很不规则,很难用一个或几个通用的模型表示,因此,非结构化障碍物检测的算法主要基于特征的识别方法或是将基于模型的方法与图像特征相结合。环境建模主要如下。

(1)低空飞行环境静态障碍物建模

无人机在低空环境飞行过程中,不可避免地要受到天气、风、不规则建筑物等外部复杂环境的干扰,故需对无人机飞行环境准确建模,以避免出现目标识别错误、飞行轨迹陷入死区导致任务执行失败等现象。对低空飞行环境(如地形、山峦、高层建筑、高塔、高压线等静止障碍物)进行研究,对其准确建模,能为后续制订相应的避障策略提供保障,能增强无人机感知规避系统的适用性,从而提高无人机飞行系统的可靠性和安全性。

(2)合作/非合作动态障碍物建模

无人机在飞行过程中无法避免一些运动物体的出现,为保障无人机在低空环境下的飞行安全,需对运动障碍物准确建模,并采取相应措施避开障碍物。包括对有人机、无人机编队中其他无人机以及协同无人机等合作目标,"低、小、慢"(如中小型飞机、直升机、滑翔机、三角翼、滑翔伞、动力伞、热气球、飞艇、无人机、航空模型、空飘气球等通用航空器材及航空运动器材)等非合作目标的准确建模,以保证无人机能精确感知到障碍物,并采取相应的避障策略,实现安全飞行。无人机与空域动态障碍物的遭遇模型如图2.3.16所示。

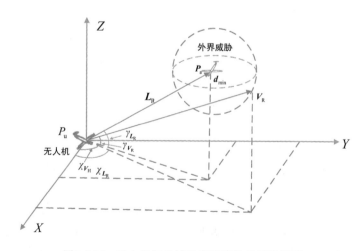

图2.3.16　无人机与空域动态障碍物的遭遇模型

（3）复杂低空飞行环境建模

复杂低空泛指管制与非管制空域耦合运行,复杂地形随机影响和各类型通用航空器混合运行的繁忙低空空域,不仅包含多类型空域、地形环境、各类型通用航线以及公共运输航线等物理空间环境,还包含通信导航监视系统、目视仪表飞行规则等内部环境结构(如障碍物不规则的城市环境、机场附近区域环境等)。近年来,无人机技术飞速发展,随着国家即将开放 1000m 以下的低空空域,城市上空将会有大量无人机穿梭飞行,开展航拍、安保、送货等活动。在无人机为城市的上空增添精彩的同时,城市环境中的密集不规则障碍也严重威胁着无人机的飞行安全。因此,复杂低空飞行环境建模是无人机感知与规避的关键技术。

复杂低空飞行环境模型主要包括环境信息存储模块和通信交互模块两部分。环境信息存储模块主要存储气象环境信息(如风切变、降雨、气温等),物理环境信息(如地形障碍物、人工障碍物位置、高度等)和空域结构信息(如管制空域位置、范围、进出口点等)。通信交互模块用于与合作目标进行通信交互,不仅向合作目标传递实时的空域环境信息,还接收来自目标的信息,包括合作目标的位置、航向、速度、高度等。

2.3.5　多无人机系统协同控制技术

多无人机系统协同控制技术是实现多无人机系统自主控制的基础。有些多无人机系统采用了集中控制的方案,其先在地面站规划好各飞机的飞行航迹,然后将机群的控制问题转换为各架飞机的航迹跟踪问题。这种控制方案也能达到不错的演示效果,但其对计算资源和通信资源的开销随机群规模的扩大而快速上升,即便可以通过技术手段适当解决,但难以应对大规模的复杂编队控制。当存在强干扰时,集中控制的方案很难保证机群的稳定性。而无人机群分布式控制的优点有:每个机体只需要获得机群的局部信息,机群整体鲁棒性好,可以扩展到很大的机群,即使发生单机失效,通过自主调整控制协议,仍能够保证机群正常执行任务。

多无人机的协同控制,本质上就是要求各无人机间形成指定的队形,或无人机间的相对位置与姿态满足某种指定的关系,以满足某些任务作业的需要(如实现通信中继、对某个区域的全覆盖侦查或干扰等),而飞机之间保持合适的间距有助于避免发生碰撞,提高机群的可靠性。无人机间的相对位姿关系是随任务和环境而变化的,如果要绕过障碍或通过狭窄区域,则需要相应地调整机群的编队队形和飞行航迹。因此,多无人机系统协同控制问题包括无人机群的编队队形产生、稳定编队飞行控制和时变编队控制等,这里的编队包括各无人机之间的位姿关系和无人机群的整体位置或轨迹。此外,无人机在一定应用中,如军事侦察或军事打击中,需要多种机群协同作业,不同的机种承担的任务不同,这就面临着异构机群智能自主协同飞行控制问题。综上,考虑到模型不确定性和环境中的外部干扰(风、湿度变化等)等因素的影响,多无人机系统协同控制需要解决无人机集群智能自主在线航迹规划,同构/异构无人机群的分布式自主协同鲁棒编队飞行,无人机集群智能自主编队变换等问题。由于无人机群的自主航迹规划和自主编队避障往往可以描述为约束条件下指定目标函数的优化问题,因此后续的研究内容将两者合并为一个问题。这样,多无人机协同控制的研究内容主要包括以下两个方面。

1. 无人机群面向任务的智能自主航迹产生和编队变换方法研究

自主编队变换问题始于人造卫星编队问题,人造卫星编队变换领域虽然已有诸多理论成果,但由于卫星与无人机之间在控制目标和性能上存在巨大差异,这些方法对于无人机的编队变换问题并不适用。近十几年来,随着无人机编队理论与技术的发展,无人机编队变换问题得到了一定的关注,但理论成果还比较少。目前,针对无人机的编队变换,较为传统的方法主要有人工势场方法和基于力学分析的非线性规划方法。人工势场方法是一种经典的路径规划方法,可用于航迹产生,也被用于解决无人机群编队变换问题。但当无人机数量较多时,需要进行大量通信以获取各无人机的状态信息。

近几年,基于智能优化算法的方法、基于模型预测控制的方法也被尝试用于解决编队的航迹产生和航迹变换问题。基于智能优化算法的编队变换方法,由于编队变换问题可描述为带有复杂目标函数与约束的优化问题,故智能优化算法可成为一种可行的求解编队变换问题的方法。现有的多种智能优化算法,如粒子群算法、遗传算法、模拟退火算法、蚁群算法等,经过一定的改良后,都可能具备求解该优化问题的能力。这类方法要求初始编队是预先确定的,而且智能优化算法运算量大,往往需要离线求解。基于模型预测控制的编队变换方法将原始优化问题分解成若干个子问题,利用模型预测控制分别求解。这种方法的特点在于可通过算法降低无人机数量较多时的计算复杂度,初始编队不需预先指定初始状态,但获得的往往是次优解。

考虑到多无人机系统作业任务和环境的复杂性和动态性,基于智能优化算法实现编队航迹产生和编队变换,避开障碍、穿过狭窄安全区域、实现面向任务的快速队形变换等无疑是值得深入研究的,如何解决在线实时应用是待研究的关键问题之一。

2. 异构无人机群基于一致性理论的分布式自主协同鲁棒编队飞行控制方法研究

传统的多无人机编队控制策略可大体分为四类:基于领导者-跟随者的编队控制策略、基于行为的编队控制策略、基于虚拟结构的编队控制策略和基于人工势能场的编队控制策略。基于领导者-跟随者的编队控制策略与传统飞机编队中的长机僚机编队类似,领导者按照指定的路径,跟随者与领导者或邻近跟随者保持特定的相对位置或朝向运动。该方法的优点是简单和易于实现;缺点是鲁棒性差,如果领导者故障,则整个编队无法保持,而且由于缺少队形反馈,当领导者机动或领导者与跟随者之间节点较多时,易出现较大编队误差。基于行为的编队控制策略是一种仿生思路的算法,其中以雷诺(Reynold)对鸟群、鱼群、兽群的模仿为代表,每个个体包含避免碰撞、与附近个体的速度匹配和不过分远离附近个体三种行为的控制器。该方法的优点是智能化程度较高;缺点是难以进行理论分析,编队控制的稳定性难以得到保证。基于虚拟结构的编队控制策略将期望的编队看作是一个刚体的虚拟结构,群系统中的每个主体可看作虚拟结构上的一个点。该方法的优点是行为的物理意义明确,鲁棒性较好;缺点是分布式实现时需要个体间信息同步,本质上仍需使用全局信息。基于人工势能场的编队控制策略是一种仿物理的方法,通过引入模拟势场保证个体间的距离不至于过大或过小,同时环境中障碍物和集群的目标点也通过模拟势场排斥或吸引个体。该方法的优点是物理意义明确,易于实现;缺点是不易设计出合适的势场函数以保证编队的稳定性和唯一性。近年来,随着群系统协同控制理论,特别是一致性理论的发展和完善,越来越多的研究者开始尝试用一致性理论来处理编队控制问题。基于一致性的编队控制策略正在吸引越来越多的研究者的关注。该方法用图表示集群中的个体和个体之间的作用关系,结合图论和传统的控制理论方法对编队问题进行分析,优点是有充分的理论基础,可以分布式实现,且方便指定明确的队形。

　　基于一致性的编队控制策略的基本思想是群系统中所有主体的状态或输出相对于某个共同的编队参考保持特定的偏差。编队开始时,编队参考对于单个主体来说可以是未知的,但通过分布式的协同作用以后,所有主体可以相对编队参考达成一致,进而实现期望的编队。较为常见的方法是通过合适的状态或输出变换将编队控制问题转化为一致性问题,然后再用一致性的相关理论进行后续的分析和设计。对于二阶群系统的编队控制问题,文献中已证明基于领导者-跟随者、基于行为以及基于虚拟结构的编队控制策略都可以被认为是基于一致性的编队控制策略的特例。对于一般高阶线性系统,文献中也已证明了类似的结果。但目前的研究结果主要针对同构无人机群,针对异构的无人机群的编队控制、同构/异构无人机群的鲁棒编队控制。

2.3.6　多无人机系统多时空协同感知技术

1.复杂动态多威胁环境下的多源异构传感器优化设计

　　要实现多无人机有效协同控制的前提是解决环境信息的获取与处理问题,多无人机协同感知如图 2.3.17 所示。首先,无人机机载传感器(雷达、光电、红外、声呐、无线电、机间数据链等)基于不同的方位、高度将不同的波段和模式相互配合,以实现对环境的全方位、高精度的探测,实时获取环境信息;其次,对无人机单平台多传感器、多平台多传感器之间的数据信息进行融合处理,提高目标感知与探索的实时性与精确性,为多无人机自主协同控制提供有效的决策依据。因此,对复杂动态多威胁环境下的多源异构传感器优化设计是多无人机系统多时空协同感知技术中亟待突破的一个难点。多源异构传感器优化设计分为设计优化和工程优化两个阶段,前者是指成本、无人机平台载荷、空域环境、任务类型等约束下的传感器的配置优化,而后者是指精度、效率等约束下的传感器资源管理与融合优化算法设计,目前尚未形成一套复杂动态多威胁环境下的多源异构传感器优化设计方案。

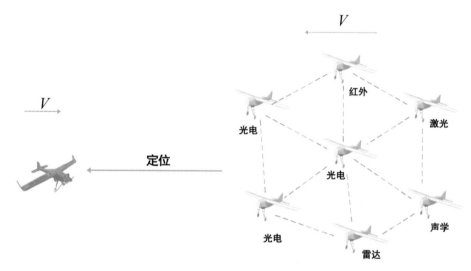

图2.3.17　多无人机协同感知

2.多源信息时空配准下的异类传感器协同感知

当前,空间环境日益复杂,高动态、多目标、多机动的复杂空域环境严重威胁着无人机的安全,依靠单一传感器进行空间环境感知面临着信源单一、置信度低、时空适应性差等缺点。为实现多信源、高置信、鲁棒的全方位空间环境感知,无人机平台需同时装备多种传感器,通过获取光学、射频等异类信息克服单一类别传感器存在的功能局限性。对多源、异类传感器获取信息进行融合处理,可最大可能发挥每一类传感器的优势,获取更为广泛、精确和可靠的环境信息,从而使得精确的航迹规划和应急机动成为可能。异类多传感器协同感知存在的主要问题包括时空配准、目标检测、融合决策。异类传感器系统感知关键技术如图2.3.18所示。

3."低、小、慢"障碍物感知技术

小型无人机、航模、动力三角翼、动力伞等非合作低空飞行的小型遥控设备由于成本低廉、操控简单、携行方便、机动灵活、升空突然性强、具有极高的隐蔽性等特点,极易与无人机发生碰撞,严重影响无人机飞行安全。如何可靠地检测非合作"低、小、慢"目标对保障低空无人机的飞行安全具有重要意义。

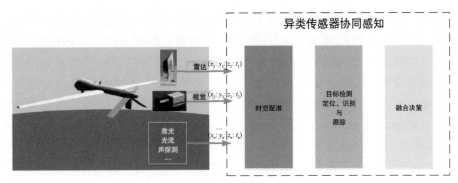

图 2.3.18　异类传感器系统感知关键技术

雷达进行非合作"低、小、慢"目标探测时,由于目标飞行高度低,地杂波回波强度高,微弱目标回波很容易被杂波淹没;此外,"低、小、慢"目标相对雷达的径向速度不高,在频域上也很难与地杂波区分。因此,需要研究强地杂波抑制技术。采用降低检测信噪比(signal noise ratio,SNR)的手段提高探测能力时,必须要有相应的方法能够处理因检测门限降低带来的虚警。针对这一问题,需要研究基于多帧积累的低空微弱目标检测技术。

2.3.7　多无人机系统协同规划技术

多机协同控制已经成为无人机领域研究的热点之一,其思想是基于对环境和系统状态有确定的全局了解,但若在规划执行中环境发生变化,则会影响规划达到预期的目标。无人机的局部特性决定了不可能对整个环境有全局、准确的了解。因此在规划执行过程中,需要不断了解环境和系统的状态并对其修改,调整规划直到目标实现。这种方法中的一个典型代表是部分全局规划,其主要原理是各个无人机进行局部规划,然后通过信息交换,产生整个问题的规划。该过程主要包括三个阶段:①每个无人机按照自己的目标,执行短期规划;②每个无人机之间通过信息通信,进行目标和规划的交换;③无人机修改局部规划,与其他无人机进行动作协同。从具体功能上来看,多无人机的协同规划技术可分为多无人机任务规划、多无人机航迹规划、多无人机编队控制等子问题。由于任务环境的高动态与不确定性、无人机平台的异质性(如续航时间、飞行高度、载重量)都各不相同,因此,每架无人机都有不同的特点。

1.动态环境下的异构多无人机在线任务智能分配与博弈决策优化设计

任务分配是多无人机协同控制的保障和基础。在动态环境的复杂任务决策问题中,环境具有动态性、不确定性的特点,系统中无人机需要根据动态变化的环境实时更新自身策略,其中自身策略主要包括任务的选择策略和在任务执行过程中与其他无人机的协同控制策略。在任务分配过程中,无人机需要根据系统状态和自身状态信息合理选择自身任务。集中式任务分配方法容错性和动态适应性较差,因此采用分布式任务分配方法来提高系统对环境的适应性和容错性。然而,在任务执行过程中,系统中无人机之间存在相互作用和相互影响的关系,即随系统环境的动态变化,执行过程中前一时刻存在的无人机之间的相互作用可能在下一时刻不复存在,或者是和其他无人机产生了关系,这样就需要根据环境的变化实时建立无人机之间关系。因此,针对不具备先验数据支持条件下的动态多无人机分布式协同任务分配问题,研究基于联盟博弈的多无人机加强学习决策理论,根据环境变化在线更新任务执行策略建立任务动态自主分配和协同控制模型,解决动态、复杂、不确定环境中的策略调整问题,将有效提升系统在动态不完全信息条件下对复杂任务的自主规划与协同调度能力。

2.多威胁、多约束下的编队实时航迹规划

目前,多无人机协同航迹规划主要存在以下几个问题:①假设任务、威胁物与目标物的运动轨迹是已知或事先给定的,但先验信息的有限性、任务环境中障碍和威胁目标的多变性与不确定性使得协作任务下群体完全自主操作很困难,不利于实际应用;②不考虑资源、能量的有限性约束;③只是简单将多无人机体视为一个编队,其复杂度远远低于多编队协同的情形,且不适用于大规模无人机集群多项任务并行的情形。

无人机协同规避决策与控制技术根据前述的感知信息完成对复杂飞行环境下多种威胁的态势评估,当目标存在碰撞威胁时,实现对威胁目标的障碍规避,规避多无人机操作过程中的碰撞。无人机编队控制实际是一类多约束(平台机动约束、通信约束、协同约束、安全约束等)、多目标下的协同航迹规划和编队重构问题。无人机编队协同航迹规划的目的就是在给定各种导致飞行器出现飞行风险因素的前提下,以任务环境、任务目标属性、平台属性(无人机机型、数量、成本、重量、载荷等)、传感器配置等为约束,传感器的感知(方式、范围、精度等)为变量,结合博弈论与加强学习方法,在约束空间中寻找一条风险最小,即飞行安全系数最大、成功率最高的参考航迹作为无人机飞行过程中的引导航线,涉及无人机编队是按固定队形协同避障还是重构编队避障。

多平台协同决策与碰撞规避的原理如图 2.3.19 所示。无人机协同决策与碰撞规避系统根据感知的势态信息,对战场的约束空间和可能存在的威胁进行建模,从而给出碰撞威胁评估分析,无人机根据评估结果进行实时的动态协同路径规划,实现碰撞威胁消除和安全保障。

目前,多无人机编队控制需要解决的主要问题可能仅仅是同一类型、同一用途的无人机协同编队控制,但从长远来看,利用多用途、多类型的无人机进行编队任务协同是必然发展趋势。然而,不同用途、不同类型的无人机在形体结构、质量、气动外形、飞行速度、机动能力、通信能力等指标参数方面不尽相同,研究如何将不同用途、不同类型的无人机组合起来进行异质多无人机编队、弱连通条件下

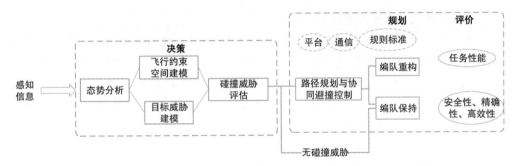

图 2.3.19　多平台协同决策与碰撞规避原理

的多无人机通信保持、通信时延下的多无人机三维队形的保持与重构将是未来前沿的热点之一。

2.3.8　无人机智能化的其他支撑技术

无人机的智能化除了与无人机导航、制导与控制等核心技术密切相关外,还需要一些软件、硬件与人机交互技术的支撑。这些支撑技术主要包括基于云技术的无人机软件系统架构,无人机硬件模块化设计技术与标准以及无人机人机交互关键技术。

1.基于云技术的无人机软件系统架构

随着无人机任务的复杂化和功能的多样化发展,无人机所需的计算资源会急剧增加,传统依靠无人机单机机载计算机或者远程链路指令的软件架构将无法适应该需求的增长。因此,基于云存储与云计算的无人机新型软件架构被提出并受到重视。特别是在军用无人机领域,很多研究机构纷纷提出了作战云的概念,云技术可以给单个无人机或无人机群提供强大的存储和算力保障。基于云技术的无人机系统需要一套更加先进的软件系统架构,以实现单无人机的程序模块、多无人机之间的通信模块、无人机与地面站链路之间的交互模块的可靠运行。

2.无人机硬件模块化设计技术与标准

无人机涵盖的硬件包括机架、嵌入式飞控系统、动力执行系统、操纵执行系统、传感测量系统、无线链路系统等。随着无人机技术的相对成熟,这些硬件系统有望实现模块化设计与生产,这将为无人机单机与多机系统的集成提供极大的便利。提高整机系统集成的安全性、可靠性与便利性需要将模块化设计技术进行标准化,形成相应的国内与国际标准,标准中需要约定所有部件、子系统之间的机械接口、电气接口、数据接口等。这些技术与标准制定工作也正在蓬勃发展,特别是在民用无人机领域,一些行业应用已经大面积推广。以植保无人机为例,用到的药箱、喷管、喷嘴、飞行机架都是相对成熟的模块,因此完全可以制定面向农业植保领域的通用化无人机硬件模块设计标准。

3.无人机人机交互关键技术

无人机的智能化程度和自主能力虽然已经得到了显著提高,但仍然离不开与人交互,因此无人机人机交互关键技术的发展也是无人机智能化的重要支撑技术。无人机人机交互的关键技术正朝着自然交互方式发展。语音交互、体感交互、脑机交互等都是比较前沿的人机交互技术,在无人机的人机交互领域逐步发挥重要作用。语音交互技术已非常成熟,语言传达任务与指令具有延时小、符合人的直觉习惯等优势,在无人机指挥控制领域有重要的实用价值。体感交互是一种新型的交互技术,主要来源于体感游戏,包括手势识别、体态识别、动作识别等技术。手势识别技术具有指令的静默性,是语音交互技术的重要替代,也必将在无人机指挥控制领域发挥重要作用。脑机交互技术是一种前沿的人机交互技术,目前已经有很多研究机构在尝试用脑机交互的方式控制无人机的飞行,并且取得了不少进展。在不远的将来,无人机的人机交互将更加无缝对接,这会进一步提升无人机的智能化水平。

4.无人机智能载荷技术

无人机作为一个飞行平台,其智能化的拓展依赖于载荷的功能拓展。无人机在面向不同的应用领域时,需要做针对性的研究与任务载荷开发,如航拍任务载荷为光电吊舱,空中农业植保任务载荷为农药喷淋系统,消防无人机任务载荷为灭火系统,警用无人机任务载荷为照明系统和烟幕弹等。这些任务载荷系统正在适应无人机的需要进行相应的定制化改造,以便更加适合空中应用的小型化、轻量化、低功耗等。载荷的智能化技术主要体现在载荷对环境的自适应和鲁棒性等。未来,随着面向无人机的智能载荷的层出不穷,必定会极大拓展无人机的应用领域,造福人类。

参考文献

Canis B, 2015. Unmanned aircraft systems (UAS): Commercial outlook for a new industry [I] Congressional Research Service (7): 5700.

Chao H Y, Cao Y C, Chen Y Q, 2010. Autopilots for small unmanned aerial vehicles: A survey [J]. International Journal of Control Automation & Systems (8): 36-44.

Chase M C, Gunness K A, Morris L J, et al., 2015. Emerging trends in China's development of unmanned systems [J/OL]. Rand Corporation, 3(6): 1-14 (2015-08-16) [2018-07-08]. http://www.rand.org/pubs/research_reports/RR990.html.

Fang Z, Yang S, Jain S, et al., 2017. Robust autonomous flight in constrained and visually degraded shipboard environments [J]. Journal of Field Robotics, 34(1): 25-52.

Gupta S G, Ghonge M M, Jawandhiya P, 2013. Review of unmanned aircraft system (UAS) [J]. International Journal of Advanced Research in Computer Engineering & Technology, 2(4): 1646-1658.

Hoc J M, 2000. From human-machine interaction to human-machine cooperation [J]. Ergonomics, 43(7): 833-843.

Hsu K, 2013. China's military unmanned aerial vehicle industry [R]. Washington, D. C.: US-China Economic and Security Review Commission.

Kendoul F, 2012. Survey of advances in guidance, navigation, and control of unmanned rotorcraft systems [J]. Journal of Field Robotics, 29(2): 315-378.

Maza I, Kondak K, Bernard M, et al., 2010. Multi-UAV cooperation and control for load transportation and deployment [J]. Journal of Intelligent and Robotics Systems, 57(1-4): 417-449.

Merino L, Caballero F, Dios M, et al., 2010. A cooperative perception system for multiple UAVs: Application to automatic detection of forest fires [J]. Journal of Field Robotics, 23(3-4): 165-184.

Nagaty A, Saeedi S, Thibault C, et al., 2013. Control and navigation framework for quadrotor helicopters [J]. Journal of Intelligent and Robotic Systems, 70(1-4): 1-12.

OSD (Office of the Secretary of Defense), 2002. Unmanned aerial vehicles roadmap 2002-2027 [R]. Washington, D. C., USA.

OSD (Office of the Secretary of Defense), 2005. Unmanned aircraft systems roadmap 2005-2030 [R]. Washington, D. C., USA.

Rathbun D, Kragelund S, Pongpunwattana A, et al., 2002. An evolution based path planning algorithm for autonomous motion of a UAV through uncertain environments [J]. Algebra Universalis (2): 551-607.

Ren J, Gao X G, Zheng J S, et al., 2010. Mission decision-making for UAV under dynamic environment [J]. Systems Engineering and Electronics, 6(1): 24.

Tisdale J, Kim Z, Hedrick J, 2009. Autonomous UAV path planning and estimation [J]. IEEE Robotics & Automation Magazine, 16(2): 35-42.

Valavanis K P, 2008. Advances in Unmanned Aerial Vehicles [M]. Dordrecht, Netherlands: Springer.

Valavanis K P, Vachtsevanos G J, 2014. Handbook of Unmanned Aerial Vehicles [M]. Berlin, Germany: Springer Netherlands.

Wang X, Yadav V, Balakrishnan S N, 2007. Cooperative UAV formation flying with obstacle/collision avoidance [J]. IEEE Transactions on Control Systems Technology, 15(4): 672-679.

Wikipedia, 2016. Human-in-the-loop [EB/OL].[2019-06-09]. https://en.wikipedia.org/wiki/Human-in-the-loop.

Wikipedia, 2016. Unmanned aerial vehicle [EB/OL].[2019-03-21]. https://en.wikipedia.org/wiki/Unmanned_aerial_vehicle.

Wikipedia, 2016. Unmanned combat aerial vehicle [EB/OL].[2019-09-18]. https://en.wikipedia.org/wiki/Unmanned_combat_aerial_vehicle.

第3章

无人车智能技术

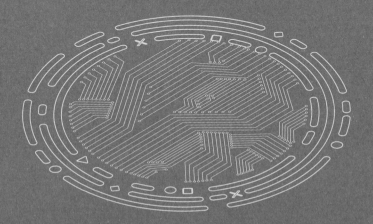

3.1 研究背景

3.1.1 无人车智能技术发展的理论研究意义和实际应用价值

无人驾驶车辆,又称无人车、自动驾驶汽车、自主驾驶车辆、智能网联汽车等,涉及认知科学、人工智能、机器人技术与车辆工程等学科,是各种新兴技术的综合试验床与理想载体,也是当今前沿科技的重要发展方向。

在民用方面,无人车智能技术可以有效地提高驾驶的安全性和可靠性。道路交通安全已成为全人类共同面对的严重社会问题。相关资料表明,由于人类驾驶员疲劳驾驶、操作失误等原因,全世界每年约125万余人因交通事故死亡,受伤人数约5000万人,经济损失约数千亿美元。无人车智能技术能提高车辆行驶的安全性,实现对道路环境的感知,报告各种危险情况给驾驶者,并给出预警提示或在危险即将发生的情况下智能、迅速地采取相应的安全措施。不仅如此,无人车智能技术可以实现大范围交通态势感知与预测,并在此基础上通过动态路径规划、编队行驶来提高出行效率、减少能源消耗,从而达到有效缓解交通拥堵压力和减少污染物排放的目的。可以预见,随着人工智能、计算机技术以及芯片技术的发展,无人车智能技术具有推动国民经济健康发展的巨大潜力,将彻底改变人类的出行方式与社会结构。

在军用方面,无人车可以代替士兵执行各种危险、单调和困难的任务。在未来地面作战中,无人车将成为信息化装备体系的重要组成部分、减少人员伤亡的重要手段、提高战术精确打击能力的有力保证。无人车智能技术的发展对满足国家安全战略需求具有重要意义。

3.1.2 无人车智能技术发展的广泛市场前景和巨大经济价值

20世纪70年代,无人车智能技术在美国、英国、德国等发达国家就开始研究。

2004年、2005年和2007年,美国国防高级研究计划局(DARPA)组织的三届"大挑战"赛事推动了自动驾驶领域技术的快速发展,从此,全球学术界和工业界对自动驾驶技术开始投入大量的研究。

20世纪80年代,我国也有一批研究机构开始从事无人车相关技术的研究。从2009年开始,国家自然科学基金委员会在"视听觉信息的认知计算"重大研究计划的支持下,连续举办了"中国智能车未来挑战赛",极大地促进了我国无人车智能技术的提高。2014年、2016和2018年,中国军方举办了三届"跨越险阻"地面无人系统挑战赛,集中验证了越野环境下自动驾驶车辆的机动行驶能力,对我国军用无人车智能技术的发展起到了极大的推动作用。

在市场应用层面,全球各大整车企业、互联网技术企业和新兴创业公司也纷纷进军自动驾驶领域,无人车相关产业进入爆发式增长阶段,预期将形成万亿规模市场,受到行业和国内外企业的高度重视。

无人车技术和产业的发展对无人车智能水平的要求越来越高。2014年,美国汽车工程师协会(Society of Automotive Engineers,SAE)将民用无人驾驶车辆的自主水平,从非智能到完全智能分为0~5六个等级,如表3.1.1所示。其中,0级为完全由人驾驶,1级为辅助驾驶,2级为部分自动驾驶,3级为有条件自动驾驶,4级为高度自动驾驶,5级为完全自动驾驶。

表3.1.1 无人驾驶车辆智能等级划分

等级	名称	定义	控制	环境监控
0	完全由人驾驶	人负责全方位和全时间的动态驾驶任务	人	人
1	辅助驾驶	辅助驾驶系统在特定模式下接管横向或纵向控制,其他环境下仍由人完成驾驶任务	人/车辆系统	人
2	部分自动驾驶	一个或多个辅助驾驶系统在特定模式下接管横向和纵向控制,其他环境下仍由人完成驾驶任务	车辆系统	人
3	有条件自动驾驶	自主系统全方位完成动态驾驶任务,人类驾驶员对请求干预进行大致回应	车辆系统	车辆系统
4	高度自动驾驶	自主系统全方位完成动态驾驶任务,人类驾驶员对请求干预不进行回应	车辆系统	车辆系统
5	完全自动驾驶	自主系统全方位、全时间、全地域完成动态驾驶任务,且不需要人类驾驶员进行干预	车辆系统	车辆系统

3.2 研究现状

无人车智能技术已经发展成为一门非常复杂的交叉学科,包含了车辆控制、路径规划、感知融合、传感器融合等众多智能技术(Luettel et al.,2012)。人工智能技术的快速发展,特别是深度学习、机器学习、强化学习等方法的发展,推动了无人车自动驾驶感知、规划和控制方面的快速变革。在功能区分上,无人车智能技术可以从整体上概述为感知和定位、决策和规划、运动控制、车车-车路协同(V2X cooperation)几大类(Urmson et al.,2008)。无人车实际上是一个复杂的系统结构,感知、规划、控制、协同在不同的层次上发挥着不同的作用并相互影响着。

3.2.1　感知和定位中的智能技术

广义的感知是指自动驾驶系统从环境中收集信息并从中提取相关知识的过程。通常包含环境感知和定位两部分,其中,环境感知特指对环境的场景理解能力,如对障碍物类型、道路标志及标线、行人车辆的检测、交通信号等数据的语义分类;定位则是无人车理解其相对于所处环境的位置的过程,包括绝对定位和相对定位。

根据依赖的传感设备不同,无人车在感知周围环境时需要识别的场景要素可以分为基于视觉的场景要素理解、基于雷达的场景要素检测、基于信息融合的场景要素识别等类型。车道线检测技术、红绿灯检测技术、车辆及行人目标检测技术是其中核心的场景要素检测技术。

基于视觉的车道线检测起步较早,发展较为成熟,应用也很广泛,但是基于视觉的方法检测到的车道线容易受环境、天气、光照等的影响;基于激光雷达反射率的车道线检测容易受到污损、遮挡的影响;而基于多传感器融合的车道线检测可以有效避免单一传感器的局限性。

在深度学习技术的推动下,基于图像的场景语义分割和目标检测任务已经取得了重大突破,并且在自动驾驶领域得到了广泛应用。这些使用区域提议的网络RPN或类似的基于回归的RPN方法非常高效、准确,甚至能够在专用的硬件或嵌入式设备上运行。但基于图像的方法有较大的局限性,无法很好地适应光照和恶劣天气条件,也无法直接获得精准的距离信息。因此,融合激光雷达和相机进行目标检测就成为当下的热门研究方向。激光雷达的优势在于能够提供精确的位置和大小信息,基于图像的深度学习方法更擅长目标类别的识别。

总的来说,环境感知和精确定位是当前无人车智能技术的难点所在,感知的可靠性和鲁棒性的提高,是无人车未来发展的方向和走向应用的关键所在。

3.2.2　决策和规划中的智能技术

无人车的决策和规划智能技术主要来源于机器人的决策和规划方法,包括多准则行为决策方法、马尔可夫决策方法、贝叶斯网络决策方法、模糊决策方法以及产生式规则决策方法等。无人车的决策规划智能技术包括行为决策和运动规划两个方面(耿新力,2017)。

传统无人车行为决策的主要方法包括有限状态机、马尔可夫决策等。在DARPA 2007年组织的比赛中,表现比较好的车队均采用了基于有限状态机的决策方法,如有车队设计了三个顶层行为(包括车道行驶、路口处理和到达指定位姿以及顶层行为下面的一些子行为),根据实时感知输入以及设定好的行为决策规则进行推理,得出了行为决策。然而由于行车环境的复杂性与动态性,人工设计的决策规则(状态机)很难覆盖所有驾驶情形,且难以处理不确定性环境下的决策问题,因此其环境适应性较低。针对此问题,部分学者采用了基于马尔可夫决策过程的方法(郑睿,2013),利用学习的机制学习人类的驾驶行为,采用概率推理实现行为决策。德国的卡尔斯鲁厄工业大学构建了基于贝叶斯网络的场景描述和场景预测方法,并提出了从贝叶斯网络演变为部分可观测马尔可夫决策过程的方法,通过概率推理,对其他驾驶车辆的行为、位置和轨迹进行预测和估计,从而实现自主决策。

深度学习技术的不断进步,为无人车行为决策技术提供了新的思路。目前,基于深度学习的决策主要有两种解决思路:基于端到端(End-to-End)的决策方法以及基于深度学习的行为学习方法。针对前者,芯片公司英伟达提出了End-to-End行为学习方法,公司直接从感知图像中学习人类的驾驶行为,并在实际的道路上进行了测试验证。针对后者,汽车主动安全厂商Mobileye提出了深度神经网络学习场景变迁函数与行为回报函数,实现了高效的马尔可夫决策过程(Gagniuc et al.,2017)。然而,基于End-to-End的决策方法将整个决策过程作为"黑箱",导致行为输出难以控制与诊断;而基于深度学习的行为学习方法大多只能在模拟器中运行,在实际环境中的安全性仍然受到质疑。

无人车运动规划算法可以分为四类:基于自由空间几何构造的规划方法、前向图搜索方法(Shen et al.,1985)、基于随机采样的规划方法以及智能化规划方法。基于自由空间几何构造的规划方法主要通过构造某种图来描述环境的自由空间,从图中找出满足一定约束或者某种指标(最短距离、最少时间等)的最优路径。其代表方法有可视图法、冯罗诺(Voronoi)图法(Holland et al.,1977)和栅格分解法。相比于基于自由空间几何构造的规划方法,前向图搜索方法是目前智能汽车领域内应用最为广泛的方法,主要包括狄克斯特拉(Dijkstra)算法、A*算法、D*算法和人工势场法。基于随机采样的规划方法具有一定的不确定性,即具有概率完备性。这类方法主要包括概率路线图算法(probabilistic roadmap method,PRM)和快速搜索随机树算法(rapid-exploration random tree,RRT)。智能化规划方法中很多好的优化处理技术也被应用于运动规划问题的求解。其代表性的方法主要有基于遗传算法的运动规划方法和基于神经网络的运动规划方法。然而,这些算法都存在计算复杂度、难以满足无人车高实时性需求的不足。

总的来说,决策规划是无人车智能技术的核心,设计出满足场景约束和车辆运动学约束的实时决策规划算法,是自动驾驶车辆实现安全、高速自动行驶的核心与关键。

3.2.3　运动控制中的智能技术

无人车的运动控制可以分为纵向控制和横向控制(赵盼,2012)。纵向控制主要是对车辆速度进行跟踪,控制车辆按照预定的速度行驶、巡航或与前方动态目标保持一定的距离,通过调整油门与制动执行器,使车辆的速度和车间距离符合预期值。横向控制主要是跟踪车辆路径,通过调节控制无人车的方向,使车辆沿期望的局部路径行驶,以保证车辆行驶安全和平稳。

现有车辆运动控制算法设计多依赖于车辆动力学模型,包括PID、线性二次型调节器(LQR)和模型预测控制(MPC)等(龚建伟等,2014)。横向控制的方法有很多,常用的控制方法有PID控制方法、最优控制方法以及自适应、滑模与模糊控制方法(范军芳,2017)。针对配置传感器的不同,横向控制可分为预瞄式横向控制和非预瞄式横向控制,可以用现代控制及非线性控制等理论和方法来处理。

目前,有部分学者尝试将神经网络应用于车辆运动控制,将车辆横向控制分解为位置跟踪和角度跟踪两个子任务,使用两个全连接网络建立轨迹跟踪距离和角度误差量到方向盘转角的映射,最后对双网络加和得到转向角输出。以神经网络为核心的控制系统,优点在于不依赖于车辆动力学模型,但尚缺乏完备的稳定性分析手段,且性能不一定优于现有的预测控制等方法,加上自动驾驶对代码安全性和可解释性较高,制约了神经网络方法在车辆控制中的实际应用。

3.2.4　车车-车路协同中的智能技术

车车-车路协同,即通过无线通信方式,将交通系统中的所有元素与所有运载工具和路边基础设施连接起来,形成完整的、提供信息动态共享的系统(Li et al.,2017;Xu et al.,2018)。多个无人车之间可通过相互通信实现彼此运动、行为、任务等多层面上的协同,进而在完成诸如区域搜索、目标侦察、货物运输等任务上具有更大的优势。虽然多无人车协同系统的整体智能相比于单无人车有所提高,但多无人车系统仍然在感知、决策上具有局限性,在实际运行中,多无人车系统仍然需要驾驶员对其行为进行监控与干预。无人驾驶技术与智能交通体系的结合为多无人车自主协同控制优化问题带来了新的解决方案。

2015年,美国斯坦福大学预测,人工智能将催生自主智能汽车,从而实现车与车之间的自动互联。无人车协同的发展趋势是智能协同与自主智能的高度融合,通过在多无人车系统车车-车路协同中引入人工智能技术,实现多无人车系统的自主智能协同。自主智能协同的基础性、本源性机理还亟待揭示;自主智能协同的关键技术依托传感技术、控制技术、计算技术以及芯片技术等突破,目前在技术层面还无法和人工智能无缝衔接。多无人车系统的车车-车路自主智能协同技术研究将推动人工智能理论及应用的发展。

3.3 研究内容

3.3.1 无人车环境感知技术

环境感知是无人驾驶车辆能够进行安全、自主行驶的先决条件。其难点主要在于环境感知系统如何利用车载传感器准确无误地感知与理解周围环境,实时构建场景模型,作为决策依据提供给决策系统(许芬等,2009)。在结构化驾驶场景下,环境感知对象包括无人驾驶车辆周围环境中能够影响其自主性能的动静态要素和各类交通标识。

传感器可以分为被动传感器和主动传感器两类。被动传感器包含视觉相机和红外相机等(Wang et al.,2018),视觉纹理信息丰富、采样周期短、设备经济方便,但其易受光照条件影响。主动传感器包括激光雷达(Yang et al.,2020)、毫米波雷达、超声波雷达等。其中,激光雷达具有抗干扰能力强、获取的位置信息准确、可全天候工作等优点,但容易出现镜面反射和漫反射现象以及容易受到烟尘影响;毫米波雷达具有对烟、雾的穿透能力强并能够适应全天候的工作条件等多方面的优点;超声波雷达体积小、响应快、价格低,但探测距离短,测量误差也比较大。各类传感器性能对比如表3.3.1所示。

表3.3.1 无人驾驶车辆常用传感器性能对比分析表

传感器类型	毫米波雷达	视觉相机	激光雷达	超声波雷达	红外相机
检测距离	约175m	约170m	约150m	约10m	约10m
分辨率	高	较高	高	低	低
频率	快	快	慢	慢	快
温度影响	小	小	小	一般	大
光照影响	小	大	小	小	小
雨雪影响	小	小	较大	小	较小
镜面影响	小	小	较大	小	小
质量	轻	轻	较重	轻	轻
主要用途	目标距离、角度和速度	目标识别与跟踪	障碍物三维信息	近距障碍物检测	红外成像

单一传感器由于自身的限制,难以满足全工况及全天候的环境感知需求。多传感器信息融合能够将空间和时间上的互补与冗余信息依据某种优化准则结合起来,产生对驾驶场景的一致性描述,为无人驾驶系统提供精准、鲁棒的感知信息(Miella et al.,2011)。综合来看,大部分面向三级及以上的先进无人驾驶车辆都采用多传感器融合的方式,实现了360°视场冗余覆盖,车道线、交通信号灯、路上目标识别与跟踪等,为无人驾驶车辆遵守交通规则及其自主行驶的安全性提供了先决条件。

受限于计算平台的计算能力及深度学习自身的过拟合和泛化能力,早期的无人驾驶技术研发工作者多数采用传统模式的识别方法进行各类场景要素的识别。但随着 GPU 和深度学习的发展,深度学习技术得到了快速发展,并在各行各业中得到了实际应用。在自动驾驶领域,基于视觉、面向路上目标识别和场景语义理解的深度学习模型被提出和应用,并趋向成熟。近年来,基于激光雷达数据的深度学习方法逐渐成为热点。考虑到算法的整体性和实时性,综合利用传统方法和深度学习方法是无人驾驶领域的重要发展方向。

综合来说,环境感知的关键技术包括车道线识别、交通信号灯识别、交通标识识别、路上目标识别、多传感器信息融合以及运动目标跟踪等。

3.3.2　无人车导航定位技术

无人驾驶车辆作为一个能够自主运动的集成系统,精准的导航定位技术是其能够顺利实现移动的前提条件,也是智能无人系统感知、规划和决策的纽带。导航定位技术(郭景华,2012)可分为相对导航定位与绝对导航定位两类。

绝对导航定位是指测定测站点的地球坐标的卫星定位,包含基于 GPS、北斗等卫星导航定位,天文仿生导航,地图匹配导航以及地标、地磁导航定位等借助外部绝对信息完成自身导航定位的功能。其中,卫星导航定位技术应用最为广泛,可为智能无人系统提供全球、全天候、实时、高精度定位信息。绝对导航定位精度较高,但是易受干扰和遮挡。

相对导航定位是指测量点相对于其原本的位置或某一基点位置的定位,相对定位主要包括惯性导航定位、基于编码器的里程计定位、基于激光雷达和视觉信息的环境建模定位等基于自身传感器信息并结合载体自身运动学参数的定位技术。

为提高系统的稳定性,常用相对导航定位与绝对导航定位相结合的多信息融合的导航定位方法。

3.3.2.1　绝对导航定位

卫星导航定位是无人驾驶车辆常用的一种绝对导航定位,是一种天基的无线电导航定位与时间传递的技术。目前,主要的卫星定位系统有美国的 GPS、俄罗斯的全球轨道导航卫星系统(GLONASS)和我国的北斗卫星导航系统(BDS)等,其性能对比见表 3.3.2。

卫星定位系统中,GPS、GLONASS 以及 BDS 的工作原理基本一致。位于地面的接收机检测卫星发送的扩频信号,通过相关运算获取到达时间信息,并由此计算出卫星到接收机的距离,再结合卫星广播的星历信息计算卫星的空间位置,完成定位计算。只有当四颗卫星可见时,卫星才能实现三维定位,获取更多的可见卫星信号则可提高定位精度。GPS 的定位原理如图 3.3.1 所示。

表 3.3.2　几种主要的导航系统性能对比

导航系统	起始时间	系统特点	发展现状	服务范围	服务目标与定位解读
GPS	1978年	架构最为成熟，覆盖率高、用户广泛；快捷、高效、精确	2010年有30颗卫星运行，并在逐渐更新为新型卫星	全球	军用，民用（精度10m）
GLONASS	1982年	定位精确，略低于GPS；抗干扰能力强	截至2012年10月，有30颗卫星正在运行	全球	军用，民用（精度10m）
BDS	2000年	支持双向定位和通信功能；自主研发、高效可靠	2018年年底已完成33颗在轨卫星	全球	军用，民用（精度10m）

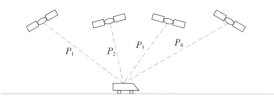

图 3.3.1　GPS的定位原理

其工作原理见公式(3.1)。假设卫星至观测站的几何距离为 ρ_i^j，则在忽略大气影响的情况下，相应的伪距为：

$$\tilde{\rho}_i^j = \Delta t_i^j c = c\Delta\tau_i^j + c\delta t_i^j = \rho_i^j + c\delta t_i^j \tag{3.1}$$

式中，$\tilde{\rho}_i^j$ 为伪距，ρ_i^j 为真正几何距离，δt_i^j 为接收机和卫星之间的钟差。当卫星时钟与接收机时钟严格同步时，上式确定的伪距即为站星的几何距离。

GPS的钟差通常可从卫星发播的导航电文中获得，经钟差改正后，各卫星之间的时间同步差可保持在20ns以内。如果忽略卫星之间的钟差影响，并考虑电离层、对流层折射影响，可得：

$$\tilde{\rho}_i^j = \rho_i^j + c\delta t_i(t) + \Delta_i^j I_g(t) + \Delta_i^j T(t) \tag{3.2}$$

几何距离 ρ 与卫星坐标 (X_s, Y_s, Z_s) 和接收机坐标 (X, Y, Z) 之间的关系如下：

$$\rho^2 = (X_s - X)^2 + (Y_s - Y)^2 + (Z_s - Z)^2 \tag{3.3}$$

卫星坐标可根据卫星导航电文求得，所以式(3.3)中只包含接收机坐标的三个未知数。由于电离层改正数和对流层改正数可以按照一定的模型求解出，那么如果将接收机钟差 δt_i^j 也作为未知数，则共有四个未知数。因此，接收机必须同时至少测定四颗卫星的距离才能解算出接收机的三维坐标值。

3.3.2.2　相对导航定位

1.基于惯性导航的航迹推算定位技术

航迹推算源于船舶的导航定位，是以启航点作为推算起始点，根据不断获取的航向以及航程信息推算出具有一定精度的船舶航行轨迹的方法，这种方法不需要借助外界环境中的导航路标,但需要根据水流要素以及船舶的操纵性能对轨迹进行实时修正。在无人车应用领域,航迹推算也发挥着重要的作用,特别是在无外界环境信息或者是特征比较稀疏的环境中。现有的无人驾驶车辆使用的航迹推算算法主要根据运动模型的不同,简单分为基于阿克曼转向模型的航迹推算和基于车辆运动微分模型的航迹推算。

惯性导航通过陀螺仪来测量载体的角速度和线速度,经积分运算得到载体角度和路程信息,再经航迹推算得到载体的运动轨迹。基于惯性导航的航迹推算图解如图 3.3.2 所示。

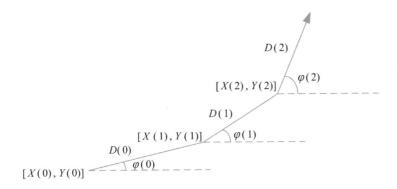

图 3.3.2　基于惯性导航的航迹推算

基于惯性导航的航迹推算如公式(3.4)、公式(3.5)、公式(3.6)所示:

$$X(k) = X(0) + \sum_{i=0}^{k-1} D(i)\cos\big[\varphi(i)\big] \tag{3.4}$$

$$Y(k) = Y(0) + \sum_{i=0}^{k-1} D(i)\sin\big[\varphi(i)\big] \tag{3.5}$$

$$\varphi(k) = \varphi(0) + \sum_{i=0}^{k-1} \theta(i) \tag{3.6}$$

式中,$X(0)$,$Y(0)$ 为初始时刻自主车所在位置,$D(i)$ 与 $\theta(i)$ 为从 $i-1$ 时刻到 i 时刻自主车的行驶距离和方位角,$\varphi(i)$ 是自主车与 X 轴的角度。

惯性导航系统在无人驾驶车辆中有着广泛的应用,但由于是积分运算,惯性传感器的输出会随时间发生漂移现象,这就意味着仅仅依靠惯性传感器只能获得有限的导航精度,因此,其常与其他导航定位技术(如卫星导航定位技术)组合使用。

2. 激光雷达导航定位技术

激光雷达是一种基于非接触式激光测距技术的扫描传感器。它通过发射激光束来检测目标,从而获得准确的三维图像。由于它可以实时获得局部环境的高精度轮廓信息,测距精度可达到厘米级,且具有精度高、速度快、效率高等优点,因此可通过三维图像帧与帧之间的匹配实现位姿推算,从而实现局部定位。

激光雷达通过发射反射周围物体并返回传感器的激光脉冲来确定其周围的几何位置。目前常用三维激光雷达进行辅助导航定位,三维激光雷达扫描的地形特征很容易受到干扰,为了保证导航的准确性和可靠性,无人车可以采用惯性导航技术来修改三维激光雷达所匹配的地形,从而达到对全局环境的了解。

3.视觉传感器导航定位技术

视觉定位凭借其累积误差小、成本低、精度高、信息量大等优势,逐渐成为局部定位技术的重要发展方向。视觉定位是指在图像、视频等视觉信息的基础上实现对无人驾驶车辆的运动状态估计,获取包含位置和朝向的无人驾驶车辆位姿信息。

基于视觉的定位算法通常有两种:一种是基于拓扑与地标的算法,另一种是基于几何的视觉里程计算法。基于拓扑与地标的算法将所有的地标组成一个拓扑图,当智能无人系统检测到地标时就可以大致地推算出自己处于什么位置,这种算法相对容易,但需预先建立精确的拓扑图。基于几何的视觉里程计算法比较复杂,但不需要预先建立精确的拓扑图,这种方法可以在定位的同时扩展地图。

视觉里程计算法主要分为单目和双目两种,纯单目视觉里程计算法的问题是无法推算出观察到的物体的大小,所以必须假设或推算出物体初步的大小,或者结合其他传感器(如陀螺仪)去进行准确定位。双目视觉里程计算法(见图3.3.3)通过三角剖分计算出特征点的深度,然后从深度信息中推算出物体的大小。

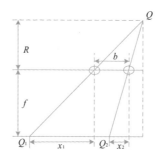

图3.3.3 双目视觉里程计算

图3.3.3中,Q 是待测距点(某匹配点),其到相机的垂直距离为 R,左、右相机上形成的像点分别是 Q_1 和 Q_2;b 是双目相机的基线长度;f 是相机焦距;x_1、x_2 分别是 Q 点在左、右两幅图像上像点的视差。利用相似三角形原理,相机到 Q 点的距离如公式(3.7)所示:

$$R = \frac{b \times f}{x_1 - x_2} \tag{3.7}$$

4.同步定位与地图构建

随着地面无人技术的不断发展,地面无人平台被越来越多地使用在复杂工作场景中,但一些场景中无法接收可靠的GPS信号,如大面积的室内空间、高楼林立的商业街区等。如前文所说,惯性导航系统又存在其无法克服的缺点——误差累积问题。为了解决这一难题,SLAM应运而生。一个SLAM系统由同步环境地图构建和运行于其中的无人驾驶车辆状态估计组成。SLAM系统与单纯的激光雷达导航定位和视觉导航定位的区别在于,SLAM系统更强调同步定位和增量式地图构建两个过程同时进行。SLAM系统中构建地图和定位这两个子任务是高度耦合、密不可分的。

SLAM技术是多学科交叉的技术,在较低层面(下文称之为前端),SLAM必须和其他领域交叉,如计算机视觉和信号处理;在较高层次上(下文称之为后端),SLAM融合了几何学、图理论、优化和概率估计。SLAM的典型代表是基于滤波方法和基于图优化两类。

(1)基于滤波的SLAM

基于滤波方法的SLAM的理论基础是概率估计中的贝叶斯估计法则,其又分为基于卡尔曼滤波的SLAM和基于粒子滤波的SLAM。

基于卡尔曼滤波的SLAM假设状态噪声和观测噪声在高斯分布的情况下,通过系统输入、输出观测数据,对系统状态进行最优估计。基于卡尔曼滤波的SLAM存在许多缺点,如随地标增加,计算量和存储量显著增长;实时性随地标数增加而变差;数据关联问题难以解决等。相比之下,基于粒子滤波的SLAM比基于卡尔曼滤波的SLAM有着更好的准确性和鲁棒性,能够适用于非高斯、非线性、后验密度函数未知的场合。

基于粒子滤波的SLAM通过寻找一组在状态空间中传播的随机样本对概率密度函数 $P(X_t|Z_t)$ 进行近似,以样本均值代替积分运算,从而获得状态最小方差估计的过程,这些样本即为“粒子”。相比于基于卡尔曼滤波的SLAM,基于粒子滤波的SLAM虽然在一定程度上提高了准确性和鲁棒性,但其需要有大量的样本数量才能很好地近似系统的获得后验概率密度。无人车面临的环境越复杂,描述后验概率分布所需要的样本数量就越多,算法的复杂度就越高。另外,重采样阶段会造成样本有效性和多样性的损失,导致样本贫化。

(2)基于图优化的SLAM

无论是基于卡尔曼滤波的SLAM还是基于粒子滤波的SLAM,其理论基础(马尔可夫假设)都存在缺陷,除了上一时刻外,无法有效利用其他历史信息。误差累积虽然在一定程度上得到减少,但误差累积的过程一直存在且无法消除。

为了解决这一问题,Lu等(1990)的论文开创性地将图优化理论引入SLAM。在基于图优化的SLAM中,首先无人车的位姿和地图特征被表示为一个节点或者顶点,位姿间以及位姿与地标间的约束关系构成了边。由于地图特征可以通过边缘化方法转化为位姿间的约束,从而简化为对位姿序列的估计。这类方法可以用图的方式作直观描述,所得的图被称作位姿图。基于图优化的SLAM问题可分解成两个任务:①构建地图,以无人驾驶车辆位姿为顶点,以位姿间关系为边,这一步常常被称为前端,往往是传感器信息的堆积;②优化地图,调整无人驾驶车辆位姿顶点来尽量满足边的约束,这一步称为后端。图3.3.4是一个经典的基于图优化的SLAM框架。

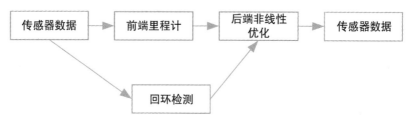

图3.3.4　基于图优化的SLAM的框架

3.3.2.3　多信息融合导航定位

多信息融合就是利用计算机技术,将来自多传感器或多源的信息和数据在一定的准则下加以自动分析和综合,以完成所需要的决策和估计而进行的信息处理过程。在无人车中,一般使用多传感器信息融合的导航定位以及高精度地图定位技术。

1.多传感器融合的导航定位

多传感器融合的实质是多源不确定性信息的处理。在处理过程中,信息的表示形式会不断发生变化,从较低级的形式(如图像像素、累计里程、超声波传感器探测数据等)变化至系统需要的某种高级形式(如车辆位姿、局部地图等)。这些信息可以来自同一个采样周期的多个传感器,各个传感器具有不同的性能和独立的故障方式,彼此之间具有冗余性或互补性;也可以来自延长周期的单个传感器。信息的不确定性可以是随机的、模糊的等有先验信息的形式,也可以是无先验信息的形式。

多传感器融合的关键是信息融合,有适宜的融合方法才能发挥出多传感器融合技术的优势。针对具体的应用情况,有简单滤波法、加权平均法、贝叶斯估计法、统计决策理论法、D-S(Dempster-Shafer)证据推理法、产生式规则法、卡尔曼滤波法、模糊逻辑推理法和人工神经网络法等。

随着当前各种传感器技术的日趋成熟,在单传感器导航方法的研究方向上能取得的进步已十分有限。多传感器融合导航技术(Mckendall et al.,1988)是接下来无人驾驶车辆导航定位的研究重点,既包括硬件确定条件下的融合策略改进,也包括依据融合策略的硬件分布优化。这项技术的成熟度将对提高无人驾驶车辆导航系统的精度和稳定性,乃至对整个无人驾驶车辆整体性能产生重要影响。

2.高精地图定位技术

高精地图相较于普通导航电子地图而言,具有高精度、地图元素更加详细、属性更加丰富的特点。高精度,一方面是说地图的绝对坐标精度高,达到了亚米级的绝对精度;另一方面是高精地图所含的道路交通信息元素及其属性更加丰富和细致。与普通导航电子地图相比,高精地图不仅有准确的坐标,还能准确描绘道路形状、车道线、车道中心线和交通标志等。此外,还包括车道限速、道路材质等信息。在道路交通领域,按照面向对象不同,高精地图可分为自动驾驶用高精地图和交通监管用高精地图,其中自动驾驶用高精地图是面向机器的作为先验信息供无人驾驶车辆决策用的地图,包含每个车道的坡度、曲率、航向、高程、侧倾等数据。

高精地图对于无人驾驶车辆定位校正能起到重要作用。无人驾驶车辆将传感器获取的特征和高精地图中的特征进行对比并融合组合定位数据,从而推断出车辆自身的位置。同时,高精地图也对无人驾驶车辆的感知起到弥补作用。

3.3.3 无人车决策规划技术

3.3.3.1 决策规划技术简介

决策规划系统的目标是使智能无人系统产生安全、合理的驾驶行为。典型的决策规划系统一般分为全局规划层、行为决策层和运动规划层三个层次(耿新力,2017),如图 3.3.5 所示。其中,全局规划层,完成无人车的全局路径规划任务,该层接收来自用户的任务请求,利用路网文件,在已知道路网中搜索满足任务要求的路径,全局规划监控模块根据环境感知和车辆定位系统的反馈信息监督车辆的运动状态,当探测到当前道路阻塞时,要求全局规划模块进行重新规划。行为决策层,在不同的环境下,进行无人驾驶车辆的行为推理,该层从栅格地图中提取相关信息,将其抽象成为离散事件集合,并将无人车结构化道路环境下的常规行为动作序列划分为不同的行为状态,通过对当前驾驶环境的理解,在交通规则的约束下,将全局规划结果分解为一个合理的驾驶行为状态系列。运动规划层,主要负责将行为指令转化为控制执行系统能接受的轨迹序列,具体说来,运动规划层根据上层决策结果、局部动态环境信息和自身位姿信息,在考虑车辆运动学和动力学约束的条件下生成一组轨迹序列,再通过安全性、舒适性和时效性等指标函数的评价,挑选出一条最优的可行驶轨迹,并将其发送给控制执行系统。

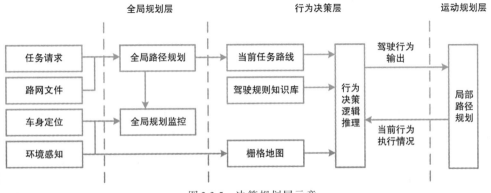

图 3.3.5 决策规划层示意

3.3.3.2 全局规划

全局规划是全局路径规划的简称,它是指在给定车辆起点、终点及途径的任务目标等信息后,利用已知的数字地图信息,搜索选择一条最优的路径。全局路径规划涉及拓扑地图构建和全局路径规划两部分。

1.拓扑地图构建

拓扑地图构建是指用节点代表道路上的特定位置,节点间的关系表示道路间拓扑结构,从而完成地图的构建。它主要通过道路上关键节点逻辑关系的建立来实现,其节点间的连线基本描述了相应的道路,而这些相应道路连线又为无人车行驶提供了行驶参考路径。

拓扑地图一般包括空间数据以及属性数据。空间数据元素主要包括点、路和关系三种,这三种元素构成了整个地图画面。

2.全局路径规划

全局路径规划根据拓扑地图提供的路网数据以及任务指令给定的路径起点、终点以及途径任务路点,首先查找从起点到达终点的最短路径;然后对稀疏路点进行插值,最后得到一条相对平滑的密集全局参考路径。全局路径规划的算法常采用启发式搜索算法(Petrie,1966),如 Dijkstra 算法和 A*算法。

(1)最短路径搜索

采用 A*算法搜索连接起点和终点的最短路径,在所有路点中查找距离给定的起始点坐标和目标点坐标最近的路点。进而采用 A*算法得到由起点到目标点的最短路径,A*算法为每一个路点计算启发值 f,f 的计算公式为:

$$f = g + h \tag{3.8}$$

式中,g 表示从起始路点到当前路点的实际路径代价值,h 为当前路点到目标路点的估计路径代价值。此处代价值可以是地理之间的距离,也可以是驾驶用时、能源耗费等代价值的组合,从而得到全局最优路段集合。

(2)路径优化

最短路径搜索得到的是路段节点序列的集合。路段与路段之间的空间,采用贝塞尔曲线及埃尔米特(Hermit)曲线(Sutton et al.,1998)几何平滑连接路段,并采用 B 样条插值稀疏节点得到相对平滑且密集的全局参考路径。

3.3.3.3 行为决策

行为决策是一个包含心理学、统计学和认知学等多学科交叉的研究领域。下面以基于知识推理的行为决策为例介绍无人车行为决策模块运行的技术细节。基于知识推理的行为决策系统结构如图 3.3.6 所示,其输入是感知处理结果、车辆位姿以及地图/参考路径,输出是横向行为和纵向行为。行为决策系统主要包括知识库、场景评估以及行为推理三个子模块。

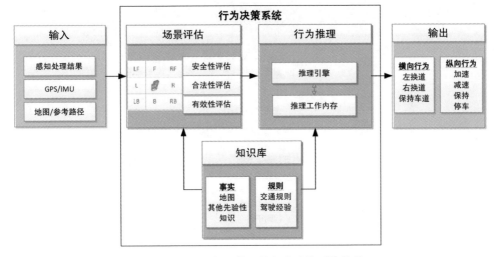

图 3.3.6　基于知识推理的行为决策系统结构

1. 知识库

知识库主要包含两类知识：一类是事实类的知识，如关于驾驶场景的地图以及其他先验性知识；另一类是规则类知识，如交通规则、人类的驾驶经验等。这些知识可以通过人类专家的编码得到，也可以通过机器学习的手段分析相关文档资料提取得到。知识库需要支撑场景评估与行为推理。

本体论是一种知识表达方法，可用于表达无人驾驶车辆决策系统知识库，它通过提取驾驶场景中的与行为决策相关的要素（道路路网、交通参与者、道路交通设施等），分析人-车-路之间的交互关系并提取实体的交互关系，对驾驶知识库设计的关键概念及其关系进行建模。

2. 场景评估

场景评估主要从驾驶的安全性、合法性以及有效性对当前的驾驶场景进行评估。安全性评估主要考虑与障碍物相关的属性；合法性评估考虑的属性有速度限制、红绿灯状态、换道时左右两边车道线状态；有效性评估主要考虑到参考路径终点的距离、当前运动目标与全局目标是否一致。

3. 行为推理

本书以基于谓词逻辑的知识推理方法为例，推理引擎采用 SWI Prolog。Prolog 推理是结合回溯和模式匹配等方法实现的一种逆向推理过程，一个行为决策过程中的规则匹配流程如图 3.3.7 所示。

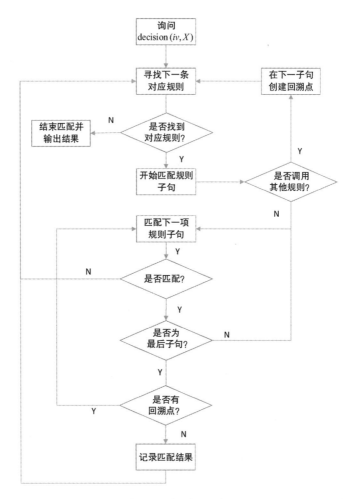

图 3.3.7　规则匹配流程

3.3.3.4　运动规划

运动规划就是在给定的位置 A 与位置 B 之间为机器人找到一条符合约束条件的路径。这个约束可以是无碰撞、路径最短、机械功最小的。依据轨迹生成和搜索方式的不同,常用的运动规划算法可以分为参数化曲线构造法、基于图搜索的算法、基于采样的方法、数值优化法、人工势场法以及并行规划法六类。

1.参数化曲线构造法

参数化曲线构造法通过选择几何曲线来生成满足运动模型或状态约束的轨迹。其通过在每个时刻求解两点的边界值问题来构造分段路径,以确保通过道路网络的平稳运动,然后通过使用动态模型的成本函数和沿着该轨迹的障碍分布来优化该轨迹。常见轨迹的几何曲线有弧线、多项式螺旋、样条曲线等。

2.基于图搜索的算法

基于图搜索的算法也称为基于栅格的规划,其先将无人车的配置空间均匀离散为栅格(grid)或者状态栅格(lattice),然后将规划问题表示为基于图的搜索,为路径规划提供路径解决方案(不一定是最优的)或者给出"没有解决方案"。

3.基于采样的方法

基于采样的方法主要分为随机采样法和对构型空间的确定性采样法两类方法。

随机采样法通过创建配置空间的采样(离散)表示,使用转向约束和碰撞检查探索自由空间的可行路径连接。随机采样法具有采样不确定性,只能保证概率完备性,即找到最佳解决方案的概率随着采样密度的增加而增加。

确定性采样法包括基于控制空间采样和基于状态空间采样两种方法,大多遵循离散优化方案。基于控制空间采样的方法通常在控制空间中对一组离散控制输入进行采样;基于状态空间采样的运动规划器考虑环境和参考路径施加的约束,将车辆当前状态和采样状态相连,生成满足车辆运动学约束的可行轨迹。

4.数值优化法

数值优化法的目的在于最小化或最大化不同变量约束,目标函数一般会考虑碰撞风险、舒适度、运动学约束、交通规则等变量,根据驾驶员偏好分别给不同的变量赋予权重来计算轨迹集的代价函数,是应用于有限轨迹集的评估方法,既可以减少解空间,又可满足实时性。

5.人工势场法

人工势场法使用两个力场的叠加引导无人车完成路径规划任务,其中环境中的障碍物产生排斥力场,阻止无人车靠近;目标点产生吸引力场,吸引力场包围着目标点,吸引力场一般是一个球形,在无障碍环境中驱使无人车至目标点。现有的人工势场法应用于无人车路径规划的研究热点主要集中于通过对引力势函数与斥力势函数的优化和改进或添加其他附加条件来解决人工势场法局部极小点问题。

6.并行规划法

运动规划作为一个消耗存储器以及计算密集的模块,需要一定的计算资源,以支持其实时可靠运行。近年来,针对运动规划的轨迹生成、碰撞检测等开展了大量GPU并行加速工作,搜索空间的大范围以及高维度使得部分轨迹规划问题很适合于并行化。

3.3.4 无人车运动控制技术

运动控制技术是指根据期望的运动路径和运动速度,控制无人车辆由起始位置运动到预定目的地(Kumarawadu et al.,2006)。它是无人车智能技术的核心组成部分,其控制性能将直接决定无人车的智能化水平。无人车的运动控制主要包含横向控制和纵向控制,且两者可以解耦,所以无人车控制技术可以分为横向控制技术(Ho et al.,2012)和纵向控制技术(赵盼,2012)。

3.3.4.1 横向控制

横向控制的原理是根据无人车地面系统期望的路径输入,采用一定的控制方法,控制方向盘的转角输出,实现无人车能够跟踪期望的目标。无人车横向控制的关键技术难点和核心在于如何根据控制输入计算出方向盘转角值。目前,横向控制的典型方法有几何转向模型控制方法、基于线性二次调节器的控制方法和基于模型预测控制(model predictive control,MPC)的控制方法(龚建伟等,2014)。

1.几何转向模型控制方法

参照人类驾驶车辆的方式,人类在驾驶车辆时首先需要观察前方道路情况,之后再根据所观察到的道路形状,结合车辆当前本身在道路中的位置、方向做出判断,进而转动方向盘,对车辆姿态进行不断修正,使驾驶车辆保持在其期望的行驶轨迹上。若将上述过程进行拆分,无人车首先需要规划一条轨迹代替人眼识别的道路轨迹,之后横向控制算法仿照驾驶员的行为方式在即将经过的前方规划轨迹中获取道路信息,寻找合适的预瞄点,如图3.3.8所示,最后通过将预瞄点的信息同车辆本身的GPS经纬度信息以及航向角信息进行对比,得出车辆方向盘在每个控制周期所应当得到的姿态修正值,即车辆本体方向所应当转过的方向和角度。

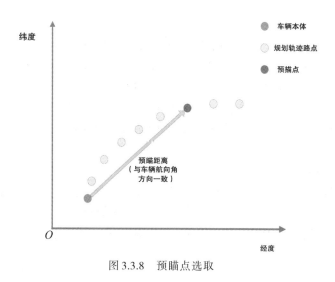

图 3.3.8　预瞄点选取

2.基于线性二次调节器的控制方法

线性二自由度模型在无人车的分析中占据了重要地位,在无人车横向模型的建模中起着重要作用,是无人车路径规划以及横向控制的基础。该模型提供了车辆运动的数学描述,且不用考虑影响运动的力,完全基于被控制系统的几何关系,如图3.3.9所示。通过无人车二自由度模型中各系统参数的关系推导,无人车运动学模型最终被转换为:

$$
\begin{bmatrix} \dot{x} \\ \dot{y} \\ \dot{\varphi} \end{bmatrix} = \begin{bmatrix} \cos\varphi \\ \sin\varphi \\ 0 \end{bmatrix} v + \begin{bmatrix} 0 \\ 0 \\ 1 \end{bmatrix} \omega \tag{3.9}
$$

式中,状态量$\left[\dot{x},\dot{y},\varphi\right]^{\mathrm{T}}$表示无人车的位置和航向,控制量$[v,w]^{\mathrm{T}}$为无人车的车速和横摆角速度。

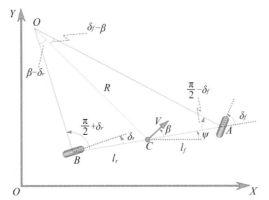

图3.3.9　线性二自由度模型提供的车辆运动数学描述

LQR最优设计是指设计出的状态反馈控制器K能使二次型目标函数取得最小值,而K由权矩阵Q与R唯一决定。LQR方法可得到状态线性反馈的最优控制规律,易于构成闭环最优控制。

二次型目标函数为:

$$
J = \int_{-\infty}^{+\infty} \left[\boldsymbol{x}^{\mathrm{T}}(t)\boldsymbol{Q}\boldsymbol{x}(t) + \boldsymbol{u}^{\mathrm{T}}(t)\boldsymbol{R}\boldsymbol{u}(t) \right] \mathrm{d}t \tag{3.10}
$$

为了便于工程的应用,性能指标函数Q和R分别表示状态变量和输入变量的加权值,多取值为对角矩阵,并且Q必须为半正定矩阵,R必须为正定矩阵。选择Q和R的相对大小可以对状态调节特性和控制能量大小进行折中设计,其中,$\boldsymbol{u}^{\mathrm{T}}(t)$和$\boldsymbol{R}\boldsymbol{u}(t)$是关于控制量的二次项,对于模型物理系统,其可以表示为系统消耗的功率,对应的积分项具有能量的物理含义。

3. 基于MPC的控制方法

MPC是一种能够处理控制约束的鲁棒控制算法。它可以预测未来设定时域内的输出以及在线滚动优化计算期望的控制量,具备最优控制算法的性能,鲁棒性能优越。

(1)运动学模型的建立及线性化

无人车的运动学模型如图 3.3.10 所示。在惯性坐标系下建立其运动学模型，如公式(3.11)、公式(3.12)所示：

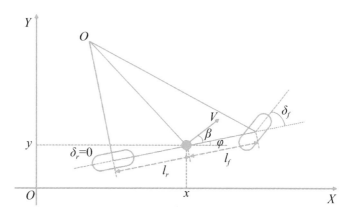

图 3.3.10　无人车的运动学模型

$$\begin{bmatrix} \dot{x}_r \\ \dot{y}_r \\ \dot{\varphi}_r \end{bmatrix} = \begin{bmatrix} \cos\varphi \\ \sin\varphi \\ \tan\delta_f/(l_f + l_r) \end{bmatrix} v_r \tag{3.11}$$

将上式写成：

$$\dot{q} = f(q, u) \tag{3.12}$$

将上式在期望轨迹点 (q_d, u_d) 处进行泰勒展开式展开和线性化方程得到公式(3.13)和公式(3.14)：

$$\dot{e} = Ae + B\tilde{u} \tag{3.13}$$

$$e = q - q_d, \tilde{u} = u - u_d, A = \begin{bmatrix} 0 & 0 & -v_r\sin\varphi \\ 0 & 0 & v_r\cos\varphi \\ 0 & 0 & 0 \end{bmatrix}, B = \begin{bmatrix} \cos\varphi & 0 \\ \sin\varphi & 0 \\ \tan\delta_f/(l_f+l_r) & \dfrac{v_r}{(l_f+l_r)\cos^2\delta_f} \end{bmatrix} \tag{3.14}$$

上述的线性状态方程是连续的，需将其离散化，如公式(3.15)和公式(3.16)所示：

$$A_t = I + A\triangle T, \ B_t = B\triangle T \tag{3.15}$$

$$A_t = \begin{bmatrix} 1 & 0 & -v_r\sin\varphi\triangle T \\ 0 & 1 & v_r\cos\varphi\triangle T \\ 0 & 0 & 1 \end{bmatrix}, \ B_t = \begin{bmatrix} \cos\varphi\triangle T & 0 \\ \sin\varphi\triangle T & 0 \\ \tan\delta_f/(l_f+l_r)\triangle T & \dfrac{v_r\triangle T}{(l_f+l_r)\cos^2\delta_f} \end{bmatrix} \tag{3.16}$$

（2）基于软约束的 MPC 算法

在 MPC 的设计中，目标函数需要对系统状态量的偏差与控制量的增量进行优化。代价函数设计为：

$$
\begin{aligned}
J(k) = &\sum_{i=1}^{N_p} \big[q(k+i|k) - q_r(k+i|k)\big]^{\mathrm{T}} Q \big[q(k+i|k) - q_r(k+i|k)\big] \\
&+ \sum_{i=0}^{N_c-1} \big[\tilde{u}(k+i|k) - \tilde{u}(k+i-1|k)\big]^{\mathrm{T}} R \big[\tilde{u}(k+i|k) - \tilde{u}(k+i-1|k)\big] \\
&+ \varepsilon(k)^{\mathrm{T}} \rho \varepsilon(k)
\end{aligned}
\tag{3.17}
$$

式中，$\varepsilon(k)$ 为 k 时刻的软约束松弛因子。

为计算代价函数在每次滚动优化的输出，构建增光状态方程：

$$
\chi(k|k) = \begin{bmatrix} e(k|k) \\ \tilde{u}(k-1|k) \end{bmatrix}
\tag{3.18}
$$

得到公式（3.19）：

$$
\chi(k+1|k) = \bar{A}(k)\chi(k|k) + \bar{B}(k)\triangle\tilde{u}(k|k)
\tag{3.19}
$$

$$
\eta(k|k) = \bar{C}(k)\chi(k|k)
$$

式中，$\bar{A}(k) = \begin{bmatrix} A(k) & B(k) \\ o & I \end{bmatrix}$，$\bar{B}(k) = \begin{bmatrix} B(k) & I \end{bmatrix}^{\mathrm{T}}$，$\triangle\tilde{u}(k|k) = \tilde{u}(k|k) - \tilde{u}(k-1|k)$。

预测输出为：

$$
Y(k) = M(k)\chi(k|k) + N(k)\triangle U(k|k)
\tag{3.20}
$$

式中，

$$
Y(k) = \begin{bmatrix} \eta(k+1|k) \\ \eta(k+2|k) \\ \vdots \\ \eta(k+N_c|k) \\ \vdots \\ \eta(k+N_p|k) \end{bmatrix}, \quad
M(k) = \begin{bmatrix} \bar{C}(k)\bar{A}(k) \\ \bar{C}(k)\bar{A}^2(k) \\ \vdots \\ \bar{C}(k)\bar{A}^{N_c-1}(k) \\ \vdots \\ \bar{C}(k)\bar{A}^{N_p-1}(k) \end{bmatrix}
$$

$$
N(k) = \begin{bmatrix}
\bar{C}(k)\bar{B}(k) & 0_{n\times(n+m)} & \cdots & 0_{n\times(n+m)} \\
\bar{C}(k)\bar{A}(k)\bar{B}(k) & \bar{C}(k)\bar{B}(k) & \cdots & 0_{n\times(n+m)} \\
\vdots & \vdots & \ddots & \vdots \\
\bar{C}(k)\bar{A}^{N_c-1}(k)\bar{B}(k) & \bar{C}(k)\bar{A}^{N_c-2}(k)\bar{B}(k) & \cdots & \bar{C}(k)\bar{A}(k)\bar{B}(k) \\
\vdots & \vdots & \ddots & \vdots \\
\bar{C}(k)\bar{A}^{N_p-1}(k)\bar{B}(k) & \bar{C}(k)\bar{A}^{N_p-2}(k)\bar{B}(k) & \cdots & \bar{C}(k)\bar{A}^{N_p-N_c-1}(k)\bar{B}(k)
\end{bmatrix}
$$

$$\Delta U (k|k) = \begin{bmatrix} \Delta \boldsymbol{u} (k|k) \\ \Delta \boldsymbol{u} (k + 1|k) \\ \vdots \\ \Delta \boldsymbol{u} (k + N_c|k) \end{bmatrix}$$

将代价函数 $J(k)$ 转化为标准的二次型。得到如下的代价函数：

$$J(k) = \frac{1}{2} \begin{bmatrix} \Delta U(k) \\ \varepsilon \end{bmatrix}^{\mathrm{T}} H(k) \begin{bmatrix} \Delta U(k) \\ \varepsilon \end{bmatrix} + F(k) \begin{bmatrix} \Delta U(k) \\ \varepsilon \end{bmatrix} + E^{\mathrm{T}}(k) \tilde{\boldsymbol{Q}} E(k) \quad (3.21)$$

式中，

$$H(k) = \begin{bmatrix} 2(N^{\mathrm{T}}(k) \tilde{\boldsymbol{Q}} N(k) + \tilde{\boldsymbol{R}}) & 0 \\ 0 & 2\rho \end{bmatrix}$$

$$F(k) = \begin{bmatrix} 2E^{\mathrm{T}}(k) \tilde{\boldsymbol{Q}} N(k) & 0 \end{bmatrix}$$

$$E(k) = M(k) \chi(k|k) - Y_r(k)$$

同时满足速度、角速度等约束条件限制，即

$$\Delta U_{\min} \leqslant \Delta U(k) \leqslant \Delta U_{\max}$$

$$U_{\min} \leqslant U(k) \leqslant U_{\max}$$

求得的控制增量为 $\Delta U^* = \begin{bmatrix} \Delta \boldsymbol{u}(k), \Delta \boldsymbol{u}(k+1), \cdots, \Delta \boldsymbol{u}(k + N_c - 1) \end{bmatrix}^{\mathrm{T}}$，将控制增量中的第一项作为实际的控制输入增量作用于系统：

$$\boldsymbol{u}^*(t) = \boldsymbol{u}^*(t - 1) + \Delta \boldsymbol{u}(k) \quad (3.22)$$

基于以上提出的模型预测控制算法，可实现无人车的模型预测运动控制。

3.3.4.2 纵向控制

1. 纵向控制结构

纵向控制，是指通过某种控制策略调节车辆的纵向运动状态，实现车辆纵向距离保持或速度跟踪的功能(赵盼，2012)。按照实现方式，纵向控制可分为直接式控制结构和分层式控制结构，现对这两种纵向控制方法进行分析。

(1)直接式控制结构

直接式控制结构由一个纵向控制器给出所有子系统的控制输入，如图3.3.11所示。

(2)分层式控制结构

为了降低纵向控制算法的开发难度，需对复杂的纵向动力学系统进行分层细化处理，将纵向控制器分为上位控制器和下位控制器，如图3.3.12所示。

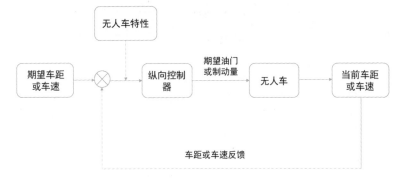

图 3.3.11　直接式控制结构

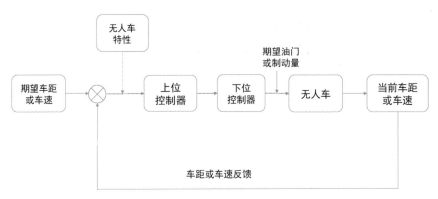

图 3.3.12　分层式控制结构

2.纵向控制方法

不管是直接式控制结构方法还是分层式控制结构方法,纵向控制器的输入都是期望值与反馈实际值的误差,然后通过一定的控制算法计算,得到油门或者制动量,输入给无人车,以实现纵向的运动控制。在纵向控制算法研究中,模糊 PID 控制方法是最为典型和应用广泛的控制算法。

PID 控制方法由于其不依赖于精确的控制系统数学模型,且具备良好的收敛速度和控制精度,因此得到了广泛应用。模糊 PID 控制方法(潘学军等,2009)将模糊控制理论与 PID 控制很好地结合起来,通过模糊控制理论来动态调节 PID 的三个参数,提高了 PID 控制性能。

(1)模糊 PID 控制理论

模糊控制是以模糊集合理论、模糊语言及模糊逻辑为基础的控制,它是模糊数学在控制系统中的应用,是一种非线性智能控制。模糊控制系统的基本结构由模糊化、模糊推理、知识库、清晰化四个组成部分,如图 3.3.13 所示。

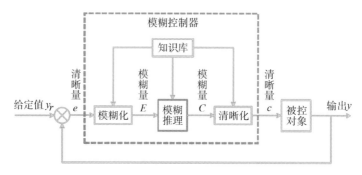

图 3.3.13　模糊控制系统的基本结构

（2）模糊 PID 控制设计

设计模糊 PID 控制器时，首先要将精确量转换为模糊量，并且把转换后的模糊量映射到模糊控制论域当中，这个过程就是精确量模糊化的过程，如图 3.3.14 所示。

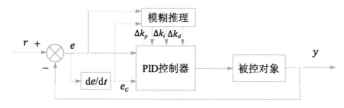

图 3.3.14　模糊 PID 控制设计原理

3.3.5　无人车智能技术面临的挑战

尽管无人车智能技术的研究已经取得了重要进展，但在真实复杂应用环境下仍有很多关键技术需要突破。高级别自动驾驶对无人车在环境感知、自主决策、运动控制、V2X 协同方面都提出了极大的挑战。

（1）环境感知和定位方面，难以达到完美感知，尚难以适应恶劣天气、混杂交通、陌生环境等特殊场景，提高环境感知和定位方法在大范围、全天候、复杂动态环境下的准确性、鲁棒性和可靠性是未来的难点和焦点所在。

（2）自主决策和规划方面，其面向复杂动态工况的智能性不足。由于交通参与者的动态度高、行为随机性强，对象之间存在强烈的交互耦合，故迫切需要具有更高智能性、适应性的决策规划方法。

（3）运动控制方面，车辆纵横向动力学特性高度非线性，难以构建准确模型，且存在外界风、大弯道、湿滑路面等干扰，加上传感器噪声、执行器误差以及模型不确定性等因素，对运动控制方法的稳定性和鲁棒性提出了挑战。

（4）在 V2X 协同方面，当前对车车-车路协同的研究才刚刚开始，在低时延、高带宽（特别是高上行带宽）以及高效的协同机制等技术方面，尚有待突破，是未来 V2X 协同研究的难点所在。

参考文献

董广军,张永生,戴晨光,等,2005.基于粗糙集的多源信息融合处理技术 [J].仪器仪表学报,26(8):1450-1451.

范军芳,2017.模糊控制 [M].北京:国防工业出版社.

耿新力,2017.城区不确定环境下无人驾驶车辆行为决策方法研究 [D].合肥:中国科学技术大学.

龚建伟,姜岩,徐威,2014.无人驾驶车辆模型预测控制 [M].北京:北京理工大学出版社.

郭景华,2012.视觉导航式智能车辆横向与纵向控制研究 [D].大连:大连理工大学.

郭景华,胡平,李琳辉,等,2012.基于视觉的无人驾驶车自主导航控制器设计 [J].大连理工大学学报,52(3):436-442.

潘学军,张兆惠,2009.基于模糊PID的智能汽车控制系统 [J].控制工程,16(5):116-120.

史盟钊,2014.多目标数据关联与状态跟踪算法研究 [D].合肥:中国科学技术大学.

宋锐,陈辉,肖志光,等,2017.基于几何矩采样的车道检测算法 [J].中国科学:信息科学,47(4):455-467.

王宝锋,齐志权,马国成,等,2014.基于动态区域规划的双模型车道线识别方法 [J].北京理工大学学报,34(5):485-489.

王晓原,杨新月,2008.基于决策树的驾驶行为决策机制研究 [J].系统仿真学报,20(2):415-419,448.

许芬,咸宝金,李正熙,2009.基于产生式规则多传感器数据融合方法的移动机器人避障 [J].电子测量与仪器学报,23(10):77-83.

燕颖,2003.信息融合几种算法的研究 [D].南京:南京理工大学.

张琨,2013.智能汽车自主循迹控制策略研究 [D].哈尔滨:哈尔滨工业大学.

赵盼,2012.城市环境下无人驾驶车辆运动控制方法的研究 [D].合肥:中国科学技术大学.

赵熙俊,陈慧岩,2011.智能车辆路径跟踪横向控制方法的研究 [J].汽车工程,33(5):18-23.

郑睿,2013.基于增强学习的无人车辆智能决策方法研究 [D].长沙:国防科学技术大学.

Agamennoni G, Nieto J I, Nebot E M, et al., 2012. Estimation of multivehicle dynamics by considering contextual information [J]. IEEE Transactions on Robotics, 28(4): 855-870.

Diaz-Cabrera M, Cerri P, Sanchez-Medina J, 2012. Suspended traffic lights detection and distance estimation using color features [C]//15th International IEEE Conference on Intelligent Transportation Systems (ITSC), Gran Canaria, Spain: 1315-1320.

Evensen G, 2003. The ensemble Kalman filter: Theoretical formulation and practical implementation [J]. Ocean Dynamics, 53(4): 343-367.

Fox V, Hightowek J, Liao L, et al., 2003. Bayesian filtering for location estimation [J]. IEEE Pervasive Computing, 2(3): 24-33.

Gagniuc, Paul A, 2017. Markov Chains (From Theory To Implementation And Experimentation) The Average Time Spent In Each State [M]. Hoboken, USA: John Wiley & Sons.

Gong J, Jiang Y, Xiong G, et al., 2010. The recognition and tracking of traffic lights based on color segmentation and CAMSHIFT for intelligent vehicles [C]// Intelligent Vehicles Symposium, La Jolla, USA: 431-435.

Haltakovv, Mayr J, Unger C, et al., 2015. Semantic segmentation based traffic light detection at day and at night [C]// German Conference on Pattern Recognition (GCPR), Münster, Germany: 446-457.

Ho M L, Chan P T, Rad A B, et al., 2012. A novel fused neural network controller for lateral control of autonomous vehicles [J]. Applied Soft Computing, 12(11): 3514-3525.

Holland P W, Welsch R E, 1977. Robust regression using iteratively reweighted least-squares [J]. Communications in Statistics, 6(9): 813-827.

Huang J J, Wang Z L, Liang H W, et al., 2020. Lane marking detection based on segments with upper and lower structure [J]. International Journal of Pattern Recognition and Artificial Intelligence, 34(2): (1-18).

Hugh D W, Bailey T, 2006. Simultaneous localization and mapping: Part I [J]. IEEE Robotics & Automation Magazine, 13(2): 99-110.

Jangc, Kimc, Kimd, et al., 2014. Multiple exposure images based traffic light recognition [C]// Intelligent Vehicles Symposium, La Jolla, USA: 1313-1318.

John M, Richardson, et al., 2016. Fusion of multi-sensor data [J]. The International Journal of Robotics Research, 7(6): 78-96.

Kumarawadu S, Lee T T, 2006. Neuroadaptive combined lateral and longitudinal control of highway vehicles using RBF networks [J]. IEEE Transactions on Intelligent Transportation Systems, 7(4): 500-512.

Li G, Li S E, Cheng B, et al., 2017. Estimation of driving style in naturalistic highway traffic using maneuver transition probabilities [J]. Transportation Research Part C: Emerging Technologies, (74): 113-125.

Li S, Liu C, Zheng Y, et al., 2017. Distributed sensing, learning, and control for connected and automated vehicles [J]. Science,(Special Suppl): 42-44.

Lindnerf, Kresselu, Kaelberer S, 2004. Robust recognition of traffic signals [C]//Intelligent Vehicles Symposium, La Jolla, USA: 49-53.

Luettel T, Himmelsbach M, Wuensche H J, 2012. Autonomous ground vehicles—concepts and a path to the future [J]. Proceedings of the IEEE, 100(13): 1831-1839.

Mckendall R, Mintz M, 1988. Robust fusion of location information [C]// IEEE International Conference on Robotics and Automation (ICRA), Philadelphia, USA: 1239-1244.

Miella A, Reina G, et al., 2011. Combining radar and vision for self-supervised ground segmentation in outdoor environments [C]// Intelligent Robots and Systems (IROS), San Francisco, USA: 255-260.

Moosmann F, Pink O, Stiller C, 2009. Segmentation of 3D lidar data in non-flat urban environments using a local convexity criterion [C]//Intelligent Vehicles Symposium, Baden, Germany: 215-220.

Neven D,. Brabandere B D, Georgoulis S, et al., 2018. Towards end-to-end lane detection: An instance segmentation approach [C]//Intelligent Vehicles Symposium, Changshu, China: 286-291.

Petrie B T, 1966. Statistical inference for probabilistic functions of finite state markov chains [J]. Annals of Mathematical Statistics, 37(6): 1554-1563.

Redmon J, Divvala S, Girshick R, et al., 2016. You only look once: Unified, real-time object detection [C]//IEEE Conference on Computer Vision and Pattern Recognition (CVPR), 2016, Las Vegas, USA: 1137-1142.

Ren S, He K, Girshick R, et al., 2017. Faster R-CNN: Towards real-time object detection with region proposal networks [J]. IEEE Transactions on Pattern Analysis & Machine Intelligence, 39 (6): 1137-1149.

Shen C C, Tsai W H, 1985. A graph matching approach to optimal task assignment in distributed computing systems using a minimax criterion [J]. IEEE Transactions On Computers, 100(3): 197-203.

Sooksatras, Kondo T, 2014. Red traffic light detection using fast radial symmetry transform [C]// International Conference on Electrical Engineering/Electronics, Computer, Telecommunications and Information Technology (ECTICON), Chouburi, Thailand: 1-6.

Steinhauser D, Ruepp O , Burschka D, 2008. Motion segmentation and scene classification from 3D LIDAR data [C]// IEEE Intelligent Vehicles Symposium, Eindhoven, Netherlands: 136-141.

Sutton R S, Barto A G, 1998. Reinforcement learning: An introduction [J]. IEEE Transactions on Neural Networks, 9(5): 1054-1054.

Urmson C, Anhalt J, Bagnell D, et al., 2008. Autonomous driving in urban environments: Boss and the Urban Challenge [J]. Journal of Field Robotics, 25(8): 425-466.

Wang Z L, Lin L L, Li Y X, 2018. Multi-feature fusion based region of interest generation method for far-infrared pedestrian detection system [C]// Intelligent Vehicles Symposium, Changshu, China: 1257-1264.

Wei J, Dolan J M, Snider J M, et al., 2011. A point-based MDP for robust single-lane autonomous driving behavior under uncertainties [C]//International Conference on Robotics and Automation (ICRA), Shanghai, China: 2586-2592.

Wu B, Wan A, Yue X Y, et al., 2018. Squeezeseg: Convolutional neural nets with recurrent crf for real-time road-object segmentation from 3d lidar point cloud [C]// IEEE International Conference on Robotics and Automation (ICRA), Brisbane, Australia: 763-768.

Xu B, Li S E, Bian Y, et al., 2018. Distributed conflict-free cooperation for multiple connected vehicles at unsignalized intersections [J]. Transportation Research Part C: Emerging Technologies, (93): 22-334.

Yang H Z, Wang Z L, Lin L L, et al., 2020. Two-layer-graph clustering for real-time 3D lidar point cloud segmentation [J], Applied Sciences, 10(85): 1-18.

Zhang M, Liang H W, Wang Z L, et al., 2014. Real-time traffic sign detection and recognition for intelligent vehicle [C]//2014 IEEE International Conference on Mechatronics and Automation (ICMA), Tianjin, China: 1125-1131.

第4章

轨道交通自动驾驶技术

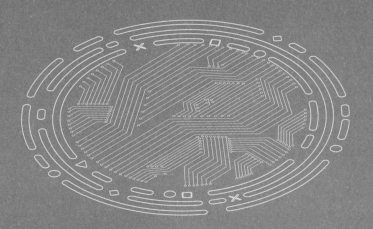

4.1 研究背景

    轨道交通系统包括干线铁路(高速铁路、重载铁路等)和城市轨道交通(地铁、轻轨、单轨、市域铁路等),是一种车辆在特定轨道上行驶的交通工具或运输系统。过去几十年,轨道交通系统在技术水平、总长度、出行速度、服务质量等方面发生了巨大变化。目前的轨道交通系统在推动经济可持续发展、连接主要经济中心和物流中都有着十分重要的地位(TSAG,2010)。以城市轨道交通为例,大城市环境和交通拥堵问题日益严重,城市轨道交通正逐渐成为北京、纽约、东京、伦敦等大城市理想的绿色便捷的交通模式(Wang et al.,2015)。根据国际公共交通协会(UITP)公布的数据,到2014年底,全球有超过148个城市拥有地铁系统,累计接近540条地铁线路,9000个车站和11000km线路基础设施(UITP,2014)。城市轨道交通极大地缓解了城市交通拥堵压力。

    不同的交通方式由于服务定位不同,其对线路开放的程度也不同。随着移动体(车)速度和系统自动化程度的提升,系统普遍采用封闭式路权。移动体(车)和空间(轨)是一个整体,在一个环境下运行,路权的开放程度影响环境的封闭性、开放程度、运行环境、自动化程度。一般来说,速度越高,开放程度越低;开放程度低,环境相对简单,自动化程度越高。目前城轨自动化程度比较高,未来高速铁路的自动化水平必然会提升。

    伴随着自动化水平的提升,如何进行列车的运行控制以实现轨道交通系统安全和高效地运行是一个长期存在的问题。轨道交通系统中,列车在人的监督和控制下运行在专用的轨道上,不仅道路时空资源有限,其运行所需要的人、车、能源都有限。在完成运输任务时,人、车、轨道无法被多个任务同时占用,能源的供给在一定时空条件下也是受限制的,而且人们越来越关注能耗和环保问题。为协调这些资源,传统铁路系统一般通过以下方式来实现:①在列车实际运行之前,通过全面的规划流程制订时间表和行车计划(Cacchiani et al.,2014);②将列车运行当前状况、线路状况等通过固定信号设备发送给司机，司机根据这些信息控制列车运行（Clark, 2010）。

近年来，随着通信、控制和计算机技术的发展，列车自动运行（automatic train operation, ATO）成为取代城市轨道系统中传统手动驾驶的新兴技术（Dong et al., 2010; Miyatake et al., 2010; Yasunobu et al., 1985）。通常情况下，ATO 旨在通过实时自动控制列车的加速、惰行和制动工况来提高铁路交通运输效率。随着日益严峻的环境问题和能源问题，ATO 也被广泛认为是减少能源消耗和碳排放、提供更高质量服务的非常有前景的方法（TSAG, 2010）。目前，这一重要技术已被广泛应用于许多新建的城市轨道交通线路，进一步提高了系统运输能力和乘客服务质量。

ATO 技术的实际应用仍然局限于城市轨道交通线路。为了将 ATO 系统应用于干线铁路和高速铁路，需进行大量的理论研究和现场试验，以验证其可行性和有效性。为了实现列车的安全、环保、高效运行，相关学者在城市轨道交通系统、干线铁路和高速铁路上也进行了大量的数学优化模型和 ATO 算法的研究。本章将对轨道交通自动驾驶技术进行概括，综述列车自动运行问题相关的研究，总结目前存在的问题和阐述轨道交通系统未来的发展。

4.1.1 轨道交通系统概述

一般来说，轨道交通系统需通过审慎的规划后才能投入运营，包括计划运行图、机车车辆运用计划、乘务人员配置、调度员职责等，且所有规划都在列车实际运行之前完成。如运行图规定了系统中列车将执行的无冲突行程以及列车通过火车站的详细路线（Cordeau et al., 1998）。铁路运行图优化的目标包括列车运行时间（Zhou et al., 2005）、总能量消耗（Huang et al., 2016）、停站时间（Wong et al., 2008），或者这些指标之间的权衡（Yin et al., 2017; Huang et al., 2017）。在给定运行图后，铁路管理者需要分配可用资源，包括以运行图为约束的列车和乘务员配置计划（Cacchiani et al., 2012）。列车运行控制过程是一种执行上述规划的过程。基于规划，从安全控制和自动运行两条主线，通过制定策略、安全逻辑检查、自动运行、设备控制等将顶层规划落实到设备运行中，实现规划预期的目标，完成运输任务。

在日常运营中，时刻表和列车计划总是受到各种干扰（如设备故障、极端天气等），导致原始计划不可行。因此，日常铁路运营的一项基本任务是通过实时列车信息和估计扰动重新规划或调整列车运行计划，即调度指挥（或轨道交通管理）。轨道交通管理通常从宏观视角考虑，目的是尽量减少调度员在轨道交通控制中心发生意外干扰的负面影响。

4.1.1.1 调度指挥

调度指挥是协调交通系统各参与方依照一定机制运行的重要手段。轨道交通系统的调度指挥是协调铁路运输各部门工作,依据预先制定的运行图组织列车行车和处置突发事件的重要手段。随着轨道交通线路长度和网络规模的不断扩大,其发挥的作用越来越重要。

日常运营过程中,行车调度员(或车站值班员)通过列车调度指挥系统对其管辖范围内的区段和车站联锁、道岔和信号状态进行控制监督,指挥列车运行。

我国干线铁路使用的调度指挥系统有 DMIS(dispatch management information system)、TDCS(train operation dispatching command system)与 CTC(centralized train control system)三种。城市轨道交通普遍采用列车自动监控(automatic train supervision,ATS)系统。

近年来,调度指挥的发展方向主要有冲突预测和智能调整。目前,正在使用的铁路调度指挥系统虽然也可以对阶段计划进行调整,但这些调整一般都在列车运行冲突发生后才发挥作用。与此相对应的是,冲突预测和智能调整技术可以分析各种导致列车无法正常运行的因素,通过采集更多的列车运行时刻动态预测之后整个铁路运输网络的可行状态,并针对可能导致列车非正常运行的状况进行调整,从而保证整个铁路运输网络的正常。

4.1.1.2　运行控制

从早期的铁路运输开始,列车的安全运行是在轨旁可视信号的帮助下人工完成的。起初只在白天行车,且只有一辆列车来回运行,不必考虑列车相撞。随着线路上同时运行的列车数量增加,为了防止列车相撞,人们用旗帜、气球等表示列车能否前行,人们称之为信号。信号的逻辑和表示全部依靠人工。

之后不久,地面上开始出现一些表示列车能否前行的信息装置,人们称之为信号设备。这些信号设备采用机械原理设计,由金属构件组成,全部安装在地面上,通过人工控制信号设备给列车司机传递行车命令。一些机械自动控制设备的出现标志着列车运行进入了机械控制时代。

随着电磁学理论的发展,很多电气技术开始应用于铁路。1872 年,美国的罗宾逊发明了轨道电路,实现了"轨道是否被占用"这一线路状态的自动检查,这是里程碑式事件。组成信号设备的构件采用电气元件搭建的电路来实现安全逻辑,地面信号控制进入了电气控制时代。此后的 100 年,进路自动控制、停车自动控制先后出现,列车运行控制系统的自动化水平逐步提升。

地面信号易受自然环境及地形影响,列车高速行驶时,司机通过及时瞭望前方信号机来控制行车变得十分困难。20 世纪 80 年代开始,随着计算机和通信技术的发展,可编程逻辑器件、半导体等电子元器件开始应用于铁路,铁路信号设备计算能力、通信能力不断提升,列车上开始加装可在驾驶室内连续显示前方信号的机车信号装置和持续监督列车的超速防护系统。列车司机不再依赖地面信号行车,而是以机车信号为行车凭证。进一步来讲,部分线路应用了可自动驾驶列车在站间运行的 ATO 系统与采用软件承载可变逻辑的计算机联锁和调度指挥系统。这些新的自动化系统部分替代了传统的半自动化设备,列车运行控制系统开始出现(见图 4.1.1)。

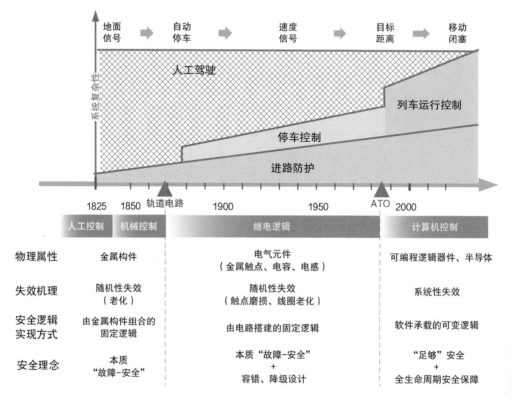

图 4.1.1   轨道交通运行控制的发展

列车运行控制系统的雏形是一种称为列车自动控制系统(ATC)的设备。1906 年,作为主要的轨道交通网络之一,The Great Western Railway(GWR)首先宣布开发一种"列车自动控制系统",该系统使用电气化设备在接近轨旁信号时通过机车内的喇叭自动提醒司机。另外,如果司机在 2~3s 内没有确认响应,列车会自动制动直至完全停车。它被认为是一种列车自动提醒系统,现代的 ATC 系统已经发展成为一个综合信号系统,它结合了列车控制、监督和管理等,帮助司机(或完全替代司机)自动控制列车运行,以保证列车的安全和高效运行(Greenway et al.,1974)。

根据列车状态和时刻表,调度指挥为 ATO 提供列车路线和时刻表指令,ATO 将收集相关信息,如列车速度、停车计划和停留时间,然后决定列车的制动或加速。同时,列车超速防护系统持续监测列车的实时运行状态,并对列车运行指令进行修正或在必要时触发紧急制动确保安全的列车间隔和超速保护。而 ATO 则关注与列车运行效率直接相关的列车运行策略。随着ATC的功能不断完善和扩展，城市轨道交通系统中形成了基于通信的列车运行控制（communication based train control，CBTC）系统，干线铁路中形成了欧洲列车运行控制系统（European train control system，ETCS）和中国列车运行控制系统（Chinese train control system，CTCS）等相关标准。人们开始使用的列车运行控制系统泛指具有上述功能的装备。列车运行控制系统是轨道交通走向列车自动运行时代的重要保障。

4.1.1.3　本节小结

实际上，列车时刻表或列车计划会不可避免地受到实际运营中一些扰动的干扰，导致实际运行情况比计划中的列车时刻表有所延迟（Yang et al.，2014；Li et al.，2017）。外部控制回路，即轨道交通管理，旨在监督交通和基础设施的状况下，检测偏差和冲突，并对无冲突列车重新进行调度（时刻表、机车车辆、乘务员职责等）（Cacchiani et al.，2014），以便支持调度员优化运力、列车准时和避免与其他列车的冲突，并做出决定（Corman et al.，2015）。控制回路中的输入数据包括原始运输计划（即时刻表、车辆计划、工作人员计划）和在线反馈的数据，这些数据涉及潜在干扰信息（Corman et al.，2015；Meng et al.，2014；Nielsen et al.，2012）和系统中所有列车的位置、速度（Corman et al.，2011）与时间（Tornquist，2007），如图4.1.2所示。一般来说，轨道交通管理通过铁路运营控制中心完成，列车调度员接收在线输入数据并实时调整，使轨道交通系统运行在理想的状态。在这里，控制行为指的是重新规划行车计划，通常与每个车站的列车到达和发车时间的选择、每个段的最大允许速度以及列车的线路再规划有关。

这两个基本类型由Luthi（2009）和Rao（2015）提出，轨道交通调度指挥和列车运行控制可以通过使用外环控制和内环控制两个控制回路来明确描述。

需要特别说明的是，这两个控制回路彼此关系紧密，共同保证了轨道交通系统的安全和高效运行。一方面，铁路交通管理可以集中监督所有列车在线路或网络中的状态，并为这些列车实时生成重新安排的列车运行计划。根据计划，列车运行是在移动授权和限速下，对所有移动列车执行速度控制指令，以执行该计划。因此，铁路交通管理的典型评价指标是指所有列车的平均或最大延误时间（Corman et al.，2011；Pellegrini et al.，2012）、旅行时间（Tornquist，2007；Gao et al.，2013）、扰动恢复的最短时间以及运输能力等。这些指标通常在网络层面定义而不在单独列车上定义。另一方面，列车运行侧重为每辆列车提供特定的控制指令，以保证轨道交通系统的安全，并且列车运行需要遵循预先规定的（或重新安排的）行车计划（Li et al.，2015），如果列车运行质量差（如准时性差），则会影响整个轨道交通系统的效率。

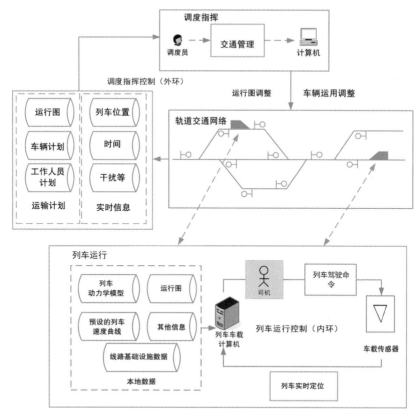

图 4.1.2 轨道交通运行的调度指挥–运行控制双回路控制

　　传统的列车运行通常由司机手动控制和操作,司机通过各种列车信号和监控设备控制列车(Dong et al.,2010)。这种列车控制系统主要基于司机的驾驶经验和驾驶技能。例如,为了确保运行中的列车被分开,需要通过操作员手动控制的路旁信号将区间占用信息传送给列车司机。列车司机需要时刻注意前方的信号,然后制订适当的列车控制命令。本质上,轨旁信号和调度员只知道列车在哪个区间运行,并防止其他列车进入相同的轨道区间。人工驾驶主要存在两个问题:①人受自身和环境影响较大,视觉信号会导致司机产生忽视、误读或忽略,但他仍在控制列车前进,如果司机不能看见信号或没有按信号指令行车,可能会造成严重的事故;②人工驾驶主要基于司机的经验和专业判断,特别是缺乏严格的计算和优化,在很多情况下,如在追踪间隔短、运行密度高的地铁线路上,人工驾驶列车的运行效果就比较差。

　　为了充分利用基础设施和线路资源、缩短列车运行间隔、提高运输能力,研究人员开发了CBTC系统,并首先在城市地铁系统中实施,以提高轨道交通的容量、安全性和灵活性。与传统的列车控制系统不同,CBTC系统是一个连续的自动列车控制系统,它有高精度列车定位设备(独立于轨道电路)和连续、大信息量的车地通信,能够实施包括自动列车防护(ATP)、ATO、ATS、ATC等功能的轨旁设备(Greenway et al.,1974;IEEE,2004)。ATO控制列车实施牵引和制动,以保证列车按时刻表准时、舒适、高效、节能地运行(Dong et al.,2010)。因此,ATO是列车运行技术发展的关键和直接影响因素。目前,许多研究人员都致力于研究提高ATO性能的列车控制方法(Albrecht et al.,2016;Chang et al.,1997;Faieghi et al.,2014;Gao et al.,2013)。同时,ATO在城市轨道交通、干线铁路和高铁中的实际应用也越来越受到工业界的重视(Bienfait et al.,2012;IEC 62290-1,2004;UITP,2011;TSAG,2010)。目前,城市轨道交通的列车已经基本实现了基于局部信息(一段线路范围内的信息)的自动驾驶,干线铁路的自动驾驶即将开始,但尚未得以推广。

4.1.2 列车自动驾驶

4.1.2.1 从人工驾驶到自动驾驶

与列车完全由司机控制的手动驾驶不同,ATO系统是一种在没有人工介入的情况下,基于实时数据和控制逻辑调节列车运行速度的系统。资料显示,1968年伦敦地铁维多利亚线应用的ATO系统能够在列车值班员的监督下,自动控制运行中的列车速度。这项创新的有效性很快就在日常生活中得到了验证。与传统的每小时手动发车27列列车相比,维多利亚线的ATO系统每小时可以完成33列运行中的列车发车计划。此外,该技术将总线运力整体增加了21%,相当于每小时可以额外运送10000名乘客。作为一种有效提升系统运输能力的技术,ATO在世界各地的许多地铁线路中都获得了成功应用。

ATO的基本思想是使用计算机编程和控制技术,帮助司机(或完全替代司机)在ATP和ATS的监督下自动控制列车运行。在城市轨道交通系统的相关基础设施(即在路旁和车载ATO计算机上实施的信号系统)的支持下,ATO功能特征通常有以下几个方面。

(1)ATO系统最重要的功能是实现列车在一个站间的自动运行。在列车运行过程中,ATO收到的实时信息包括来自ATP的限速信息、列车速度和位置信息,以及来自ATS的移动授权、行驶方向和终点站信息。通常,列车运行通过两种方式实现:①由司机建议系统(DAS)支持的手动驾驶,其可以为车上司机提供推荐速度,以辅助司机采取更好的驾驶策略;②自动化程度较高的城市轨道交通ATO系统采用半自动或全自动模式,可部分(或完全)取代手动驾驶。在这些城市线路中,列车发车后,ATO的速度控制器将通过反馈控制回路自动调整列车控制命令,跟踪系统自动生成的推荐速度,进而控制列车进行加速、惰行、巡航或制动。

(2)ATO的另一个重要功能是车站自动停车。当通信设备接收到由轨旁设备(如公里标、应答器)检测到的车站停靠信息时，ATO将切换到车站停车模式。在这种模式下，ATO根据列车速度和到停靠点的距离动态调整列车制动率，以便精确停车。

(3)通过与路旁设备的通信，如保证列车和站台之间信息交互的应答器、站台屏蔽门(PSD)等，ATO负责列车车门的自动开启或关闭。

(4)ATO的功能还包括终点站的自动折返和列车位置辨识等。

值得注意的是，使用DAS的列车运行本质上是由列车司机手动驾驶实现的，这不属于ATO系统范围。尽管如此，对DAS的研究主要集中在具有实时计算要求的速度曲线的优化，这些要求实际上与城市轨道交通中的ATO系统具有相同的特征。

另外，为了对列车运行系统的自动化水平进行分类，国际上根据操作人员和系统之间的列车运行的基本功能责任分配将列车运行划分为五个自动化等级(即GoA0~GoA4)(IEC 62290-1,2004)。根据这一标准，GoA0和GoA1本质上是非自动化的列车运行，需要驾驶室内的驾驶员手动控制列车；在GoA2中，加速和制动可以做到自动化，而司机负责列车安全发车和车门控制；GoA3是无人驾驶列车，在列车的司机室没有司机，只有一名操作人员负责列车安全发车。大多数现有的ATO系统实现了GoA2或GoA3模式(UITP,2011)；列车运行自动化的最高水平是无人值守的列车运行，即UTO或GoA4，其完全没有司机或操作人员，列车全自动运行。在这个意义上，我们可以看到ATO系统与手动驾驶的主要不同点是自动控制列车加速、巡航、惰行和制动，以保证列车在每个段上的运行(Dong et al.,2010;Zhou et al.,2017)。同时，ATO的目标是保持列车始终处于"最优"运行状态，提高乘客的乘坐舒适性，尽可能保证准时性并降低能耗。下面将详细介绍评估ATO性能的常用指标。

(1)准时性：因为列车需严格按照提前制订的时刻表运行，ATO最重要的功能是保证列车能够按时刻表规定的时间准时到达每一个车站。

(2)舒适性：确保乘客舒适度直接关系到城市轨道交通系统的服务质量。正如许多轨道交通标准所指出的那样，乘客的舒适度受车辆振动和运动的影响。

(3)能源效率：随着能源价格和环境问题的日益严峻，列车节能运行至关重要，列车运行能耗占地铁系统能源消耗总量的约80%(Yang et al.,2016)。根据Albrecht等(2016)的研究，优化的列车驾驶策略可以将能耗降低20%，因此，节能也是开发ATO系统的考虑的核心因素之一。

(4)停车精度：因为很多新建的地铁站都装有屏蔽门，故车站停车精度已成为ATO系统设计的另一个重要因素。

4.1.2.2 列车自动运行

ATO系统的关键功能是"列车速度控制(即列车驾驶)"，其为轨道交通列车运行中最重要的功能。一方面,ATO 的主要目的是保证列车依照时刻表准时到站;另一方面,ATO 可以对列车在轨道上行驶时的速度进行控制,以保证列车在乘客舒适度和限速的要求下运行(IEC 62290-1,2004)。正如 Chang 等(1997),Howlett 等(1995)以及 Liu 等(2003)指出的,在准时和舒适约束的基础上,不同的列车速度控制策略(如加速距离,惰行和制动点)将直接影响列车能耗、准时性和乘坐舒适度。González-Gil 等(2014)的工作表明,通过 ATO 实施优化列车的速度控制,可以使能耗降低 5%～15%。能耗的降低将直接减少轨道交通系统的碳排放量,使轨道交通运输更加环保。因此,列车的速度控制会直接影响轨道交通的服务质量、运营效率和环境保护。

由 ATO 控制的列车运行过程如图 4.1.3 所示。列车出发前,车载计算机首先会收到确认信息,包括列车车门和 PSD 的状态,ATO 和 ATP 设备的状态以及下一区间的运行信息(到下一站的距离、线路坡度、限速、到达时间等)。然后,车载计算机可以自动生成速度限制下的推荐速度。通常情况下,有很多速度曲线能够满足旅行时间,所以产生一个低能耗和提高乘坐舒适性的最佳曲线是 ATO 研究的一个关键问题(Wang et al.,2013)。自 20 世纪 90 年代以来,这一直是一个热门课题,许多基于庞特里亚金(Pontryagin)极大值原理(Howlett et al.,1995;Albrecht et al.,2016)、动态规划(Ko et al.,2004)、禁忌搜索(Liu et al.,2015)等方法的推荐速度生成方法陆续被提出。

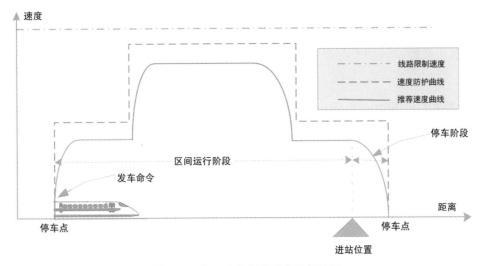

图 4.1.3 由 ATO 控制的列车运行过程

列车运行优化控制问题的描述如下:列车从当前位置以一定的初速度(通常为 0)出发,运行一段时间后到达目的地;当前位置与目的地之间的距离和两者间线路的限速、坡度、曲率都是可知的;列车特性(如牵引制动性能、车辆基本阻力)等也是可知的。列车运行优化控制指找到一种控制策略,使得列车运行满足安全、准时、舒适、节能以及精确停车等优化目标。这些优化目标中,安全的优先级是最高的,其次是准时,第三是精确停车,舒适、节能的优先级与运营需求关系密切。对于舒适性,货运铁路中应转化为各节车之间的作用力加以考虑;节能往往在运营平峰期加以考虑。

经过多年的发展,目前轨道交通列车自动运行ATO控制形成了"巡航控制/停车控制+运行曲线/跟踪控制"的技术架构。在该技术架构下,列车站间运行被分为巡航控制阶段和停车控制阶段两个阶段,每个阶段应分别设计和计算相应的运行曲线以及跟踪控制策略实现站间列车自动牵引、制动、惰行控制。

确认所有发车程序正确后,司机按下司机室内的按钮,系统将自动启动牵引电机加速列车。在列车行驶过程中,如图4.1.4所示,ATO系统通过信号系统车载速度传感器(如雷达、加速度传感器)和轨旁定位设备接收实时反馈列车信息(如列车位置、速度)与线路信息(如限速、坡度)。ATO的速度控制器基本上是基于嵌入在车载计算机中的控制算法。速度控制器或司机将反馈信息与预定位置的推荐速度进行比较以确定控制(加速/制动)命令,以便列车可以尽可能精确地跟踪推荐速度。如果列车的速度远低于推荐的速度,则列车应该加速。相反,列车将通过制动或惰行降速。已经实施的速度跟踪方法包括PID控制,模糊预测控制(Yasunobu et al.,1985;Yasunobu et al.,1983)等。之后,控制命令驱动列车电机产生牵引力或制动力,以保持列车速度跟踪误差。同样,应在这个控制回路中实时测量、传输和更新列车状态,直到列车到达下一个车站。ATO系统以类似的方式控制车站停车,ATO系统首先产生制动曲线,然后使用速度控制器跟踪该曲线。列车停车控制方法通常涉及模糊控制(Yasunobu et al.,1983)、迭代学习控制(Hou et al.,2011)等。

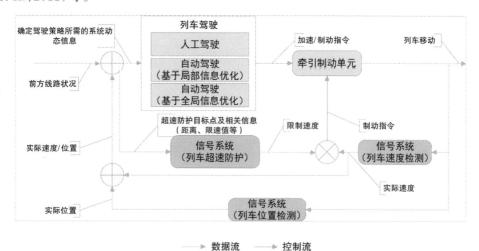

图4.1.4　列车速度控制

许多城市轨道交通系统中虽然已经证明了ATO技术的有效性,但目前仍存在两个棘手的问题,因此对ATO系统性能改进仍需进行大量研究。一方面,推荐速度优化本质上是一个复杂多目标优化的问题,具有多目标和多个约束条件(Chang et al.,1997；Liu et al.,2003)。为了满足实际运行需要,在生成推荐速度时应进一步考虑一系列因素,包括坡度、限速、弯道、牵引效率和再生能量等(Li et al.,2014),这使得速度优化问题更加困难。另一方面,列车速度跟踪的控制方法受到列车动力学模型中输入非线性、执行器故障、参数不确定性、坡度和空气阻力等多种影响因素的影响(Song et al.,2011；Gao et al.,2013；Faieghi et al.,2014)。对于高速列车(HST),由于它极高的运行速度和复杂的外部环境,高速列车动力学模型变得更加复杂,列车速度跟踪也更加困难。因此,许多研究人员已经提出了各种控制方法来研究复杂或未知列车动力学模型的高速列车的速度跟踪问题(Gao et al.,2013；Li et al.,2014)。

4.1.2.3　全自动运行与无人驾驶

2011年,国际上提出了关于轨道交通系统"自动化等级"(Grade of Automation,GoA)的国际标准(IEC 62290-1)。该标准规定,按照系统可以自动完成的功能,城市轨道交通系统被分为五个等级,如表4.1.1所示。目前,ATO可以实现"安全进路""间隔控制""速度监控""加速和减速""乘客门控制"等功能。

表4.1.1　轨道交通系统自动化等级

列车系统	运行管理基本功能	GoA0	GoA1a	GoA1b	GoA2	GoA3	GoA4
列车安全运行	安全进路	X	S	S	S	S	S
	间隔控制	X	S	S	S	S	S
	速度监控	X	X (部分S)	S	S	S	S
列车驾驶	加速和减速	X	X	X	X	S	S
轨道监测	障碍物监测	X	X	X	X	X	S
	避免与轨道上的工作人员碰撞	X	X	X	X	X	S
乘客换乘	乘客门控制	X	X	X	X	X或S	S
	乘客跌落车厢间或轨道上	X	X	X	X	X或S	S
	安全启动条件	X	X	X	X	X或S	S
危险检测与处理	进入/退出运营	X	X	X	X	X	S
	监测列车状态	X	X	X	X	X	S
其他	诊断、烟火、脱轨、紧急情况处理	X	X	X	X	X	S或控制中心人员

注:X表示由人来完成此项功能,S表示由系统来完成此项功能。

（1）GoA0等级下,所有功能都有人员参与控制。无论是列车进路排列还是列车门的控制,都需要人工参与完成。

（2）GoA1等级下,列车安全进路、间隔控制、速度监控功能由设备替代执行。其中,最具代表性的是速度监控,又称为超速防护,其对应的设备是ATP系统。ATP系统被用来防止出现不安全的列车运行,但在安全的范围内其不干预列车运行控制,列车驾驶仍由司机完成。

（3）GoA2等级下,司机在驾驶室内不再直接控制列车在车站间的运行,而是由ATO设备替代其完成。但司机仍然负责乘客门控制、安全启动条件确认等关键功能。

（4）GoA3等级下,列车不配备单独的驾驶室。障碍物检测、乘客门控制等功能由设备为主来执行。司机从一名专职人员变为具备多种职责的乘务人员,执行确认车门安全关闭等关键功能。

（5）GoA4等级下,列车不再要求安排司乘人员,系统正常运行时设备完成所有功能,出现突发情况时,人与设备配合完成应急处置。

在很多文献中,GoA3等级又被称为DTO模式,GoA4等级又被称为UTO模式。具备这两种模式运行的系统属于FAO系统。必须要注意的是,UTO模式是一种GoA4等级的系统可以采用的模式,但不是所有的GoA4等级的系统都以UTO模式运行。有些GoA4等级的系统会安排乘务人员跟车运行,这种模式下系统表现为有人监督的GoA4能力。GoA等级的定义描述了系统的功能和能力,但不描述运行模式。

截至2018年底,全世界四分之一的城轨系统开通运营了全自动运行线路,线路总长达到了1026km,相比2016年增长了27.7%。预计到2028年,投入运营线路的总长度将会超过3800km。在新增的线路中,明显的特点是中等及以上运量的系统加速采用全自动运行技术,分别增长了46%和39%,而低运量系统仅增长了15%。

4.1.3 研究的意义与必要性

近年来,轨道交通飞速发展,行车密度和运行速度不断提升,如何进一步保障行车安全和提高行车效率引人关注。人工智能领域的发展被学者引入了轨道交通领域,这为列车自动驾驶的传统问题注入了新的研究活力。

列车自动驾驶虽然已经实现并投入应用,但仅限于按照计划运行图运行的时候。当需要ATO系统像一个真正的司机,能随机应变、正确决策、控制列车的运行适应客流、天气等各种变化时,现有技术尚无能为力。为了满足轨道交通应急处置、全自动运行等带来的需求,其性能的进一步优化面临着运行过程存在大量不确定影响因素、多目标优化实时控制难、应对突发事件协同优化难等诸多困难。

这就推动着列车自动驾驶系统向智能驾驶和智能控制的方向发展。

发展轨道交通全自动运行的意义在于更可靠、更智能的全自动运行系统对检测技术、通信技术、数据处理方法、控制方法等提出了更高的要求,这将推动和引导系统可靠性、人工智能、系统安全、最优控制、大数据、测量检测等理论的发展。

全自动运行系统代表了未来轨道交通的发展方向。近年来,我国在FAO系统集成、列车无人驾驶技术、综合自动化调度管控等全自动运行技术方面缩小了与国外技术之间的差距,实现了"并跑"。但仍然需要在系统可靠性保障、突发事件应急处置以及多目标优化智能运行等方面深入研究,进一步提高系统可信性和智能化水平的理论、方法和技术,为轨道交通的可持续发展提供支撑。

4.2　研究/发展现状

4.2.1　理论方法现状

列车自动运行控制研究的基础是列车运行过程的建模。首先,对已应用的典型列车运行控制模型进行回顾。一般来说,现有的ATO列车运行控制模型可以分为单质点列车运行控制模型和多质点列车运行控制模型两类。

单质点列车运行控制模型是解决列车运行问题最常用的模型(Albrecht et al.,2016;Liu et al.,2003;Su et al.,2013;Wang et al.,2013)。在该类模型中,由多个车辆(如机车和车辆)组成的列车被简化为单质点目标,因此,其纵向运动可近似用牛顿方程表征。如果考虑具有连续控制率的列车(即列车可以输出限制内的任何连续值),则区间上列车运动的典型表达式为:

$$M\dot{v}(t) = F(t) - B(t) - w(v) - g(x)$$
$$\dot{x}(t) = v \tag{4.1}$$

式中,M为列车质量,x,v和t分别为列车位置、速度和时间,$F(t)$和$B(t)$分别为列车牵引力和列车制动力,$w(v) = M(c_0 + c_1 v + c_2 v^2)$表示空气阻力和滚动阻力的戴维斯(Davis)公式,$g(x)$代表列车位置x的坡道阻力和曲线阻力。在这个模型中,构成列车的多辆车由具有相同位置和速度的单个质点表示。上述单质点列车控制模型只是一个基本模型,在不同情况下可以转化为不同的表达方式。如高速列车运动控制模型需要考虑相对于列车运行速度的附加牵引力和制动特性。在这种情况下,列车运动控制模型可以修改为:

$$M\dot{v}(t) = \alpha_v^a F(t) - \alpha_v^b B(t) - w(v) - g(x) \tag{4.2}$$

式中,α_v^a和α_v^b分别表示相对加速和制动系数。在其他一些研究中(Gao et al.,2013),阻力参数c_0,c_1,c_2,$g(x)$被视为不确定值,因为它们在列车实际运行中具有很强随机性。

这种单点列车运动控制模型在城市轨道交通系统的ATO中取得了良好的效果,其运行阻力远小于牵引力和制动力(Su et al.,2013)。但对于重载列车来说,由于列车很长,同一时刻各节车的受力不同,车辆之间内部作用力不能忽略,基于单质点的简化模型通常不可行。一方面,使用单一点来表示相关车辆的所有位置和速度是不切实际的;另一方面,由于连接相邻车厢的连接装置不是完全刚性的,所以相互连接的车辆间的相互作用力(或列车内力)成为避免机车车钩联结失效的重要因素。因此,Astolfi 等(2002)、Yang 等(2001)提出了多质点列车运动控制模型;Zhuan 等(2008)、Faieghi 等(2014)考虑了列车内力的相互影响以及每辆车的不同位置和速度(见图4.2.1)。这里我们考虑一个典型的列车,它由 n 辆车组成,有 $n-1$ 个连接相邻车辆的连接装置,在多质点列车运动控制建模中,列车被表述为非线性多输入多输出(MIMO)模型,即

$$\begin{cases} m_1\ddot{x}_1 = F_1 - B_1 - k\Delta x_{1,2} - m_1(c_0 + c_1\dot{x}_1 + c_2\dot{x}_1^2) + R_1^a(x) \\ m_i\ddot{x}_i = F_i - B_i - k(\Delta x_{i,i+1} - \Delta x_{i-1,i}) - m_i(c_0 + c_1\dot{x}_i + c_2\dot{x}_i^2) + R_i^a(x), i=2,\cdots,n-1 \\ m_n\ddot{x}_n = F_n - B_n - k\Delta x_{n,n-1} - m_n(c_0 + c_1\dot{x}_n + c_2\dot{x}_n^2) + R_n^a(x) \end{cases} \quad (4.3)$$

式中,x_i,m_i,F_i,B_i 分别表示第 i 节车厢的位置、质量、牵引力和制动力,$\Delta x_{i,i+1}$ 表示相邻车辆连结器的位移,$m_i(c_0 + c_1\dot{x}_i + c_2\dot{x}_i^2)$ 表示第 i 列的空气阻力和滚动阻力,$R_i^a(x)$ 表示列车的附加阻力(包括坡道阻力、弯道阻力等),在这个模型中,相邻连结器之间的耦合力近似为系数为 k 的线性函数,可对每列车的速度和位置分别建模。因此,这个多质点模型对列车动态性能的描述更有效。

另外,这个多质点列车运动控制模型已经在200节车厢的重载列车试验中得到验证,并被应用于重载列车推荐速度优化,该模型在高速铁路中的应用可以在 Yang 等(2001)、Faieghi 等(2014)、Song 等(2011)和 Li 等(2014)的文献中找到。

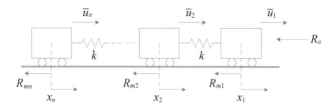

图4.2.1 多质点列车运行控制模型示意

总之,单质点列车控制模型简单,更适合城市轨道交通列车和高速列车的建模;多质点列车运动控制模型复杂,可表征各节车之间的相互作用,适用于重载列车和货运列车的建模。

4.2.2 推荐速度优化

下面介绍ATO系统的推荐速度优化,首先应给出用于推荐速度优化的一般表达式,然后对相关的解决办法进行充分的回顾。

4.2.2.1　推荐速度优化的数学表达

作为 ATO 系统的两个重要部分,推荐速度优化和列车速度控制器共同实现了列车的自动和高效运行。推荐速度优化常见的研究是基于单质点模型的最优控制。控制变量是加速力 F 和制动力 B;状态变量是列车位置 x 和速度 v;目标函数可以是在给定运行时间、乘坐舒适性、转换频率或这些指标之间权衡下的列车能耗;假设列车在预定的允许时间 T 内能够从车站 i 到车站 $i+1$;s_i,s_{i+1} 分别表示车站 i 和车站 $i+1$ 的位置。那么从车站 i 到车站 $i+1$ 的列车能耗可表示为:

$$E = \int_0^T [F(t) \times v(t)] \mathrm{d}t \tag{4.4}$$

另外,乘客的旅行舒适度可以被看作随控制变量 F 变化的函数,总的加速度为:

$$R = \int_0^T \frac{1}{M} \left| \frac{\mathrm{d}u(t)}{\mathrm{d}t} \right| \mathrm{d}t \tag{4.5}$$

式(4.5)中,减少转换频率 M 和降低 u 的变化速率会提高乘客的旅行舒适度(Wang et al.,2013)。这个目标函数可以根据如下约束条件进行优化。

1. 准时性约束

这个约束保证列车推荐速度曲线的时间与列车计划运行图规定的时间一致。

$$\begin{aligned} x(0) = s_i, v(0) = 0 \\ x(T) = s_{i+1}, v(T) = 0 \end{aligned} \tag{4.6}$$

2. 限速约束

为保证列车运行安全,列车速度在任何时候都不能超过限速曲线的约束。

$$v(t) < \dot{v}_i, \forall t \in [0, T] \tag{4.7}$$

式中,限速 $\dot{v}_i$ 在实际列车运行中可以随着站间的不同而改变,在限速变化和信号约束下生成列车驾驶策略的细节可以参见 Wang 等(2016)的文献。

3. 控制变量限制

由于列车电机牵引机理的限制,控制变量如牵引力 $F(t)$ 和制动力 $B(t)$ 不能超过牵引力和制动力的最大值,即

$$\begin{aligned} F(t) \leqslant F_{\max}, \forall t \in [0, T] \\ B(t) \leqslant B_{\max}, \forall t \in [0, T] \end{aligned} \tag{4.8}$$

通常,最大牵引力和制动力不是常数,而是关于列车速度的函数。这主要是由列车的功率 P 导致的(Gao et al.,2013),当列车速度很高时,最大牵引力会降低。最大牵引与速度的关系曲线如图 4.2.2 所示。

因此,列车 ATO 推荐速度优化问题本质上是一个多目标优化问题:

$$\begin{aligned} \min\{y(B,F)\} = (E, R) \\ B, F \in A \subseteq R^n \end{aligned} \tag{4.9}$$

式中,B,$F \in A \subseteq R^n$ 为决策变量,如列车加速和制动序列;A为可行域。同一个站间会有许多条满足上述准时、限速、控制变量约束的曲线,推荐速度优化问题就是从这些可行解中找到最优的推荐速度。

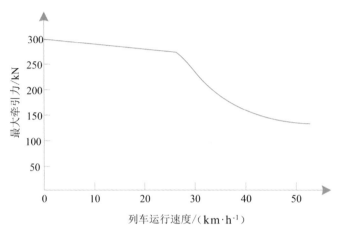

图 4.2.2　最大牵引力与列车运行速度的关系曲线

4.2.2.2　相关理论与方法

有关推荐速度优化的研究有很多,可按照所采用的数学模型对其进行详细分类,如图 4.2.3 所示。

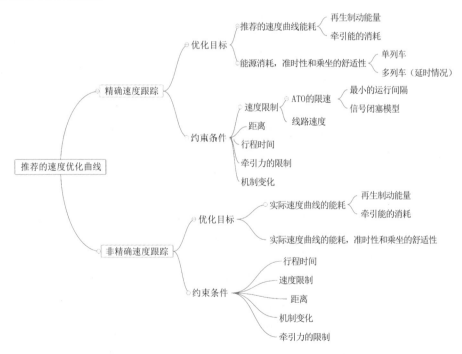

图 4.2.3　列车推荐速度优化的数学模型分类

前面已经提到,列车运行的效果主要体现在离线的列车曲线优化和在线的列车速度控制两个方面,这两方面的联系非常密切。考虑到列车的实际速度控制过程,可以将列车推荐速度优化的研究分为精确速度跟踪和非精确速度跟踪两类。一些研究假设列车可以准确地跟踪优化的推荐速度,而另一些研究认为列车速度控制过程受到外部或不确定影响因素的影响,无法准确跟踪优化推荐速度。具体而言,当列车由司机根据推荐速度控制列车时,由于司机的反应时间和驾驶行为不同,推荐速度的跟踪可能不准确。Sicre 等(2012)、Liu 等(2015)和 Albrecht 等(2013)认为列车是由司机在 DAS 的辅助下手动控制的,司机无法保证完全准确地跟踪。在这种情况下,推荐速度优化受到一些额外的限制。Carvajal-Carreño 等(2014)考虑了 ATO 系统中列车质量不确定性对优化列车运行曲线优化的影响,开发了模糊 NAGA-Ⅱ算法来解决该问题,并采用马德里地铁的案例来说明该方法在降低列车运行能耗方面的有效性。

现有的大多数研究都在推荐速度完全准确的跟踪前提下进行列车推荐速度优化,这是具有先进速度控制方法的 ATO 系统的典型情况。这些研究假设列车实际速度曲线与目标速度曲线完全相同(Howlett,2000;Tang et al.,2015;Ke et al.,2009)。因此,这些指标,即准时性、乘坐舒适性、能耗、转换频率等,可以在优化中考虑,其中准时性一般作为约束。此外,优化模型中还考虑了具体的线路条件(如限度变化,坡度)、闭塞方式(Ke et al.,2009,2010)和离散/连续控制设置(Howlett,2000)。Ke 等(2009)考虑了在固定闭塞和移动闭塞两种不同闭塞方式下的列车推荐速度优化。

在不同数学表达式的基础上,学者们提出了多种方法来解决推荐速度优化问题,这些方法主要分为解析算法、数值算法和进化算法三类,如表4.2.1所示。

表4.2.1 列车轨道优化问题的研究

发表人	模型	算法	主要贡献
Howlett(2000)	连续列车模型 柴油发电机机车	庞特里亚全原则 库恩-塔克条件	证明了连续控制的最优速度剖面,采用离散控制的节能驱动策略
Khmelnitsky(2000)	连续型	庞特里亚全原则	考虑了可变梯度和速度限制
Liu 等(2003)	连续型	庞特里亚全原则	考虑了恒效率的连续牵引力
Albrecht 等(2016)	连续型	庞特里亚全原则	证明了一类具有陡坡的一般情形,证明了其唯一解的存在性
Su 等(2013)	地铁列车	庞特里亚全原则	将整条线路上一列列车的能耗降到最低
Aradi 等(2013)	连续型	预测优化方法	以节能为目标的优化模型
Ko 等(2004)	离散列车模型	动态规划法	应用动态规划直接搜索最优速度剖面
Calderaro 等(2014)	离散列车模型	动态规划法	用动态规划法分析了优化性能与计算时的关系

发表人	模型	算法	主要贡献
Miyatake 等（2009，2010）	连续型	序列二次规划法	提出了一种利用能量存储装置获得能量效率曲线的优化模型
Maialen（2011）	连续型	直接数值法和动态规划法	在保证乘坐舒适性的前提下最小化能源消耗
Dominguez 等（2010）	连续型	数值算法	考虑车载存储设备的回收能量
Rodrigo 等（2013）	连续型	拉格朗日乘子法	用拉格朗日乘子求解 R^n 优化问题中原最优控制模型的离散化
Wang 等（2015）	连续型	伪谱法和混合整数线性规划公式	提出了一种有效的重新配置方法，以优化能源消耗和乘坐的舒适性
Goverde 等（2016）	连续型	多相最优控制模型和伪谱法	考虑信号约束的列车轨道优化问题，包括时滞和非时滞两种情况
Chang 等（1997）	连续型	遗传算法	考虑列车运行时间、载客量和轨道电压等因素，对列车运行的舒适性、正点性和能量消耗进行了优化
Wong 等（2004）	连续型	遗传算法和启发式算法	比较不同搜索方法的性能
Sicre 等（2012）	离散列车模型	遗传算法仿真模型	一个考虑手动驾驶行为的仿真模型以达到更好的准时性和节能
Ke 等（2009，2010）	离散列车模型	蚁群优化算法（ACO）和最大最小蚁群算法（MMAS）	考虑在固定闭塞模式和移动闭塞模式下的能效速度剖面
Lu 等（2013）	连续型	遗传基因算法（GA），ACO 和动态规划	考虑不同的行程时间，比较不同进化算法的性能
Kim 等（2011）	连续型	模拟退火法（SA）	考虑轨道对齐、速度限制和速度遵守
Liu 等（2014）	连续型	禁忌搜索算法（TS）	考虑不准确的速度跟踪以达到节能降耗的目的

（1）解析方法。推荐速度优化的主要解决方法之一是解析方法，该方法通常基于最优控制理论并通过 Pontryagin 极大值原理求解（Howlett et al.，1995；Khmelnitsky，2000；Liu et al.，2003）。这种求解方法可以得到理论上的最优解，但对数学模型的依赖性很强。因此，现有的分析算法通常在建模过程中简化环境因素，只考虑列车能耗和准时性两个目标。Howlett 等（1995）为了在给定的行程时间内实现最小的燃料消耗，在相对平缓的轨道上建立了离散列车控制模型，并基于 Pontryagin 极大值原理，证明了最优解决方案为在"最大加速度-巡航-惰行-最大制动"控制序列中进行切换。考虑到具有变化坡度和任意速度限制的实际情况，

Khmelnitsky(2000)设计了一种基于最大值原理的实用高效算法,以找到最小化能耗的最佳推荐速度。Liu 等(2003)提出了一种持续效率的连续牵引力模型,以找到多状态变量上的最佳切换点。Albrecht 等(2016)基于更加一般的陡峭坡道的轨道,讨论了列车节能运行模式,他们首先使用 Pontryagin 极大值原理来表示最优策略的必要条件,并证明了最优策略的存在性,然后导出确定最优切换点的固有局部能量最小化原则,定义了独特的最优列车驾驶策略。另外,Su 等(2013)根据列车在多站间的运行情况,提出了优化列车运行全过程的能耗。这本质上是一种双层规划方法。在第一个层次上,他们基于 Pontryagin 极大值原理开发了一种快速计算的高效算法;在第二个层次上,他们优化了整个运行途中的时间分配,得出了全程节能速度曲线。

(2)数值方法。数值方法包括 DP(Ko et al.,2004)、序列二次规划(Miyatake et al.,2009)、拉格朗日乘子法(Rodrigo et al.,2013)等,对目标的要求相对较少,并且可以在优化性能和计算时间之间进行权衡,如为司机提供实时高效的节能推荐速度。Aradi 等(2013)开发了一种预测优化方法,优化准则是在保持计算时间的同时降低能耗。由于基于 Pontryagin 极大值原理的方法经常受到复杂列车动力学模型、坡度变化、弯道等因素的限制,Ko 等(2004)将列车运行过程改造为多阶段决策过程,并应用 DP 直接搜索最优控制策略。该方法在应用于实际复杂的运行条件时也可以在可接受的计算时间内获得最优推荐速度。Calderaro 等(2014)使用动态规划方法介绍了优化性能和计算时间之间的权衡关系,他们提出了一个两步计算方法,可在特定时间获得更有效的解。为了优化在固定时间内的能量消耗和舒适性,Wang 等(2013)提出了两种数值方法来生成具有良好性能和计算时间较短的推荐速度。考虑到复杂的运行约束和信号约束,Wang 等(2016)将列车推荐速度优化问题转化为多阶段最优控制模型,并通过伪谱方法求解。这种方法能够在有延迟和无延迟情况下以最小化运行时间和能耗为目标进行列车曲线优化。

(3)进化算法。与前两种方法相比,遗传算法(Bocharnikov et al.,2010;Chang et al.,1997;Wong et al.,2004)、ACO(Ke et al.,2009)、TS(Liu et al.,2015)和 SA(Kim et al.,2011)等进化算法对列车推荐速度优化模型的要求较低,但这些算法大多不能保证解的最优性和求解的收敛性。Chang 等(1997)应用 GA,通过综合评估能耗、准时性和乘坐舒适性来确定惰行、制动和加速的转换点。Wong 等(2004)指出,与传统的尼尔德-米德(Nelder-Mead)方法相比,GA 可以实现在较低的平均迭代次数中找到一个具有多个切换点的更适合的解。Ke 等(2009)提出了一种固定闭塞条件下的组合优化模型,以尽量减少计算时间和能耗。MMAS 也被用于寻找最优推荐速度,经验证,该算法比 GA 更省时。这种基于 ACO 的算法随后被进一步应用到了基于移动闭塞的地铁线路中。新的 MMAS 算法可以实现在线优化,结果表明,基于 ACO 的算法使列车运行能耗降低了 19.6%。为了比较不同进化算法的性能,Lu等(2013)分别应用了GA、DP和ACO三种算法,以节能为目标优化节能的列车推荐速度。结果表明,每种算法在某些特定方面(即偏差、性能、计算时间)具有各自的优势。此外,Kim等(2011)利用SA,以节能为目标对速度曲线进行优化,并考虑了跟踪定位、限速要求和时刻表的限制。考虑到ATO控制器(或司机)对速度跟踪的不准确性,Liu等(2015)开发了两种改进的TS来计算节能推荐速度。与北京地铁的实际列车运行数据相比,这两种算法可以分别节能8.93%和2.54%,更为重要的是,这两种算法的计算时间仅为1~2s,可以在列车实际运行中应用。

上述三种方法在整体性能、最优性方面具有不同的特征。对于解析方法,尽管数学模型总是需要被简化以使模型可解,但是可以在具有不同线路参数(如坡度、限速)的每个特定数学模型下获得理论最优解。数值算法,如动态规划、混合整数线性规划等,可以获得具有评估基准的近似最优解,理论上,这种求解方法在时间充足的情况下可以获得最优解。进化算法不能保证解的最优性,且不能提供评估算法的理论基准。因此,多数进化算法都是将实际案例或实际的列车速度曲线作为评估方法性能的基准。

4.2.3 列车速度控制

在推荐速度的基础上,可进一步寻找一种有效的方法来控制列车在不同的列车模型(地铁、高铁)和线路特征(隧道、曲线、长大下坡)条件下精确跟踪推荐速度,使列车能安全、平稳运行。在典型的轨道交通系统中,列车速度控制通常通过以下两种方法来完成。

(1)在大多数干线铁路、高速铁路、GoA1和GoA0模式下的城轨系统中,列车完全由司机控制,因此DAS系统为司机提供了驾驶建议,以保证列车按推荐速度运行(Albrecht et al., 2013;Howlett et al., 1995;Panou et al., 2013;Rao, 2015)。

(2)在高自动化水平(如GoA2、GoA3、GoA4)的城轨线路中,列车速度控制由车载计算机按预先设计的算法实现。事实上,车载计算机实时接收列车位置、速度、时间等状态信息,并与推荐速度对比,自动输出最优控制指令(加速、惰行、制动)来控制列车牵引或制动。

4.2.3.1 PID控制方法

目前,广泛应用于ATO的列车速度控制方法是PID控制。该方法能连续计算实测列车速度与推荐速度之间的误差值,并调整控制命令以最小化跟踪误差。尽管基于PID的控制器可以在各种工业中实现相对良好的跟踪性能,但工程师们在为ATO系统设计基于PID的控制器时需特别关注以下两个问题。

(1)如何确定最佳的PID系数。现有的大多数方法都是基于人工经验和多次现场测试进行确定的,列车模型的参数总是受到日常运营中的一些外部因素(如天气条件、设备老化和机械磨损等)的影响。如果PID系数固定,外部因素的变化将不可避免地降低PID控制器的性能。

(2)由于PID控制命令的频繁切换,基于PID的控制器的舒适性总是较差,这会增加列车运行的能耗。因此,工程师在实践中必须为PID控制器施加一些额外的约束条件,以改善多个目标的性能(即跟踪准确性、准时性、舒适性、能效等)。

近年来,许多研究人员开发了不同的列车速度控制方法来解决上述问题,这些研究基于不同类型的列车控制模型和目标以及不同类型的算法。具体的解决办法取决于它们的具体应用,如表4.2.2所示。一般来说,这些研究可以分为两种:一种方法是利用专家知识和经验来总结或表示,该方法主要基于模糊逻辑,专家系统或数据挖掘算法来改进列车运行的多个目标,本书称其为智能控制方法;另一种方法是利用列车模型信息来设计高效的自适应或鲁棒速度控制器,以保证对推荐速度的跟踪精度,本书称其为自适应控制方法。

表4.2.2 列车自动运行速度控制算法研究综述

发表人	模型	算法	主要贡献
Yasunobu等(1985)	地铁列车	预测模糊控制	提高乘坐舒适性、车站停车精度和节能
Yasunobu等(1983)	地铁列车	具有语言控制规则的模糊控制	保证舒适准确的列车停站控制
Sekine等(1995)	地铁列车	模糊神经网络控制	基于Yasunobu等(1985)的研究,减少运行的模糊规则
Ke等(2011)	大运量快速交通	模糊PID控制器	减少能源消耗
Dong等(2013)	多质点高速列车模型(MP-HST)	模糊逻辑控制器	提高跟踪精度和乘坐舒适性
Meulen(2008)	机车	专家知识	基于专业驾驶员和工程师的控制策略以提高驾驶性能
Yin等(2014)	地铁列车	专家系统和强化学习	开发两个智能列车运行(ITO)算法,提高乘坐舒适性、准时性和节能
Yin等(2016b)	地铁列车	专家知识和分类回归树(Ensemble CART)	采用数据挖掘技术,提高舒适性、准时性和节能性
Yang等(2001)	MP-HST	混合H_2/H_∞控制器	高精度的速度跟踪方法与耦合器的力量和阻力
Chou等(2007)	重载列车	闭环巡航控制器	提高速度跟踪精度,列车内部力量管理和能源使用
Zhuan等(2008)	重载列车	测量反馈输出调节	一种简单、性价比高、便于实现的方法
Faieghi等(2014)	MP-HST	鲁棒自适应巡航控制	实现了MP-HSTs的渐近跟踪和抗干扰

续表

发表人	模型	算法	主要贡献
Song等(2011)	MP-HST	具有最优分布的鲁棒自适应控制	对外部干扰、阻力、未知系统参数的良好鲁棒性
Song等(2014)	MP-HST	反演自适应控制	在具有完全未知系统参数的时变牵引/制动故障下实现高精度跟踪控制
Gao等(2013)	HST	基于径向基(RBF-NN)神经网络的鲁棒自适应控制	在高速列车模型中,对系统参数未知的执行器饱和非线性进行应力分析
Kaviarasan等(2016)	MP-HST	可靠的耗散控制器	建立一个充分的条件,保证具有概率时变时滞的稳定性
Yang等(2014)	HST	基于自适应神经模糊推理系统(ANFIS)的预测控制方法	通过使用ANFIS对HSTs的异常进行建模,提高跟踪精度
Hou等(2011)	干线列车	迭代学习控制	提出了一种基于无模型自动驾驶迭代学习控制(ILC)的列车轨迹跟踪算法,保证了跟踪的渐近收敛性和跟踪有效性
Li等(2014)	MP-HST	基于采样数据的鲁棒巡航控制	在不确定干扰和弹簧相对弹簧位移稳定的情况下,保证了速度跟踪精度

4.2.3.2 智能控制方法

列车驾驶过程需要考虑多个目标,如能耗、准时性和舒适性等。由于单个 PID 控制器难以同时实现这些目标,因此许多研究人员开始使用一些智能控制方法(如模糊控制、专家系统)将驾驶知识和经验转化为一系列规则,以改善乘客的舒适度、减少能源消耗。Yasunobu 等(1983,1985)将模糊预测控制方法应用于列车速度控制中。他们首先定义了基于包括安全性、乘坐舒适性、跟踪精度和能耗等性能指标的模糊集合,然后提出了模糊预测控制方法。该方法对每个可能控制命令的结果进行了预测,并基于性能指标的模糊集合选择最佳控制规则。该模糊 ATO 系统于 1987 年在日本仙台地铁站投入使用,结果表明,该系统可以在没有司机的情况下控制列车自动运行,并且可以取得与手动驾驶类似的效果。Ke 等(2011)提出了使用模糊-PID 增益方法来跟踪推荐速度。在他们的研究中,推荐速度由最大、最小蚂蚁系统生成,控制规则是由线路坡度、速度误差及其变化率的模糊推理系统确定。为了实现未知列车模型参数情况下的高精度控制,Dong 等(2011)设计了两种无模型的模糊控制方法,即用于单点列车模型的直接模糊逻辑控制器和基于多点列车模型的隐含模糊逻辑控制器。

此外,还有一些研究基于经验(专家系统、数据挖掘等)来模拟有经验司机的驾驶策略,以实现列车速度控制。正如 Yasunobu 等(2000)和 McClanachan 等(2011)所说的,手动驾驶策略可能比自动控制方法更好,因为经验丰富的司机可以很容易地控制列车运行(即具有不确定参数的非线性动态系统)。此外,在列车停车不准等复杂的情况下,人工驾驶比 ATO 更灵活。因此,通过知识表示优秀司机的专业知识和判断力是设计速度控制方法的重要手段。Yin 等(2014)提出使用一些机器学习算法,通过知识表示方法从历史数据中学习驾驶经验(Chandrasega-ran et al.,2013)。在一些经验规则的基础上,Yin 等(2016)首先应用回归算法,即CART 和集成学习算法,从历史运行数据中得到了有价值的经验知识。另外,Yin 等(2014)还提出了两种分别基于专家系统和强化学习的智能列车运行算法。这两种 ITO 算法结合了手动驾驶和自动速度控制方法的优点,在改善地铁列车运行性能方面有一定的效果。

4.2.3.3 自适应控制方法

值得注意的是,上述基于知识经验的速度控制方法主要集中于地铁列车中,其列车动力学模型相对简单,列车运行速度通常低于60km/h。在上述研究中,列车通常被视为单质点列车模型。然而在干线铁路或高速铁路中,由于列车动力学的复杂性和高速特性(如气动阻力、车辆间的交互影响以及执行器的非线性等),列车速度控制更加复杂。因此,干线铁路或高速铁路的速度控制被视为提高铁路系统自动化等级的主要问题之一。

考虑到列车连接车辆之间的相互作用力,Yang 等(1999)首先提出了将高速列车处理为由柔性联结器连接的 MP-HST。该模型在单质点列车模型上进行了改进,并且可以更好地描述列车的实际运动。此外,他们还设计了一种基于该模型的混合 H_2/H_∞ 巡航控制器,该控制器由线性矩阵不等式组合而成,保证了速度跟踪精度(Yang et al.,2001)。Chou 等(2007)将这一模型应用到重载列车,开发了带电控空气制动系统的巡航控制器以提高速度跟踪精度、车辆间作用力控制和能效。对于多质点重载列车的速度控制,Zhuan 等(2008)提出了一种基于测量反馈的输出调节方法,该方法可以调整所有车辆的速度以达到推荐速度。

最近,一些研究人员专注于具有未知参数和外部干扰的高速列车的自适应控制,这更具有现实意义。如通过考虑输入非线性因素、执行器故障和列车内力,Song 等(2011)开发了一种神经适应性容错控制,该方法能够自动生成中间控制参数并根据输入和响应数据生成控制命令。另外,Song 等(2014)进一步考虑了列车牵引和制动阶段时变故障的影响,并提出了一种自适应同步控制方法,该方法完全取决于参数,能够实现良好的速度跟踪。此外,可能限制列车伺服电机输出的执行器饱和度是 ATO 系统中的另一个重要问题。Gao 等(2013)通过设计一个基于在线逼近的鲁棒自适应控制器解决了这个问题,在控制器中,RBF-NN被用作近似器。这种方法能够在线估计未知系统参数,并保持闭环系统输出饱和的稳定性。Yang等(2014)推导了一种ANFIS用于模拟具有不确定性和非线性动力学的高速列车运行过程,通过引入数据驱动自适应的ANFIS,建立了基于ANFIS的列车动力学模型,之后还设计了广义预测控制算法,确保列车的跟踪精度。仿真结果显示,该方法能够确保行车安全,保证列车准点和舒适性,降低列车运行能耗。除此之外,Hou等(2011)还提出了几乎不依靠模型的列车ILC算法。该算法完全不需要列车的动力学模型,其仅仅利用列车在两个站间反复运行的历史数据,不断对同一条目标曲线进行尝试,并修正控制率,以得到更高精度的跟踪控制效果。仿真结果显示,ILC算法经过7~8次迭代就能够得到控制精度较好的结果。该算法完全不需要列车的数学模型,因此能够克服ATO控制模型的复杂、非线性、不确定性。Sun等(2013)提出了两种基于ILC的速度控制方法,一种用于列车自动停车控制,另一种用于列车自动驾驶。这两种方法都可以通过列车的重复操作逐渐减少速度跟踪误差,提高速度跟踪的效果。

与以上主要受限于连续时间模型的连续时间控制器设计不同,Li等(2014)提出了采样数据控制方法,采样数据控制方法在采样周期内的控制命令是恒定的,并且只在采样时刻(传感器的给定位置)发生变化,这样的方法比连续时间控制方法更有实际意义。

4.2.4 系统应用水平

4.2.4.1 国外发展现状

目前,国际上城市轨道交通线路的ATO技术已经成熟,但干线铁路和高速铁路列车仍处于人工驾驶的阶段。高速铁路使用的典型列控系统有欧洲的ETCS、日本的DS-ATC等。伴随着列车运行密度的不断加大以及运行速度的提高,人工驾驶列车已经很难满足高速铁路对进一步提高运营效率的需求,提高列车运行自动化程度是大势所趋。2015年,结合伦敦Thameslink线改造,英国铁路开始开发基于ETCS的ATO系统(UITP,2015)。日本在高速列车上试验了ATO功能,拥有ATO功能的列车的最高速度可达320km/h。德国铁路也开展了货运列车无人驾驶试验,并于2022年在德国铁路网部分线路应用了无人驾驶系统。法国国营铁路公司也于2023年前开通了自动驾驶的高速TGV列车,使同一线路上运行的列车数量增加了25%。澳大利亚力拓公司开发了世界上第一个重载、长距离铁路全自动无人驾驶系统,并将其用于长距离运送铁矿石。该项目的理念是利用自动化设备使采矿效率更高,目前已完成应用试验,并在所有列车上推广应用。

4.2.4.2 我国发展现状

1.城市轨道交通列车自动运行系统

（1）CBTC 系统中的 ATO

随着城市轨道交通高速度、高密度的发展，如何保障线路上所有列车的安全、可靠、高效、准点、节能、舒适、精确运行，并且可以满足轨道交通客流不断增长的发展需求，是一个涉及轨道交通所有专业的问题与难题。列车自动控制系统正是解决这个难题的关键，它是轨道交通的"大脑和神经系统"，是有效解决并平衡安全、可靠、高效、准点、节能、舒适、精确等综合指标的复杂协同控制系统。

2010 年 12 月，北京地铁亦庄线顺利开通，这标志着具有完全自主知识产权的CBTC 系统示范工程取得成功，使中国成为继德国（西门子公司）、法国[阿尔斯通（Alstom）公司]、加拿大[阿尔卡特（Alcatel）公司]后第四个成功掌握该项核心技术并成功应用于实际运营线路的国家。

CBTC 系统中的 ATO 系统包括车载设备和轨旁设备两部分，这些设备主要负责列车的牵引/制动控制，实现列车的自动驾驶，完成对列车的精确控制，并与ATP 系统、应答器进行接口。

CBTC 系统中的 ATO 系统通常具有不同的驾驶模式、速度控制、进站停车与精确停车、节能运行(惰行/巡航功能)、运行时间调节功能、车门控制、计算推荐速度、执行地面命令、自动折返、自检和日志记录等功能。

2.城市轨道交通全自动运行系统

全自动运行系统由中央监控系统、车站子系统、车载控制器和车地通信网络等子系统构成，覆盖整条列车线路，是全天候不间断运行的高可靠、高安全、高自动化的系统。

全自动运行系统不仅提升了技术装备的自动化水平，还全面提升了轨道交通技术水平和运营方式，它提高了整个轨道交通控制设备的可靠性、可用性、可维修性和安全性，保障了系统在无人监控的情况下的高安全、高可靠、高度自动化运行。

3.高速铁路列车自动运行系统

2015 年，结合珠三角城际铁路网（速度等级为 200km/h）需求，我国铁路在CTCS-2 级列控系统基础上开发了 ATO 系统（CTCS-2＋ATO），并相继应用在东莞至惠州城际铁路、佛山至肇庆城际铁路。我国正在研究针对时速 300km 及以上高速铁路的 ATO 系统，2019 年年底开通的北京—张家口高速铁路首次实现了高速列车自动驾驶。为此，我国于 2017 年开展了在 CTCS-3 级列控系统的基础上叠加 ATO 功能的研究工作，研发适用于时速 300km 及以上高速铁路的 C3＋ATO 高速铁路信号系统。2017 年，朔黄铁路也开展了重载铁路 ATO 应用试验。

列车自动驾驶系统能够完成复杂参数的自动控制，在保障列车运行安全的基础上，既可以减少工作人员失误，改善工作条件，又能有效提高运行安全、效率、乘客舒适度以及节能等。尽管复杂干线铁路、高速铁路网实现全自动运行比城市轨道交通困难得多,但它仍是世界各国努力发展的方向。

4.2.5 面临的挑战

受到广泛关注的列车自动运行技术仍然面临很多挑战。随着轨道交通运输需求的持续增长和基础设施资源有限之间的矛盾加剧,以提升系统效率为目标的列车自动运行技术正在具有更高速度的高速铁路和更复杂场景的全自动运行系统中投入应用,这既对性能提出了更高要求,也对功能提出了新的需求。这些挑战主要体现在以下三个方面。

1.系统可靠性要求更高

在更高速度和更复杂场景条件下,列车自动运行必须具备更高的可靠性,这是保障轨道交通系统平稳运行的基础。系统整体的可靠性,首先依赖于组成部件的可靠性。如何提升组成部件的可靠性是材料、电子、机械、电气等学科的基础性问题。其次,从系统整体角度提升可靠性的角度来看,全自动运行系统可以通过全方位充分的冗余配置来实现。目前的全自动运行系统中,信号设备增强了冗余配置,车辆加强了双网冗余控制,增加了与信号、PIS的接口冗余配置等。但这种方法提高了系统的成本和复杂性,故还需要在实际中摸索出更加有效的方法。

2.系统需要具备学习的能力

现有列车自动运行系统根据设计的程序,以预定的模式自动控车,并不具备学习的能力。实际运营中,列车运行会受到很多不确定因素的影响,这些因素可以分为列车自身的变化和运行环境的变化两大类。首先,列车牵引、制动等各种自身的动力学特性会随着列车运行里程数的增长、维护保养情况的差异而发生不同程度的变化,这些变化会影响列车启动、惰行、制动阶段的性能,这种情况在重载铁路上表现得更为明显。其次,列车运行的环境更是存在很多不确定因素,如线路坡度曲率的变化、载客/载重量的不同、天气的变化等,这类因素在干线铁路上更加突出。总之,这些影响因素的本质都存在着很大的随机性,这会导致列车运行控制过程具有很强的时变性和非线性,需要系统具备"随机应变"的能力。随着列车运行自动化水平的提高,轨道交通系统中新的传感器和传统的感知系统记录了大量列车运行数据。现有研究表明,利用这些数据有可能解决以上问题,但面临着计算资源有限、算法复杂、难于理解和应用的障碍。

3.系统需要进一步协同优化

具有列车自动运行技术的轨道交通系统仍然要解决如何优化系统的运输能力使之与动态变化的运输需求相匹配这一问题。众所周知,轨道交通系统中的人(工作人员)、车(机车车辆)、路(基础设施)、能(动力能源)是有限的,而且是相互联系的,某一方面的短板会限制整个系统的运输能力。列车自动运行为协同优化有关资源提供了进一步提升的可能,但如何实现协同,在列车运行、能源供给、人车配置、客流需求等多个维度进行优化已经成为一个新的世界性难题。

上述挑战的妥善应对会对高速和超高速列车的自动运行,全自动运行系统应对突发事件等产生重大影响,为列车自动运行技术在更大范围内地应用奠定基础。以高速列车和全自动运行系统为背景的列车自动运行理论与方法的研究是目前关注的热点之一。

4.3 研究内容与发展重点

轨道交通自动驾驶技术在城市轨道交通方面已经比较成熟,但在干线铁路和高速铁路方面仍是空白。与城市轨道交通相比,干线铁路和高速铁路具有列车运行交路(距离)长、速度高、环境复杂多变等特点,城市轨道的列车自动驾驶技术不能直接应用到干线铁路和高速铁路。针对高速铁路自主智能驾驶与运行中的挑战性难题,应在以下五个方面开展关键技术研究:高速铁路运行环境准确、可信的实时智能感知,高速列车的智能驾驶策略优化理论与方法,高速列车的智能调度优化理论与方法,高速铁路运行控制和调度指挥一体化理论与方法,高速铁路智能驾驶综合测试平台,如图 4.3.1 所示。

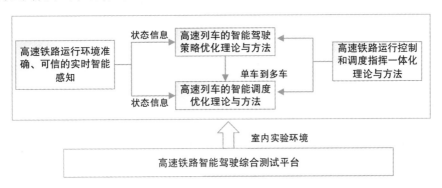

图 4.3.1 高速铁路自动驾驶技术及支撑平台研究内容之间的关系

4.3.1 高速铁路运行环境准确、可信的实时智能感知

高速铁路列车运行距离长、环境复杂多变,故需要对高速铁路系统中移动装备、基础设施、环境中的突发事件进行实时感知与识别。研究基于机器视觉的线路周界入侵智能感知方法、恶劣天气的短时局地预警方法、基于超声导波的钢轨缺陷智能识别与在线监测方法、高速轨道交通全天候运行环境仿真与感知测试平台,可实现高速铁路运行环境准确、可信的实时智能感知,为高速列车智能驾驶提供全方位的感知信息。

4.3.2 高速列车的智能驾驶策略优化理论与方法

针对高速列车运行多模态、多约束等特性,可研究全天候高速列车轮轨黏着智能感知与最大化黏着控制、在途数据驱动的模型智能调整与优化、多工况高速列车运行低复杂度智能运行控制、多扰动条件下高速列车平稳运行智能控制,利用人工智能技术使系统不断学习优秀司机的驾驶习惯,以实现高速列车的智能驾驶,从而达到最优秀司机的驾驶水平。

4.3.3 高速列车的智能调度优化理论与方法

研究基于动态大客流数据感知的轨道交通智能调度,面向节能的多列车运行协同控制与实时调度方法,基于数据和机理的列车运行智能预测与自主调度决策,多专业调度联动下的客流、列车、维修一体化智能调度,多运营主体下效益最大化的轨道交通区域协同调度研究,可实现高速铁路复杂运行环境与突发事件下,列车、线路、人员等的多资源优化分配及实时调整。

4.3.4 高速铁路运行控制和调度指挥一体化理论与方法

高速铁路运行控制和调度指挥一体化是指运用先进的感知、传输、控制方法和技术,深度融合调度指挥和列车运行控制,实现路网整体运行效率全局最优,提升应对突发事件能力。运控调度一体化的核心是通过协同运行控制与调度指挥,打破高速铁路运营中调度指挥和运行控制的"分层优化"模式,解决单独优化导致的方案可执行性差和控制效果欠佳的问题。在一体化框架下,主要的研究内容包括高速铁路运行控制与调度指挥一体化建模、复杂环境下高速列车协同运行控制、考虑运行控制约束的运行图快速调整等。

4.3.5 高速铁路智能驾驶综合测试平台

高速铁路智能驾驶系统复杂、多层次的难题可通过研究多分辨率仿真建模理论、构建准确描述智能驾驶系统运行状态的多分辨率仿真模型解决。构建高精度地图数据,研究具备更多维度的地图数据,可提供更完备的周边环境信息和更精确的定位。研究仿真测试平台构建技术,复杂安全苛求列控系统的测试验证问题可通过研究基于高阶模拟架构的高可信多级分层、实时交互式列控仿真系统高层体系结构,构建列控系统设备硬件在环的综合测试平台解决。

4.3.6 高速轨道智能驾驶系统示范应用

研制高速铁路智能驾驶系统的核心装备,构建完整的高速铁路智能驾驶系统,进行现场示范应用,从而为产业化打下基础。

4.4　本章总结

　　目前,我国高速铁路网络已经形成,新线开通及网络效应使得我国铁路客流年均增长率均在10%以上,城市轨道交通日最高客流量屡创新高。与此同时,列车最小追踪间隔也达到了系统设计极限。随着客运需求的持续增长,一些繁忙区段已运力紧张或几近饱和。通过提升系统自动化水平,进一步提升线路运力,是行业发展的重要需求。轨道交通自动驾驶技术的应用可有效提高运输能力、降低牵引能耗、减轻司机工作强度,对于降低运营成本、提高线网运营质量具有重要意义。

　　ATO功能的应用是我国铁路列控系统发展的必然趋势。区别于国外,我国铁路的独有特点是运行交路长,外界环境复杂性、动态性强烈,如北京至海南的高铁线路跨越了35个纬度,列车一路将经历春、夏、秋、冬四个季节。研发适应我国的铁路ATO有重要的意义,但也极具挑战。作为铁路智能化的重要标志,动车组自动驾驶技术已在我国逐步开展应用。2016年,在珠三角莞惠及佛肇城际铁路上,CTCS-2+ATO系统投入运营,成功实现了世界上首次将自动驾驶技术运用到200km/h等级的铁路。

　　轨道交通自动驾驶技术在城轨系统中已经十分成熟,且近年来逐渐向全自动运行方向发展,已在高铁系统自动驾驶中形成了CTCS-2、CTCS-3、ETCS等相关规范。随着新一代信息技术的发展,特别是人工智能具有很强的学习、适应能力,在最近几年的工程实践中表现非常突出。在未来轨道交通系统中,可以利用先进的人工智能方法(如深度学习、强化学习等),重点研究高速铁路运行环境准确、可信的实时智能感知,高速列车智能驾驶策略优化理论与方法,高速列车的智能调度优化理论与方法,高铁运控与调度一体化理论与方法,高速铁路智能驾驶综合测试平台等方向,提升铁路自动驾驶系统的智能化水平,同时通过自学习的途径实现对外界环境的自适应,从而为实现智能铁路提供技术支撑。

参考文献

Albrecht A, Howlett P, Pudney P, et al., 2016. The key principles of optimal train control-Part 1: Formulation of the model, strategies of optimal type, evolutionary lines, location of optimal switching points [J]. Transportation Research Part B: Methodological, 94: 482-508, 509-538.

Albrecht T, Binder A, Gassel C, 2013. Applications of real-time speed control in rail-bound public transportation systems [J]. IET Intelligent Transport Systems, 7(3): 305-314.

Aradi S, Bécsi T, Gáspár P, 2013. A predictive optimization method for energy-optimal speed profile generation for trains [C]// IEEE International Symposium on Computational Intelligence & Informatics, Budapest, Hungry: 135-139.

Aradi S, Bécsi T, Gáspár P, 2014. Design of predictive optimization method for energy-efficient operation of trains [C]// IEEE European Control Conference, Strasbourg, France: 2490-2495.

Astolfi A, Menini L, 2002. Input/output decoupling problems for high speed trains [C]// American Control Conference (ACC), Anchorage, USA: 549-554.

Bienfait B, Zeotardt P, Barnard B, 2012. Automatic train operation: The mandatory improvement for ETCS application [C]//ASPECT, London, UK: IRSE.

Bocharnikov Y V, Tobias A M, Roberts C, 2010. Reduction of train and net energy consumption using genetic algorithms for trajectory optimization [C]// IET Conference on Railway Traction Systems (RTS), Belfast, UK: 32-36.

BSI, 2009. BS EN 12299:2009: Railway applications: Ride comfort for passengers: Measurement and evaluation [S]. standards policy and strategy committee, UK.

Cacchiani V, Caprara A, Galli L, et al., 2012. Railway rolling stock planning: Robustness against large disruptions [J]. Transportation Science, 46(2): 217-232.

Cacchiani V, Huisman D, Kidd M, et al., 2014. An overview of recovery models and algorithms for real-time railway rescheduling [J]. Transportation Research Part B: Methodological, 63: 15-37.

Calderaro V, Galdi V, Graber G, et al., 2014. An algorithm to optimize speed profiles of the metro vehicles for minimizing energy consumption [C]// International Symposium on Power Electronics, Electrical Drives, Automation and Motion, Ischia, Italy: 813-819.

Carvajal-Carreño W, Cucala A P, Fernandez-Cardador A, 2014. Optimal design of energy-efficient ATO CBTC driving for metro lines based on NSGA-II with fuzzy parameters [J]. Engineering Applications of Artificial Intelligence, 36: 164-177.

Chandrasegaran S K, Ramani K, Sriram R D, et al., 2013. The evolution, challenges, and future of knowledge representation in product design systems [J]. Cad Computer Aided Design, 45(2): 204-228.

Chang C S, Sim S S, 1997. Optimising train movements through coast control using genetic algorithms [J]. IEEE Proceedings Part B, 144(1): 65-73.

Chou M, Xia X, 2007. Optimal cruise control of heavy-haul trains equipped with electronically controlled pneumatic brake systems [J]. Control Engineering Practice, 15(5): 511-519.

Chou M, Xia X, Kayser C, 2007. Modelling and model validation of heavy-haul trains equipped with electronically controlled pneumatic brake systems [J]. Control Engineering Practice, 15(4): 501-509.

Clark S, 2010. A history of railway signalling: From the bobby to the balise [C]// Railway Signalling and Control Systems (RSCS), Nottingham, UK: 7-20.

Cordeau, Jean-Frtançois, Toth, et al., 1998. A survey of optimization models for train routing and scheduling [J]. Transportation Science, 32(4): 380-404.

Corman F, D'Ariano A, Pranzo M, et al., 2011. Effectiveness of dynamic reordering and rerouting of trains in a complicated and densely occupied station area [J]. Transportation Planning and Technology, 34(4): 341-362.

Corman F, Meng L, 2015. A review of online dynamic models and algorithms for railway traffic management [J]. IEEE Transactions on Intelligent Transportation Systems, 16(3): 1274-1284.

Corman F, Quaglietta E, 2015. Closing the loop in real-time railway control: Framework design and impacts on operations [J]. Transportation Research Part C, 54: 15-39.

Dong H R, Gao S G, Ning B, et al., 2011 Extended fuzzy logic controller for high speed train [J]. Neural Computing and Applications, 22(2): 321-328.

Dong H, Ning B, Cai B, et al., 2010. Automatic train control system development and simulation for high-speed railways [J]. IEEE Circuits and Systems Magazine, 2(1): 6-18.

Eqa J, Pp B, Rmpg A, et al., 2016. The on-time real-time railway traffic management framework: A proof-of-concept using a scalable standardised data communication architecture [J]. Transportation Research Part C: Emerging Technologies, 63: 23-50.

Faieghi M, Jalali A, Mashhadi K, 2014. Robust adaptive cruise control of high speed trains [J]. Isa Transactions, 53(2): 533-541.

Gao S, Dong H, Chen Y, et al., 2013. Approximation based robust adaptive automatic train control: An approach for actuator saturation [J]. IEEE Transactions on Intelligent Transportation Systems, 14(4): 1733-1742.

Garcia-Loygorri J M, Riera J M, Haro L D, et al., 2020. A survey on future railway radio communications services: Challenges and opportunities [J]. IEEE Commun, 53(10): 62-68.

González-Gil A, Palacin R, Batty P, et al., 2014. A systems approach to reduce urban rail energy consumption [J]. Energy Conversion and Management, 80: 509-524.

Goverde R M P, Besinovic N, Binder A, et al., 2016. A three-framework for performance-based railway timetabling [J]. Transportation Research Part C: Emerging Technologies, 67: 62-83.

Greenway J, Sheldon R, 1974. Automatic train control and communications for Washington Metro [J]. Communications Society, 12(6): 14-21.

Hou Z, Wang Y, Yin C, et al., 2011. Terminal iterative learning control based station stop control of a train [J]. International Journal of Control, 84(7): 1263-1274.

Howlett P G, Pudney P J, 1995. Energy-Efficient Train Control [M]. London, UK: Springer.

Howlett P, 2000. The optimal control of a train [J]. Annals of Operations Research, 98(1): 65-87.

Huang Y, Yang L, Tang T, et al., 2017. Joint train scheduling optimization with service quality and energy efficiency in urban rail transit networks [J]. Energy, 138: 1124-1147.

Huang Y, Yang L, Tao T, et al., 2016. Saving energy and improving service quality: Bicriteria train scheduling in urban rail transit systems [J]. IEEE Transactions on Intelligent Transportation Systems, 17(12): 1-16.

IEEE Standard 1474.1, 2004. IEEE standard for communications based train control (cbtc) performance and functional requirements [S]. IEEE, 1-45.

International Electrotechnical Commission (IEC 62290-1), 2014. Railway applications: Urban guided transport management and command/control systems [S]. IEC, 1-65.

Ke B R, Chen M C, Lin C L, 2009. Block-layout design using MAX-MIN ant system for saving energy on mass rapid transit systems [J]. IEEE Transactions on Intelligent Transportation Systems, 10(2): 226-235.

Ke B R, Lin C L, Lai C W, 2011. Optimization of train-speed trajectory and control for mass rapid transit systems [J]. Control Engineering Practice, 19(7): 675-687.

Ke B R, Lin C L, Yang C C, 2010. Optimisation of train energy-efficient operation for mass rapid transit systems [J]. IET Intelligent Transport Systems, 6(1): 58-66.

Khmelnitsky E, 2000. On an optimal control problem of train operation [J]. IEEE Transactions on Automatic Control, 45(7): 1257-1266.

Kim K, Chien I J, 2011. Optimal train operation for minimum energy consumption considering track alignment, speed limit, and schedule adherence [J]. Journal of Transportation Engineering, 137(9): 665-674.

Ko H, Koseki T, Miyatake M, 2004. Application of dynamic programming to optimization of running profile of a train [J]. Computers in Railways, 45(3): 8.

Li S, Yang L, Gao Z, 2015. Coordinated cruise control for high-speed train movements based on a multi-agent model [J]. Transportation Research Part C: Emerging Technologies, 56: 281-292.

Li S, Yang L, Gao Z, et al., 2014. Stabilization strategies of a general nonlinear car-following model with varying reaction-time delay of the drivers [J]. Isa Transactions, 53(6):113-125.

Li S, Yang L, Li K, et al., 2014. Robust sampled-data cruise control scheduling of high speed train [J]. Transportation Research Part C: Emerging Technologies, 46(46): 274-283.

Li X, Lo H K, 2014. An energy-efficient scheduling and speed control approach for metro rail operations [J]. Transportation Research Part B: Methodological, 64: 73-89.

Liu R, Golovitcher I, 2003. Energy-efficient operation of rail vehicles [J]. Transportation Research Part A, 37(10): 917-932.

Liu S, Fang C, Jing X, et al., 2015. Energy-efficient operation of single train based on the control strategy of ATO [C]// IEEE International Conference on Intelligent Transportation Systems (ITSC), Gran Canaria, Spain: 2580-2586.

Lu S, Hillmansen S, Ho T K, et al., 2013. Single-train trajectory optimization [J]. IEEE Transactions on Intelligent Transportation Systems, 14(2): 743-750.

Luthi M, 2009. Improving the efficiency of heavily used railway networks through integrated real-time rescheduling [D]. Zurich, Switzerland: ETH.

Matsumo M, 2005. The revolution of train control system in Japan[C]// International Symposium on Autonomous Decentralized Systems (ISADS), Chengdu, China: 599-606.

McClanachan M, Cole C, 2011. Current train control optimization methods with a view for application in heavy haul railways [J]. Proceedings of the Institution of Mechanical Engineers, Part F: Journal of Rail and Rapid Transit, 225: 1-12.

Meng L, Zhou X, 2011. Robust single-track train dispatching model under a dynamic and stochastic environment: A scenario-based rolling horizon solution approach [J]. Transportation Research Part B: Methodological, 45(7): 1080-1102.

Meng L, Zhou X, 2014. Simultaneous train rerouting and rescheduling on an N-track network: A model reformulation with network-based cumulative flow variables [J]. Transportation Research Part B: Methodological, 67: 208-234.

Miyatake M, Matsuda K, 2009. Energy saving speed and charge/discharge control of a railway vehicle with on-board energy storage by means of an optimization model [J]. IEEJ Transactions on Electrical and Electronic Engineering, 4(9): 771-778.

Miyatake M, Member H, 2010. Optimization of train speed profile for minimum energy consumption [J]. IEEJ Transactions on Electrical and Electronic Engineering, 5(3): 263-269.

Nielsen L K, Kroon L, Maróti G, 2012. A rolling horizon approach for disruption management of railway rolling stock [J]. European Journal of Operational Research, 220(2): 496-509.

Panou K, Tzieropoulos P, Emery D, 2013. Railway driver advice systems: Evaluation of methods, tools and systems [J]. Journal of Rail Transport Planning & Management, 3(4): 150-162.

Pellegrini P, Marlière G, Rodriguez J, 2012. Real time railway traffic management modeling track-circuits [C]//12th Workshop on Algorithmic Approaches for Transportation Modelling, Optimization, and Systems (ATMOS), Ljubljana, Slovenia: 1136-1147.

Rao X, 2015. Holistic rail network operation by integration of train automation and traffic management [D]. Zurich, Switzerland: ETH.

Rodrigo E, Tapia S, Mera J M, et al., 2013. Optimizing electric rail energy consumption using the lagrange multiplier technique [J]. Journal of Transportation Engineering, 139(3): 321-329.

Sicre C, Cucala A P, Fernández A, et al., 2012. Modeling and optimizing energy-efficient manual driving on high-speed lines [J]. IEEJ Transactions on Electrical and Electronic Engineering, 7(6): 633-640.

Song Q, Song Y D, 2011. Data-based fault-tolerant control of high-speed trains with traction/braking notch nonlinearities and actuator failures [J]. IEEE Transactions on Neural Networks, 22(12): 2250-2261.

Song Q, Song Y, Tang T, et al., 2011. Computationally inexpensive tracking control of high-speed trains with traction / braking saturation [J]. IEEE Transactions on Intelligent Transportation Systems, 12(4): 1116-1125.

Song Y D, Song Q, Cai W C, 2014. Fault-tolerant adaptive control of high-speed trains under traction/braking failures: A virtual parameter-based approach [J]. IEEE Transactions on Intelligent Transportation Systems, 15(2): 737-748.

Su S, Li X, Tang T, et al., 2013. A subway train timetable optimization approach based on energy-efficient operation strategy [J]. IEEE Transactions on Intelligent Transportation Systems, 14(2): 883-893.

Sun H, Hou Z, Li D, 2013. Coordinated iterative learning control schemes for train trajectory tracking with overspeed protection [J]. IEEE Transactions on Automation Science and Engineering, 10(2): 323-333.

Tang H, Dick C T, 2015. A coordinated train control algorithm to improve regenerative energy receptivity in metro transit systems [J]. Transportation Research Record: Journal of the Transportation Research Board, 3(1):15-1318.

Tornquist J, 2007. Railway traffic disturbance management: An experimental analysis of disturbance complexity, management objectives and limitations in planning horizon [J]. Transportation Research Part A, 41(3): 249-266.

Transportation Safety Advancement Group (TSAG), 2010. Shaping the 30-year rail technical strategy [EB / OL]. (2017-10-23)[2019-07-02]. http://www. i-n-w. org / talking_collaboration / further_ reading/Consultation%20RTS%20TSAG.pdf.

UITP, 2011. Metro automation facts, figures and trends: A global bid for automation: UITP observatory of automated metros con firms sustained growth rates for the coming years [R]. International Association of Public Transport (UITP).

UITP, 2015. Thameslink: Faster and more comfortable service right across London, Siemens [R/OL]. (2015-06-17)[2020-06-15]. International Association of Public Transport (UITP). http://www. siemens.com/press/pool/de/events/2015/mobility/2015-06-uitp/background-thameslink-e.pdf.

UITP, 2014. Metros: Keeping pace with 21st century cities [R/OL]. (2016-03-08)[2020-03-16]. http: //www.uitp.org/metros-keeping-pace-21st-century-cities.

Wang P, Goverde R, 2016. Multiple-phase train trajectory optimization with signalling and operational constraints [J]. Transportation Research Part C: Emerging Technologies (69): 23-50.

Wang Y, Schutter B D, Boom T, et al., 2013. Optimal trajectory planning for trains: A pseudospectral method and a mixed integer linear programming approach [J]. Transportation Research Part C: Emerging Technologies (29): 97-114.

Wang Y, Tang T, Ning B, et al., 2015. Passenger-demands-oriented train scheduling for an urban rail transit network [J]. Transportation Research Part C: Emerging Technologies (11): 1-23.

Wong K K, Ho T K, 2004. Coast control for mass rapid transit railways with searching methods [J]. IEEE Proceedings: Electric Power Applications, 151(3): 365-376.

Wong R, Yuen T, Fung K W, et al., 2008. Optimizing timetable synchronization for rail mass transit [J]. Transportation Science, 42(1): 57-69.

Yang C D, Sun Y P, 1999. Robust cruise control of high speed train with hardening / softening nonlinear coupler [C]//American Control Conference (ACC), San Diego, USA: 2200-2204.

Yang C D, Sun Y P, 2001. Mixed H2/H1 cruise controller design for high speed train [J]. International Journal of Control, 74(9): 905-920.

Yang H, Fu Y T, Zhang K P, et al., 2014. Speed tracking control using an ANFIS model for high-speed electric multiple unit [J]. Control Engineering Practice, 23(1): 57-65.

Yang X, Li X, Ning B, et al., 2016. A survey on energy-efficient train operation for urban rail transit [J]. IEEE Transactions on Intelligent Transportation Systems, 17(1): 2-13.

Yasunobu S, Miyamoto S, Ihara H, 1983. Fuzzy control for automatic train operation system [J]. Control in Transportation Systems, 4(16): 33-39.

Yasunobu S, Miyamoto S, 1985. Automatic train operation system by predictive fuzzy control [J]. Industrial Applications of Fuzzy Control, 1(18): 1-18.

Yasunobu S, Saitou S, Suryana Y, 2000. Intelligent vehicle control in narrow area based on human control strategy [C]// World Multiconference on Systemics, Orlando, USA: 309-314.

Yin J, Chen D, Li L, 2014. Intelligent train operation algorithms for subway by expert system and reinforcement learning [J]. IEEE Transactions on Intelligent Transportation Systems, 15(6): 2561-2571.

Yin J, Chen D, Li Y, 2016. Smart train operation algorithms based on expert knowledge and ensemble CART for the electric locomotive [J]. Knowledge-Based Systems, 92: 78-91.

Yin J, Chen D, Yang L, et al., 2016. Efficient real-time train operation algorithms with uncertain passenger demands [J]. IEEE Transactions on Intelligent Transportation Systems, 17(9): 2600-2612.

Yin J, Yang L, Tang T, et al., 2017. Dynamic passenger demand oriented metro train scheduling with energy-efficiency and waiting time minimization: Mixed-integer linear programming approaches [J]. Transportation Research Part B: Methodological, 97: 182-213.

Yuan G, Kroon L, Schmidt M, et al., 2016. Rescheduling a metro line in an over-crowded situation after disruptions [J]. Transportation Research Part B: Methodological, 93:425-449.

Zhou L, Tong L C, Chen J, et al., 2017. Joint optimization of high-speed train timetables and speed profiles: A unified modeling approach using space-time-speed grid networks [J]. Transportation Research Part B: Methodological, 97: 157-181.

Zhou X, Zhong M, 2005. Bicriteria train scheduling for high-speed passenger railroad planning applications [J]. European Journal of Operational Research, 167(3): 752-771.

Zhuan X, Xia X, 2008. Speed regulation with measured output feedback in the control of heavy haul trains [J]. Automatica, 44(1): 242-247.

Zimmermann A, Hommel G, 2005. Towards modeling and evaluation of ETCS real-time communication and operation [J]. Journal of Systems & Software, 77(1): 47-54.

第5章

服务机器人智能技术

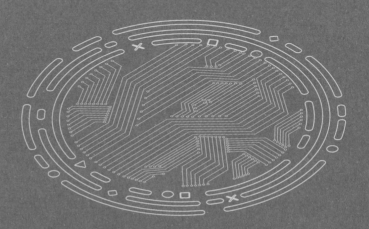

5.1　研究背景

　　服务机器人是多学科交叉与融合的结晶,是以服务人为核心,综合机械电子、自动化控制、传感器、计算机、新型材料、仿生和人工智能等多领域、多学科的复杂高科技技术,被认为是对未来新兴产业发展具有重要影响的技术之一(王田苗等,2012)。随着大数据、人工智能和传感器技术的日渐成熟,机器人正在逐步由传统的机器人向具有感知、分析、学习和决策能力的智能服务机器人转变,智能服务机器人可处理更大量的信息、完成更复杂的任务。

　　根据国际机器人联合会(International Federation of Robotics,IFR)的定义,服务机器人是一种半自主或全自主工作的机器人(不包括从事生产的设备),它能完成有益于人类的服务工作。服务机器人又可分为家用服务机器人和专用服务机器人两类。

　　服务机器人的研发、制造、应用等水平是衡量一个国家科技创新和高端制造业水平的重要标志,其发展越来越受各国的广泛关注和高度重视。世界主要发达国家为了抓住发展机遇,纷纷将突破机器人技术、发展机器人产业上升为国家战略,如美国是最早开始机器人研究的国家之一,也是目前各种新概念机器人研究活跃的地区,美国重点发展机器人服务类、医疗、无人驾驶、智能学习等方向。在机器人技术不断发展的历程中,美国提出过很多发展战略。2016年10月,美国发布《2016美国机器人发展路线图——从互联网到机器人》,对机器人技术的广泛应用场景做了综述,其中包括制造业、消费者服务业、医疗保健、无人驾驶汽车及其防护等;2017年年初,美国发布了《国家机器人计划2.0》(简称NRI-2.0),计划侧重于由多人、多机器人组成的各个团队之间如何有效地进行交互和协作,如何将机器人广泛适用于不同的设置和环境,如何利用来自云、其他机器人和人的海量信息让机器人更有效地学习和工作,机器人的硬件和软件设计如何扩展,以确保系统可靠运行。

2014年,欧盟在"地平线2020"计划下资助和启动了"SPARC"计划——欧盟机器人研发计划,到2020年,共计投入28亿欧元,创造24万个就业岗位,有200多家公司、1.2万名研发人员参与,重点发展在制造业、农业、健康、交通、安全和家庭等各个领域应用的机器人;另外,德国为保持其制造业领先地位提出的"工业4.0"计划,也将智能机器人和智能制造技术作为迎接新工业革命的切入点。

2015年初,日本政府公布了《日本机器人新战略》,提出了"世界机器人创新基地""世界第一的机器人应用国家""迈向世界领先的机器人新时代"三个核心计划。

2012年10月,韩国发布了"机器人未来战略展望2022",将政策焦点放在了扩大韩国机器人产业并支持企业进军全球市场等方面,并于2014年制定了《第二次智能机器人行动计划》,明确要求占据全球20%的机器人市场份额,挺进机器人"世界三大强国行列"。

我国的《国家中长期科学和技术发展规划纲要(2006—2020)》明确指出将服务机器人作为未来优先发展的战略性先进技术,并提出"以服务机器人和危险作业机器人应用需求为重点,研究设计方法、制造工艺、智能控制和应用系统集成等共性基础技术"。

服务机器人技术具有综合性、渗透性的特点,着眼于利用机器人完成有益于人类的服务工作,在助老助残、教育娱乐、医疗健康和特殊环境作业领域具有广阔的应用前景,同时具有技术辐射性强和经济效益明显的特点。服务机器人技术是国家未来空间、水下与地下资源勘探、武器装备制高点的技术较量,服务机器人产业将成为国家间高技术激烈竞争的战略性新兴产业,它是未来先进制造业与现代服务业的重要组成部分,也是世界高科技产业发展的一次重大机遇。将服务机器人技术作为战略意义上的高科技重点发展和大力推广,具有十分重要的意义(靳国强等,2013)。

自2015年起,世界机器人大会已连续举办了四届,有机器人界"达沃斯"的美称,已成为国际机器人领域重要的平台。2018年世界机器人大会上发布了《机器人十大新兴应用领域》。2019年世界机器人大会于2019年8月21—23日在北京举办,大会主题为"智能新生态,开发新时代",并且世界机器人博览会、大赛同期举行,三大板块同时进行。

从服务机器人的产业规模来看,2017年全球服务机器人市场规模达69.9亿美元。随着信息技术快速发展和互联网快速普及,依托人工智能技术,智能公共服务机器人应用场景和服务模式不断拓展,带动了服务机器人的高速增长。2013年以后,全球服务机器人市场规模年均增速达23.5%,2018年全球服务机器人市场规模达130亿美元,占比为43.6%。

5.2　研究现状

近年来,国内外智能服务机器人热门产品不断涌现。在家庭服务机器人、教育娱乐机器人、医疗康复与外科手术机器人、特种机器人等方面,许多研究机构或机器人公司都取得了重大突破。我国的服务机器人技术经过多年的发展,在机械、信息、材料、控制、医学等多学科交叉方面取得了重要成果,其市场前景广阔。

5.2.1　家庭服务和教育娱乐机器人

在家庭服务机器人方面,世界各国处于同一起跑线,都正在不断探索和尝试产品形态和功能,未来具有巨大的产业发展空间。国外在算法和技术创新上具有优势,国内则通过代加工进行技术积累和运营上的努力,取得了明显进步。家庭服务机器人的任务主要包括打扫清洁和家庭助理,如美国 iRobot 公司开发的扫地清洁机器人,美国的 Jibo 家庭社交型机器人,国内的"小鱼在家"智能陪伴机器人可以完成照顾老人儿童、事件提醒和巡逻家庭的任务。2015年,北京纳恩博服务机器人公司收购美国赛格威(Segway)公司,在两轮自平衡车国际市场占有率排名世界第一。

在教育娱乐机器人方面,教育机器人 NAO 和类人机器人 iCub 受到了开发者的青睐,活跃在各大展览和实验室,被用于研究复杂运动和环境感知。日本软银集团推出的"情感机器人"配备了语音识别和面部识别技术,可识别人的情感,与人交流;深圳大疆创新科技公司在无人机国际市场占有率排名世界第一;360儿童机器人基于360搜索大数据和语音交互,具有儿童陪护功能;北京康力优蓝机器人科技有限公司开发的"优友"被用于导购咨询。

全球互联网巨头正在加速布局服务机器人市场。尽管目前在服务机器人方面并没有出现像工业机器人四大家族这样的绝对领头企业,不过服务机器人的巨大市场潜力吸引了来自其他领域龙头企业的关注,跨界服务机器人似乎已经成为常态。

其中,互联网巨头亚马逊公司和谷歌公司是最引人注目的两家。亚马逊公司正在加快服务机器人的研发,并于2020年推出家用型服务机器人,实际上,得益于自身在电商行业的实践经验,亚马逊的 KIVA 仓储机移动机器人(见图5.2.1)已经是自动化仓储领域的明星产品了,已经有多台 KIVA 应用于电商物流行业。此外,智能音箱 echo 具备交互、识别等功能,为亚马逊进一步开发陪护服务机器人奠定了良好的基础。谷歌公司则将开发重点放在智能应答机器人,如用于服务客户订餐。

此外,一些传统的工业机器人企业或特种机器人研发者也纷纷进军服务机器人市场,如与美国军方合作颇为紧密的波士顿动力公司就宣布将以其四足移动机

图 5.2.1　亚马逊 KIVA 仓储机移动机器人

器人(见图5.2.2)为基础,打造用于家庭服务的机器人。而做月球车起家的 iRobot 则已经在扫地机器人这一单品上成为全球第一(见图5.2.3)。丰田、KUKA、大疆 也都有涉足服务机器人市场的动向。

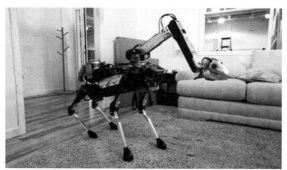

图 5.2.2　波士顿动力公司的四足移动机器人

图 5.2.3　iRobot扫地机器人

5.2.2　医疗手术机器人与医疗康复机器人

5.2.2.1　医疗手术机器人

20世纪80年代中期后,医疗机器人的研究出现了惊人的增长。最初,医疗机器人仅涉及立体定位脑手术、整形手术、内镜手术、显微手术及相关领域,目前已经扩展到商业化的临床实用系统,以及规模呈指数级膨胀的相关研究群体。医疗机器人可以从很多角度(如从操纵器设计角度、从自治性程度角度、从目标的解剖对象和相应技术角度、从预计的操作环境角度等)进行划分。

从广义上来说,医疗机器人助手可以划分成两类。第一类为医生扩展机器人,这类机器人由医生直接控制,用来操作医疗器械。医生通过远程操作或者通过人机协作接口控制机器人。这些系统的主要价值在于它们能够克服外科医生的认知和操作方面的限制,从而实现人类不能达到的精度,在患者体内灵活自如地进行手术,使医生能够对患者实施远程手术。术前准备时间仍然是外科医生扩展系统引人关注的地方,但是由于这类系统更易于操纵,因此有可能缩短手术时间。

达·芬奇(Da Vinci)外科手术机器人系统率先突破三维视觉精确定位和主从控制技术,是目前世界上最成功的医疗外科机器人(见图5.2.4)。以色列推出的ViRob可被远程控制,能将摄像机或药物运送到体内,以协助医生实行微创手术。

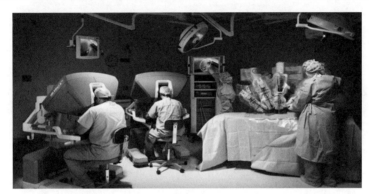

图 5.2.4　达·芬奇手术机器人在微创手术环境中具有良好的灵活性

第二类医疗机器人被称为辅助外科手术机器人。这一类机器人通常与医生并肩工作,执行如组织回缩、四肢定位、内窥镜扶持等任务。这一类机器人的显著特点就是能够减少手术室内所需的人员数量。但是这种优势的前提条件是辅助人员所有的日常工作都能够实现自动化。此外,该类系统还有其他的优势,如能够提高性能(扶持的内窥镜更加稳定)、更加安全(消除了过大的回收力)、增强医生对手术过程的控制。常见的控制接口包括操作手柄、头部跟踪器、语音识别系统和医生及器械的视觉跟踪系统,如 Aesop 内窥镜定位仪使用一个脚驱动操作杆和一套语音识别系统作为人机交互接口。值得指出的是,外科计算机辅助设计/制作(CAD/CAM)和手术辅助是互相补充的概念,它们并不互相排斥,许多系统都兼有这两方面设计。

计算机集成手术系统的概况如图5.2.5所示。这个过程开始于与病人相关的信息,包括医学影像,如计算机断层扫描(computed tomography,CT)、核磁共振成像(magnetic resonance imaging,MRI)、正电子断层扫描(positron emission tomography,PET)等实验室测试结果和其他信息。这些病人特征信息将会和一些与人体解剖学、心理学、疾病学相关的统计信息组合在一起,形成一个对病人的综合表述。这个计算机表述可以用来指定最优的介入治疗方案。在手术室内,手术前病人模型和手术方案必须和实际病人进行配准。典型的情况是,配准过程通过鉴别

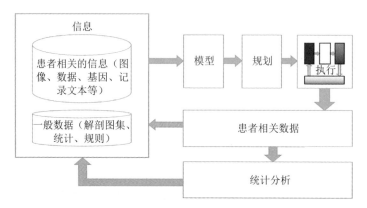

图5.2.5　计算机集成外科手术的基本信息流

手术前病人模型与实际病人上的相应标记来实现,需要利用额外成像(X射线、超声、影像)或跟踪定位设备,或者利用机器人本身完成。

如果病人解剖体改变,则必须恰当地更新模型和方案,并由机器人辅助实现计划的手术流程。在手术进行时,额外的成像和传感设备被用来监控手术进度,更新病人模型,验证计划流程是否执行成功。当手术完成后,将执行进一步的成像、建模和计算机辅助评估来完成病人的术后事宜,并在需要的时候制订后续的介入治疗方案。手术方案制订、执行和术后事宜中产生的病人的所有特征数据都会被保存下来。这些数据将会被统计分析,用于优化未来的手术流程和方法。

外科手术通常需要实时交互,许多决策是医生在手术过程中做出并立即执行的,有视觉反馈或力反馈。多数情况下,手术机器人并不是用来代替医生进行手术,而是帮助医生提高技能。手术机器人是一种由计算机控制的手术器械,医生和计算机通过某种方式共同控制机器人。因此,通常将医疗机器人称为医生的助手。

微创外科手术机器人向着预测、精准、远程、康复的方向发展,将攻克面向协同任务的规划与导航控制技术、全息信息(手势、触摸、表情)交互与识别控制理论与技术、生物传感机理与人机交互融合实验等核心关键技术。

5.2.2.2　康复机器人

康复机器人的研究领域为开发机器人系统,以帮助那些日常活动有障碍的人,或者给日常活动有障碍的人提供治疗并改善他们的身体与认知功能。当我们身边的人由于肢体受伤或者疾病而不能自由活动时,我们可以利用康复机器人帮助他们重新学习,从而完成日常活动;如果损伤严重而无法再学习,就直接利用康复机器人来帮助他们完成所需要的活动。个人机器人、机器人治疗、智能假肢、智能床、智能家庭以及远程康复服务等研究在过去几年有所加速,并将继续提高医疗保健能力。这些进步以及手术和药物介入治疗的改进,共同抵抗了疾病,进而延长人的寿命。

　　康复机器人(见图 5.2.6)通常分为治疗机器人和辅助机器人两类。另外,康复机器人包括智能肢体(假肢)、功能性神经刺激(FNS)以及诊断和监控人类日常活动的技术。

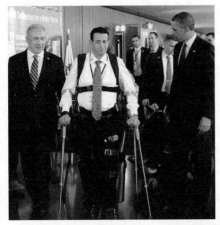

图 5.2.6　康复机器人

　　假肢和功能性神经刺激是与康复机器人紧密相连的两个方向。假肢是被穿在用户身上用来替代被切除的肢体的人工手、人工胳膊和人工脚。功能性神经刺激系统致力于通过电刺激神经或肌肉来使身体虚弱的人或残疾人的肢体恢复运动功能。功能性神经刺激控制系统和机器人控制系统相似,只是功能性神经刺激系统的驱动器是人的肌肉。

　　随着材料、控制软件、传感器以及驱动器的发展,康复机器人的应用在数量上持续增加,设计者可尝试使用新的机电一体化技术来提高残疾人的生活质量。

5.2.2.3　特殊环境作业机器人

　　特殊环境作业机器人是替代人在特定环境以及危险、恶劣环境下作业必不可少的工具,可辅助完成人类无法完成的如空间与深海作业、精密操作、管道内作业等任务。美国在特殊环境作业机器人的技术方面处于世界领先地位,我国的相关研究与产业在政策鼓励下进步明显,尤其是在无人车、无人机、空间机器人、海洋机器人、农业机器人等方面。

　　在军用机器人方面,由美国 Recon Robotics 公司推出的战术微型机器人 Recon

Scout 和 Throwbot 系列具有质量轻、体积小、无噪声和防水防尘的特点,并配有红外光学系统,可以在它们进入危险区后自动校正,并能向位于安全距离以外的操作者返回侦察视频,微型机器人在白天或黑夜都可以获取可见光或红外视频。Recon Robotics 公司的微型机器还有其他用途,如检查汽车底盘,清理房间、建筑物、屋顶,进行暗渠、掩体和洞穴的快速侦察,远程观测室外环境以及评估可疑简易爆炸装置等。

美国波士顿动力公司致力于研发具有高机动性、灵活性和移动速度的先进机器人,公司将传感器融合和动力学控制运用到了极致,先后推出了用于全地形运输物资的 BigDog,拥有超高平衡能力的双足机器人 Atlas 和具有轮腿结合形态并拥有超强弹跳力的 Handle(见图 5.2.7)。由 Berkeley Bionics 公司开发的 HULC(human universal load carrier)轻量级外骨架辅助装置,通过电力和液压驱动,可将负载平均到外骨骼,大大提高了军人的负载量,增强了士兵的力量和耐力,以及减少了运输负荷造成的损伤。

图 5.2.7   波士顿动力公司生产的机器人

在抢险机器人方面,Sarcos 公司最新推出的蛇形机器人可以在狭小空间和危险领域打前哨,并协助灾后救援和特警及拆弹部队的行动。其在常规的监控模式下可以运行 18h,持续跑动则能维持 4h,并可以将头上摄像头的音视频传到用户端。此外,用户还可以给这款 6kg 重的机器人配备 4.5kg 重的传感器,如气体传感器、震动传感器等。

在反恐救援机器人方面,我国将反恐排爆机器人及车底检查机器人成功应用于 2008 年北京奥运会以及 2010 年广州亚运会。在水下机器人方面,我国自主研发的深海载人潜水器"蛟龙号"突破一系列深海技术,创造了世界载人深潜纪录;北京航空航天大学机器人研究所研制的 SPC 系列机器鱼具有长航时、高机动性等优势,被应用于水质检测。另外,在极地科考机器人方面,无人值守的冰雪面移动机器人及低空飞行机器人已经在南极科考中得到了应用。

多学科交叉融合的新型机器人不断涌现。德国自动化技术公司 Festo 与北京航空航天大学机器人研究所联合研发,推出仿生气动软体手 BionicSof。其采用模块化设计,拥有 12 个自由度,通过手指上的气动波纹管结构控制动作,当气室充满空气时,手指弯曲;当气室排空时,手指呈伸展状态(见图 5.2.8)。

日本研发出人形机器人 HRP-5P(见图 5.2.9),可完成安装石膏板等简单的施工任务,身高 182cm,体重 101kg,拥有灵活的身体。汇集环境检测、物体识别、精细运动等多种传感器,具备目标识别技术和环境测量能力,可以代替工人进行施工。

图 5.2.8　Festo 与北京航空航天大学机器人研究所联合研发的仿生气动软体手 BionicSof

图 5.2.9　日本研发的人形机器人 HRP-5P

5.2.3　服务机器人发展趋势与产业前景

我国服务机器人技术已比肩欧美,初创企业大量涌现,服务机器人技术与国际领先水平实现并跑。计算机视觉、智能语音等智能技术领域取得的重大进步,催生出一批创新创业型企业。新兴应用场景和应用模式拉动了产业快速发展。

智能服务机器人已成为新兴增长点。近年来,人工智能技术的发展和突破使服务机器人的使用与体验进一步提升,语音交互、人脸识别、自动定位导航等人工智能技术与传统产品的融合不断深化,创新型产品不断推出,如灵隆科技和阿里巴巴相继推出了智能音箱,酷哇机器人发布了智能行李箱等。目前,智能服务机器人正快速向家庭、社区等场景渗透,为服务机器人产业的发展注入了新的活力(刘景泰等,2016)。

服务机器人的应用热点领域包括以下几方面。

(1)社交智能化机器人服务平台,即公共服务移动机器人平台,主要用于银行、接待、展览、餐厅、安防、医生代理、超市导购、教育、娱乐、陪护等场合,以提供增值服务与租赁。

(2)医疗康复服务机器人,具有预测精准、远程康复的特点。随着远程医疗、微创精准外科及 3D 打印技术在医学领域的应用,手术医疗机器人的需求会越来越多;且中国残障人数众多,未来康复机器人市场上百亿,未来国产康复机器人产业大有作为。

（3）智能交通系统，将其嵌入无人驾驶汽车、无人机系统后可走进人们的生活，为出行、物流投送等提供便利，也将是未来汽车巨头们与物流商的主要争夺市场。

从全球来看，现阶段我国还未解决服务机器人的许多关键技术，服务型机器人应用市场尚未成熟。我国机器人产业正处于重点跨越、整体带动的发展机遇期，应以"政府引导、市场主导"和支持重大工程的方式发展服务机器人（陶永，2015）。

依托中国巨大市场与创新创业热潮，中国服务机器人单品已形成全球第一市场，未来有望在医疗服务机器人、特定区域无人驾驶机器人、助老助残机器人、农业机器人等领域率先量产，并在国际市场占有一席之地。

我国服务机器人的市场规模快速增长，已成为机器人市场应用中颇具亮点的领域。随着人口老龄化趋势加快，以及医疗、教育需求的旺盛，我国服务机器人市场存在巨大市场潜力和发展空间。

未来，认知智能有望支撑服务机器人实现创新突破。人工智能技术是服务机器人在下一阶段获得实质性发展的重要引擎。目前，其正在从感知智能向认知智能加速迈进，并已经在深度学习、抗干扰感知识别、听觉视觉语义理解与认知推理、自然语言理解、情感识别与聊天等方面取得了明显进步。

智能服务机器人正在进一步向各应用场景渗透。随着人工智能技术的进步，智能服务机器人产品类型将愈加丰富，自主性不断提升，由市场率先落地的扫地机器人、送餐机器人向情感机器人、教育机器人、医疗康复机器人、陪护机器人、导购/问询商业应用机器人等方面延伸，服务领域和服务对象不断拓展，机器人本体体积更小、交互更灵活。

5.3 研究内容

智能服务机器人与人工智能、云平台、大数据、智能传感器/芯片等融合发展。智能服务机器人基础与前沿技术融合正在迅猛发展，涉及工程材料、机械、传感器、自动化、计算机、生命科学等领域，并且涉及法律、伦理等方面，多学科相互交融促进了智能服务机器人的快速发展。

2018年，*Science Robotics* 作为 *Science* 在机器人领域的专题子刊，发布了机器人技术面临的十大挑战：新材料、仿生学、能量供应、机器人集群、导航和定位、机器人人工智能、脑机接口、社交用机器人、医用机器人和机器人伦理与安全。这些挑战涉及机器人从研发到产品化的方方面面，其中也提到了不少智能化关键技术，如人工智能、导航和定位等。

服务机器人可能的颠覆性创新的方向包括智能感知识别、大数据与人工智能，生物材料与刚柔耦合软体机器人，微纳制造与智能硬件这三大方向。

（1）智能感知识别、大数据与人工智能，是指如何使机器人的感知识别能力更接近于人或其他生物，这将会成为未来研究重点。服务机器人与大数据、云计算等信息技术的融合发展提升了其人工智能水平。

（2）生物材料与刚柔耦合软体机器人，是指机器人的手、脸等关键部位采用类似人类皮肤的材料，能为人与机的亲密互动提供更为真实、友好、舒适的界面，是刚柔耦合、更加安全、更加实用、更加便宜的服务机器人。

（3）微纳制造与智能硬件，是指机器人执行载体依赖于新材料、刚柔耦合结构、微电子与制造技术。随着纳米技术、微机电系统、智能硬件的发展，机器人不仅大大降低了成本，而且还可能实现现代制造从宏观到微观的转变，特别是在医疗、健康等领域。

服务机器人急需攻克的部分核心关键技术包括核心开放的操作系统与专用芯片，精确的环境感知与物联网感知，自适应环境、自学习无须编程，灵巧安全可靠操作，人工肌肉驱动与智能软体，提高机器人认知、情感交互与陪护等交互技术，高效动力电池与安全。此外，还应高度重视服务机器人的标准化，以安全可靠、环保节能、使用便捷为准则。

智能服务机器人前沿科技研究内容包括服务机器人智能材料与新型结构、服务机器人感知与交互控制、服务机器人认知机理与情感交互、服务机器人的人机协作与行为控制、云服务机器人与服务机器人遥操作等技术。

5.3.1　服务机器人智能材料与新型结构技术

研究新型机器人的机构、材料、驱动、传感、控制以及仿生等前沿技术，需重点攻关和突破新型仿生与智能材料、在受限空间下的高精度灵巧操作机构构型、刚柔耦合的新型仿生柔顺的可变刚度机构设计和智能结构的驱动与传感、感知驱动一体化、3D打印设计与成型、微纳操作、智能仿生假肢、人-仿生功能单元融合系统、运动规划与灵巧操作等技术。此外，还需研究有效融合柔性单元及传感器的方法，增加可控自由度，提高新型结构对工作环境的适应性和执行任务的灵活度；研究基于精细操作原理与构型理论，开展机器人精确建模和构型有效性分析；研究刚-柔-控耦合的复杂系统和机-电-液耦合系统控制技术；研究基于动力学与顺应性控制的运动规划、灵巧操作控制方法；研究基于动力学机制基础的创新控制策略与方法。

5.3.1.1　软体仿生材料及新型驱动

传统机器人以刚性结构为主，但其结构复杂、灵活度有限、安全性和适应性较差。随着3D打印技术和新型智能材料的发展，采用软材料或柔性材料加工而成的软体机器人应运而生，其具有可连续变形的特点，理论上具有无限自由度，在人机交互、复杂易碎物品抓取和小空间作业方面具有巨大优势（王田苗等，2017）。仿生结构方面主要包含以下三个方面。

(1)以传统气动、线缆驱动为主的研究,如德国 Festo 的相比机器人和气动人工肌肉,生物软组织和结构一直是科学家们研究和学习的对象(见图 5.3.1)。生物肌肉通过肌纤维的收缩带动骨骼运动,气动人工肌肉就是模仿生物肌肉而研发的。气动人工肌肉是一种外套编织网的弹性橡胶密封结构,在高压下通过改变编织网的绕线方向实现伸长、收缩或者弯曲运动。将不同类型的气动人工肌肉并联组合,可以产生更为复杂的三维弯曲和扭转运动。气动人工肌肉在机器人领域已得到广泛应用,但受橡胶材料弹性模量的限制,这种结构运动幅度较小。

(2)利用超弹性和高延展性硅胶材料作为本体材料,结合最新 3D 打印技术的气动驱动器,在抓持、仿生和医疗机器人等领域有广泛应用。超弹性硅胶材料可以伸长数百倍,从而产生极大的变形。气动驱动器主要包括流体弹性驱动器和纤维增强驱动器两大类。流体弹性驱动器因高延展性、高适应性和低能耗等优势受到广泛关注。这种驱动器一般由内嵌气道网络的可延展部分和不可延展的限制层两部分组成。在高压下,通过限制层限制驱动器在某个方向的变形,从而产生弯曲运动。改变驱动器内部气道的形状和排布方式或者采用智能材料作为限制层,可以实现更为复杂的双向弯曲、三维弯曲、伸长和扭转等运动。

(3)利用形状记忆合金、形状记忆聚合物、介电弹性体等智能材料,将其嵌入软体材料本体,通过外界物理场作用产生形变来实现复杂三维运动,如美国麻省理工学院研发的仿生蠕虫机器人和意大利仿生实验室的多臂章鱼机器人。

在驱动方式方面,主要为基于流体的变压驱动和基于智能材料变形的驱动,其中基于流体的变压驱动根据选用的介质可以分为液动和气动两类。其中,液动具有很好的不可压缩性,响应频率高,在没有泄漏的情况下不会损耗;气动因其介质质量轻、来源广、无污染,在软体机器人驱动中有很好的应用前景。而如何缩减驱动装置体积、扩大非结构环境下的应用范围以及流体控制中非线性系统的建模是研究的热点。基于智能材料变形的驱动则是将智能材料作为机器人本体的一部分,通过控制智能材料在场效应作用下的变形,实现软体机器人的驱动本体一体化设计,建立安全、稳定、可控的物理场是实现可靠有效驱动的关键。

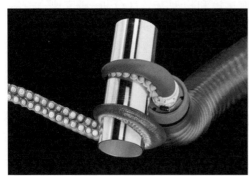

图 5.3.1　软体抓手

此外,软体结构机器人还面临以下几个关键问题:可产生复杂三维腔道结构的生产工艺,如形状沉积制造和多材料三维打印等;可嵌入不影响本体力学特性的高精度传感器,如导电液体和光导纤维等;可保证在本体变形能力的前提下,提高强度以及实现软体机器人的可变刚度、刚柔耦合等。

5.3.1.2　生机电智能仿生假肢技术

据第二次全国残疾人抽样调查数据推算,全国各类残疾人的总数为 8296 万人,其中肢体残疾有 2412 万人,占比为 29.07％。截肢残疾人在生活、经济和社交等方面存在不同程度的障碍,因而在生活、生产、就业、教育、娱乐、婚姻等方面会遇到多种困难,截肢残疾人问题是不容忽视的社会问题。生机电智能仿生假肢不仅具有人类肢体的结构与外观,还拥有友好的人机交互能力,能够快速响应人的运动意图,重建人的感知反馈机能,并根据人的个性化需求不断学习优化控制算法。生机电智能仿生假肢是医疗康复领域的新兴手段,可显著提高截肢残疾人的生活质量,提高截肢残疾人的工作和劳动能力,具有巨大的社会效益和经济效益。

生机电智能仿生假肢的关键技术主要包括柔性仿生结构设计、高精密人体生理信号采集技术、人体运动意图识别控制技术、人体感知反馈与神经可塑性技术。

(1)柔性仿生结构设计。模拟人体骨骼、肌肉产生运动的机理,结合人体的生物结构,研究假肢的柔性仿生结构和新型组成材料,可实现假肢与人体的完美结合。

(2)高精密人体生理信号采集技术。采用新型导电材料和表面微结构设计研制可与人体紧密贴合的生理信号传感器,可有效降低电极-人体阻抗对生理信号采集的干扰,提高信号采集的精度和灵敏度。

(3)人体运动意图识别控制技术。借鉴人体神经中枢的经验获取模式,通过对人工神经网络的训练建立灵巧动作和输入特征间的映射关系,从而使假肢获得理解人类意图的能力。将多通道传感器采集的人体生理信号特征输入人工神经网络,利用启发式方法对神经网络进行快速训练,可建立人体生理信号与肢体动作间的映射匹配关系。

(4)人体感知反馈与神经可塑性技术。将假肢运动、关节力、温度及其他信息进行刺激序列编码,转化成人体可以感知的反馈信号,重建人体对假肢的运动感知和触觉感知能力,使假肢真正融入人体,成为人体的一部分。

5.3.1.3　微纳机器人操作技术

微纳机器人是服务机器人领域的前沿方向之一,在无创手术、药物输运、微纳制造等方面具有广泛的应用前景,激起了全球众多科学家的研究兴趣。微纳机器人可以给诊断带来更好的帮助,还可通过搜集数据,帮助在形态学的研究方面得出更加可靠的结论;通过微操控的形式对药物进行测试,让老药有一些新的用法。

目前,微纳机器人已取得了巨大进展,应用到了外科、诊断、个性化医疗、高端制造和纳米制造等多个领域。和传统机器人不一样,微纳机器人有更多的控制方式,人们可以使用电场来控制一些纳米物体,使其可以移动单一的细胞或者微小的颗粒,也可以通过电磁控制纳米级别所有的小微粒。这些小的控制器是三维的,可以实现高精确分辨率,同时还可以实现纳米级别的运动分辨率。

尽管经过数十年的发展,微纳机器人已经取得了很大的进步,但是受机器人本体尺寸、材料性能等因素的影响,微纳机器人的能源供给、驱动控制、作业灵活性等问题依然是当前面临的关键挑战。随着结构微型化、功能集成化需求的增加,制造结构更复杂、组件更微小的小型系统对纳米操作技术提出了较高的要求,同时对纳米操作空间的要求也由二维转向三维。由于纳米尺度操作对象具有与宏观物体不同的特性,并且纳米操作环境具有多变性,因此导致实现高效、准确、稳定的复杂操作仍然是纳米操作领域的一大难题。目前,在纳米操作方面,需要攻克以下关键技术。

(1)高精度的多自由度纳米定位平台。高精度的多自由度纳米定位平台是实现复杂纳米操作的基础。近年来,研究者致力于开发多角度、大空间的纳米定位平台。多种纳米操作平台的研制和开发,如基于显微视觉的纳米操作系统、柔性操作系统等,为纳米操作提供了合适的操作平台,为实现精确、快速的纳米操作提供了技术支持。

(2)高性能的末端执行机构。末端执行机构在执行纳米操作过程中直接接触操作对象的工具,其表面形态将直接影响操作过程,执行机构的精度将直接影响操作的精度。典型的纳米操作执行结构有显微镜探针、微钳、光镊以及特制的微夹持器等。纳米操作的末端执行机构的驱动类型主要有压电驱动、静电驱动、电磁驱动、热驱动、真空夹持等。在纳观尺度下,由于物体受到尺寸效应的影响及操作空间的限制,末端执行机构的形状及特性是影响纳米操作过程精度的重要因素,末端执行机构对操作过程的准确性和复杂性影响较大,研究多功能、高精确度的末端执行机构是实现有效纳米操作的关键之一。

(3)实时力/触觉反馈闭环控制。人的视觉偏差直接依赖于力/触觉信息的修正。遥操作和虚拟操作的研究表明,力/触觉信息的反馈可以极大地提高精细作业任务的效率和精度,为操作者提供力/触觉反馈信息比仅有图像显示事半功倍。由于纳操作图像反馈的延迟使得操作过程的力觉反馈成为操作者监测和控制纳操作过程的重要依据,检测和有效利用这些作用力也是获得稳定、可靠纳米操作的关键之一。因此,研究具有实时力/触觉反馈的操作系统对纳米操作有着重要的意义。

(4)操作机理和控制策略。由于纳米操作对象具有宏观物体不具有的小尺寸效应、表面效应、量子效应等,故范德华力、毛细作用力、静电力等的作用超过了重力成为操作过程受到的主导力。纳米操作过程中,操作对象的作用机理、力学模型以及操作策略的研究成为实现准确、稳定的纳米操作过程的基础。目前,广泛使用的纳米操作策略主要分为非接触式操作和接触式操作。典型的非接触式纳米操作方法主要应用于基于扫描隧道显微镜的纳米操作;接触式操作分为侧向接触式纳米操作和垂直接触式纳米操作。侧向接触式纳米操作主要应用在二维机械式推动操作过程中,主要有两种可选方案:一为接触式推动过程中不加闭环反馈;二为在接触式推动操作过程加入反馈控制方法。接触式反馈控制方法根据操作过程的力和视觉反馈信息可以实现较好的位置控制,是一种比较理想的方案。垂直接触式纳米操作用于实现纳米尺度下的拾取、放置操作。常用的垂直操作方法有两种:一种是采取介电泳方式,另一种是通过控制操作工具与操作对象间的作用力来实现纳米操作过程。由于纳米操作环境的特殊性,操作者需要研究纳米操作机理,根据纳米操作环境的特性进行合理的建模并选择合适的控制策略,实现自动纳米操作;但由于纳观操作的复杂、多变和难以用数学模型描述等特点,实际建立的纳观控制模型很难与实际纳米操作过程吻合,因此要实现纳米操作的自动控制,需对纳米操作的机理和操作的控制策略进行深入的研究(见图5.3.2)。

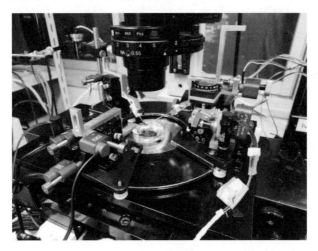

图5.3.2　北京理工大学搭建的微纳机器人协同操作系统

5.3.1.4　跨尺度微纳机器人生物测量

细胞、组织、生命体的分化、增殖、发育是受外部环境影响的复杂自主行为,人类多数疾病都被认为是遗传基因和外部环境共同作用的结果。深入探索了解其背后的规律对于阐明疾病机理和再生医疗具有重要意义。近年来,微纳操作技术被国内外学者广泛地应用到单细胞分析、细胞手术、组织再生等生命科学领域,微测量以及高速自动化微组装极大地促进了细胞特性分析以及自下而上的组织再生发展,美国、日本、欧洲等发达国家和地区也都将微纳技术与生物技术的融合纳入重大科技战略。

然而,传统的微纳机器人在跨尺度微小生物目标操作中难以同时满足高精度、高速度、高动态、大工作空间等方面的要求。对于细胞、组织、生命个体的特性分析大部分还停留在对机械力觉的应激测量与分析上,单一的操作末端不能模拟外部环境对于微小生物目标的热、力学、化学等多种模式的刺激,现有的显微镜观测系统也难以实现对移动的微小生命目标的长周期多模应激测量与分析,缺乏一个能够对不同尺度的微小生命体进行多模式应激测量分析的微纳操作综合平台。

其核心技术包括超高速大工作空间、灵巧微纳操作机构设计与控制;面向微小生物目标测量与分析的多元传感技术;显微镜下生物目标智能识别、跟踪观测技术,主要研究内容如下。

(1)高精度灵巧微纳操作机构构型技术可同时满足微纳操作机构对高精度、高速度、高动态、大工作空间以及灵巧复杂操作的要求,模仿人类手臂肌肉骨骼的关节机构与驱动方式,设计压电陶瓷驱动的串并联复合结构的微纳操作器。

(2)末端执行机构与传感器多元一体化。结合微机电系统能够在细胞、组织局部施加力、热、化学刺激的末端操作器,实现快速提高细胞、细胞内、微组织局部温度,实现对局部温度的实时测量。利用超细纳米移液管可实现局部化学物质释放及浓度实时精确控制。

(3)微小生物目标长周期智能观测技术。利用计算机视觉技术与显微镜深度方向快速扫描聚焦技术,基于深度学习搭建显微镜下对多种微小生命目标的位置与姿态实时检测追踪系统,能够在三维空间实现对移动目标的自动跟随,搭建稳定的全自动目标检测操作与测量系统,以实现对生命目标的分化、增殖、发育的长周期的观测与分析。

(4)面向生物目标的多模刺激与应激测量分析。分析细胞核、单细胞在多模态刺激下的在基因表达等方面的差异,在不同层次解释遗传疾病(早衰症)以及癌症转移的病理机制,同时对线虫(相关疾病基因修饰过)施加多模态刺激,并进行长周期动态观测,探索相关疾病形成与外部环境的关系。

5.3.1.5 3D打印设计与成型技术

与传统加工方式相比,3D打印技术将3D实体加工变为由点到线、由线到面、由面到体的离散堆积成形过程,极大地降低了制造复杂度。3D打印技术在发展之初突破了传统制造技术在形状复杂性方面的技术瓶颈,能快速制造出传统工艺难以加工,甚至无法加工的复杂形状及结构特征。

3D打印的复杂性实现。随着3D打印技术的不断发展,该技术已经超越传统单材均质加工技术的限制,可实现多材料、功能梯度材料、多色及真彩色表面纹理贴图制件的直接制造;可跨越多个尺度(从微观结构到零件级的宏观结构)直接制造;可与传统加工工艺结合,实现多种兼顾精度和形状复杂度的新型加工。

（1）多材料、多色 3D 打印技术。多色的 3D 打印技术能直接获得产品设计的彩色外观，不需要后处理流程，在消费领域、原型手板及教育行业较以往的单色 3D 打印制件有着巨大优势。多材料的 3D 打印技术能将不同性能的材料构建于同一零件上，可缩短加工流程、减少装配、提高性能。

（2）功能梯度材料 3D 打印技术。功能梯度材料通过有针对性地改变材料组分的空间分布，达到优化结构内部应力分布、满足不同部位对材料使用性能的要求。3D 打印技术是制造非均质零件，特别是制造功能梯度材料零件的一种具有先天优势的重要方法，它能克服传统制备方法的生产效率低、梯度成分的连续性和精确性难以把握、生产成本较高等缺陷。

（3）多尺度工艺结构一体化 3D 打印技术。3D 打印技术是由点到面、由面到体地堆积成形，在获得零件宏观结构的同时，又能控制微观组织结构，可实现多尺度工艺结构一体化制造。多数 3D 打印技术一般需要添加工艺支撑等结构才可以制造包含悬臂、裙边等特征的制件，为了实现对 3D 制件在质量、结构强度、翘曲变形方面的控制，也需要设计、制造特定的工艺结构。通过实时精确控制成形过程中的能量、气氛、温度等工艺参数，可以直接制造出微观尺度的工艺结构，完成快速网架成型制造，内部组织定向结晶，实现性能—材料—结构一体化设计制造。

（4）多种工艺协作复合成形。在金属激光 3D 打印成形技术中，由于激光逐层加工金属粉末材料固有的球化效应及台阶效应，其表面精度、表面粗糙度等指标距离直接应用还存在较大差距。通过将激光 3D 打印技术与传统的机加工技术在加工过程中结合起来，在逐层叠加成形的过程中，进行逐层的铣削或磨削加工可避免刀具干涉效应，成形件加工完成后无需后处理即可直接投入使用。

5.3.1.6　刚柔耦合智能结构的驱动与传感、运动的规划与灵巧操作

刚柔耦合系统是指由多个刚体或柔性体通过一定方式相互连接构成的复杂系统，是多刚体系统动力学的自然延伸。考虑到刚柔耦合效应的柔性多体系统动力学被称为"刚柔耦合系统动力学"，主要研究柔性体的变形与其大范围空间运动之间的相互作用或相互耦合，以及这种耦合所导致的动力学效应。这种耦合的相互作用是柔性多体系统动力学的本质特征，其动力学模型不仅区别于多刚体系统动力学，也区别于结构动力学。因此，柔性多体系统动力学是与经典动力学、连续介质力学、现代控制理论及计算机技术紧密相连的一门新兴交叉学科。

1.刚柔耦合仿生机构与新型驱动控制

（1）服务机器人刚柔混合仿生机构研究。研究基于新型结构、功能材料和生物材料的轻量化、刚柔软机器人机构/结构，从仿生学和生物力学的角度出发，建立人体适应非结构环境的骨骼-肌肉模型，设计新型刚柔混合的机器人仿生驱动机构设计机器人对外界环境以及自身的保护机制。在突发情况下，在有效减少机器人对外界环境产生危害的前提下，尽量保护机器人自身的安全性与可靠性。

（2）机器人刚柔混合驱动技术研究。研究新型高能量密度驱动和刚柔混合驱动技术、人工肌肉及类肌肉驱动技术,从底层硬件到上层软件搭建全面的安全保护系统,用于抵抗危险环境对机器人的影响,同时提高驱动单元的响应速度,减小机器人的轨迹跟踪误差,使机器人在非结构环境下能够有效抵抗危险环境,从而使机器人更加安全可靠。

2.刚柔耦合系统建模

（1）运动-弹性动力学建模方法。该方法的实质是将柔性多体系统动力学问题转变成多刚体系统动力学与结构动力学的简单叠加,忽略了两者之间的耦合。随着轻质、高速的现代机械系统的不断出现,该方法的局限性也日益暴露。

（2）混合坐标建模方法。该方法首先对柔性构件建立浮动坐标系,将构件的位形认为是浮动坐标系的大范围运动与相对于该坐标系的变形叠加;然后提出用大范围浮动坐标系的刚体坐标与柔性体的节点坐标(或模态坐标)建立动力学模型。混合坐标建模方法虽然考虑到了构件弹性变形与大范围运动的相互影响,但对低频的大范围刚体运动和高频的柔性体变形运动之间的耦合处理得过于简单。

（3）动力刚化问题的研究。对做大范围运动弹性梁的研究提出了动力刚化的概念。近年来,国内外研究的核心是对上述模型采用各种方法"捕捉"动力刚度项,以期对传统混合坐标模型进行修正、得到高速旋转的悬臂梁不发散的结果。

（4）一般刚柔耦合动力学问题的研究。动力刚化只是刚柔耦合动力学的一种特例情况,其实质是一个非惯性系下的结构动力学问题。近年来,研究者从连续介质力学的基本原理出发,建立了比传统混合坐标模型(零次近似模型)更精确的一次近似的数学模型。

5.3.2　服务机器人感知与交互控制技术

服务机器人感知与交互控制技术应重点攻克非结构环境下的低成本同时定位与地图构建(simultaneous localization and mapping,SLAM)技术和基于视觉的图像理解、生肌电多模态信息获取、人工神经接口、抗干扰弱信号感知识别、人工智能学习进化、听觉视觉语义理解与认知推理、面向服务机器人的自主决策的大数据分析与数据挖掘等技术,建立完善的感知系统和智能决策体系,研究对多模态的传感器信息实时准确地采集、提取和融合,研究非结构化环境的自然语言理解与情感交流,研究对复杂环境的感知和非结构环境下的机器人行为预测与自主学习算法。

1.基于深度学习的三维场景语义理解技术

基于深度学习的三维场景语义理解技术是智能机器人和无人驾驶车辆自主作业的核心关键技术之一,该技术可实现快速且可靠的三维环境感知和理解。其核心关键技术与研究内容包括数据驱动3D与几何元素和部分特征学习,面向任务的实时3D场景理解和3D场景理解中的遮挡处理任务。

2. 视觉 SLAM 技术

SLAM 是指机器人搭载视觉、激光、里程计等传感器,对未知环境构建地图的同时,实现自定位的过程,在机器人自主导航任务中起着关键作用。当前对 SLAM 问题的研究主要是通过在机器人本体上安装多类型传感器来估计机器人本体运动信息和未知环境的特征信息,利用信息融合实现对机器人位姿的精确估计以及场景的空间建模。

视觉 SLAM 是以图像作为主要环境感知信息源的 SLAM 系统,是近年来的热门研究方向。典型视觉 SLAM 算法以估计摄像机位姿为主要目标,通过多视几何理论来重构 3D 地图。为提高数据处理速度,部分视觉 SLAM 算法首先提取稀疏的图像特征,通过特征点之间的匹配实现帧间估计和闭环检测,如基于尺度不变特征转换(scale invariant feature transform,SIFT)特征的视觉 SLAM 和基于尺度不变特征变换(oriented fast and rotated brief,ORB)特征的视觉 SLAM。SIFT 和 ORB 特征凭借其较好的鲁棒性、较优的区分能力及快速的处理速度,在视觉 SLAM 领域得到广泛应用。但人工设计的稀疏图像特征在当前有很多局限性:一方面,如何设计稀疏图像特征最优地表示图像信息依然是计算机视觉领域未解决的重要问题;另一方面,稀疏图像特征在应对光照变化、动态目标运动、摄像机参数改变以及缺少纹理或纹理单一的环境等方面依然有较多挑战。面对这些问题,视觉 SLAM 领域近年来出现了以深度学习技术为代表的层次化图像特征提取方法,并成功应用于 SLAM 帧间估计和闭环检测。深度学习算法是当前计算机视觉领域主流的识别算法,其依赖于多层神经网络学习图像的层次化特征表示,与传统识别方法相比,它可以实现更高的识别准确率。同时,深度学习还可以将图像与语义进行关联,与 SLAM 技术结合生成环境的语义地图,构建环境的语义知识库,供机器人进行认知与任务推理,从而提高了机器人服务能力和人机交互的智能性。

3. 人工神经及脑机接口技术

脑机接口是指通过对神经系统电活动和特征信号的收集、识别及转化,使人脑发出的指令能够直接传递给指定的机器终端,在人与机器人的交流沟通领域有着重大创新意义和使用价值,将促使人对机器人的控制和操作更为高效便捷,未来可应用在康复、灾害救援和娱乐体验等多个领域。

美国杜克大学的研究人员在短尾猴大脑皮层运动神经控制区植入微电极阵列,对多通道脑电信号进行实时测量,并对脑电信号进行特征分析和解码,建立运动状态的预测模型,完成了基于多通道脑电信号的机械臂操作控制,*Nature* 对上述科研成果进行了系列报道。

荷兰乌特勒支大学医学院的团队率先完成了首例人类脑机接口实验,他们在一位患有晚期肌萎缩侧索硬化的病人体内植入完全植入式脑机接口,经过训练,该病人已经能够准确和独立地控制一个计算机打字程序,并与人交流。2013年,美国俄亥俄州立大学的瘫痪肢体复活研究计划将连接几百个神经元的芯片植入瘫痪病人大脑,绕过受损的脊椎将大脑指令可传递给手部肌肉,使患者可以成功控制手臂与手腕。

随着生物信号测量和生机接口技术(见图5.3.3)的进步,肌肉功能电刺激系统、植入式人工视觉系统、人工听觉系统等更先进的脑机接口装置将会在未来投入更加广阔的使用中。

图5.3.3　脑机接口

4.人-仿生功能单元融合系统技术

人-仿生功能单元融合系统技术主要是指机器人与人的功能单元互换与融合,涉及细胞组织、人造组织与器官、机电单元、神经接口及生物智能等前沿多学科的交叉,是揭示人类生命机理、改变人类生活模式及研究新型智能机器人的核心及变革性技术,具有前瞻性和引领性。

围绕人工神经接口技术的人-仿生功能单元融合应用,重点开展人工神经束定向构建培育和人工神经植入偶联技术等核心研究内容。针对自体神经组织来源不足、大小不匹配等问题,突破人工神经束定向生长培育技术,为长距离的神经修复、新型的神经接口提供大量的、具有神经传导功能的自体神经组织,避免电子设备对宿主神经的伤害。结合神经组织工程学在修复损伤周围神经方面的技术,以及神经电生理学的三维微电极阵列技术,构建人工神经接口,提高植入后微电极阵列与周围神经的有效耦合率。人工神经接口连接生物神经系统与仿生功能单元,实现了生物兼容、无损双向传输的控制神经指令和传感神经信息。

5.3.3　服务机器人认知机理与情感交互技术

从服务机器人环境感知、知识获取与推理、自主认知、深度学习与高级决策等方面开展服务机器人智能发育的研究,并搭建相关的服务机器人技术验证平台系统,开展试验验证。重点研究情感计算、情感建模和情感识别等关键核心技术,建立情感状态及刺激的分类数学模型、多模式的情感信号模型,研究基于机器视觉的面部表情识别、语音识别及自然语言处理、生理模式情感识别技术。

1.情感计算、情感建模和情感识别技术

情感识别与交互是指利用人工的方法和技术赋予计算机或机器人以人类式的情感,使之具有表达、识别和理解喜、乐、哀、怒,模仿、延伸和扩展人的情感的能力,从而建立和谐的人机环境,使机器人具有更高、更全面的智能。其需要攻克和解决三大问题,即情感计算、情感建模和情感识别技术。

(1)情感计算通过考虑各种引发和影响情绪的人类情感信息,建立起感知和识别人类情感的计算机系统。可获取的人类情感信息包括外在情感信息(如声音、收拾、面部表情等)和内在情感信息(如心跳、脉搏、呼吸和体温等),如何找到这些表达信号和情感特征的匹配关系,分配情感信息的权重是问题的关键。

(2)情感建模是情感仿真研究的重要一环,目前已取得了初步研究进展,具有代表性的模型有反映人类情感认知、将情感刺激分为 22 类的 OCC 情感模型,融合环境数据的智能化 Agent 模型,通过建立与人相似的应对策略机制指引智能体做出与人情感状态一致的行为反应的 EMA 模型和基于概率统计的 HMM 模型。

(3)情感识别技术包括基于机器视觉的面部表情识别技术(Happy et al.,2015)、语音识别及自然语言处理技术和生理模式情感识别技术。情感识别技术通过与人机接口技术、人工智能推理和云计算等前沿技术相结合,使其应用领域不断拓展,在未来将扮演越来越重要的角色。

2.基于人工智能和机器学习的服务机器人智能控制理论

随着机器人越来越多地参与到工业生产和社会生活中,人们对机器人执行任务的能力提出了更高的要求。由于机器人所处的环境复杂多变,充满了干扰和不确定因素,被要求执行的任务具有高维度和非线性的特点,传统的控制算法在处理这些问题时十分困难(Khansari-Zadeh et al.,2011)。

未来的服务机器人将在丰富传感器信息支持下,进行大量数据有效分类、归纳,并提取可靠有效信息,具有强大的学习能力,具体分为监督学习和无监督学习两种。监督学习利用具有人工标签的样本集合训练出合理的模型参数,从而产生相应的控制决策机制(Argall et al.,2009);无监督学习则在缺少先验知识的情况下从无标签的样本集合中训练出最优的控制律(见图 5.3.4)。

3.服务机器人的容错性与故障诊断功能

智能服务机器人,如家庭机器人、娱乐机器人等,往往在一个复杂且不确定的非结构环境中工作,受人工干预的有限,容易出现各种故障,严重时会导致智能服务机器人丢失和严重损坏。因此,对智能服务机器人进行故障诊断和容错控制研究有助于服务机器人及时检测出故障,减轻故障损害,以保证机器人在复杂的环

图5.3.4　机器人应用深度学习技术学习如何成功抓取物体

境下安全、可靠地移动和作业,对严重的故障及早地报警和预检,进而防止产生不必要的经济损失。

容错控制是在某些部件发生故障的情况下利用系统的冗余资源通过系统重构来实现故障容错,以保证设备按原定性能指标或在可行范围内降低指标继续运行。故障诊断是容错控制的基础,只有通过容错控制才能保证系统在故障状态下仍能获得良好的性能。

故障分类按照故障性质可分为设备硬件损坏引起的硬故障和系统性能或功能方面的软故障。

4.多智能体系统

多智能体系统是指由一定数量的自主个体通过相互合作和自组织,在集体层面上呈现出有序的协同运动和行为。这种行为可使群体系统实现一定的复杂功能,表现出明确的集体"意向"或"目的"。

多智能体系统的研究集中在如何提高系统协同控制的收敛速度,实现有限时间控制;如何在时变系统下切换拓扑结构,更加合理地描述多智能体网络;如何在全局非线性协同状态估计方案研究和利用启发式算法实现群体机器人的分布式协同控制等方面。

与传统的单一系统应用相比,多智能体系统不存在全局控制,采用分布式控制策略提高了任务的执行效率,其冗余特性提高了任务应用的鲁棒性,能完成单一系统无法完成的分布式任务。此外,多智能体系统易于扩展和升级。系统中每个智能体都具有相对简单的功能及有限的信息采集、处理、通信能力,经过局部个体之间的信息传递和交互作用后,整个系统往往在群体层面上表现出高效的协同合作能力及高级智能水平,从而实现单个智能体所不能完成的各种艰巨、复杂、精度高的任务。多智能体系统在多传感器协同信息处理、多机器人协作、无人飞行器编队和多机械臂操作控制等应用领域表现出越来越旺盛的生命力。

5.3.4　服务机器人人机协作技术

重点研究人与机器人在共享环境下的合作意图理解、行为决策、规划实施、安全协同作业优化等技术。研究复杂环境下的自主移动与适应、自主行为理解、人机协同、群体协作、安全交互、意外事件处理等关键技术。研究人机共融的高安全决策机制(Zanchettin et al.,2015),高精度的触觉、力觉传感器和图像解析算法,复杂环境下的自主移动与适应、自主行为理解、人机协同、群体协作等核心技术,建立多模态、多层次信息融合的自然交互模式,以实现人、机器人与环境的和谐共融与安全共处,并兼顾适应不同环境和任务,从而达到人机高效协同协作的目标。

5.3.4.1　人机共融安全决策机制

随着服务机器人的应用领域越来越广泛,人机共融通常能够完成更加精细的操作。通过人机交互与协同操作,生产加工的质量、速度都能够有不同层次的提高。通过语音识别、视觉处理、机器学习、情感交互、力觉、接近觉等交互手段,人机共融能够实现多模态的交互与协作,实现人与机器人无障碍交流、沟通,但其中的安全问题不容忽视。在人机交互的过程中,机器人不能伤害人类是最基本的准则,因此可融合力觉、接近觉、视觉以及情感交互等多种信息判断人的安全状态,通过机器学习、深度学习、神经网络等算法,反复学习对危险情况下的应急处理。在保证机器人系统的可靠性的同时,还要考虑机器人容错能力、自检测能力、自我恢复能力、保护能力。这种对安全的决策能力,是人机共融中必不可少的要素。

1.人-机多模态交互与协作

人机交互与协作目前在技术层面已有些许进展,但依然有很多难题要解决。因此,要研究基于人工神将网络的语音识别深度感知环境信息,多梯度地辨别、提取、转换与融合的方法;研究基于机器学习和深度学习的视觉信息提取、分析、归纳方法,多层次的认知机理;开展关于力觉、接近觉感知的信号处理、特征提取与处理;研究具有感知功能、思维功能和行为功能,具有情感识别和情感理解能力的相关技术;研究多模态感知的信息融合技术,开发利用神经元网络以及自身状态、环境状态及与环境交互的状况检测方法;研究协同作业中运动轨迹规划,在线调整和稳定性控制等关键技术;研究具有柔性动态驱动的大运动范围机器人关节机构,以适应人机共融的协同作业;研究人机协作中有限状态的计算以及这些状态之间的转移和动作等行为的数学模型,及其面对不同工作状态、协作类型、协作对象的转换模式;开展提高机器人容错性的技术研究,针对基于机器学习与大数据融合的稳定性控制、模块化设计、应急处理等相关技术;研究基于人类在协同作业下的运动模式与交流方式的快速反应协同控制模式;研究人机共享环境的一致性表征与建模方法、人类行为与意图的实时认知及预测技术、人与机器人间行为和互助协作技术,以及面向人-机器人协作互助性的任务及行为规划方法。

2.基于仿生感知的服务机器人自适应运动决策

服务机器人自适应运动决策研究,需研究基于生物感知与运动机理的仿生感知以及新型高保真智能仿生传感技术。结合强化学习算法,基于自适应动态规划,建立非结构环境运动模态决策模型,实现针对不同情况下的机器人的行为决策与动作切换。通过研究生物在危险环境下的条件反射机制,构建基于感知-动作的快速自适应反应控制模式,实现行为意图和动作单元的协调,以及将感知和运动结合起来,形成状态空间到动作空间之间的映射关系,从而实现多模态反应行为的快速切换,使机器人具有在危险环境下的快速自适应反应控制能力。

5.3.4.2　复杂环境下的自主移动与适应技术

服务机器人技术的进步以及使用范围的扩大,对服务机器人在各种环境下的移动作业提出了更高的要求。目前,服务机器人在复杂环境下的空间到达和移动作业等适应能力还比较弱,严重制约了服务机器人大范围、多场景的全面自主地应用。人工智能的迅速发展将深刻改变人类社会生活、改变世界。人工智能不仅为传统产业技术的发展提供了新的方向和方法,还是一种新的发展模式,故要将人工智能技术和理念应用到机器人自主移动与自适应性上来,利用机器学习等人工智能技术实现对复杂环境的感知和非结构环境下的机器人行为预测与自主学习,从而建立新一代智能机器人。

1.复杂环境感知、机器人行为预测与自主学习

面对复杂环境,精准地感知外部环境是实现机器自主决策的关键前提。通过多传感器融合感知复杂环境信息,利用增强学习、深度神经网络等算法进行不断训练、学习可以提高机器人自主作业的智能化水平。

面对服务机器人在复杂、静态、动态环境下移动作业的任务需求,服务机器人的行为预测是完成任务的安全保障,同时也是机器人智能化程度的重要标志。复杂感知机器人在静态环境中能够实时感知、决策,产生相应的行为,在动态环境中可通过柔性算法训练、学习来获取规则、优化规则,具有很强的空间搜索、自适应和自学习能力,能够较快地产生适应复杂环境空间的行为方案,建立机器人-人的自主行为决策系统。

2.非结构环境下的服务机器人自主移动与适应技术

面向服务机器人在复杂、突变环境下能快速自适应环境的需求,研究服务机器人对地形、接触力、负载、障碍、撞击、环境光、声音、温度、自身位姿等变化的反应式行为建模,以及基于传感信息的反应式行为交互等,可使之具备快速适应环境突变的能力。

面向服务机器人在复杂环境下的自主移动作业需求,研究动态场景感知与理解、目标位姿估计与状态感知技术、目标运动意图分析与预测技术、复杂环境下移动与操作任务规划、自主推理与自主行为决策等,可形成机器人的复杂环境适应能力。

另外,还需要重点研究复杂环境的感知和非结构环境下的服务机器人行为预测与自主学习算法,多模态信息、多层次融合的自然交互模式等核心关键技术。

5.3.5　云服务机器人与服务机器人遥操作技术

云服务机器人技术主要包括云计算、云服务、边缘计算等关键技术。云服务能够提供海量的存储、便捷的信息检索、强大的超级计算能力。服务机器人与互联网、云服务相融合,可极大地提高智能化程度和降低成本,拓展机器人推理计算、知识获取、信息存储的能力,快速便捷地实现机器人功能和性能的升级,实现机器人在更多智能场景下的应用。由于处理复杂运算、存储海量信息的任务都在云端完成,云服务机器人本身只是能执行交互命令、运动控制和数据传输的简单小型化低成本低功耗处理器(田国会等,2014)。

服务机器人遥操作是指操作人员在安全的地方远程监视和控制远方的、在危险和未知环境中的服务机器人完成各项任务。随着空间、海洋及原子能技术的迅速发展,交互式远程遥操作机器人在未来将有广阔的应用空间。服务机器人遥操作是临场感、遥操作、虚拟与现实等多项技术的交叉集成,面向遥操作机器人通信过程中的时间延迟问题,需重点研究预测显示、双向控制和虚拟现实技术等。

云服务机器人是云计算与机器人的结合。云计算是基于互联网的计算方式,共享的软、硬件资源和信息可以按需求提供给网络终端,而机器人作为网络终端,本身不需要存储所有资料信息或具备超强的计算能力,在需要时链接相关服务器获得所需信息。

云服务机器人不仅可以卸载复杂的计算任务到云端,还可以接收海量数据,并分享信息和技能,其存储、计算和学习能力更强,机器人之间共享资源更加方便,相同或相似场景下机器人负担更小,减少了开发人员重复工作的时间。

云服务机器人需攻克的关键技术包括 Map-reduce 计算群、服务导向架构(SOA)、RaaS 模型、无线电波和微波通信技术以及 Wi-Fi 和蓝牙通信技术等。众多科技公司,如微软、谷歌、百度等纷纷投入云计算和大数据的研究,已提出了各种云机器人服务平台,如基于网络机器人的云服务平台(ROS 平台、RoboEarth 平台),基于传感器网络的云服务平台(Sensor-cloud 和 X-sensor),基于 RSNP 模型的云服务平台(Jeeves 框架)。

5.3.6　服务机器人产品应用及产业化

重点攻克服务机器人在非结构化环境下的实时建模、自然语言理解、情感交流、精微安全操作等关键技术,实现面向老龄化社会的助老助残的护理、陪护、家政、情感交流、康复机器人,具有医学专家知识学习的微创精准医疗机器人,在社会公共环境服务的商业服务机器人,家庭娱乐机器人,教育机器人,巡逻与安保机器人,特殊环境下的智能机器人与特种仿生机器人,智能无人工厂多臂协同作业机器人等产品的应用和产业化发展。

5.3.6.1 医疗机器人

医疗机器人作为现代数字化医疗器械领域的一个新兴交叉产业,得到了越来越广泛的重视,它能够充分利用医学和工程的各自优势,最大化人机协作能力,在手术规划、精确定位、微创手术、远程手术、虚拟手术仿真与培训、新型诊疗方案等方面显示出其独特优势,并已在多种临床手术中获得良好的应用。随着外科手术技术的不断发展,微创手术已渐渐成为术式的主流。智能手术辅助机器人系统使微创手术进入了新时代。外科医生的医疗决策配合机器人系统,能够大大提高手术的效率,降低手术的失败率,缩短手术和病人恢复的时间,降低术后痛苦。

1.手术机器人对患者的生理运动容错与自动纠错

患者生理运动会导致目标靶产生较大的位置偏移,严重影响手术定位精度。因此,对生理运动进行建模并予以补偿,以实时跟踪目标靶运动轨迹是核心关键技术之一。可通过建立基于时间轴四维建模方法获得人体的动态模型,实时跟踪目标靶位姿,其最大挑战是治疗系统存在延时,即从获取生理信号至利用所获取的信号进行治疗之间的时间差,所以要实时跟踪肿瘤位置需要补偿系统存在的延时,对由生理运动引起的靶点运动轨迹进行预测。提前预测某一时间目标靶的位置可使预测超前的时间等于系统的延时。考虑到被估计对象和变量的非线性因素,可采用引入先验知识和生理知识来优化目标靶运动的预测,并根据目标的不确定程度选择性地获取图像,以进行准确预测(Bae et al.,2015)。

2.手术器械与组织间的刚柔耦合力学行为与控制

人体组织与手术器械间的作用表现为人体组织与手术器械的摩擦、人体组织与器械的相互作用,其交互力作用及其黏滞阻尼特性是关键影响因素。可基于交互建模方法研究手术器械与组织间的力学交互,通过对约束种类的细化及运动状态进行分类,研究刚柔耦合接触、摩擦、碰撞动力学建模方法。可通过建立接触碰撞动力学模型,研究黏弹性系数在接触、冲击、切割等作用方式下的作用机理与刚柔耦合行为控制关键技术。

解决手术器械与人体组织在不同阶段的交互力作用及其黏滞阻尼特性,建立手术器械与人体组织的力交互模型,探索手术器械与组织间的刚柔耦合力学行为与智能控制方法,揭示刚柔耦合作用的物理本质,为手术机器人的操控、路径规划与智能手术奠定了理论基础。

3.基于人机协同控制的智能交互手术

人机协同控制不仅可以发挥机器人精度高、稳定性好的优点,还能充分发挥医生的自主灵活与临床经验丰富的优势。机器人、医生、患者共享同一个工作空间,这意味着对机器人本身增加了额外的附加约束条件。所以,如何解决好机器人、医生、患者三者之间的关系,建立三者间的协同控制,发挥各自优势,构成人机共存的"智能手术机器人系统"是研究的关键问题。通过人机协同控制,可实现医生在环的交互控制,充分利用医生手术经验丰富与灵活性的优势;可降低机器人复杂程度,降低医疗机器人的成本,促进医疗机器人应用的推广,进而促进医疗机器人的进一步发展与普及。医生在环的控制方法满足了手术对机器人的高灵活性与高安全性的要求,降低了手术医生的精力消耗,有效提高了医生进行后续操作的质量与效率。协同控制可进一步提高手术机器人的安全性。

4.手术机器人高透明性灵巧操作

手术机器人的介入临床手术重点解决了精准性、透明性和灵巧操作的问题,所以,机器人高透明性灵巧操作是手术机器人追求的重要目标。为此,要重点解决特定约束下高自由度精准灵巧操作技术,包含面向微创手术的可控柔性机构的研究、柔性手术远端控制算法研究等;建立微创手术辅助机器人多源多特征传感器节点分布并研究其相关算法,包含多传感器节点分布算法研究、多源多特征传感器特征提取及融合方法研究等;研究基于大数据处理技术的手术辅助机器人术间医疗信息实时采集及数据融合技术;研究基于机器学习算法的微创手术辅助机器人手术自动规划、术间预警及导航技术,包含基于机器学习算法的手术自主规划、基于预估算法的手术行为预测技术研究等。

5.智能诊断型主动胶囊机器人精准位姿控制技术

柔性插管式内窥镜虽然能够完成多数医学操作,但是被检查者会经历较强的身体不适或强烈痛感。被动胶囊机器人虽然不会引起痛感,但是其检查覆盖范围和检查效率很低,需要离线图像分析等大量后续工作才能得以完成辅助诊断。这些原因导致了高质量、高效率的胃肠区域定期检查难以普及,不利于胃肠疾病尤其是胃肠癌的早期诊断和治疗。主动胶囊机器人在胃肠区域具有很强的运动能力,可以完成复杂的医学操作,大大提高了病灶部位的检测质量和效率。

5.3.6.2　面向老人社会的智能机器人

1.基于人工智能的护理机器人关键技术

近年来,随着全球老龄化人口的急剧上升,空巢家庭日趋增多,传统的专业护理与辅助护理人员已远不能满足日益扩大的需求,迫切需要研发智能化护理装备。虽然国内外已开展了相关技术的开发,但是可应用于动态非结构化护理环境的智能护理装备还很缺乏,亟待面向复杂场景下的护理任务,突破护理机器人环境感知、物品自动检测与识别、机器人灵巧作业、人机交互、远程监控等实用化关键技术,以提高护理效率、可靠性与安全性,有效缓解老龄化引起的社会矛盾。

2.助老、助残生活照料智能机器人

我国助老服务机器人市场需求日益旺盛,特别是在老人如厕、洗浴等清洁、护理方面,需求迫切。这主要是由于日常卫生护理工作涉及个人隐私、文化习惯及个人尊严,老人往往不愿意由护理人员辅助。同时,这方面的辅助工作会给护理人员带来较大的工作量,如处理污物等工作也容易引发护理人员的抵触情绪,而老人身体的清洁卫生状况又会直接影响到身体健康状态及晚年生活质量。目前,市场上辅助老人如厕、洗浴的产品种类繁多、功能多样,但产品的实用性水平及自动化程度较低,并未很好地帮助老人真正解决个人卫生护理问题,因此非常有必要开发此类智能助老助残服务机器人。

3.仿生、仿人机器人

面向社会服务、特种作业、国防安全等需要,研究对人类环境具有良好适应性,代替或辅助人类工作、生活的仿生、仿人机器人是先进机器人发展的必然趋势。仿生、仿人机器人具有强大的应用前景,将在家庭服务、康复辅助、救援救灾、公共安全、国防、航空航天等领域辅助或代替人类工作。目前,全球的仿人机器人基本处于基础研发阶段,初步实现了产业化。仿人机器人是集机构、驱动、传感等核心部件,仿生、控制、智能等前沿技术于一体的综合集成平台,是智能机器人技术的突破点,我国应抓住机遇,把握住仿人机器人产业处于起步阶段这一契机,出台发展战略,加大技术研发力度,建立共享研究平台,鼓励企业与机器人产业融合。

四足机器人可在野外复杂环境下具备良好的运动性能,既可以应对湿滑、崎岖等环境,也具有大负载比的运输能力。但目前仿生四足机器人还处于研发和试验阶段中,未实现产业化,随着技术的成熟和产品性能的稳定,未来仿生四足机器人在国防、公共安全等领域将会发挥更加重要的作用。

4.教育娱乐机器人

教育娱乐机器人进入市场有很多突破点,在餐饮服务及教育领域的未来前景都很可观。但目前来说,只有价格亲民才能帮助机器人渗透到普通用户中。

目前,市场上的常见娱乐机器人,根据其体型,可以分为桌面型、小型(可桌面、可地面)、中型(地面型)、大型四种。其中,桌面型以智能音箱为主;小型和中型以家庭育儿与娱乐型机器人为主;大型以商用机器人为主,只有少量的家庭机器人。

针对中小学学生,教育娱乐机器人可以选择性地替代教师为学生讲解课程,这样可以提升课堂的趣味性;目前的多数教育娱乐机器人配置了不同的高灵敏传感器,支持拍打、触摸、感应等操作,在孩子与机器人的互动过程中增添了无穷的乐趣。在这个语音处理还处在弱人工智能的时代,更多的肢体互动可以增加孩子的交互乐趣,让机器人更具人性化的特点。多样化的儿童启智游戏,寓教于乐,乐无穷。可基于机器人本体开发多种多样的教育启智类应用,使其交互过程中有语音与动作的互动,让孩子丢掉枯燥的课本,在游戏中学习知识。

5.4　服务机器人发展趋势

在世界范围内,智能机器人技术作为战略高技术,无论是在推动国防军事、智能制造装备、资源开发方面,还是在发展未来服务机器人产业方面,都受到了各国的重视。一方面,中国工业生产型机器人需求强劲,有望形成一定规模的产业;另一方面,服务性机器人产品形态与产业规模还不清晰,需要结合行业地方经济与产业需求试点培育。因此,服务机器人在服务于国家安全、重大民生科技等工程化产品应用,以及与此相适应的模块化标准和前沿科技创新研究发展上有着迫切需要。

服务机器人技术发展的主要趋势为智能化、标准化、网络化。服务机器人正在从简单机电一体化装备向以生机电一体化和多传感器智能化等方面发展;从单一作业向服务机器人与信息网络相结合的虚拟交互、远程操作和网络服务等方面发展;从研制单一复杂系统向将其核心技术、核心模块嵌入高端制造等相关装备方面发展。

服务机器人的技术正在向智能机器技术与系统方向发展,应用领域正在向助老助残、家用服务、特种服务等方面扩展。服务机器人在学科发展上与生机电理论和技术、纳米制造、生物制造等学科进行了交叉创新,研究的科学问题包含新材料、新感知、新控制和新认知等方面。服务机器人的需求与创新、产业、服务及安全之间的辩证关系依然是其发展的核心原动力与约束力。

(1)需求与创新。缺乏机器人先进适用的核心技术与部件突破,包括仿生材料与驱动构件一体化设计制造技术,智能感知、生机电信息识别与人机交互技术,不确定服役环境下的动力学建模与控制技术,多机器人协同作业、智能空间定位技术等方面,同时没有形成和开放相对统一体系结构标准、软硬件分裂。

(2)需求与产业。学界与产业界对服务机器人缺乏明确的产品功能定义;消费者对服务机器人的性价比敏感;企业看不见有一定批量的、不可替代实用化功能的机器人产业带动;缺乏行业标准,产品面市前尚需国家有关方面及时理顺市场准入机制,制定行业标准、操作规范以及服务机器人评价体系。

(3)需求与服务。围绕客户需求,以深化和拓展应用、优化服务、延伸产业链为目标,鼓励应用技术和服务技术的研发。创新服务模式,通过政策杠杆促进新的商业模式的形成,培育服务消费市场,推进机器人服务业的发展。发展机器人租赁业,采用租赁方式有利于减少用户购买产品的风险,通过出租可增加与顾客接触的机会,掌握顾客的需求,增加销售机会。发展机器人保险,设置相应的保险机制,保险由于服务机器人安全问题,对产业可持续发展带来问题,包括服务机器人系统、软件、机器人的外围设备等。

创新服务机器人服务业的发展模式,促进服务机器人的终端消费,大力推广服务机器人产品,使广大消费者更多地了解并使用服务机器人产品。稳步推进私人购买服务机器人的补贴试点,在促进服务机器人产业产品的消费上给予更大支持。大力支持服务机器人的服务市场拓展和商业模式创新,创新产业的收入模式,注重从客户角度出发,提供独特的、个性化的、全面的产品或服务,促进技术进步和产业升级。努力建设服务机器人应用示范基地,以服务机器人的一体化生产、综合利用下游产业链、产品商业化,特别是以各种政策作为主要示范内容。由政府搭建某些公益性服务机器人的示范平台,并且具备良好的配套措施。

（4）需求与安全。基于安全体系标准,制定服务机器人的安全体系法律法规,包括使用者的安全、服务机器人本身的安全以及服务机器人对于人类社会的安全要求等。通过广泛的讨论适时推出服务机器人安全与道德准则,以立法的形式规范人类对服务机器人的制造和使用,确定人类与服务机器人之间的关系,防止人类与服务机器人之间的"虐待"或伤害,明确规定人类与服务机器人的权利、义务与责任。定义服务机器人的行为规范,防止滥用与虐待服务机器人,以避免在使用服务机器人过程中有可能涉及的其他道德、伦理与情感依赖等社会问题。

参考文献

靳国强,陈小平,2013. 面向智能服务机器人任务规划的行动语言扩展 [J]. 软件学报,16(7):14-162.

刘景泰,张森,孙月,2016. 面向智能家居/智慧生活的服务机器人技术与系统 [J]. 集成技术,5(3): 38-46.

倪自强,王田苗,刘达,2015. 医疗机器人技术发展综述 [J]. 机械工程学报,51(13):45-52.

陶永,2015. 发展服务机器人,助力智能社会发展 [J]. 科技导报,33(23):58-65.

田国会,许亚雄,2014. 云机器人:概念、架构与关键技术研究综述 [J]. 山东大学学报(工学版),44(6): 47-54.

王田苗,郝雨飞,杨兴帮,等,2017. 软体机器人:结构、驱动、传感与控制 [J]. 机械工程学报,53(13): 1-13.

王田苗,陶永,陈阳,2012. 服务机器人技术研究现状与发展趋势 [J]. 中国科学:信息科学,42(9): 1049-1066.

Argall B D, Chernova S, Veloso M, et al., 2009. A survey of robot learning from demonstration [J]. Robotics & Autonomous Systems, 57(5): 469-483.

Bae S, Yoon K, 2015. POLYP detection via imbalanced learning and discriminative feature learning [J]. IEEE Transactions on Medical Imaging, 34(11): 2379-2393.

Happy S L, Routray A, 2015. Automatic facial expression recognition using features of salient facial patches [J]. IEEE Transactions on Affective Computing, 6(1): 1-12.

Khansari-Zadeh S M, Billard A, et al., 2011. Learning stable non-linear dynamical systems with gaussian mixture models [J]. IEEE Transaction on Robotics, 27(5): 943-957.

Zanchettin A M, Ceriani N M, Rocco P, et al., 2015. Safety in human-robot collaborative manufacturing environments: Metrics and control [J]. IEEE Transactions on Automation Science & Engineering, 13(2): 882-893.

第6章

空间机器人智能技术

空间机器人是在轨维修维护、在轨组装建造以及外星球表面探索勘察等的主要装备,可用于服务轨道目标、在轨组装建造超大型航天器、在外星球表面建设多机器人协同的探测基地等。空间机器人的深入发展,将会带动下一代卫星设计的革命,可维修、可被服务、模块化等逐渐成为航天器设计的主要要素,以空间机器人为主要手段的在轨建造甚至会重塑整个航天体系。

空间智能近年来逐渐成为各国研究的热点,旨在进一步提高空间机器人的自主性,使空间机器人在复杂空间环境中具备完全的自主规划与控制能力。伴随着空间在轨服务任务的升级,空间机器人技术面临诸多挑战。首先,空间机器人的卫星基座处于自由漂浮状态,当空间机器人完成抓捕并与非合作目标形成复合体系统后,非合作目标与空间机器人的机械臂之间、机械臂与卫星基座之间会存在耦合运动,这种耦合运动会给卫星基座的稳定控制带来新的挑战。此外,非合作目标处于自由运动状态,具有较大的初始角动量,与空间机器人形成复合体后,系统的动力学特性会发生突变,导致原有的基座姿态控制方法难以满足复合体稳定控制的要求。因而,如何对复合体系统进行快速在线辨识,将是抓捕任务能否成功完成的关键。同时,由于太空的极端环境,人类很难参与空间机器人的控制回路,因而需要空间机器人独立自主地完成复杂的操作任务,这对空间机器人的协同控制能力提出了较高的要求。

人工智能在空间技术方面有五个最为核心的技术:星载高性能计算、空间大数据、机器学习、网络平台以及应用平台。其中,星载高性能计算是所有这些智能应用的前提,因为智能实现的一个基础条件就是要有能高速计算的系统,这个计算系统比较特别的一点是能适应空间的高辐射、超低温、低功耗这些特殊需求。另外,还要能围绕卫星的设计、制造、实验、在轨运行这些大数据构建各类的数据中心。面向空间任务的机器学习包括五类细分的关键技术,这将有效突破空间机器人在抓捕任务中的技术瓶颈。

6.1 研究背景

空间机器人是指在外太空环境下具有一体化感知、决策、操控执行能力,配置**成像探测敏感器**、较强计算能力的运算组件、多个机械臂等,兼有自主执行和地面遥操作模式,能够根据任务和环境约束对不同目标或任务开展多种操作的一类多功能新型装备。

空间机器人是指能够像人一样理解环境、自主决策、能利用习得的经验知识**有**目的地开展空间操作任务的一类机器人,在任务实施过程中能够主动学习、积累知识,并与人或其他智能装备进行自主灵活地互动、协同。近年来的研究主要集中在提高空间机器人的自主性领域,重点在于强化学习的研究。强化学习开始于20世纪50年代,研究内容包括尝试-错误学习(trail-and-error learning)以及在探索和开发之间寻求平衡。传统的规划与控制方法通常只针对单一任务设计。随着空间任务复杂度的提高,以强化学习为有效代表的智能方法将进一步在以下方向研究。

(1)提升控制精度,缓解维数灾难;提升训练速度,稳定训练过程。随着空间机器人关节数的增加,训练时长在迅速增长,算法稳定性与收敛性也在变差。控制精度的提升与关节数的增加,意味着奖励更加稀疏,智能体的学习任务更为困难。

(2)抓捕动态目标的规划与控制问题。相对于抓捕静态目标,抓捕动态目标的约束条件更多,如终端时刻空间机械臂末端执行器相对目标卫星抓捕点的位姿、速度和角速度误差等,问题求解更加复杂。此外,在抓捕动态目标规划与控制问题中,目标抓捕点相对空间机器人基座卫星的位姿不仅在整个训练过程的每次实验中均有变化,且在每次实验内也有连续变化,这使得智能体的学习更加复杂。

6.2 研究现状

狭义上来说,空间机器人是指轨道飞行机器人;广义上来说,空间机器人既包含轨道飞行机器人,又包含外星表探测机器人,既可以通过单个机器人执行任务,也可以由多个机器人以集群协同的形式开展复杂任务。目前,智能技术在空间机器人图片识别、交会对接、导航定位、任务规划、故障诊断等中已经有所应用,初步呈现出"弱智能"。德国通过利用宇航员在地面的实验,对太空中损坏的太阳能电池板进行修复;美国国家航空航天局支持了在轨进行大尺度航天设施的建设和组装。近年来,我国空间机器人及空间人工智能发展迅速,在空间在轨服务、空间装配与制造、月球与深空探测等领域取得了一系列成果。"嫦娥三号"成功实现了"玉兔号"月球车对月面的探测任务,火星表面巡视探测器机器人已在积极开展研制中,一系列航天器在轨加注关键技术获得了突破。

6.2.1 轨道飞行机器人研究现状

各航天强国围绕在轨服务开展了大量卓有成效的研究,进行了一系列的面实验、在轨实验和技术演示验证。研究结果表明,在轨服务在技术上是可行的,并且具有巨大的发展和应用空间。总体上说,以空间机器人为核心的在轨服务研究体现出明显的发展特征,这些特征按阶段可划分为概念设计、在轨演示验证、在轨简单应用等。

在轨服务的概念设计,即开展需求分析和相关概念研究,并针对典型应用进行方案的初步设计。通过概念设计梳理需求、主要任务目标、任务流程、所需的关键载荷及其性能指标亟待攻关的关键技术等,为空间机器人的后续发展奠定了基础。

从公开的信息中可见,空间机器人系统完成概念设计的主要项目情况如表6.2.1所示,关键技术主要包括空间遥操作、轨道机动、对接机构、交会对接、空间机械臂等。

表 6.2.1 完成概念设计的空间机器人项目汇总

项目名称	起止时间	效果图	项目概述	关键技术
FTS	1986—1991 年		FTS 项目是美国最早开展的空间机器人有关项目,主要目的是设计能够在空间站执行典型任务的空间遥操作的机器人设备。于 1991 年 9 月止于概念阶段	空间遥操作技术
GSV	1990—1998 年		GSV 是一个装有机器人的航天器,在发射后即在静止轨道上保持到寿命末期。GSV 将在轨道上处于"冬眠"状态,在执行某种服务任务时被唤醒并机动到目标星。于 1998 年止于概念阶段	轨道机动技术
ESS	1994—1997 年		ESS 是以实际故障卫星为目标,有针对性地研究实用的在轨服务技术。该项目止于概念阶段,并未进行在轨演示	空间遥操作技术、交会对接及捕获技术
Roger	2001 年		Roger 项目主要研究卫星服务系统的可行性,用于清除同步轨道上的废弃卫星和运载器上面级。其应用包括对目标卫星的绕飞监测、交会和抓捕等。该系统具备视觉系统、抓捕与对接机构,可对合作及非合作性的目标卫星进行交会和对接操作	对接机构及在轨抓捕技术

项目名称	起止时间	效果图	项目概述	关键技术
SUMO/FREND	2002年至今		FREND项目主要开发、演示、装备能够对大多数GEO轨道的商业卫星进行服务的自主交会对接与捕获的空间机器人系统,主要进行方案设计和地面验证。截止到2011年,已投入6000万美元,研制了7自由度灵巧机械臂。该项目已于2012年完结	空间多机械臂及软交会对接技术
DEOS	2006年9月		DEOS项目是德国正在全力实施的一项空间计划,首要目标是通过空间机械臂捕获旋转的非合作目标,次要目标是使航天器复合体在可控状态下脱离运行轨道	非合作目标捕获及协同稳定技术
凤凰计划	2011年至今		凤凰计划旨在开发演示联合回收技术,发展一类新的微小卫星或微纳卫星服务航天器。此类卫星能够以比较经济的方式搭乘商业卫星发射到GEO轨道区域,通过微小卫星获取在轨退役卫星的关键部件(天线、太阳能板等)制造新的空间系统,降低新型空间设备的开发成本	大型部件重复利用技术

在轨演示阶段是对在轨服务技术和能力的验证考核过程,是在轨服务发展的关键阶段,能够准确把握关键技术的成熟度,并验证在轨服务的能力和效果所达到的程度。目前,经过在轨演示验证的空间机器人项目如表6.2.2所示,基本上考核并确定了空间机械技术、近距离交会对接技术、协调控制、一体化关键技术、自主操作、ORU更换等技术。

表6.2.2 在轨演示验证类空间机器人项目汇总

项目	发射时间	效果图	项目概述	关键技术
Rotex	1993年4月		Rotex项目始于1986年,由"哥伦比亚号"航天飞机携带发射升空,该系统第一次实现了远距离、大时延条件下的空间机器人遥操作实验,其采用的多传感器手爪、基于预测的立体图像仿真等技术方案,代表了其后的空间机器人发展方向	空间遥操作技术

续表

项目	发射时间	效果图	项目概述	关键技术
ETS-Ⅶ	1997年11月		首次进行了无人情况下的自主RVD和舱外空间机器人遥操作实验,开展了机械臂校准、卫星姿态与机器人运动的协调控制、机器人抓持小型物体、拨动开关、机器人柔顺控制下的销钉插孔、更换ORU、桁架组装、借助机器人抓持目标卫星进行的交会对接实验以及利用ARH进行的抓取浮游物体和太阳能电池单元展开等实验,于2002年完成使命	空间遥操作技术、交会对接、协调控制
ROKVISS	2004年12月		跟随俄罗斯"进步号"宇宙飞船升空,安装在ROKVISS上的俄罗斯舱外进行在轨实验。主要完成了关节元件及部分遥操作技术的验证	空间遥操作技术、一体化关节技术
轨道快车	2007年3月		美国开展的自主在轨服务空间机器人项目,重点验证了在轨燃料补给加注、在轨升级等技术	自主操作、ORU更换、燃料加注

目前,在轨简单应用主要是用大型空间机械臂,如航天飞机的SRMS及用于国际空间站的移动服务系统SSRMS和SPDM,完成对卫星的捕获和投放、辅助宇航员出舱、辅助空间站对接、货物运输、在轨燃料加注等。在轨简单应用主要验证并掌握了大型机械臂技术、精细操作机械臂技术、在轨燃料加注技术等。在轨简单应用类的空间机器人项目如表6.2.3所示。

表6.2.3 在轨简单应用类的空间机器人项目汇总

项目名称	发射时间	效果图	项目概述
SRMS	1981年11月		截至2001年11月5日,SRMS已经多次成功执行空间装配和维修任务

项目名称	发射时间	效果图	项目概述
SSRMS	2001年4月		以更高的运动精度完成较为复杂的空间装配和维修任务
SPDM	2008年3月		与SSRMS结合完成协助航天员出舱、装卸和操作小型设备等与空间站维护有关的任务
机器人燃料加注任务（RRM）	2011年7月		演示了切割、拆除、收回等任务试验,RRM模型与加拿大机械臂结合演示验证多种维修服务能力

当前在轨实用化研究主要围绕在轨制造、自主装配、辅助推进、故障详查,以及大型在轨服务站建设等开展,如表6.2.4所示。尽管这些项目尚处于研究阶段,但是其蕴含着大量的前沿技术,如人工智能、空间3D打印、轻型机械臂、全自主在轨服务等。

表6.2.4　未来在轨实用化的空间机器人项目开展情况汇总

项目	起止时间	效果图	项目概述	关键技术
凤凰计划中的Satlet	2011年至今		美国DARPA在凤凰计划中提出了一种称为Satlet的细胞机器人,可以在发射大型商业卫星时搭载发射,通过Satlet与废弃卫星的天线相结合组成新的航天器系统	模块化在轨装配
iBOSS	2012年至今		iBOSS项目由德国DLR支持,其将传统卫星平台分解为用于在轨服务的单个标准化的智能模块,利用在轨装配形成新的空间系统,实现卫星的模块化和可重构	模块化在轨装配

续表

项目	起止时间	效果图	项目概述	关键技术
蜘蛛工厂（Spider Fab）	2014 年至今		Spider Fab 项目的核心为 6U 的微小型多臂空间机器人，运用 3D 打印技术开展在轨制造、装配，能够为大型太阳能电池板提供撑持，或者在轨焊接航天器集群桁架	轻型机械臂多臂协调、太空3D打印在轨装配
静止轨道卫星机器人（GEO robotic servicer）	2015 年提出		是凤凰计划的进一步延伸，含有两个 2m 长的 7DOF 机械臂和一个 3~4m 长的 9DOF 机械臂，能够处理诸如太阳能阵列、活动机构等的机械故障，提供辅助推进，详查失效航天器的故障问题等	柔性机械臂多臂协调、自主接管目标、多功能在轨服务
在轨机器人服务站	2015 年提出		2015 年 9 月，DARPA 在未来技术论坛上提出在地球同步轨道建造一个机器人服务站，为航天器提供运输、装配、升级、维修与燃料加注等服务。该服务站属于无人照料型，主要任务均是由机器人来自主执行。于 2021 年春季发射进入 GEO 附近，验证机器人服务星提供商业服务的准备就绪情况	全自主在轨服务

目前，在轨机器人服务站仅仅处于概念研究阶段。当航天器具备模块化、可接受服务能力后，在轨机器人服务站将成为通信工业游戏规则的改变者，而且会带来在轨服务的革命性变化。随着人工智能技术的发展，空间机器人的智能化技术极大地促进了在轨服务应用的深度发展，人工智能技术有望应用于深空探测的数据分析。太空探索产生了大量无法通过人类智能分析的数据。通过分析和推导数据的含义，人工智能可以改变太空探索的轨迹。这些数据可以帮助研究人员找到新行星上的生命。它也可以帮助识别和映射人类无法实现的模式。此外，机器学习技术可以辅助解码太空图像并提取所需的信息。NASA 前沿发展实验室与技术巨头一起，共同利用机器学习解决太阳风暴损害，大气测量以及通过磁层

和大气测量确定给定星球的"太空天气"解决方案。相同的技术也可以用于太空中的资源发现并确定合适的行星着陆点。人工智能技术还有望应用于空间机器人的任务规划和自主决策。例如,美国"好奇号"流动站可以自行移动,同时避开途中的障碍并确定最佳的行驶路线。美国DARPA正在实施地球静止轨道卫星机器人服务(RSGS)计划,借助于人工智能技术解决多臂自主操作、人机协同主要操作、自主任务管理和故障检测等,并开发地面规划训练系统,通过地面学习训练,协调执行复杂在轨任务,支持平台及有效载荷的精细操作,以达到全轨道空间有效控制的目的。美国NASA正在开展的低轨道重定向(Restore-L)项目,明确将人工智能作为核心,正在攻关实现自主导航、自主抓捕和人机融合智能在燃料补给中的应用,在2022年在轨试验试用。美国ATK公司在2018年宣布研制新型任务机器人飞行器MRV,MRV将携带多个延寿吊舱,这些吊舱具备自主接管高价值航天器,实现5年延寿的能力。同时,美国正在大力发展空间智能制造,其中"蜻蜓"项目、多功能太空机器人精确制造与装配系统(Archinaut)项目和机器人装配与服务的商业基础设施(CIRAS)计划等重点发展增材制造、自主装配、智能测量等智能技术。欧洲太空局"清除碎片"(Remove DEBRIS)项目在轨验证了基于图像的自主导航技术,正在研制"脑卫星"(BrainSat)。另外,德国拟通过"德国轨道服务任务"(DEOS)重点验证人机协同操作、自主视觉测量、灵巧抓捕等智能技术。俄罗斯利用宇宙2499、宇宙2504、卢奇卫星等多次进行在轨机动试验,正在验证在轨自主机动能力,计划于2025年前设计并建造一款轨道清理者航天器,实现轨道博弈机动、自主交会对接、机械臂抓捕等智能操作技术。日本在2019年1月发射了创新载荷演示卫星(RAPIS-1),对基于深度学习的图像识别算法进行验证,以期扩展人工智能技术在轨应用于碎片清理等方面。

在空间机器人的智能应用领域,美国的发展比较全面。从布局上看,利用项目牵引智能化技术(见图6.2.1),美国能在2022年形成比较完备的空间机器人智

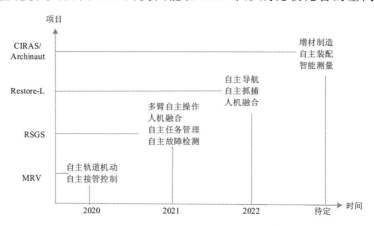

图6.2.1　美国空间机器人智能化技术发展路线

能化应用能力,具备自主任务管理、自主导航、目标抓捕、人机融合等智能化手段。欧洲太空局重点围绕自主导航、自主抓捕和人机融合进行研究(见图6.2.2),并在2019年验证了自主导航技术。

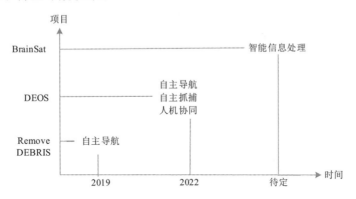

图6.2.2 欧洲空间机器人智能化技术发展路线

6.2.2 外星表探测机器人

空间机器人可以作为探索其他星球的先行者,代替人类对未知星球进行先期勘查,观察星球的气候变化、土壤化学组成、地形地貌等,甚至可以建立机器人前哨基地,进行长期探测,为人类登陆做好准备。在"阿波罗"计划中,美国就曾多次派遣空间机器人登陆月球,进行实地考察,获得丰富的月球数据之后,宇航员才成功登陆。1997年,NASA发射的"火星探路者号"宇宙飞船携带"索杰纳"空间机器人登上火星,开创了星际探索的新纪元。欧洲航天局在2003年实施了"火星快车"计划。NASA也在2003年发射了两个漫游者机器人"勇气号"(见图6.2.3)和"机遇号"(见图6.2.4)到火星进行考察。美国喷气推进实验室为"勇气号"和"机遇号"开发了基于立体图像生成的数字高程图,用于评估危险地形,并通过训练人工神经网络分类器实现地形分类,进而识别障碍分布情况。同时,采用车辆任务

图6.2.3 "勇气号"火星探测空间机器人

图6.2.4 "机遇号"火星探测空间机器人

序列与可视化系统,为工程师提供人机接口,辅助任务序列制定,支持科学家和工程师将人类智能有效地整合到行星探索任务中。

目前,人类从事的最成功的空间探测是火星探测,科学家研制并实际使用了多种火星探测空间机器人。开发火星探测空间机器人的目标是证实火星上曾经是否存在生物、探索生物存在所必需的条件、寻找生物的痕迹、研究火星的气候特性及火星的地质特性,为人类探测火星做准备。火星探测空间机器人是飞往火星的航天器的核心部分。

美国"好奇号"(见图6.2.5)的主要任务包括探测火星气候及地质,探测盖尔撞击坑内的环境曾经是否能够支持生命,探测火星上的水及研究日后人类探索的可行性。2014年6月24日,"好奇号"在发现火星上曾经有适合微生物生存的环境之后完成了一个火星年的火星探测任务。2018年11月12日,由24名科学家组成的团队,利用延迟15min指令发送,控制与驾驶距地球约1亿2600万km的"好奇号",驶往预定位置。

图6.2.5 "好奇号"登陆火星示意

美国"好奇号"在2015年10月从地面上传了AEGIS系统。AEGIS系统由化学相机和立体导航摄像机(见图6.2.6)组成,具有智能选取岩石并调度激光器射击岩石进行成分分析的能力,允许探测器训练识别具有特性(如颜色、亮度、边缘等)的岩石,并在无地面指令干预的情况下自主寻找。此外,"好奇号"可以在框架内识别物体的边缘并寻找能连接创建 loop 指令的边缘。这项技术是人工智能技术在远程探测领域跨出的第一步,展示了人工智能技术在深空探测机器人中应用的可能性。

图6.2.6　"好奇号"配备的立体导航摄像机

除了火星,与地球最近的月球也是人类探测较多的外行星。月球车,又称月面车,是在月球表面行驶并对月球考察和收集分析样品的专用车辆,可分为无人驾驶月球车和有人驾驶月球车。

"玉兔号"月球车是我国设计、制造的一辆月球车,搭载于"嫦娥三号"月球探测器,于2013年12月2日凌晨发射,12月14日晚成功软着陆于月球表面,12月15日凌晨从"嫦娥三号"中开出,成为1973年"月球车2号"后再次踏上月球表面的无人驾驶月球车。2019年1月,中国又发射了"玉兔二号"月球车(见图6.2.7),首次实现了月球背面着陆,是中国航天事业发展的又一座里程碑。

图6.2.7　"玉兔二号"月球车与着陆器分离

6.3 研究内容

综合来看,目前空间机器人的智能化发展还处于弱人工智能阶段,主要是利用算法实现具体的操作任务,尚不能实现用推理思考的方式解决问题的能力。但是人工智能在空间机器人中的应用趋势初露端倪,且趋势不可逆。为了加速空间机器人发展、推动空间机器人在空间开发与利用中发挥更大作用,人工智能与空间机器人相结合应重点关注智能感知层面,健康管理层面,智能决策、规划、控制层面以及地面验证层面。

6.3.1 空间机器人目标检测与分类

为了便于空间机器人末端执行机构执行在轨抓取任务,空间机器人首先需要具备目标检测和分类能力。目前,在轨装配的 RGB 摄像机和深度摄像机能够为空间机器人提供环境信息。然而,原始的 RGB-D 图像对于机器人来说只是简单的数字网格,因此需要提取更深度的语义信息来实现基于视觉的感知。要抓取的目标对象的高层信息通常包含位置、方向和抓取位置,然后计算抓取规划以执行物理抓取。机器人抓取系统由抓取检测系统、抓取规划系统和控制系统组成。其中,抓取检测系统的三个关键任务为目标定位、姿态估计和抓取点检测。

早期的方法假设被抓取目标处于单一静态环境中,从而简化了对象定位任务,而在相对复杂的环境中,它们的能力相当有限。一些目标检测方法利用机器学习方法对基于手工二维描述符的分类器进行训练。由于手工创建的描述符的限制,这些分类器的性能有限。近年来,深度学习已经开始主导与图像相关的任务,如目标检测和分割。此外,从 RGB 图像到深度图像的训练数据,以及二维或三维输入的深度学习网络,极大地提高了目标定位的性能,促进了机器人抓取技术的发展。利用目标物的位置,可以进行抓取检测。早期的分析方法是直接分析输入数据的几何结构,根据力闭合或形状闭合来寻找合适的抓取点,分析方法存在费时、计算困难等问题。之后,随着大量可以分析数据驱动方法的三维模型的出现,三维模型数据库中的抓取转移到了目标对象。一般来说,目标物体的 6D 姿态是完成这项任务的关键,基于 RGB 图像的方法和基于深度图像的方法都可以实现精确的姿态估计。然而,这些方法(如部分配准方法)易受传感器噪声或不完整数据的影响。深度学习方法可以直接或间接地从输入数据中估计姿态,从而获得对传感器噪声或不完整数据的抵抗力。同时,还存在基于深度学习的方法,不需要 6D 姿势来进行抓取检测,抓取结构可以通过深卷积网络直接或间接回归。此外,监督学习法、强化学习法也被用来直接完成如玩具装配等与抓取密切相关的特定任务。

依赖于海量数据的目标检测与分类方式在星载计算能力和输出带宽有限的

实际物理约束下,具有很大的局限性。此外,实际的空间场景往往比公开的数据集复杂得多,构造一个能够覆盖完整样本分布的数据集需要采集并标定大量数据将耗费大量的在轨资源和存储空间,因此避免过拟合的小样本条件下的检测与分类机制成了一种有效的解决途径。

6.3.2 多模态传感器信息融合

随着在轨服务任务的逐渐复杂化,空间机器人不仅需携带多类型传感器以提供视觉、距离等模态信息感知环境,还需要携带力觉传感器等获取接触性信息感知操作物体。因此,空间机器人获取的传感器信息呈现出多模态特点。多模态数据间存在特征异构性和弱相关性。由于不同模态的信息通常呈现无结构或半结构化,不同模态数据的底层特征因维数不同、属性不同,彼此之间无法直接参与计算,进而带来了内容上的异构性和不可比性,使得低层特征和高层语义之间存在鸿沟,增加了跨模态检索的难度。对于空间机器人系统而言,多类型传感器所获得的多模态数据具有以下特点。

(1)“污染”的多模态数据:机器人的操作环境非常复杂,因此采集的数据通常具有很多噪声和野点。

(2)“动态”的多模态数据:机器人总是在动态环境下工作,采集到的多模态数据必然具有复杂的动态特性。

(3)“失配”的多模态数据:机器人携带的传感器工作频带、采样时间具有很大差异,导致各个模态之间的数据难以“配对”。

以上这些问题为机器人多模态的融合感知带来了巨大挑战。为了实现多种不同模态信息的有机融合,需要为它们建立统一的特征表示和关联匹配关系。此外,多模态信息融合还呈现出多层次的特点,即不同类型的传感器信息在信号使用层级上存在先后、高低之分。如空间机器人的关节传感器获取的位置、速度、加速度等信息可以与六维力/力矩传感器信号进行特征级融合,融合后可为空间机器人的运动状态表征提供依据。除此之外,深度全局相机和手眼相机也可为机器人运动状态的检测提供辅助信息。因此,这两者需要在辅助决策层面进行融合,从而为机器人自主决策提供依据。

6.3.3 空间机器人智能决策

智能决策通常通过两种途径实现。一是将空间机器人星载传感器获得的信息和目标信息,与地面支持系统中的数据库和知识库进行比对,借助搜索树等推理机技术选用适当的规则,经过星上处理器或空间站的快速处理,生成相应的决策;二是通过深度学习,以深度神经网络模式模仿人脑处理信息和反馈机制,以多层的节点和连接,来感知不同层级的抽象特征,通过不断的自我学习完成高度抽象的人工智能任务,最后生成决策。对于在轨系统而言,以深度学习为代表的决策生成机制的主要研究点在于神经网络参数的可靠性,特别是在动态未知空间环境下的决策可靠性的评估。

为了解决空间机器人在未知环境下自主决策可靠性难以评估的问题,工程上常将操作员的智能投射到空间中,从而形成典型的人-机-环共融的信息物理系统。目前,绝大多数的空间操作是在遥操作模式下进行的,从安全性角度考虑保障了空间机器人在位置环境下的可靠性(见图6.3.1)。根据操作员参与空间任务的程度,遥操作模式又可分为主从式和共享式。其中低轨空间机器人通常采用主从式遥操作模式,此种模式下空间机器人只需严格执行地面发送的指令,而无须具备智能性。高轨和执行深空探测任务(如月球车、火星科学实验室)的空间机器人常采用共享式或遥编程模式,这是因为天地链路的大时延将导致主从模式的失效。在共享式遥操作任务中,操作员与空间机器人各自执行相应的操作任务,两者相互配合完成,因此该模式下需要空间机器人具备一定程度的自主性。而对于遥编程模式,地面将发送"更高级"的任务指令,由空间机器人自主完成某一项具体任务,因此遥编程任务中空间机器人的自主决策能力更高。

空间遥操作中的一个基础问题就是如何保证操作员决策的可靠性。在主从式遥操作中,从端空间机器人的动作和行为完全依赖于主端的指令信号,因此操作员发送指令的正确性会直接影响任务成败。对于共享式遥操作任务,尽管主端操作员和从端空间机器人在自主性层面解耦,但主端行为依然会影响从端的局部任务,因此提高操作员决策的可靠性是实际遥操作任务成功的关键保障。所以,研制操作员训练模拟器对于培训操作员操控能力,特别是训练操作员心理素质、应急反应能力方面具有独特的优势。遥操作任务训练模拟器的基本思路与强化学习类似,通过指定任务的完成实施奖励,同时检测执行任务过程中参与者的脑电指标。在训练过程中,既需要提供参与者适当的操控环境以降低环境因素对脑电信号测量与分析产生的影响,还需要提供给参与者充足的沉浸感信息。这意味着图像、音频、视频、距离信息、触觉信息等均应在模拟器中进行融合,并基于增强现实和预测显示技术提高参与者的操作真实感(见图6.3.2)。

基于遥操作任务训练模拟器的另一个研究问题是如何降低参与者的精神压力和技巧需求。在一定疲劳条件或精神压力下,操作员往往难以表现出正常的操控水准,同理可见于日常驾驶员案例中。因此,研制具有操作员辅助功能的模拟器对于培训操作员具有重要意义。降低操作员疲劳程度的有效方法是引入多人机制,即多主端操控。与共享遥操作模式类似,多主端操控是将主端的自主决策权分配给多个操作员,最终的主端指令由多位操作员指令融合而成。由于在同一操作状态下的操作者的主观感受不同,因此需要对多操作者、空间机器人组成的协同融合决策机制进行研究。

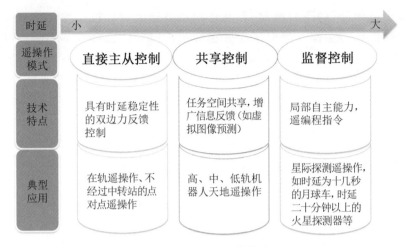

图6.3.1　空间遥操作模式

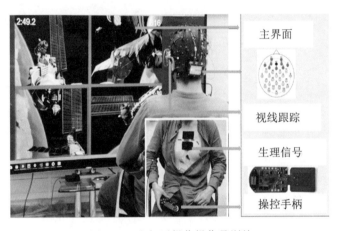

图6.3.2　空间遥操作操作员训练

6.3.4　抓捕过程碰撞动力学

空间机器人在完成与目标卫星的远近距离交会动作后,将保持在一个离目标卫星距离较近且安全的位置与姿态,之后再启动捕获模式。整个抓捕过程可分解为四个主要阶段(Flores-Abad et al., 2014)(见图6.3.3):①观察和计划阶段,即获取目标卫星的运动模式和物理信息并以此进行机械臂的轨迹规划;②逼近目标阶段,即控制空间机器人末端执行器按照计划的抓捕位姿轨迹移动,并准备进行抓捕动作;③实际抓取阶段,即空间机器人末端执行器开始接触目标物直到完全抓住及锁紧目标物体;④捕获后系统稳定姿态及运动阶段,此阶段将抓捕的目标物体与空间机器人作为同一系统进行稳定运动。在这四个抓捕阶段中,实际抓取阶段是最具风险、也是最难控制的操作阶段,一旦控制不力,轻则抓不住目标,重则损坏抓捕接口硬件、碰飞目标物,甚至造成服务航天器失控。绝大部分关于空间机器人在轨抓捕的工作只研究了实际抓取阶段以前的过程或这一阶段以后的过程,有的把这一阶段当作一个瞬间的状态变化来处理,如在同一时刻从抓住前状态跳到抓住后状态。事实上,实际抓取阶段是一个有一定时间的碰撞过程,其动力学特性复杂。

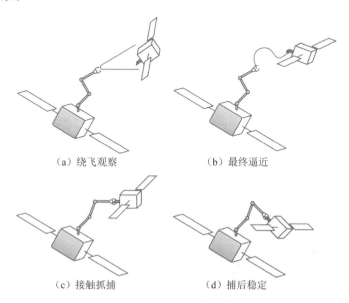

(a) 绕飞观察　　　　　　　　(b) 最终逼近

(c) 接触抓捕　　　　　　　　(d) 捕后稳定

图6.3.3　空间机器人在轨抓捕任务的四个阶段

根据碰撞过程特点建立一个准确的接触动力学模型,是进行评估和理解受控捕获操作中发生接触行为的必要条件。在一些大型规模空间机械臂的开发、分析和应用案例中,采用接触动力学进行的软件仿真往往是对机器人系统性能进行验证测试的唯一方法(Ma et al.,2007;Yaskevich,2014)。在各种接触碰撞动力学的建模方法中,基于脉冲-动量原理的方法是较为简单,且在工程应用中得到常规应用的一种(Kim,1999;Vila et al.,2016),然而这类方法并不适用于机器人抓捕过程的场景,该过程的特征是以复杂的接触几何和诸如滑动、黏滞的连续碰撞行为产生的多点间的同时碰撞为代表的。

6.3.5　空间机器人地面验证系统

任何空间设备和其控制系统在升空运行前必须实施足够的地面验证实验并通过。地面验证设备需要体现空间环境下的力学环境特性,如三维失重条件等,并验证设备的操作能力。现有的空间系统地面验证设备存在诸如模拟自由度受限、时长较短、通用性差及花费较高的问题,且形式大多为全物理仿真的单一类型。为了进行高保真的地面验证实验,需要根据系统工程思想确定平台系统的设

计要求,对系统各部分的连接关系及通信形式进行设计,对相关软硬件进行详细
的选型分析、系统设计和指标复核校验,对试验系统的关键技术指标和性能进行
一系列的平台功能,即性能测试(见图 6.3.4—图 6.3.7)。

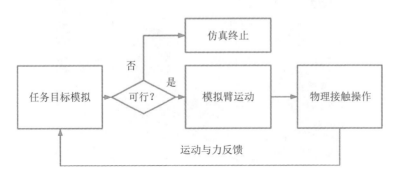

图 6.3.4　空间机器人地面验证系统原理

　　总体而言,操作任务验证系统平台测试的目的:①验证模拟机械臂的基本功
能;②验证模拟机械臂的定制功能;③验证模拟机械臂在较低频率驱动时(不高于
1Hz),能够精确跟踪实现空间机械臂动力学仿真的输入;④验证模拟机械臂具备
大负载、大运动范围的能力;⑤验证模拟机械臂具有高带宽、高精度的控制能力,
并能够快速响应动力学模型的计算结果。

　　根据测试内容和指标内容,可将测试项目分成基本功能测试和定制功能测试
两类。基本功能测试为一般工业级产品的通用测试内容,包括自由度数测试、臂
展长度测试、平动工作空间测试、转动动作空间测试、重复定位精度测试、力测量
精度测试、最大负载测试、末端控制点负载后平动速度测试、末端控制点负载后转
动速度测试、地面导轨能力测试、灵活运动空间与负载能力测试等。

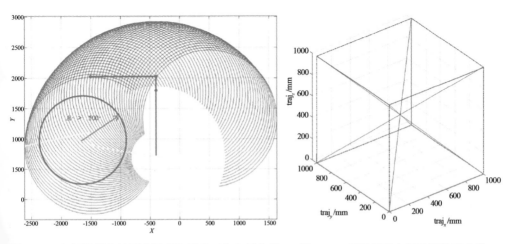

图 6.3.5　空间机器人地面验证系统平动工作空间分析　　图 6.3.6　灵活运动空间验证轨迹曲线

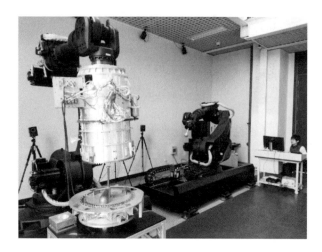

图 6.3.7　空间机器人地面验证系统

6.3.6　强化学习在空间机器人规划和控制中的应用

强化学习在空间机器人规划和控制中的应用是空间机器人在复杂空间任务中提高自主性的重要方法。在最终逼近阶段,为了保证抓捕任务的顺利实施,特别是针对非合作目标这种抓捕条件难以预先确定的情况,空间机器人需要根据目标卫星或空间碎片的运动状态和形貌特征在线规划机械臂的运动轨迹,并控制机械臂末端抵近抓捕点且满足实施接触抓捕任务的条件,为之后接触抓捕任务的开展做好准备。由于空间机器人与目标卫星在规划和控制任务开始时的初始状态在不同任务中有所不同,因此需要研究多任务。

最终逼近阶段的规划与控制需要对空间机器人进行运动学和动力学建模。考虑到自由漂浮空间机器人(即卫星)的位置和姿态不受控,在采用广义雅各比矩阵来设计控制律时,由于受自由漂浮空间机器人的不完整约束特性影响,会存在动力学奇异问题。自由漂浮空间机器人的规划与控制属于非完整系统的规划与控制,且在规划与控制过程中需要考虑避障、基座抗扰、路径最短、燃料最省、控制力矩受限、关节角速度受限、结构抖动抑制、终端时刻末端位置与速度约束等多种约束调整。强化学习在规划问题中可以看作非线性优化方法的一种,而在控制问题中则与最优控制和自适应控制有很大的交集。目前,强化学习在机器人规划与控制问题中的应用仍处于探索阶段,且从近几年强化学习的发展来看,强化学习在空间机器人智能规划与控制领域有着巨大的应用前景,对于提高空间机器人自主性有着重要的意义。强化学习思想及算法分类见图 6.3.8 和图 6.3.9。

对于抓捕静态目标多任务学习,以关节角及关节角速度为目标空间的自由漂浮空间机器人的规划与控制问题的控制精度尚需进一步完善。此外,随着关节数的增加,训练时长增长迅速,且算法的稳定性与收敛性也变差。控制精度的提升与关节数的增加意味着奖励将变得更加稀疏,智能体的学习任务也更难以完成。如何提升控制精度、缓解维数灾难、提升训练速度、稳定训练过程是重要的研究内容。

抓捕静态目标是抓捕动态目标的特例,抓捕动态目标的规划与控制问题的约束条件更多,不仅对终端时刻空间机械臂末端执行器相对目标卫星抓捕点位姿误差有更高的约束,且对终端时刻空间机械臂末端执行器相对目标卫星抓捕点的速度和角速度误差有更高要求,这使问题求解也更加复杂。此外,在抓捕动态目标的规划与控制问题中,目标抓捕点相对空间机器人基座卫星的位姿不仅在整个训练过程的每次实验中有变化,且在每次实验内也有连续变化,这就使得智能体的学习任务更加复杂。

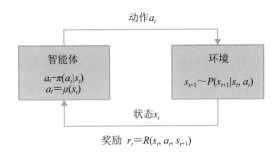

图 6.3.8　强化学习思想

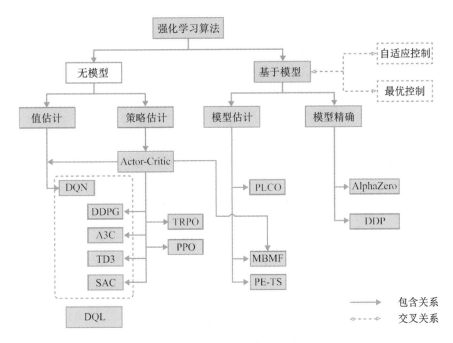

图 6.3.9　强化学习算法分类

6.3.7 非合作目标的自主相对位姿测量

非合作目标的自主相对位姿测量为后续导航制导与对接抓捕的依据,是非合作在轨服务需要首先解决的问题。太空环境恶劣,在轨服务接近过程中距离变化较大,单纯依靠某一种测量设备难以胜任整个在轨服务的相对位姿测量需求。

激光雷达已经成为一类可测量传感器与物体之间距离的主动传感器的通称(Christian et al.,2013;梁斌等,2016)。根据技术方案的不同,激光雷达可以分为扫描式、阵列式以及空间光调制式;根据使用光源的不同,其又可以分为脉冲/闪光式和连续波式;根据测距原理的不同,其又可分为三角测量式、飞行时间式和压缩感知式(Opromolla et al.,2017)。

光相机作为航天领域的常见设备,具有图像直观、体积小、质量轻、功耗低、成本低的优点(Opromolla et al.,2017;郝刚涛等,2013)。它通过被动感知由目标反射而进入相机的光线,并将其转化为不同强度的电信号后得到目标的高分辨率二维图像,然后从图像中计算出目标的位姿。可见光相机可用于不同类型的航天器,几乎成了在轨服务任务航天器上的标准设备之一,未来将在在轨服务航天器小型化、轻型化的趋势(高学海等,2012)下将扮演更为重要的角色。可见,光相机在合适光照下计算得到的目标位姿精度非常高,并且不同焦距的相机可用于不同距离下的测量。其缺点是对光照比较敏感,且受相机的标定精度影响较大。

基于特征的位姿估计主要通过在图像中提取非合作目标上的自然特征,利用特征的几何约束来确定目标位姿(见图6.3.10)。最常用的自然特征为点特征(Augenstein,2011)。有一些方法虽然声称采用线特征(Cropp et al.,2002;傅丹,2008)或面特征(徐文福等,2009),但要么用到了目标的几何模型先验信息,要么利用了面的几何约束来计算点的坐标。在没有关于目标的先验信息下,单目相机采集的图像缺乏深度信息,难以估计目标的位姿。在实际航天任务中,由于空间光照变化和目标运动的影响,特征提取精度和特征匹配效果有限,因而基于特征方法在对非合作目标的位姿估计上难以加以实际应用,而是更多地用于合作目标在轨服务任务中。

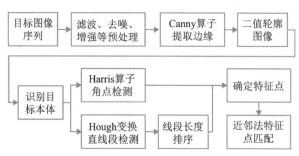

图6.3.10　基于特征的位姿估计(郝刚涛,2014)

若基于模型的位姿估计,则需要先假设目标至少部分几何信息是已知的,然后利用这些已知的几何信息及其几何约束实现对非合作目标的位姿估计(见图6.3.11)。基于模型的位姿估计方法一般包含以下过程:①将目标模型表达为特征集合,如线、边(Drummond et al.,2002;Comport et al.,2006)或曲线(Liu et al.,2014);②在采集对的图像中提取相同的特征;③根据初始位姿估计,将模型投影到图像平面上;④根据投影和图像特征之间的最佳配准估计目标的位姿,通常以最小二乘求解特定目标函数等方式实现。由于充分利用了目标上的几何信息,基于模型的位姿估计方法比基于特征的方法对干扰的鲁棒性要强得多,其缺点在于目标模型要已知或者可获得。

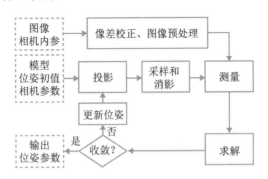

图6.3.11　基于模型的位姿估计

基于三维点云特征的位姿估计分为全局特征和局部特征(Aldoma et al.,2012),它们都是通过对点云特征描述配对,建立初始位姿后再用最近点迭代(iterative closest point,ICP)进行优化(见图6.3.12)。ICP基于两个点云之间距离最近的点是对应点的假设,通过迭代求解变换参数,然后对数据变换的过程直到收敛来估计最终的位姿。ICP算法的优点是配准精度非常高,但它需要较好的初始值,且要求两个点云之间的变换不能太大,不能有太多遮挡等,否则迭代收敛过程比较费时甚至无法收敛。基于全局特征的方法是将位姿估计转化为不同视角下的点云特征搜索问题(Rhodes et al.,2016)。全局特征将目标点云视为一个整体,从整体角度提取几何信息来进行比较,近似于模板匹配的过程。这样做的好处是一个点云只需要一个描述,不仅内存占用较少,而且特征匹配的过程也相对较快。然而,这类基于全局特征的方法忽略了点云的几何形状细节,这些方法通常需要事先训练目标点云特征建立特征数据库,在线位姿估计时需要对场景点云进行分割预处理,而且其位姿估计精度也依赖于特征数据库的规模,最为重要的是,在接近过程中,由于视场限制等原因,可能只能看到部分点云,进而导致算法失败(Martinez et al.,2017)。

基于局部特征的方法则和二维图像配准过程类似,通过提取并匹配点云的关键特征来建立对应关系,通常包括特征点检测、特征描述、搜索配对、精调等环节

（Diez et al.，2015）。特征点检测方面最简单的是通过点云的稀疏采样得到，也可考虑利用点云的几何属性来进行检测。

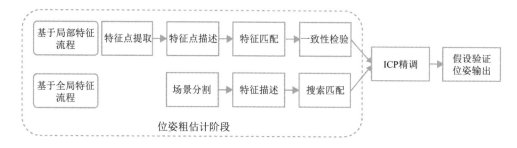

图6.3.12　基于点云特征的位姿估计流程

　　从测量设备角度看，可见光相机由于其硬件成熟及体积、质量功耗较小等优点，具有广泛的适用性，在目前非合作目标近距离位姿测量中仍然占主流。此外，由于其可直接测距的优势，三维传感器也逐渐被研究者所关注，但目前应用还不够成熟。具体到位姿估计方面，可见光相机中基于模型的方法由于利用了目标的已知信息，在实际应用中具有更强的鲁棒性，确定性方法和贝叶斯方法各有千秋。基于三维点云的位姿估计中，基于特征的方法由于通过特征配对建立初始位姿，故能够更好地保证结果的收敛性。从算法的自主性和鲁棒性角度来看，基于局部特征的算法更有优势。

　　目前的非合作目标近距离相对位姿估计技术离在轨应用仍有一定距离，主要因素如下。

　　（1）光照条件变化对成像的影响。相比于地面，太空中的太阳光因空气稀薄，具有强度高、方向性强等特点，而卫星表面通常包覆有多层用于热保护的绝缘材料，这些包覆材料往往具有周、边缘光滑且反光性强的特点。非合作目标的这些特性使得不同特征部位的光照条件不断变化，给非合作目标的位姿估计带来了极大的挑战。

　　（2）接近过程目标图像的尺度变化。在服务航天器接近过程中，目标图像也会逐渐放大，甚至超出视场范围，这种尺度的变化给非合作目标的跟踪接近也带来了一定的难题。

　　（3）目标运动状态的复杂性。正常工作的航天器通常处于姿态稳定状态，而那些失效的非合作目标可能处于自旋、翻滚状态，目标运动状态的变化给位姿估计带来了困难。

　　（4）星载算法复杂度对实时性的影响。由于星载计算机运算处理能力有限，航天器在轨运动速度较高，如何在有限的运算资源条件下实现非合作目标的实时测量也是一个需要考虑的问题。

　　以上挑战归结为在轨服务过程中对非合作目标近距离相对位姿测量的精度、

鲁棒性以及实时性提出了要求。位姿估计精度是在轨服务成功对接、精准操作的前提;位姿估计的鲁棒性则是应对空间环境中的干扰、保证算法在不同条件下都可靠的保障;位姿估计的实时性则对星载有限计算资源约束下算法的复杂性提出了要求。

6.3.8　空间机器人对非合作目标的自主接管

空间机器人自主接管非合作目标是实现故障航天器在轨服务和空间碎片清理等操控的基本前提。为实现空间机器人对非合作目标的自主接管,可以采用机械臂、飞网等为主要载荷,其中空间机械臂为执行抓捕任务的主载荷,当目标的翻滚运动剧烈,特别是当章动角及角速度超出空间机械臂的捕获能力时,可采用飞网对其进行捕获。从维修和操作的角度来讲,空间机械臂是不可缺少的,而飞网等仅作为捕获手段的备份。利用多臂空间机器人及飞网对翻滚的非合作目标进行捕获如图6.3.13和图6.3.14所示,其中的关键问题如图6.3.15所示。

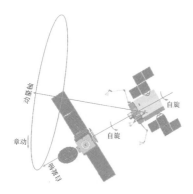

图6.3.13　多臂在轨捕获目标　　　　图6.3.14　飞网捕获非合作目标

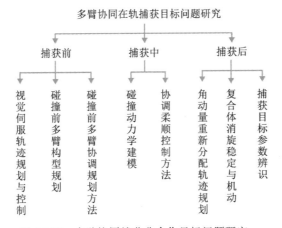

图6.3.15　多臂协同捕获非合作目标问题研究

空间机器人对非合作目标的自主接管存在以下几个技术难点。

（1）完整的抓捕及操作过程包括机械臂末端与目标接近、接触碰撞、目标锁紧、复合体稳定、复合体机动等，系统的构型及链接关系并不固定。这意味着单一的控制方法、固定的控制律和控制参数无法满足整个过程的需要。而且，除了构型发生变化以外，整个系统还需要满足各种物理约束条件，如基座执行机构的能力、关节运动范围、关节驱动力矩、燃料消耗、任务时间等。

（2）系统组成复杂且存在多种层面的动力学耦合作用，给系统的稳定控制带来了巨大挑战。复合体系统包括非合作目标、多个机械臂以及航天器基座，除了受轨道动力学的约束外，还存在目标与机械臂之间、机械臂与基座之间的相互作用以及柔性振动效应等。这些作用或效应涉及不同层面、不同物理要素，属于多维动力学耦合的问题。以往的研究大多只关心其中一部分（如机械臂与基座的耦合）。

（3）针对非合作目标的多臂空间机器人系统设计及抓捕策略的制定缺乏充分的理论依据。影响目标是否成功捕获的因素较多，包括目标的运动特性（运动形式、运动速度）、体积、质量、惯量分布，机械臂的长度、构型及灵巧性，基座与机械臂的质量、惯量比，执行机构的控制能力，机械臂的运动轨迹（位置、速度、加速度的时间曲线）等，均对是否成功捕获目标并进行消旋产生重要影响，这些影响因素可以归纳为空间机器人抓捕目标能力的问题。而且，目前对空间机器人系统的总体设计、非合作目标的抓捕和复合体系统的协同稳定控制等方面缺乏充分研究，使得多臂空间机器人系统在设计、抓捕、稳定控制的策略制定方面缺乏理论依据。

（4）受在轨感知及处理器计算能力的限制，需要在多种受限条件下实现非合作目标的快速捕获与消旋。一方面，空间机器人仅能携带有限的传感器（如可见光相机），且传感器的精度不如地面同类传感器；另一方面，星载处理器的计算能力受限，输出频率极其有限。而且，在轨抓捕非合作目标的时机短暂，必须在极短时间内完成捕获。机械臂与基座间存在极强的耦合性，这就要求机械臂的运动对基座产生的扰动应尽量小，在控制上就需要考虑机械臂与基座的协调，因而对计算能力的需求较大。

（5）非合作目标角动量大，形成的复合体系统的惯性特性可能会发生突变，导致基座原有的控制算法及执行机构布局难以满足目标消旋及复合体机动等的控制要求。抓捕后需要在轨实时辨识目标质量特性，且在辨识的同时进行消旋控制，这需要克服角动量大、复合系统偏心大、基座控制能力有限等问题。传统的辨识方法，需要通过复杂的激励运动获得尽可能多的数据，然后进行离线辨识，这显然不能满足控制实时性的要求；采用类似于自适应控制的策略，即一边估计参数一边进行控制，只适合于参数变化幅度不大或不剧烈的场合，也无法满足非合作目标抓捕及接管控制的需求。

6.3.9　空间机器人工作空间及构型优化

工作空间、可操作度、条件数、灵巧度、最小奇异值等指标对机器人构型设计、避奇异运动规划、柔顺控制等的性能评估起了很大作用（Tanev et al.，2000），对可操作度指标的应用研究是机器人领域的热点之一（Tanaka et al.，2015；Okada et al.，2014；Vahrenkamp et al.，2012）。

根据基座是否受控，空间机器人的工作空间可定义为三类（五种）：①基座位姿受控下的基座位姿固定工作空间（fixed vehicle workspace），指当基座质心的位置和姿态都在受控状态下，机械臂末端所能覆盖的包络范围；②基座姿态受控下的基座姿态固定工作空间（attitude constraint workspace），指当基座姿态在受控状态下机械臂末端所能覆盖的包络范围；③基座自由漂浮下的最大可达工作空间（maximum reachable space）、直线路径工作空间（straight-path workspace）和有保证的工作空间（guaranteed workspace），分别指自由漂浮空间机器人的机械臂末端最大包络范围、从初始点直线达到目标点的空间区域、从初始任意姿态和任意接近路径都保证可达的空间区域（Umetani et al.，1990）。

Papadopoulos 等（1993）指出，空间机器人的奇异性不仅仅与机器人的结构有关，还与其动力学特性有关，即空间机器人的动力学奇异。他们在此基础上分析了空间机器人的工作空间，定义出两类典型的工作空间类型，与路径无关的工作空间（PIW）和与路径相关的工作空间（PDW），并进一步指出：当空间机器人末端的运动轨迹在 PIW 中时，不会遇到动力学奇异点，而当机器人末端的运动轨迹在 PDW 中时，有可能遇到奇异点。

空间机器人工作空间的分析对机器人的设计以及针对典型任务的规划和控制具有较强的指导意义。从目前研究情况来看，空间机器人的运动学及动力学参数和奇异性是影响空间机器人的工作空间划分及性能评价的主要因素之一。

对于单臂空间机器人来说，由于机械臂与基座的耦合效应，机械臂末端的可操作度不同于地面机械臂的可操作度。在空间机器人的动力学和运动学参数确定的情况下，可操作度与机械臂的构型有关，可操作度能够用来评价机械臂构型配置的优劣。在多臂空间机器人中，通常机械臂中的一条或多条被称为任务臂，用来执行主要在轨任务，其他机械臂被称为辅助臂，用来保持基座稳定，或者协助任务臂开展视觉测量（Huang et al.，2005）。针对复杂任务，在多臂协同作业之前，需要设计多机械臂的布局及构型的优化，但由于机械臂与基座以及机械臂之间存在耦合关系，辅助臂的构型对任务臂的构型存在一定的影响，多机械臂的布局及构型的优化选择存在一定的难度（见图 6.3.16）。

6.3.10　空间机器人容错控制研究

空间机器人的容错控制机制是确保机器人系统发生故障后依然能够稳定运行

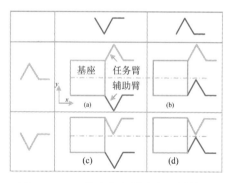

图 6.3.16　双臂空间机器人的不同构型

或者能够保持在安全工作区间内的重要保障。地面重力环境下,机器人与空间机器人在基本结构以及运动学动力学原理上具有相似性,但考虑到太空环境与地面环境的巨大差异,相对于地面机器人而言,空间机器人具有更加复杂的运动学动力学特征和更高的控制性能要求,其容错控制难度也更大。现有的容错控制技术总体上可以分为两大类(Rotondo, 2017):硬件冗余技术和解析冗余技术,其中依据处理故障的方式,可将后者划分为主动容错控制技术(active fault-tolerant control, AFTC)与被动容错控制技术(passive fault-tolerant control, PFTC)(见图 6.3.17)。

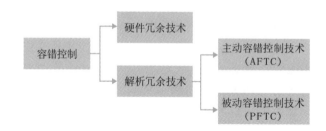

图 6.3.17　容错控制技术分类

　　硬件冗余技术通过在系统中加入硬件冗余(如两组独立的传感器/执行器)来达到容错控制的目的(见图 6.3.18)。目前,航天器都设有硬件冗余备份,以防止故障突然发生造成不可挽回的损失。该类容错技术的主要优点是简单,相对于其余的容错控制技术需要设计较为复杂的控制算法,该类技术只需在系统中备份关键元器件即可,但代价是硬件及维护成本的极大增加。尽管硬件冗余技术有其明显缺点,即为了确保对象在太空中长时间使用的可靠性,通常需要对其所有的传感器、关键部位的执行器以及机械臂关节进行冗余备份,却依然是最有效的。时至今日,这仍然是空间机器人等航天系统所必备的容错控制技术。目前,已发射升空的空间机器人通常都会有硬件备份,硬件备份占据了运载火箭大量的有效载荷,该缺点可以通过解析冗余技术进行弥补。

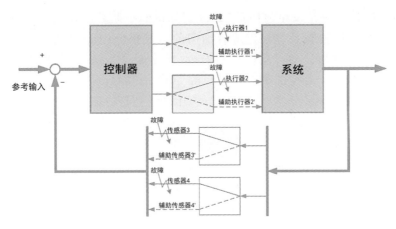

图 6.3.18　硬件冗余

　　被动容错控制技术将故障视为系统的扰动,针对预先设定的某些类型的故障元素设计鲁棒控制器,可使系统在给定类型的故障发生后依然保持稳定或者具有期望的性能表现(见图 6.3.19)。一旦将故障视为不确定性或者系统的扰动,便可以应用鲁棒控制领域的相关成果来实现上述目标。因此,可以说被动容错控制技术在系统的构造思路上是一种与鲁棒控制技术相类似的方案。其主要特点是,如果系统运行期间发生了给定类型的故障,那么被动容错系统不需要采取任何措施来应对故障,依靠固定的控制器就能够保持系统稳定。

　　被动容错控制技术的优点是不需要设计故障诊断子系统或者控制器重构,并且在故障发生和系统执行相应的动作之间没有时间延迟,这一点在容错控制中非常重要。其局限性在于被动容错系统的容错能力非常有限,并且一般难以完全达到期望的性能。鉴于需要提前预测系统可能发生的各种类型的故障以设计控制器,故当出现预测之外的故障时,系统往往不能保证可以有效处理该故障。因此,被动容错控制技术在故障的程度超出预先设计范围的情形下就难以有效发挥作用。此外,由于鲁棒控制需要考虑最坏的情形,因此所设计的控制器可能具有很强的保守性。

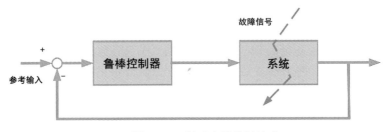

图 6.3.19　被动容错控制技术

主动容错技术是指发生故障后,通过故障诊断子系统获取故障信息并自动调整相应的控制律以实现系统稳定或者期望的性能指标(见图6.3.20)。一般而言,主动容错系统可以划分为可重构控制器、故障诊断子系统、控制器可重构机制和参考信号调节器四个典型的子系统(Zhang et al.,2008)。是否包含可重构控制器和故障诊断子系统是区分主、被动容错控制的最主要特征。显然,主动容错技术相较于被动容错控制而言,其控制设计算法更加复杂,实现起来也更加困难。但因为其可以更加灵活、广泛地用于多种类型的故障系统,所以不必预先假定故障类型就可使系统具有相对良好的稳定性,能最大程度地提升故障后系统的性能表现。目前的研究多集中于地面机器人,少数针对航天器的研究一般都是建立在硬件多备份(多传感器、多执行器)的假设基础上,而缺乏对空间机器人这一特定对象的容错分析。

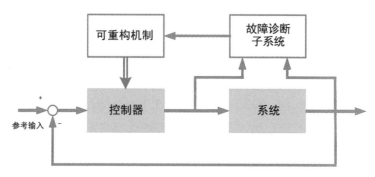

图6.3.20　主动容错技术

6.3.11　空间机器人系统故障诊断

空间机器人系统中包含的多传感器为设备运行中的数据收集提供了可能,而遥操作技术通过网络传输使得地面站操作员可以实时对系统状态进行监控,人工智能提升了诊断技术的多样性和智能化。由于系统和空间任务的复杂程度增加,相应的组成结构和原理越来越难表达,系统精确模型难以建立,专家知识和经验积累不足,故现有故障诊断与预测方法很多无法适用。

(1)复杂系统数据引起的数据爆炸。复杂系统会将大量数据连续不断地进行收集和记录,庞大的数据量增加了数据处理的计算量,数据隐含的逻辑关系也更难以分析,对现有的数据驱动方法造成了冲击。如何根据样本的特性尽可能保留有用信息,改进计算的效率是基于数据驱动算法需要进行优化的方向。

(2)系统运行工况样本不均衡影响故障诊断精度。实际任务中经常面临非均衡数据的分类问题,不同类别的数据差异非常大。在工程系统实际运行中,系统并不能均衡地工作在各类工况下,样本数据采集不能保证均衡。一般来说,系统长时间工作在正常工况下,故障工况下的运行时间较短,样本采样不足,对于传统的数据驱动方法,可能会导致大量的错分现象,而故障状态的错分可能会导致严重的问题。非均衡数据的分类问题中,一般将数据量较大的类别称为多数类,数据量较小的类别称为少数类。在实际非均衡问题中,多数类和少数类的数量都有可能不唯一。对于非均衡数据分类问题,可以从对样本数量进行平衡的角度处理,即设法调整样本的数据进行重新采样,尽可能使得各类别数据达到平衡。调整后的数据集满足机器学习的基本假设,分类的准确度能够得到提升。机器学习中通常认为样本数据的错分成本相同,这种假设的存在导致倾向于将模糊的样本被划分为多数类的情形,学习模型对多数类数据的错分率比较低。实际问题中的少数类数据可能包含更多需要重视的内容,针对这一问题,适当地提高少数类数据的错分成本以提高其重要性是对于非均衡数据的一种有效方法,即代价敏感学习方法。

(3)系统运行工况不全面影响故障诊断能力。在实际系统中,故障诊断算法需要对不同工况状态下的数据进行区分。但多数情况下,工业系统或设备不同工况下的数据可能存在很大差异,其数据分布的不同导致传统方法中对于训练集和目标集数据分布函数相同的假设不再满足,故障诊断模型的效果会受到影响。另外,在系统实际运行或测试中,部分工况数据的采集难度较大,根据已有工况的数据特征去学习未知工况的数据分布模式是增加故障诊断算法在实际应用中适用性的一个重要问题。

(4)现有故障诊断算法对于复杂系统预测能力欠佳。由于复杂系统的部件耦合度较高,且工作环境条件复杂,系统测量得到的数据通常是非线性的,非线性的数据使得系统的故障预测难度增加。时间序列模型有计算复杂度低的特点,对于线性信号的预测较为准确,但很难全面地反映序列数据中存在的复杂非线性关系,对其的预测准确性较低。因此,寻找能够良好表征信号分布函数的方法是需要深入研究的内容,而深度学习的方法通过多层的网络结构对复杂的非线性函数可以进行更好的拟合。

参考文献

傅丹,2008. 基于直线特征的空间目标三维结构重建和位姿测量方法研究 [D]. 长沙:国防科学技术大学.

高学海,梁斌,潘乐,等,2012. 非合作大目标位姿测量的线结构光视觉方法 [J]. 宇航学报,33(6):728-735.

高学海,徐科军,张瀚,等,2007. 基于单目视觉和激光测距仪的位姿测量算法 [J]. 仪器仪表学报,28(8):1479-1485.

郝刚涛,杜小平,2013. 空间非合作目标位姿光学测量研究现状 [J]. 激光与光电子学进展,50(8):240-248.

郝刚涛,杜小平,2014. 基于单目视觉图像序列的空间非合作目标相对姿态估计 [J]. 航天控制,32(2): 60-67.

李由,2013. 基于轮廓和边缘的空间非合作目标视觉跟踪 [D]. 长沙:国防科学技术大学.

梁斌,何英,邹瑜,等,2016. ToF 相机在空间非合作目标近距离测量中的应用 [J]. 宇航学报,37(9): 1080-1088.

徐文福,刘宇,梁斌,等,2009. 非合作航天器的相对位姿测量 [J]. 光学精密工程,17(7):1570-1581.

Aldoma A, Marton Z C, Timbari F, et al., 2012. Tutorial: Point cloud library: Three-dimensional object recognition and 6 DOF pose estimation [J]. IEEE Robotics & Automation Magazine, 19(3): 80-91.

Augenstein S, 2011. Monocular pose and shape estimation of moving targets for autonomous rendezvous and docking [D]. Stanford, USA: Stanford University.

Benvenuto R, Salvi S, Lavagna M, 2015. Dynamics analysis and GNC design of flexible systems for space debris active removal [J]. Acta Astronautica, 110(1): 247-265.

Christian J A, Cryan S, 2013. A survey of lidar technology and its use in spacecraft relative navigation [C]// AIAA Guidance, Navigation, and Control Conference, Boston, USA: 1-7.

Comport A I, Marchand E, Pressigout M, et al., 2006. Real-time markerless tracking for augmented reality: The virtual visual servoing framework [J]. IEEE Transactions on Visualization and Computer Graphics, 12(4): 615-628.

Cropp A, Palmer P, Mclauchlan P, et al., 2002. Estimating pose of known target satellite [J]. Electronics Letters, 36(15): 1331-1332.

Diez Y, Roure F, Llado X, et al., 2015. A qualitative review on 3d coarse registration methods [J]. ACM Computing Surveys, 47(3): 1-36.

Drummond T, Cipolla R, 2002. Real-time visual tracking of complex structures [J]. IEEE Transactions on Pattern Analysis and Machine Intelligence, 24(7): 932-946.

Du X, Liang B, Xu W, et al., 2011. Pose measurement of large non-cooperative satellite based on collaborative cameras [J]. Acta Astronautica, 68(11-12): 2047-2065.

Flores-Abad A, Ma O, Pham K, et al., 2014. A review of space robotics technologies for on-orbit servicing [J]. Progress in Aerospace Sciences, (68): 1-26.

Golebiowski W, Michalczyk R, Dyrek M, et al., 2016. Validated simulator for space debris removal with nets and other flexible tethers applications [J]. Acta Astronautica, 129(12): 229-240.

Huang P, Xu Y, Liang B, 2005. Dynamic balance control of multi-arm free-floating space robots [J]. International Journal of Advanced Robotic Systems, 2(2): 117-124.

Kelsey J M, Byrne J, Cosgrove M, et al., 2006. Vision-based relative pose estimation for autonomous rendezvous and docking [C]// IEEE Aerospace Conference, Big Sky, USA: 1-20.

Kim S-W, 1999. Contact dynamics and force control of flexible multi-body systems [J]. Dissertation Abstracts International, 4(2): 17-26.

Liu C, Hu W, 2014. Relative pose estimation for cylinder-shaped spacecrafts using single image [J]. IEEE Transactions on Aerospace & Electronics Systems, 50(4): 3036-3056.

Ma O, Wang J, 2007. Model order reduction for impact-contact dynamics simulations of flexible manipulators [J]. Robotica, 25(4): 397-407.

Martinez H G, Giorgi G, Eissfeller B, 2017. Pose estimation and tracking of non-cooperative rocket bodies using Time-of-Flight cameras [J]. Acta Astronautica, 139(10): 165-175.

Okada T, Tahara K, 2014. Development of a two-link planar manipulator with continuously variable transmission mechanism [C]// IEEE / ASME International Conference on Advanced Intelligent Mechatronics (AIM), Besancon, France: 263-272.

Opromolla R, Fasano G, Rufino G, et al., 2017. A review of cooperative and uncooperative spacecraft pose determination techniques for close-proximity operations [J]. Progress in Aerospace Sciences, 93: 53-72.

Papadopoulos E, Asme M, 1993. Dynamic singularities in free-floating space manipulators [J]. Space Robotics: Dynamics and Control, 115(1): 44-52.

Petit A, Marchand E, Kanani K, 2014. Combining complementary edge, point and color cues in model-based tracking for highly dynamics scenes [C]// IEEE International Conference on Robotics and Automation (ICRA), Hong Kong, China: 4115-4120.

Rhodes A, Kim E, Christian J A, et al., 2016. LIDAR-based relative navigation of non-cooperative objects using point cloud descriptors [C]// AIAA / AAS Astrodynamics Specialist Conference, Long Beach, USA: 2136-2147.

Rotondo D, 2017. Advances in Gain-Scheduling and Fault Tolerant Control Techniques [M]. Berlin, Germany: Springer.

Tanaka Y, Nishikawa K, Yamada N, et al., 2015. Analysis of operational comfort in manual tasks using human force manipulability measure [J]. IEEE Transactions on Haptics, 8(1): 8-19.

Tanev T K, Stoyanov B, 2000. On the performance indexes for robot manipulators [J]. Problems of Engineering Cybernetics & Robotics, 49: 64-71.

Umetani Y, Yoshida K, 1990. Workspace and manipulability analysis of space manipulator [J]. Transactions of the Society of Instrument & Control Engineers, 26(2): 188-195.

Vahrenkamp N, Asfour T, Metta G, et al., 2012. Manipulability analysis [C]// 12th IEEE-RAS International Conference on Humanoid Robots (Humanoids), Osaka, Japan: 478-492.

Vila L J, Malla R B, 2016. Analytical model of the contact interaction between the components of a special percussive mechanism for planetary exploration [J]. Acta Astronautica, 118(1-2): 158-167.

Xu W, Qiang X, Liu H, et al., 2012. A pose measurement method of a non-cooperative GEO spacecraft based on stereo vision [C]// 12th International Conference on Control Automation Robotics & Vision (ICARCV), Guangzhou, China: 966-971.

Yaskevich A, 2014. Real time math simulation of contact interaction during spacecraft docking and berthing [J]. Journal of Mechanics Engineering and Automation, 4(1): 1-15.

Zhang Y M, Jiang J, 2008. Bibliographical review on reconfigurable fault-tolerant control systems [J]. Annual Reviews in Control, 32(2): 229-252.

Zhao Z, Liu C, Chen T, 2016. Docking dynamics between two spacecrafts with APDSes [J]. Multibody System Dynamics, 37(3): 245-270.

第7章

海洋机器人智能技术

海洋与国家的前途和民族的命运息息相关。海洋机器人作为人类探索、认识和开发海洋的重要工具，在认识海洋和经略海洋上发挥着重要作用。目前，海洋机器人已经广泛应用于海洋科学研究、深海资源勘查、海洋油气生产、海底沉物搜寻与打捞等工作，并已发展为建设海洋强国、捍卫国家安全和实现可持续发展所必需的利器。

需要指出的是，作为海洋开发的延伸，极地（南极和北极）探索具有重要的政治、经济、军事和社会价值，其重要性已经引起了世界各国的高度关注。考虑到海洋机器人也是极地冰下探索的主要工具，这里用海洋机器人或水下机器人泛指从事海洋和极地冰下探索的机器人。

7.1 海洋机器人智能化发展的研究背景

海洋机器人依其工作空间和操控模式可分为水面机器人、载人潜水器、遥控水下机器人和自主水下航行器。值得注意的是，除了水面机器人，一般将其他类型的海洋机器人统称为水下机器人。由于水面机器人较少受到水下环境的困扰，因此一般将水面机器人单列。这样，海洋机器人和水下机器人的内涵将完全一致。

20世纪50年代起，海洋机器人的发展经历了四次革命。第一次发生在20世纪60年代，以潜水员潜水和载人潜水器的应用为主要标志；第二次发生在20世纪70年代，以遥控水下机器人迅速发展成为一个成熟的产业为标志；第三次大约发生在20世纪90年代，以AUV逐步走向成熟为标志；第四次发生在21世纪初期，为了适应海洋工程的需要，出现了混合型海洋机器人，即水面、遥控和自主三类机器人的某种组合或联合。

从控制的角度来看，水下机器人的每一次革命都是朝着自主化、智能化的方向迈进。这和控制学科从线性控制发展到非线性控制、混合控制再到智能控制的发展脉络是一脉相承的，只是有着一定的时间延迟。这种时间延迟，一方面与技术本身从出现到成熟所需要的培育时间有关,另一方面则与通用技术和具体领域深度结合所需要的融合时间有关。目前,以深度学习、增强学习、人机共融为代表的人工智能技术正在逐渐打通从自主感知到自主控制和自主决策的智能无人系统全流程智能链条,并率先在轨道交通、智慧工厂等受限环境中付诸实践。可以预见的是,当前正在深刻改变着我们生活方方面面的互联网、大数据和人工智能技术也必将在不远的将来推动海洋机器人的新一轮技术革命,即智能化革命。

7.2 海洋机器人研究现状

我国海洋机器人的发展始于 20 世纪 70 年代,代表性工作包括用于沉物打捞的“鱼鹰”号和“蓝鲸”号,以及曾进行与潜艇水下对接并转移潜艇艇员试验的 7103 深潜救生艇等。1986 年成功研制潜深 200m 的“海人一号”为我国水下机器人研究的开端。1994 年“探索者”号的研制成功标志着我国 AUV 研究达到了工作深度 1000m,接着“CR-01”号、“CR-02”号等 AUV 最大工作深度达到 6000m,然后,“智水”系列、“潜龙”系列、“海龙”系列、“海马”号等陆续投入使用。“蛟龙”号是我国首台工作深度达到 7000m 的载人潜水器,“海斗”号是我国首台工作深度超过万米的水下机器人。世界上所有类型的海洋机器人在我国几乎都有相应的研究与开发。

在现代意义上,一般不将载人潜水器列入海洋机器人。因此,下面只对遥控水下机器人、AUV 和混合型水下机器人的发展状况进行简要概述。

7.2.1 遥控水下机器人

中国科学院沈阳自动化研究所从 20 世纪 80 年代开始遥控水下机器人(remotely operated vehicle,ROV)的研制工作。2005 年,面向深海打捞需求,我国成功研制了 1000m 级作业型 ROV,主要用于辅助打捞作业和独立完成水下沉物的搜索、观察、打捞,以及完成对预定海域的水下环境进行监视、考察等任务。2018 年,我国成功研制“海星 6000”号科考型 ROV[见图 7.2.1(a)]并顺利完成首次科考应用,主要用于深海生命科学、环境化学、冷泉等科学考察。

上海交通大学研制的“海马”号 ROV[见图 7.2.1(b)],其最大工作深度为 4500m,拥有完备的深水作业系统、中继器和主动升沉补偿绞车。“海马”号于 2014 年完成了 4500m 海下试验,目前已进入应用阶段。“海马”号装备有水下摄像照相系统、声呐、作业工具、多功能机械手,可通过更换具有不同功能的水下作业底盘完成不同的作业任务。

7.2.2 自主水下航行器

1990 年,中国科学院沈阳自动化研究所联合国内多家单位,开始研制我国第

（a）"海星 6000"号　　　　　　　　　　　　（b）"海马"号

图 7.2.1　我国的遥控水下机器人

一台潜深 1000m 的 AUV——"探索者"号［见图 7.2.2（a）］。"探索者"号的研究不仅为随后的"CR-01"号 6000m 级 AUV 提供了宝贵的技术积累，也为后续一系列 AUV 的研制奠定了技术基础。

　　20 世纪 90 年代中期，中国科学院沈阳自动化研究所联合国内优势单位，与俄罗斯合作，成功研制了我国第一台 6000m 级 AUV——"CR-01"号［见图 7.2.2（b）］。之后又于 2000 年成功研制了 6000m 级 AUV——"CR-02"号。2011 年起，中国科学院沈阳自动化研究所牵头对"CR-02"号 6000m 级 AUV 进行升级改造，研制了实用型的 6000m 级 AUV——"潜龙一号"。在随后几年的中国大洋勘探中，它对我国多金属结核区完成了大量的地形地貌调查任务。目前，成功研制的"潜龙"系列 AUV［图 7.2.2（c）为 2018 年研制成功的"潜龙三号"］连续执行了大洋科考航次任务，对我国多金属结核区和金属硫化物矿区进行了大范围勘查。

（a）"探索者"号　　　　　　　（b）"CR-01"号　　　　　　　（c）"潜龙三号"

图 7.2.2　我国的自主水下航行器

7.2.3 水下滑翔机

水下滑翔机以续航时间长、航程远、航向可控、数据同步性好、购置成本低和传感器可定制等优点,近年来得到广泛关注。2005年,中国科学院沈阳自动化研究所成功开发我国首台水下滑翔机原理样机——"海翼"号。2018年"海翼1000"水下滑翔机创造了91d续航时间和1884km续航距离的记录,使我国成为全球第二个具有跨季度自主移动海洋观测能力的国家。"海翼"系列滑翔机[图7.2.3(a)为"海翼"7000m级滑翔机]在我国南海、东海以及太平洋和印度洋等海域开展了多次海上观测应用。截至目前,累计海上观测近6000d,累计观测距离超过14万千米。

2009年,天津大学成功研发"海燕"混合推进型水下滑翔机。2020年7月,"海燕-X"万米级水下滑翔机[见图7.2.3(b)]下潜至10619m,再次刷新了我国水下滑翔机下潜深度的世界纪录。

(a)"海翼"7000m级水下滑翔机　　　　　(b)"海燕-X"万米级水下滑翔机

图7.2.3　我国的水下滑翔机

7.2.4 自主遥控水下机器人

2003年,中国科学院沈阳自动化研究所在国内率先提出并开始自制遥控水下机器人(autonomous and remotely operated vehicle,ARV)的研究工作。ARV结合了AUV和ROV的特点,既可实现较大范围的探测,又能完成水下定点作业。中国科学院沈阳自动化研究所从2005年起先后成功研制六款ARV,在水下安保、北极科考及深渊科学研究等领域成功开展了应用工作,图7.2.4(a)为北极科考ARV。

2014年,为了满足深渊科学研究的需求,中国科学院沈阳自动化研究所开展了万米级ARV研究,针对载体形体优化设计、大深度密封、长光纤微缆释放管理等关键技术展开了研究。2017年,"海斗号"ARV[见图7.2.4(b)]下潜至10888m,使我国的深海水下机器人跨入万米时代。2020年6月,中国科学院沈阳自动化所主持研制的"海斗一号"ARV[见图7.2.4(c)],在马里亚纳海沟成功完成了首次万米海试与试验性应用任务,填补了我国万米级作业型无人潜水器的空白。

(a)北极科考 ARV　　　　(b)"海斗"号　　　　(c)"海斗一号"ARV

图 7.2.4　我国的自主遥控水下机器人

7.2.5　海洋机器人发展现状总结

我国海洋机器人事业起步虽然比国际上晚了大约 30 年,但是经过半个世纪的发展,成功走出了一条从自主摸索、学习与跟踪国际先进水平到自主创新的创业之路。目前,我国的海洋机器人在潜深、航程、航时等关键指标上已经走在了世界前列,但是在自主水平、智能程度和精确控制等层面上离世界先进水平还有一定的差距。

通过前面的梳理,我们大致可以得到如下结论。

(1)海洋机器人的时空范围逐渐延伸。在深度上,我国的海洋机器人已经抵达海洋的最深处,即马里亚纳海沟的底部;在时间上,我国的滑翔机已经能够执行跨季度的海洋环境参数采集;在空间上,我国的 AUV 和滑翔机的航程都已经突破了 1000km;在速度上,我国的 AUV 已经达到十几节。

(2)海洋机器人的自动化程度越来越高。现在的遥控潜水器已经具有一定程度的自主性,能够辅助操作人员执行部分精准作业;而最新的 AUV 或混合型水下机器人已经具备一定程度的自主避障、自主导引、动态路径规划和任务自适应分配能力。

但是,必须警醒的是,目前的海洋机器人技术正面临如下几方面的困境。

(1)技术瓶颈显现。目前,海洋机器人技术趋于"成熟",但这并不是说技术真的成熟了,而是遇到了瓶颈。海洋机器人技术出现了同质化,技术更新的速度不如之前那么快。毕竟,与追赶国际前沿相比,通过主体创新突破瓶颈技术是一个相对缓慢的过程。技术迭代放缓可能引发的一个结果是技术研发和海洋工程会逐渐"脱钩"。技术研发人员会逐渐从工程应用中剥离开来,而工程技术人员则习惯于使用业已成熟的技术。

(2)技术研发始终处于碎片化状态。海洋机器人技术的更新换代,实际上是对机器人系统各个组部件和整个系统结构逐步升级改造的过程。目前,一个比较突出的问题是无论是软件还是硬件,各个组部件都在各自相对独立和封闭的状态下进行升级换代。尽管优化技术已经零星地体现在了机器人的设计、建造和使用中,但还是不能做到从全局的角度对各个流程和环节进行系统性的管控。

(3)海洋机器人的发展落后于其他类型的机器人。通过横向比较可以发现，定位导航、自主作业、任务规划、集群控制等相对前沿的技术在海洋机器人领域都进展缓慢。海洋机器人的功能仍然比较单一，不仅缺少交互性，还缺乏在线学习能力。这些局限性当然和水体的特殊环境有关，相关问题的解决有赖于相关学科的进步。但需要看到，海洋机器人领域的技术引进与适应性改造还相对迟缓，原发性的技术攻关还相对欠缺。

由此可见，我国的海洋机器人研发正在进入"深水区"，推动海洋机器人进步的技术创新正面临"无人区"的挑战。事实上，我们已经体会到了原发性技术创新所带来的压迫感。这些问题的最终解决一方面取决于海洋机器人领域自身的技术攻关，另一方面则依赖于多学科的共同进步。

当前，以互联网、大数据和人工智能为代表的信息技术发展方兴未艾，正在调整资源配置模式、支撑产业结构转型、推动生产力发展、变革生产方式。在海洋机器人研发过程中，同样可以通过"他山之石，可以攻玉"的方式，借鉴和利用新一代人工智能技术推动技术进步与行业发展。

下面分别从航行器设计、自主感知、自主控制、自主决策和集群作业等角度梳理人工智能在海洋机器人领域的现状，并对海洋机器人领域智能技术发展所面临的挑战进行展望。

7.3 海洋机器人水动力分析技术

7.3.1 水动力分析技术简介

分析海洋机器人的水动力性能可以评估海洋机器人执行任务的能力，发现方案的不足并进行相应的改进。水动力分析技术主要围绕快速性和操纵性两方面展开。前者重点关注海洋机器人的航行效率，要在携带有限能源的前提下执行尽可能多的任务并顺利返回；后者重点关注海洋机器人的安全性和执行任务的能力，既要有足够的能力抵抗外界扰动保持深度、航向和速度的稳定性，又要能够迅速地调整到一个新的目标状态来执行新任务或躲避危险。水动力分析的手段主要有经验公式估算、模型试验和计算流体力学（computational fluid dynamics，CFD）方法三种。经验公式估算方法主要是对已有的试验数据或计算结果进行归纳整理得到，在三种方法中误差较大。模型试验的周期一般都比较长，而且费用较高。随着计算机水平的高速发展，CFD 方法因成本低、效率高且可靠性好被广泛采用。

早期的 CFD 方法并没有考虑流体自身存在的黏性效应，主要是通过数值方法求解椭圆型拉普拉斯（Laplace）方程，后来，von Neumann 和 Richtnyer 等（2014）开发了非线性双曲方程的数值解法，该方法的计算效率较高，但是更适合计算海洋结构物在波浪中的运动问题,而对海洋机器人在深海环境中的运动分析与预报能力有限。随着计算机硬件技术的飞速发展,考虑流体黏性的CFD方法也随之发展,该CFD方法被越来越多地应用于海洋结构物的水动力分析工作。所有黏性CFD方法都是离散化数值求解质量守恒、动量守恒和能量守恒三个偏微分方程。根据对流体湍动的不同处理方式,可以将其分为直接数值模拟(direct numerical simulation,DNS)、大涡模拟(large eddy simulation,LES)和雷诺时均化模拟(Reynolds averaged Navier-Stokes,RANS)三种。这三种模拟方法中,DNS对计算机资源的要求最高,其模拟结果最接近真实流动,RANS则与之相反,只要更少的计算机资源,但模拟精度也相对低一些,LES在这两方面介于DNS和RANS之间。在现阶段的计算机技术水平下,RANS方法可以广泛用于海洋机器人的水动力分析工作,LES方法可在超级计算机上进行应用。部分科研人员已经尝试使用LES和RANS相结合的分离涡模拟(detached eddy simulation,DES)方法进行海洋机器人的水动力分析,并取得了不错的效果。

7.3.2 快速性研究

海洋机器人的快速性研究最早围绕纯艇体的阻力性能进行优化,而要想降低航行阻力,必须对机器人外形采用流线型设计。目前,世界上的海洋机器人流线外形最常见的是回转体(见图7.3.1),优化工作开展最多的也是回转体阻力优化。AUV的回转体艇型一般是由公式给出首尾形状曲线,并根据需要决定是否使用平行中段。常用的首尾形状有Myring型、Nystrom型、鱼雷型和水滴形等。这些艇型都可以通过改变公式中的参数值来获得不同的回转体形状。

最早计算回转体阻力主要是依靠经验公式,如借鉴导弹和鱼雷阻力计算的DATCOM方法,考虑了湿表面积、长径比和长径乘积的Triantaafyllou公式。综合来看,在机器人的总阻力中,摩擦阻力在总阻力中的占比较大,所以总阻力与湿表面积的关系最大。此外,如果使用低阻层流外形,也有助于降低航行阻力。

海洋机器人的主艇体阻力优化非常重要,但是各种附体和操纵面在总阻力中的占比同样不能忽略,根据REMUS的试验测试结果,3kn航行时的艇体总阻力中,主艇体阻力占比不到40%,而各种附体尽管尺寸较小,但是由于其对流场的扰动作用强,压差阻力增加明显。因此快速性研究过程中也要注意各种附体尺寸和位置的设计。附体设计的总体思路是附体布置应该尽可能分散,艇体最前端附体的位置应该尽量靠后,尺寸较大的附体应尽量设计在AUV的中间位置。图7.3.1(b)为某机器人附体布局优化前后的流场对比,通过合理优化附体的安装位置,新方案的航行阻力比初始状态降低了约10%。除了优化机器人的外形,为了尽可能降低压差阻力,还可以在机器人表面设计疏水涂层来降低摩擦阻力。

(a)常用的回转体外形   (b)附体布局优化

图 7.3.1   海洋机器人流线外形

　　海洋机器人快速性研究,除了尽可能降低航行阻力外,还应优化螺旋桨设计方案实现更好的艇桨匹配。大多数海洋机器人都采用螺旋桨推进方式,因为这种方式构造简单、造价低廉、使用方便,且效率较高。常规螺旋桨的设计方法已经非常成熟,海洋机器人领域的研究重点在于结合载体设计,给出合理的螺旋桨设计输入,并准确评估艇桨耦合后的推进系统性能。不论水池试验数据还是实航数据,都难以准确分析艇桨耦合后导致的推力减额和伴流分数,需要经验公式或者特定的前提条件,而数值方法在评估螺旋桨设计方案优劣方面发挥了越来越重要的作用(见图 7.3.2)。

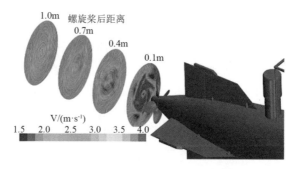

图 7.3.2   海洋机器人艇桨耦合数值模拟

7.3.3   操纵性研究

　　海洋机器人的操纵性研究是海洋工程领域的一个重要分支。20 世纪 60 年代逐渐开始形成海洋机器人的操纵性概念和相关理论,后来 Hagen(2013)提出了潜艇的标准运动方程,Goodman 等(2018)研制了平面运动机构用于测量方程中的水动力系数。随着测量水平和计算机技术的飞速发展,操纵性研究也变得更加深入、更加多元化。拘束模型试验、自航模试验、实艇试验和数值仿真等多种技术已经用于联合预报海洋机器人的操纵性。操纵性预报的方式主要有两种:一种是直接通过试验或仿真的方法分析海洋机器人的航行性能;另一种是通过辨识机器人运动方程中的水动力系数,对运动方程进行分析来评估操纵性的优劣。数值模拟在这两类研究中都发挥了不可替代的作用。

直接试验或仿真分析方法获得的结论比较直观,会直接得到研究对象的回转半径、升速率等各种航行指标,图7.3.3为数值方法模拟的潜艇自航模型在近水面航行时的运动响应。仿真模拟得到了自航模型水面航行时受到的明显的垂向力和俯仰力矩,而且发现为了达到预期的航速,近水面航行时还需要更多的航行推力,并导致推进效率降低。

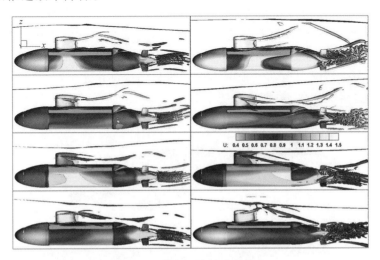

图7.3.3 潜艇近水面自航模拟

通过拘束模型试验或数值模拟方法获得机器人运动过程中受到的水的作用力,再通过线性回归等参数辨识方法得到运动方程中的水动力系数。通过分析特定状态下的方程的解,可以对机器人的操纵性进行评估。比如可以进行李雅普诺夫(Lyapunov)分析来评判机器人的运动稳定性,还可以通过联立求解方程组来分析机器人的艏艉舵逆速、回转半径等指标,甚至定常螺旋下潜过程中的相对半径、升距和速度等信息都可以通过方程求解出来。

操纵性研究可以分为稳定性研究和机动性研究。运动稳定性评估的是机器人受到瞬时扰动后的运动特性,根据其受扰后运动与初始运动状态的关系,运动稳定性可分为直线稳定性、方向稳定性和航线稳定性。在操纵面不介入的前提下,一般海洋机器人在垂直面上不具备航线稳定性,但具备方向和直线稳定性,而在水平面上仅具备直线稳定性。在评价机器人稳定性时,一般会评估其静稳定性和动稳定性两方面,机器人一般不具备冲角或漂角的静稳定性,但具备冲角或漂角的动稳定性。

　　机动性研究主要是对垂直面的深度机动性和水平面的航向机动性进行研究，也会对螺旋运动等空间六自由度运动的机动性进行研究。垂直面机动性重点分析艏艉升降舵的逆速、速升率和操舵过程中的运动响应时间滞后参数等，水平面机动性则重点分析特定舵角下的回转机动性和 Z 型操舵机动过程中的初转期、超越时间、超越艏向角和周期等机动性指标。这些机动性研究可以通过自航试验或通过数值模拟的方法进行分析。

　　除了对海洋机器人在深海环境中的操纵性进行研究外，还需要研究其在水面航行时的操纵性问题，以确保航行安全。一般海洋机器人的尺寸与波浪的波长相比较小，水面航行时海洋机器人的质量与波浪力相比非常小，此时惯性力的作用要远大于黏性力，故可以用势流理论方法对海洋机器人在波浪中的运动进行分析，为操纵性设计提供参考。图 7.3.4 为势流理论方法分析某海洋机器人水面航行时的运动响应情况。运动过程中出现了明显的艉部出水，这一现象可能会导致螺旋桨负载的突然变化，对推进系统不利。

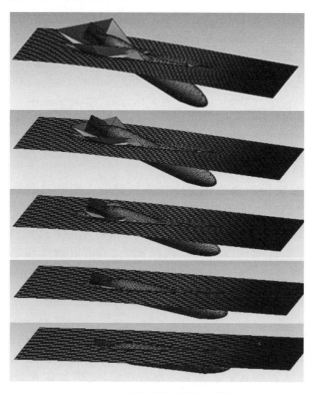

图 7.3.4　海洋机器人耐波性研究

7.4　海洋机器人自主感知技术

7.4.1　水下自主感知简介

海洋机器人搭载的环境感知类传感器主要包括光学传感器、声学传感器和磁传感器等。机器人需要根据任务的属性选择不同的传感器执行相应的作业。

（1）光学传感器。常见的水下光学传感器包括光学相机和蓝绿激光雷达。光学传感器以红外线等不可见光作为成像介质，具有分辨率高、容易被人类视觉系统理解等优点。但是，由于电磁波在水中衰减迅速，光学传感器在水中的可视距离非常近。而且，光学相机对水体的浑浊度非常敏感，如光学相机在深海净水中的可视距离可以达到 10～20m，但在浑水中，可视距离会急剧下降。和光学相机相比，蓝绿激光雷达的可视距离相对较远，但在浑水中的成像质量极易受到前向散射和后向散射的影响。此外，蓝绿激光雷达在每个成像周期中只能采集非常有限的数据。因此，光学传感器一般用于水质状况良好下的近距离精细作业。

（2）声学传感器。由于传统的光学传感器在海洋工程应用中会受到水体质量的限制约束，海洋机器人都将声学传感器作为水下环境感知的首选工具。常见的声学传感器包括侧扫声呐、前视声呐、多波束和水听器等。其中，侧扫声呐常用于对大片海区进行地毯式搜索；前视声呐用于避障和中远距离观测；多波束类似于侧扫声呐，但是成像结果携带深度信息。值得说明的是，声学设备成像的时候，可以根据回波的传播时延估计目标的距离。如果换能器本身包含一个阵列的话，就可以直接得到目标的三维形状。但由于三维声学传感器的价格、体积和功耗都非常高，所以常见的声学传感器都是二维传感器。最后，水听器类似于麦克风，主要用于远距离目标监测。

（3）磁传感器。它是一种面向金属探测的传感器，如磁力计。其主要用于对金属材质目标的检测。其成像距离高于成像声呐，但是远低于水听器。

下面，将分别对水下声学传感器和水下光学传感器的代表性研究方向，如声学三维重建和水下对接分别进行介绍。

7.4.2　声学三维重建

在海底管缆铺设、黑烟囱观测和水下工程设施巡检等作业任务时，需要对海底地形、沉底目标和悬空目标等进行三维重建，以保证本体的安全和作业的质量。但由于水体非常浑浊，潜水器不能用传统的光学相机对环境进行观测。考虑到现在的潜水器上大多搭载二维成像声呐，如前视声呐、侧扫声呐等，故需要根据二维成像声呐图像对目标进行三维重建。

7.4.2.1　海底地形构建

基于声呐图像序列的声学地图重建类似于光学图像处理中基于单目视觉的三维场景重建。但受到噪声和声学成像分辨率的影响,几乎不太可能从前视声呐图像序列中提取有意义的特征点以实现基于特征点配准的三维重建。

美国伍兹霍尔海洋研究所的Mallios等(2016)在机器人的艏端安装了两个成像平面正交的机械头扫描声呐对洞穴扫描,通过概率扫描匹配对声呐图像序列进行配准,并利用状态增广的扩展卡尔曼滤波对姿态和路径进行优化以得到三维洞穴场景。需要注意的是,配准采用的是位于水平面的机械头扫描,而三维信息采用的是位于垂直平面的具有较窄波束角的机械头扫描声呐采集的点云信息。

与前视声呐三维重建非常关联的是基于侧扫声呐图像的高度估计问题。美国卡耐基梅隆大学的Langer等(2013)将每次扫测得到的一维信号分解成很多直线段,并利用反射模型计算直线段的倾角。英国赫里奥特瓦特大学的Coiras等(2019)将海底近似看成是兰伯特(Lambert)表面,并提出基于期望最大算法重构海底地形地势。为了避免局部极值,他们还提出了多尺度逐级优化的方案。美国夏威夷大学的Li和Sun(2016)结合Lambert表面反射假设利用阴影形状模型重构海底地图时,在优化中加入了测深仪采集的稀疏深度数据。融合测深仪和声呐图像的信息能在一定程度上改善地形重构的精度。英国赫里奥特瓦特大学根据侧扫声呐图像与方向滤波之间可能存在线性关系的假设,提出了一个针对从阴影中恢复形状思想的线性求解方案来恢复纹理表面的3D信息。

中国科学院沈阳自动化研究所和韩国海洋机器人融合研究院针对海底施工过程中的环境重建问题开展合作研究,根据海试采集的图像序列对海底现场进行三维重建(见图7.4.1)。

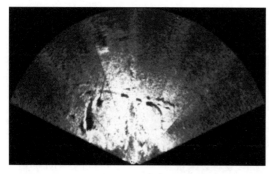 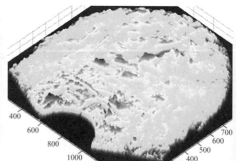

(a)声呐图像　　　　　　　　(b)根据声呐图像序列进行三维重建的结果

图7.4.1　海底地形重建

7.4.2.2　沉底目标表面重建

对于沉底目标而言,声呐图像大致可以分为回声区、阴影区和背景区。类比于光学成像原理,声呐高度、目标距离、目标和阴影之间存在简单的几何关系（见图7.4.2）。因此,理论上可以通过提取阴影长度估计沉底目标的高度信息,并进一步对目标的表面信息进行恢复。

图7.4.2 对于沉底目标,阴影与目标之间存在几何关系

现有的沉底目标重建可以分为两种。第一种是基于层析成像的方法。北约Saclant水下研究中心的研究者等受到计算层析成像的启发,利用多幅前视声呐扫描图像对单个水下目标的高度信息进行恢复。前视声呐在以目标为中心的圆环上对目标进行多角度成像,通过图像分割得到阴影区和高亮区,进而得到高度图和反射图,完成三维表面重构。第二种是基于成像几何的方法。美国迈阿密大学的Negahdaripour（2018）提出了一个基于单帧声呐图像的目标表面恢复方案。他在图像预处理阶段,利用自适应阈值的方法提取图像中的目标区和阴影区,在提取图像的点云时,首先计算海底的法向量,然后恢复每个像素的高度角,最后将阴影后沿轮廓上的高度角赋值给遮挡轮廓线的高度角,并根据高度角逆向计算空间点的坐标。得到遮挡轮廓线的空间坐标以后,借鉴从阴影恢复形状的思路通过递推的方式对夹在目标前沿与遮挡轮廓线之间的区域中的每个像素点的法向量进行估计;类比遮挡轮廓线高度角的推算方法对表面进行高度恢复。

7.4.2.3 悬空目标表面重建

如果目标处于悬空状态,阴影的后沿不复存在。因此,悬空目标的三维重建问题需要重点考虑如何充分利用唯一的高亮回声区实现高度估计和表面恢复。

现有的悬空目标表面重建方法可以分成两种。第一种是空间蚀刻法。美国迈阿密大学的Aykin等（2014）提出了一个逐步蚀刻的重构方案,对不同视角下候选空间求交集实现表面的逐步精细重建。根据前视声呐的成像原理,声呐图像上的每个像素对应波阵面上同一水平开角的弧线。图像分割提取高亮回声的前沿后,可先经过逆映射转化为前沿曲面;然后在没有外在先验信息的前提下将前沿曲面后方的成像空间全部设置为候选空间;最后利用不同视野下的前沿曲面对候选空间进行蚀刻。第二种是盲解卷法。英国赫里奥特瓦特大学的Guerneve等（2018）提出了一个基于盲解卷的悬空目标表面三维重建方案。他们假设抵达目标的声波为平面波,这样可以将声呐成像的积分方程近似为线性方程。不同图像同一位置处的像素可以看成目标表面指征函数的卷积。这样,根据表面高度及表面属性之间的耦合关系将成像方程最终转化为一个盲解决问题,然后可以利用非负最小乘方法求解。很显然,盲解卷法的基础是平面波假设。实际上,平面波假设所依赖的远场假设并不完全符合高频前视声呐近距离观测的特性。

7.4.3　水下对接

AUV 以其广阔的作业范围和高效的作业方式越来越受海洋科学家等青睐,然而,AUV 的长时间作业受到其自身有限的能源以及数据存储能力的制约。而自主水下对接是解决该问题的有效手段,通过水下对接可完成水下机器人的充电、数据传输,使得 AUV 在水下长期驻留成为可能,如图 7.4.3 所示。

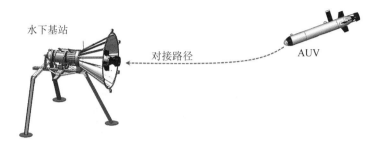

图 7.4.3　自主水下对接

水下对接系统通常由对接基站与 AUV 两部分构成。水下基站可以是静态的,如安装在海底;也可以是动态的,如由无人水面艇或潜艇携带。静态基站能够在固定地点为 AUV 提供近乎无限的能源补充和数据传输能力。移动基站提供能源补充的地点更加灵活,几乎可以是任一水域,但能源补充能力也存在一定限度。

所有的对接系统都旨在 AUV 与水下基站之间建立精准的物理连接。这种物理连接可分为被动与主动两类。被动连接是指通过水下基站的机构去捕获水下机器人,Watt 等(2018)提出了在潜艇上使用一个机械臂去捕获水下机器人。主动连接是指水下机器人通过自身的机构主动连接到水下基站,一种常用的主动连接方式是使用自身的钩子或者插闩捕获基站上的一根绳子或一根硬杆。这种连接方式允许水下机器人在任意方向接近基站,但需要在水下机器人端安装额外的捕获机构。另一种主动连接方式为使用漏斗状的水下基站,这种方式不需要在水下机器人端加装任何捕获机构,允许存在一定的轨迹误差。

无论以何种方式建立物理连接,精准定位水下基站/水下机器人是完成对接的关键一步,也是难点所在。目前,电磁传感器、声学传感器与光学传感器三类传感器的有效性在水下对接中得到了证明。定位距离与定位精度是水下对接中选择传感器的重要指标。这三类传感器中,声学传感器的定位距离最大,可以达到几千米,但同时其定位精度也最低,在实际应用中的定位误差为米级;电磁传感器的定位精度要高于声学传感器,但定位距离在$30\sim50m$;光学传感器的定位精度最高,可以达到厘米级甚至更低的定位误差,但由于光在水下的大幅衰减,其定位距离因水质而异,为几米至十几米不等。结合各个传感器的优点,很多工作使用声学传感器作为长距离的粗定位,而使用光学传感器在近距离精准定位。下面重点介绍光学传感器定位。

基于光学传感器的定位方法从预定义的二维标志物图像中恢复出三维信息,标志物可以分为被动标志物和主动标志物。被动标志物自身不向外发射能量,不需要能源,常见的为画在板子上的一些特殊图案;主动标志物自身向外发射能量,需要额外能源,常见的为灯标。主动标志物因在水下的可视距离高于被动标志物而更多地应用于自主水下对接任务中。Cowen等(1977)首次验证了即使在较浑浊的水体中,光学传感器仍能够在$10\sim15m$的距离获取灯标的图像并用于导航。他们使用了一个灯标用于引导水下机器人,通过观测该灯标只能计算出大致的方位,无法计算出精确的位置和姿态。随后,各类不同配置的灯标在后续工作中被提出,如安装在漏斗状对接基站上的六个彩色灯标、四个540nm波长的绿色灯标和由三个绿色灯标与一个红色灯标组成的立体灯标。

灯标配置的不同是因为自主对接算法的原理不同。基于光学传感器的自主水下对接方法主要可分为两个阶段。第一个阶段为水下对接基站的探测。水下对接基站的探测计算水下对接基站在二维图像中的位置,使用的方法可分为基于二值化的方法和基于特征的方法。第二阶段为位姿估计阶段,即定位与姿态估计,计算水下对接基站的位置和相对姿态。单目摄像机与双目摄像机在位姿估计阶段都有应用。基于双目摄像机的位姿估计需要较长的基线和更长的处理时间。日本冈山大学Myint等(2016)首先在水下对接中采用了双目摄像机;韩国科学技术学院Park等(2017)在水下对接方案中采用了单目摄像机,建立水下机器人与水下对接基站距离和像素数量之间的映射关系,以此估算水下机器人与水下对接基站距离;哈尔滨工程大学Li等(2016)在单目摄像机模式下采用PnP算法计算水下机器人与水下对接基站之间6个自由度的位置和姿态。

7.5 海洋机器人自主控制技术

7.5.1 水下自主控制简介

海洋机器人自主控制是海洋机器人技术的一个基础组成部分,对海洋机器人技术的发展起着决定性作用。要实现水下自主控制,需要海洋机器人具有自主的决策规划能力和运动控制能力。按照控制技术的特点划分,可将自主控制分为预编程型和智能型。预编程式型的决策规划能力较简单,整个使命由多个简单的使命序列构成,且在下水前由操作人员下载到控制系统中。预编程型的海洋机器人不具备根据环境变化而重新做出规划和决策的反应能力。智能型则需要决策规划系统能根据载体的状态和环境动态地做出决策和规划。决策规划系统在运动控制系统的上层,负责根据用户的任务请求、动态的环境信息和自身的位姿信息,再考虑机器人在水下的运动学和动力学约束,生成一组最优的轨迹或动作,并下发给运动控制系统。

海洋机器人运动控制系统可由一个闭环体系简明描述,如图7.5.1所示。目标状态由决策规划系统给出,控制对象包括机器人在水中的姿态、速度、深度和运动轨迹。将上述状态单独作为控制目标讨论,可称作定深、定向、路径跟踪等。水下自主控制由多个功能共同完成,包括数据处理、控制算法和推力分配。数据处理包括传感器数据的预处理以及多传感器信息的滤波和融合;控制算法用来计算海洋机器人各自由度所需的推力;推力分配则将控制算法得出的推力通过一定的逻辑分配到各执行器上,进行推进器推力与指令之间的转换(见图7.5.1)。

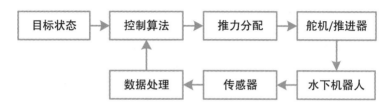

图7.5.1　海洋机器人基础运动控制体系结构

7.5.2　本体姿态与运动控制

海洋机器人的运动控制精度在很大程度上取决于传感器。各种海洋机器人的承载能力、结构体型和应用场景各不相同,其搭载的姿态传感器和位置传感器也不一样。通常海洋机器人的深度和高度可由深度计和高度计分别测得,姿态角和角速度可由电子罗盘、惯性测量单元等测得,速度可由多普勒计程仪测得,位置可直接由水声定位系统获得。然而,由于单个传感器的测量精度不足,且海洋机器人搭载的传感器有限,因此需要对传感器数据进行滤波和融合处理,以获得更准确可靠的位姿信息。

由于海洋机器人运动规律十分复杂,6个自由度之间存在交叉耦合,为使问题简单化,可以在一定的假设下把海洋机器人的水下空间运动分解为水平面运动和垂直面运动。大多数海洋机器人采用单入的闭环控制,如深度回路、艏向角回路、速度回路等。在实际实验和应用中,上述回路会存在相互的影响,这些影响与执行机构的种类、执行机构的布置、机器人的运动状态等诸多因素相关。

7.5.2.1　运动控制算法

有了控制的基本回路,还需要一定的控制算法才能实现对海洋机器人运动的精确控制,常用的控制算法有 PID 控制、模糊控制、自适应控制、滑模变结构控制、神经网络控制等。

PID 控制是线性系统理论中的控制算法,其能对线性系统达到精确的控制效果,在工业中应用最多,主要优点有简单、有效、易实现。在很多海洋机器人初期调试阶段都采用根据经验调整的 PID 控制方法进行控制。PID 算法虽然成熟且应用广泛,其应用在水下运动控制时还是有诸多问题。一是海洋机器人精确模型难以获得,因此基于模型的 PID 控制不适用于海洋机器人。二是虽然可以凭经验和水池实验进行参数调整,但是由于水下运动模型只是在一定的范围内可视为线性系统,因此若海洋机器人所处的环境或运动状态发生一定变化,先前调试好的固定参数可能就不适用了。工作环境为复杂的水下环境,使用 PID 有时很难达到快速准确的控制效果。

模糊控制是现阶段一种比较成熟的智能控制方法,它不需要精确知道控制对象的数学模型,原理简单、易于实施、抗干扰能力强,比较适合于难以得到数学模型的海洋机器人控制。模糊控制的另一个优点是易实现多输入多输回路,图 7.5.2 为一个多输入多输出的模糊控制器,由四部分组成,即由将语言描述转换成表示模糊控制规则中语言值的数学符号组成的规则库;进行模糊推理来判决被控对象是否正常运行的推理机;接收控制器输入并转化成推理机可接收参数的模糊化接口;接收推理机发出的模糊结论,并转化成所需要的输出值的反模糊化接口。模糊控制的缺点是调节过程比较耗时、模糊规则的制定有一定困难。

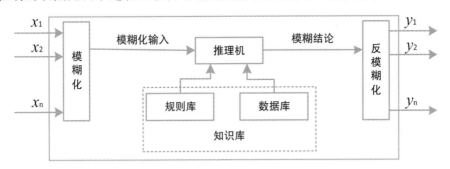

图 7.5.2　模糊控制器的组成

滑模变结构控制是一种不连续的反馈控制。滑模是指当系统状态到达滑动平面后,通过控制量的切换使系统状态在维持滑动平面后渐进趋于平衡点。系统一旦进入滑动平面后,其动态品质不再受系统模型参数的变化或外部干扰的影响,同时还可以消除非线性和耦合的影响。因此,其对于非线性控制系统具有快速响应、对参数变化及扰动不灵敏、物理实现简单等优点。然而滑模变结构控制在本质上的不连续开关特性将会引起系统的抖振,抖振问题成为变结构控制在实际系统中应用的突出障碍。

人工网络控制是当今研究的热点之一,具有许多优异的特点,包括具有良好的非线性处理能力,可以逼近任一非线性函数,其强大的并行处理能力及自学习能力可以用来解决具有无法精确获得模型、易受外部干扰等特性的海洋机器人控制问题。人工神经网络控制在应用于海洋机器人运动控制时,通常会与其他控制方法结合。例如,模型参考自适应控制使用神经网络识别器识别未知系统的模型,代替未知系统以得到系统输出对控制器动态参数的导数估计,以便更新神经网络控制器的可调参数,从而实现自适应控制。图7.5.3给出了海洋机器人艏向角的参考模型自适应控制方案框图。又如,神经网络模型预测控制利用两个神经网络分别作为控制器和识别器,识别器用于识别系统的非线性模型以产生既定时域内的预测值,当神经网络控制器训练至一定精度,则优化过程可被神经网络控制器彻底替代,可用于实时控制。

单一的某种控制算法存在一定的局限性,合理的控制方案应该结合不同控制算法的优点,以实现更好的控制效果。

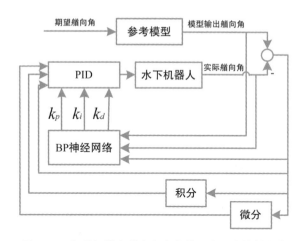

图7.5.3 海洋机器人艏向角参考模型自适应控制方案

7.5.2.2 航迹控制算法

海洋机器人的航迹控制存在着不同的控制目标或控制重点,目前的海洋机器人航迹跟踪控制研究主要集中于航迹点跟踪、路径跟踪和轨迹跟踪三种跟踪控制模式。航迹点跟踪需要海洋机器人依次驶向规划路径上的路径点,这种跟踪模式简单有效,能让机器人大致沿着规划路径行驶,但容易造成机器人来回穿越规划路径,使整体的路径跟踪精度不高,适用于对位置精度不高的水下应用,如大面积的覆盖搜索。路径跟踪指的是与时间无关的跟踪,其不受时间的约束,需要在一定的误差范围内沿着路径行驶,常用于对位置精度要求较高的任务,如管道跟踪和光缆维护等作业任务。轨迹跟踪要求控制律能够引导海洋机器人跟踪一条具有时变特性的参考轨迹,对时间条件有很强的约束,因此与航迹点跟踪、路径跟踪控制相比,轨迹跟踪控制更加难以实现。

目前,航迹点跟踪还是海洋机器人最常用的航迹控制模式。由于不受时间约束,航迹点跟踪的引导模块输出为期望艏向角。为得到期望艏向角,通常采用"视线法"制导进行航迹跟踪控制,即期望艏向角始终指向下一个航路点。但在有海流情况下,海洋机器人会在海流的作用下偏离规划路径,该航迹控制方法无法完成精确的航迹控制。为了解决这一问题,可以在航迹控制回路中引入航形路径偏移量,以此来减小航迹控制误差。航迹控制回路如图7.5.4所示。

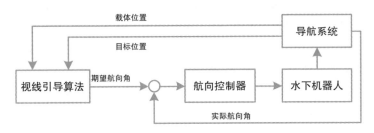

图7.5.4　海洋机器人航迹点跟踪控制回路

海洋机器人的路径跟踪控制是指在给定水平面内一条由参数描述的期望曲线,机器人从任意初始状态出发,在偏航力矩的控制下,收敛于该曲线,并以期望的前向速度沿该曲线运动。为了使机器人的水平面速度向量与期望路径曲线的切线方向相同,必须控制其艏向角速度,考虑到时变海流的干扰和模型参数的不确定性,以及某些欠驱动海洋机器人的运动约束,传统的PID控制难以实现精确的路径跟踪。目前,常见的路径跟踪算法包括反步控制法、滑模控制法、模糊控制法、神经网络控制方法等。同样地,单一的控制算法具有其局限性,在实际应用时通常将多种控制方法结合起来,以获得更好的航迹控制效果。

7.5.3　海洋机器人自主作业

当前海洋机器人作业的自主化程度不高,基本上都不具备完全自主作业的能力,对操作人员具有较高的依赖性,如何真正提高海洋机器人作业的自主性是当前亟待解决的一个问题。水下环境的海流扰动、光照不均、通信速率低等因素,以及海洋机器人受限于传感器等,严重制约了机器人的自主控制与环境感知能力。每年各种沉船事故、搜救打捞作业等需求也对海洋机器人的自主作业能力提出了更高的要求。

遥控操作模式的海洋机器人已在水下检测、管线跟踪与埋设、打捞、资源勘查与开发等领域得以广泛应用,但这种作业方式没有充分发挥机器人的自主性及其对作业环境的感知和理解,作业能力和精度受限于人为因素,难以实现作业的智能化。因此,研发更为先进智能的水下敏捷机器人,通过传感器完成自主感知与识别,通过机械手完成自主作业是提升水下作业能力的核心关键技术,可以克服当前遥控操作中存在的各种问题。

近年来,国外许多科研机构、公司等均开展了具有较高自主能力的新概念海洋机器人,如I-AUV、海底常驻型遥控水下机器人等。而陆地上机器人的快速发展也为海洋机器人提供了良好的研究基础,便于开展针对性研究。AUV与遥控水下机器人双模结合的控制模式是近年来海洋机器人发展的一个热点,将AUV的自主巡航能力与遥控水下机器人的作业能力相结合,可以大幅提高当前海洋机器人的智能化程度,扩大应用范围。

水下液压机械臂是当前水下作业最主要的工具,一般配备单自由度夹钳完成对目标物的抓取并实现稳固夹持,对实现简单的、对被抓取目标物体无要求的作业任务十分有效。然而,水下作业的多样化和模糊化对水下机械臂与夹钳都提出了更高的要求,如多种类目标抓取、精确抓取、柔性抓取、智能抓取等。

海洋机器人载体与机械臂的协调控制也是一个重要的研究方向,其对水下自主作业的实现具有重要的基础理论意义。

具有学习能力的机器人系统也是当前国际上一个热门的前沿方向。陆上机器人学习发展迅速,已经可以实现很多传统方法难以实现的复杂任务,如对柔性物体(如衣服、毛巾等)的操作、开门、未知物品的高效分拣、协调装配、需要逻辑推理的堆积木等。传统机器人控制方法在一些结构化环境和要求精度较高的应用都有较好的效果,但是在推理、思考、决策等更高层次的应用则完全依靠人的判断,即只能实现简单的重复,不可能达到AlphaGo那样超越先前水平的效果。海洋机器人智能化程度发展较慢,但最近也有水下机械臂模仿学习、AUV强化学习控制等研究。因此,发展具有终身学习能力海洋机器人智能作业系统具有重要的意义。

中国科学院沈阳自动化研究所多年来在海洋机器人作业方面开展了很多研究工作,如水下机器人-机械臂(UVMS)的协调控制、基于视觉的UVMS水下自主抓取、水下液压机械臂的视觉伺服控制、水下双臂协调控制、基于深度强化学习的水下机械臂控制等。深度学习具有强大的表征能力,与机器人结合可以实现很多传统方法难以实现的任务,是实现全自主作业机器人的重要方法之一。目前,中国科学院沈阳自动化研究所也在积极开展将深度学习融合到海洋机器人的自主抓取策略及控制技术上的研究(见图7.5.5)。

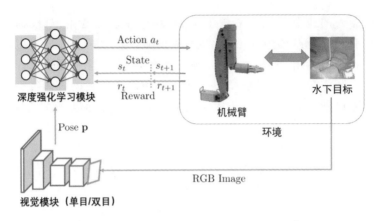

图 7.5.5　基于深度强化学习的水下机械臂自主作业

7.6　海洋机器人自主决策技术

7.6.1　水下自主决策简介

受水下定位、水声通信和水体环境等因素限制,海洋机器人的自主决策显得尤为重要。在很多时候,AUV 和船上或岸上的操作员之间并不能进行实时联系,所以机器人必须对本体的健康状态和任务进度进行准确判断,这不仅关系到海洋机器人的本体安全,还关系到作业使命的顺利完成。

海洋机器人自主决策大致可以分为时间决策和空间决策。前者主要是指机器人需要根据过去的状态对当前状态进行判断,并对未来的状态进行预测;后者主要是指机器人根据本体与目标的空间关系采取适当的行动。典型的时间决策包括故障诊断、任务分配、任务规划与重规划等;典型的空间决策包括避碰、路径规划与重规划等。下面将重点对海洋机器人的故障诊断和路径规划进行阐述。

7.6.2　故障诊断

故障诊断是指在已知被诊断系统数学模型或相关知识的基础上,根据对系统的测量信息,检测系统中是否发生故障、判断故障发生位置,并对故障的类型和大小进行定性与定量评估的过程。完整意义上的故障诊断主要包括故障检测、故障隔离和故障识别三个层面。故障检测是指通过硬件测量、算法估计或信号分析等方法,检测机器人是否出现故障;故障隔离主要是指在故障检测的基础上,通过相关信息的综合分析,判断系统中故障发生的具体位置;故障识别是指根据已有的关于机器人的先验知识和系统模型等,对故障类型进行定性分析和定量识别。故障诊断能够对机器人的健康状态和行为能力进行实时在线评估,为后续的任务规划、容错控制等自主决策行为提供支撑,保证机器人安全、高效完成作业使命。

海洋机器人的作业环境一般较为恶劣,且存在动态变化,难以提前预知。海洋机器人具有较为复杂的内部结构,涉及的机械、电子单元众多,难以建立精确的数学模型。作业环境和系统自身的不确定性给海洋机器人的故障诊断带来了极大挑战。在实际应用中,一般根据被诊断对象和作业环境的具体特征针对性地设计具体的故障诊断方案,难以形成固定的通用方法。下面以海洋机器人的故障诊断为例,介绍故障诊断的主要思路。

海洋机器人故障诊断单元与其他系统之间的关系如图7.6.1所示。故障诊断单元工作时,首先从海洋机器人各个部分获得故障诊断所需要的信息,主要包括海洋机器人运动状态传感器信息、推进器转速检测信息、推进器电压和电流信息、能源系统电压和电流信息、其他执行机构状态反馈信息以及航行控制单元输出的控制指令信息等。接下来,根据不同的故障诊断任务需求,分别对获得的信息进行处理和分析运用,检测出现的故障征兆,对故障的具体来源进行识别、定位。对于一些典型的已知故障,在完成故障的定位与识别后,相应的故障信息会传输到航行控制单元,并通过调整控制策略等实现对故障的容错控制。海洋机器人作业过程中常见的故障主要有推进器故障、传感器故障和综合性故障等,不同类型的故障需要根据控制系统能够检测到的具体信息设计相应的诊断方案。

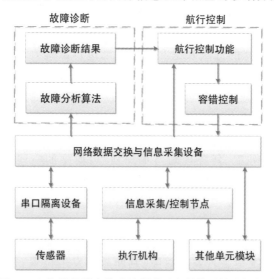

图7.6.1　海洋机器人故障诊断单元与其他系统之间的关系

7.6.2.1　推进器故障诊断

推进器是海洋机器人的主要执行机构,推进器状态的正常与否关系到海洋机器人的安全与作业性能,推进器的故障诊断对于提高海洋机器人的安全性具有重要意义。推进器的故障主要包括螺旋桨异物缠绕故障、桨叶受损故障、驱动单元故障以及转速反馈模块故障等。对于推进器的故障诊断技术而言,在线运行时获取的传感器信号信噪比低、故障特征弱。同时,海洋机器人的自动控制模式的补偿作用会削弱推进器的故障特征。在进行推进器故障诊断时,需要针对可能发生的故障类型,逐步实现故障的检测、定位和识别。

(1)基于电流信号分解的推进器故障诊断。海洋机器人作业过程中,推进器可能会吸入水草、绳索等杂物,导致桨叶被异物缠绕,此外,还有可能会受到砂石、硬质杂物等的磨损与碰撞使桨叶受损。这些故障刚开始出现时,对海洋机器人运动状态的影响通常并不明显,此时通过检测海洋机器人运动状态的变化难以实现故障的诊断。当上述故障扩大到对海洋机器人的运动状态产生明显影响时,则往往已经产生较为严重的后果。因此,故障诊断单元通过对海洋机器人推进器电流信号进行深入分析,提取不同故障情况下推进器电流信号的特征,以实现对故障的早期诊断。

(2)基于电流实时估计的推进器故障诊断。海洋机器人正常作业时,在设计的正常工作范围内,推进器电枢电流与推进器控制电压、海洋机器人的姿态和运动状态等变量之间有一定的对应关系。因此,在海洋机器人作业过程中,可以根据各个时刻的推进器控制电压、海洋机器人的姿态和运动状态等信息,对推进器的电枢电流进行实时估计。在海洋机器人作业过程中,当出现推进器驱动单元故障、螺旋桨异物缠绕故障或桨叶受损故障时,推进器电枢电流与相关变量之间原有的对应关系会被破坏。此时,通过估计得到的推进器电枢电流与实际测量得到的电枢电流会存在较大偏差,根据偏差的大小,可以实现推进器相关故障的检测和识别。

(3)基于转速实时估计的推进器故障诊断。转速反馈是判断海洋机器人推进器工作状态的重要依据之一,当推进器在设计的范围内正常工作时,对于某一给定的控制量,推进器总能达到一定的转速并且保持相对稳定。在实际环境中,推进器转速的变化滞后于控制量的变化,且转速与控制量之间的关系不可避免会受到控制量的变化量、实时转速以及外界海洋环境等因素的影响,呈现明显的非线性时滞关系。在基于转速信息的推进器故障诊断算法中,可以通过相关机器学习方法得到控制量和转速之间随动变化的关系模型,然后基于该模型对推进器的转速进行估计,根据转速估计值与实际测量值之间差值的变化,实现推进器故障的诊断。

7.6.2.2　传感器故障诊断

海洋机器人上用来对运动状态和位置进行测量的传感器主要包括电子罗盘、陀螺仪、倾角仪、惯导、多普勒计程仪、深度计和高度计等,各传感器的具体功能和工作原理不同,综合来看,传感器工作过程中可能出现的故障主要包括通信链路故障和数据失准故障两种类型。

通信链路故障主要是指在传感器的信号传输过程中出现的故障,该类故障会导致无法获得传感器数据或使获得的数据无法解析。对于通信链路故障的诊断,首先,应定期检测各传感器的通信链路是否畅通,若通信链路出现长期中断现象,则为产生通信链路中断故障。其次,对各传感器的数据包进行完整性分析。若数据格式不完整,则为系统软件异常故障导致通信链路故障;若传感器数据包完整,但数据含义无效,则为通信干扰或软件异常导致通信链路故障。

数据失准故障主要是指传感器能够输出有效数据,但输出数据不能够准确反映被测物理量的实际量值。从故障类型来看,传感器数据失准故障主要包括传感器输出数据卡死、输出数据漂移、输出数据恒比例或恒均值偏差等。从故障发生的时机来看,上述故障有可能渐变、突变或间歇出现。单独对传感器的数据失准故障进行诊断比较困难,一般都在海洋机器人处于特定运动状态的前提下进行,常用的方法包括灰色理论预测、传感器信号小波分解等,这些方法根据预测残差的变化或小波系数的波动情况来实现对传感器故障的诊断。

7.6.2.3 综合故障诊断

在海洋机器人作业的过程中,若推进器出现严重故障,则会导致机器人的运动状态出现异常变化,通过比较期望运动状态与传感器测量得到的运动状态之间的差异,可以对推进器的故障进行诊断。但在海洋机器人实际工作过程中,若用于测量运动状态的传感器出现故障,也可能导致运动状态的估计值和测量值之间出现较大差异。因此,单纯比较运动状态的估计值和测量值之间的差别,无法直接实现具体故障类型的识别。在实际应用中,需要在检测到运动状态或相关参数异常的基础上,综合相关信息,进而逐步实现故障的诊断和识别。

(1)基于运动状态异常检测的综合故障诊断。海洋机器人运动状态异常的检测主要通过比较期望运动状态与传感器测量得到的运动状态之间的差异来实现。在运动状态异常的检测过程中,有两方面因素对检测结果的影响较大,其中一个是用来对海洋机器人的运动状态进行估计的模型,另一个是用来对运动状态的估计值与测量值之间的差异进行度量的阈值。目前,在海洋机器人故障诊断过程中,与运动状态异常检测相关的研究主要关注了对海洋机器人运动状态估计模型的建立。常用的方法主要包括神经网络、模型观测器等,基于运动状态异常检测的综合故障诊断典型流程如图7.6.2所示。

(2)基于参数异常检测的综合故障诊断。主要以海洋机器人的非线性系统模型为基础,在获得海洋机器人非线性模型的基础上,通过相关滤波算法,对海洋机器人运动状态和推力相关参数进行联合估计。若检测到某推进器的推力参数出现异常,则结合之前所述的基于电流信号分解和基于电流实时估计的方法,判断该推进器是否出现对应的故障。若通过上述方法无法确定故障的具体类型,则认为海洋机器人出现传感器故障或其他未知类型故障。在对海洋机器人运动状态和推力参数进行联合估计时,常用的滤波算法主要有粒子滤波算法、无色卡尔曼滤波及其改进算法等。

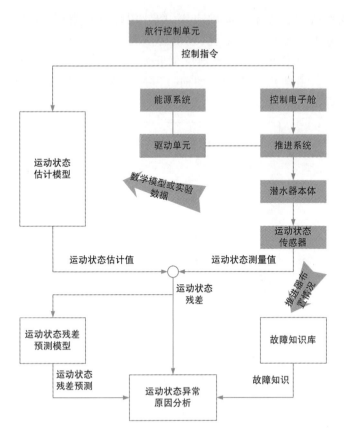

图 7.6.2　基于运动状态异常检测的综合故障诊断典型流程

7.6.3　避障与动态路径规划

　　和水下机器人相比,无人水面艇面临着更加迫切的实时避障与动态路径规划需求。下面以无人水面艇为例进行介绍。

　　目前,无人水面艇避障系统的体系结构主要包括基于符号表示的分层体系结构、基于行为的反应式体系结构以及混合式体系结构三类。基于符号表示的分层体系结构将机器人系统按功能分层,底层基本不具备智能特性,仅仅完成环境信息的获取和上层命令的执行;高层则在底层信息的基础上对环境进行符号建模。基于符号表示的分层体系结构仅能在结构化、确定环境中获得较好的应用效果,而对于动态、非结构化和不确定环境中的机器人应用,则难以满足要求,在复杂环境中要建立环境的符号表示和进行符号的推理往往极为困难,且无法达到实时性。基于行为的反应式体系结构从行为学的角度出发,将传感器与执行器直接相连,即传感器直接操作执行器。鉴于这种体系结构缺乏规划器,故适于仿生机器人的研究。但没有中心控制器的监督,它也无法完成较复杂的智能任务。

　　混合式体系结构有一个重要的应用,即使用任务规划层(见图7.6.3),其他结构中也称其为软件智能体或子系统,这个层与用户交互决定执行过程的目标和顺序。一旦建立了当前任务,路径规划层就开始工作,导航由部分可见的马尔可夫决策过程来处理。避障层获取期望的前进方向并根据障碍物进行调整,障碍物情况通过传感器得出。

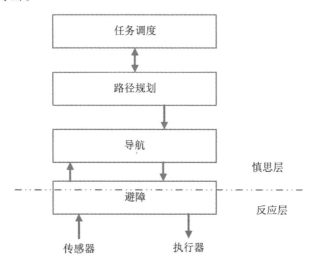

图7.6.3　无人艇避障系统的体系结构

　　很多无人水面艇体系结构的设计都是基于任务控制体系结构。它的路径规划模块通过无线信号接收母船发送的修正路径,然后将修正后的路径发送给导航器,当反应式避碰模块不启动时,由导航器定义的导航点发送给无人水面艇的驱动装置;当反应式避碰模块启动后,它从导航器中获取导航点,并进行修改,然后再将修改后的路径发送给无人水面艇的驱动装置。其路径规划不仅仅规划路径,同时也能实现避障行为。

　　在现代 NGC(navigation,guidance,control)检测与避障的体系结构中,检测与避障系统包括反应和慎思避障模块。该系统首先根据最终目标离线产生一个全局规划路径,当障碍物到达它的传感器感知范围后,慎思避障模块开始运行。当只有慎思避障模块时,采用感知-规划-执行方法,即前面所述的基于符号表示的分层式。当危险达到一定程度时,反应避障模块开始运行,反应避障模块是较低水平的控制,它实质上是基于行为的反应式。作为独立出来的系统,反应避障模块不包含任何关于环境和任务的信息,只负责对局部路径进行重规划,因此很容易陷入局部最优解。最好的解决方法是将这两种模块结合起来,构成慎思/反应体系,用它同时处理全局规划和局部规划的问题。

　　JPL 研制了一个紧耦合的实例化智能体——CARACaS,其主要包含高速时对静态障碍物进行检测和避碰,多个不同种类的运载器之间进行合作,多模式声呐数据融合,基于任务的自适应自主规划/重规划,遵守国际海洋公约的导航,对危险的自适应行为决策等技术。CARACaS 由①行为引擎,它在 R4SA(Robust,Real-Time,Reconfigurable Robotics Software Architecture,鲁棒、实时、重构机器人软件体系结构)中的应用层以下,其中 R4SA 是实时系统的核心;②动态规划引擎,使用 CASPER(Continuous Activity Scheduling Planning Execution and Re-planning)作为自主规划器;③感知引擎这几个子系统组成。

7.7 海洋机器人集群作业技术

7.7.1 水下集群作业简介

由于单个海洋机器人搭载的传感器数量较少且精度有限,加之存在故障率和毁伤率,单个海洋机器人通常只能获得有限范围的环境信息和目标信息,难以完成水下更为复杂的任务。在需求和技术的双重推动下,海洋机器人集群作业模式应运而生。相较而言,多海洋机器人协同比单个海洋机器人能更好地完成水下复杂任务。

和单个海洋机器人相比,多海洋机器人协同作业的优势主要体现在以下几个方面。①时间上同步并行。多海洋机器人系统可以将整个任务进行分解,能将不同的子任务分配给相应的海洋机器人,这样不同的子任务就能并行处理,既可以提高任务执行效率,又能缩短任务执行时间。②空间上可以任意分布。多海洋机器人可以分布在指定海域的任一位置,按照位置的不同进行分区域随机搜索,或从不同的位置靠近目标,实现从不同角度和方位对目标进行观测或围捕。在相同时间内,集群系统能够大大增加搜索面积,提高了发现目标的概率。③提高资源利用率。多海洋机器人可以通过水声进行通信,充分利用各海洋机器人的探测能力,融合各海洋机器人感知的环境信息,从而弥补单体的不足,提高获取环境信息的能力。④增强系统容错能力。当某个海洋机器人出现故障时,多海洋机器人系统可以通过通信功能,重新进行角色和任务分配,从而避免单个海洋机器人出现故障而带来的性能下降,增强了系统容错能力,提高了系统的鲁棒性。⑤较低的开发成本。开发出速度快、导航精度高、机动能力强的单个海洋机器人不仅耗时长,且需要搭载昂贵设备,开发成本非常高。而开发功能各不相同的多海洋机器人,则可以通过机器人之间功能的不同组合,来满足不同的任务需求。这不仅具有更强的适应能力,还可以大大降低多海洋机器人的开发成本。

7.7.2 目标搜索与围捕

Stone(2015)将搜索理论的发展分为五个阶段。①经典阶段,主要针对静态目标进行优化求解。②数学阶段,主要研究静态目标的数学特性,并开发相应的数学工具求解搜索优化问题。③算法阶段,主要研究移动目标搜索问题,从数学分析转变为利用智能算法进行搜索。移动目标搜索问题细分为优化搜索密度和优化搜索路径两个问题。④动态阶段,添加反馈机制,搜索者应该根据新信息动态地修改搜索规划。⑤现代阶段,结合无人机、无人艇、地面移动机器人以及海洋机器人等平台对移动目标的搜索。

目标搜索算法主要包括五类。①扫描式搜索算法是一种连续性的线性搜索方法。在搜索区域中做"几"字形搜索是该算法的特点。传感器探测范围决定了"几"字形两边的距离。扫描式搜索算法对于动态目标的搜索效率不高,搜索效果也不佳,但非常适合静态目标的搜索。②螺旋形搜索方法考虑了目标的运动特性,能够逐步排除目标运动方向的可能,但其搜索轨迹为螺旋曲线。尽管可以通过博弈论不断地消除目标运动方向的不确定性,但是搜索具有盲目性,不能根据变化的环境,主动调整航向进行目标搜索,其搜索效率也比较低。③分区域搜索方法首先将搜索区域分解成若干个子区域,每个机器人在子区域中分别采取最优的覆盖搜索方法进行搜索,最终实现区域目标搜索任务。机器人之间没有体现协同,比较适合静态目标的搜索,而对于动态目标的搜索效果则不佳。④基于图模型的搜索方法通过多机器人环境探索,动态建立一张能够反映目标信息、机器人状态信息以及通信信息的环信息图。多机器人根据与目标有关的最优化指标进行协同任务决策,得到每个机器人搜索目标的最优航迹规划。常用的图模型主要包括概率图模型、不确定图模型、信息素图模型、占用图模型以及感知信息图模型等。⑤基于图像方法的搜索算法,包括主动边界法、收缩式搜索算法和伸缩式收缩算法等。基于主动边界法的搜索算法利用能量最小原理来获取目标轮廓,在很多情况下取得了良好效果。该算法过程计算量大,难以满足海洋机器人对于实时性的要求。收缩式搜索算法开始于整个图像区域或对抗环境下多海洋机器人协同围捕方法研究者预先设定的区域。为了减少该搜索算法的计算量,首先在区域边界上选取一些点作为控制点,在逐步向里搜索过程中,检查和计算这些控制点,直到到达目标边界。图像中目标边界的梯度信息决定了搜索过程是否停止。该搜索算法非常适合静态目标搜索,而对于动态目标搜索,搜索效果则不理想。

围捕问题是研究协作与对抗的一类典型问题,其研究目的为构建高效合理的协调机制,从而使机器人在复杂动态的环境中能够实时地自主决策,并且经济高效、正常有序地完成赋予的任务。围捕主要包括八种方法:①基于"势点"的围捕方法,②基于阿波罗尼奥斯圆的围捕方法,③基于队形控制的围捕方法,④基于有限图模型的围捕方法,⑤基于栅格模型的围捕方法,⑥基于强化学习的围捕方法,⑦基于点镇定的围捕方法,⑧基于博弈论的围捕方法。

7.7.3 集群编队控制

随着多机器人学的发展和海洋机器人技术的进步,多海洋机器人协同作业被公认为未来海洋机器人应用的重要方向之一。编队航行是最基本、最具代表性的协同作业行为,通常是指多个机器人在空间上保持特定几何队形共同行进(或作业)的过程。

要想实现多海洋机器人的队形控制,首先要依据不同的任务需求确定各海洋机器人的目标位置,然后采取一定的控制策略使海洋机器人保持预定的队形。目前,常用的多海洋机器人编队常用的方法有以下几种。

(1)领航者-跟随者法。此方法也称主从式编队,基本思路是将系统中的海洋机器人划分为领航者和跟随者两种角色,这两种角色互补。若将队伍中的某个海洋机器人指定为领航者,则其余海洋机器人成为跟随者。领航者跟踪指定的路径,从而控制整个队伍的行进趋势,而跟随者则通过与领航者保持一定距离和角度,从而实现队形控制。根据领航者和跟随者之间的相对位置关系,可以形成不同的拓扑结构。领航者和跟随者的分配有多种形式,如可以为每个海洋机器人分配一个身份码,根据身份码逐一跟踪,从而形成一个跟踪链;也可以使领航者与跟随者构成树状结构。该方法的缺陷是系统对领航者的依赖性较高,当领航者出现故障时,系统可能崩溃。其解决方法是当领航者故障时,指定某个跟随者成为新的领航者,而原来领航者作为跟随者出现,从而保证系统中只有一个领航者。

(2)基于行为法。此方法的基本思路是将队形控制任务分解成一系列的基本行为,通过行为的综合来实现运动控制。通常情况下,海洋机器人的基本行为包括向目标点运动、保持队形和避障等。当海洋机器人的传感器接收到外界环境信息时,行为控制系统将对传感器的输入信息做出反应,并输出该行为的期望反应(如海洋机器人的方向和速度)。基于行为法中具有代表性的研究方法有 Brooks(2014)的行为抑制法,即每个时刻,编队任务被具体化为某一子行为;Arkin(2018)的矢量累加法,即在每个时刻,对子行为分别求出控制变量,然后进行矢量平均累加而得到综合的控制变量。基于行为法的优点是海洋机器人根据其他海洋机器人的位置进行反应,所以系统中有明确的队形反馈。该方法的另外一个优点是可以实现分布式控制,从而提高并行性和实时性。该方法的缺陷是群体行为难以进行明确定义,对其进行量化的数学分析较难,无法保证队形的稳定性。另外,不易设计出能合成指定队形的局部基本行为。Monteiro 等(2016)提出了一种综合领航者-跟随者法和基于行为法的编队控制策略,这种策略根据实际情况在领航者-跟随者法和基于行为法间切换,保证任一时刻只有一种编队控制策略在起作用,但从总的过程来看,两种策略都发挥了作用。

(3)虚拟结构法。该方法的基本思路是将海洋机器人整体队形看作是一个虚拟的刚体结构,每个海洋机器人是刚体结构上相对位置固定的一点。当队形移动时,首先确定虚拟刚体的行为,海洋机器人跟踪刚体结构上其对应的固定点即可。以刚体结构上的坐标系作为参考坐标系,那么当刚体结构运动时,海洋机器人在参考坐标系下的坐标确定,各海洋机器人之间的相对位置也确定。系统中每个海洋机器人相对于参考坐标系的位置不变,但可以通过改变自身方向形成不同的队形。该方法的优点是可以通过定义刚体结构的行为来控制整个海洋机器人群体的运动。其缺陷是要求队形像一个虚拟结构运动,限制了其灵活性。这种方法目前仅能用于二维空间中。

(4)强化学习法。其思路是若海洋机器人某个决策行为导致环境正的反馈,则海洋机器人会倾向于做出这个行为决策;若海洋机器人的某个决策行为引起环境负的反馈,则海洋机器人倾向于不做出这个行为决策。这种方法的优点是海洋机器人可以与环境不断交互,从而在线学习,且不需要先验知识。其缺点是在线学习需要较长时间,且运算量较大。该方法常用于编队避障中。

(5)人工势场法。其基本思想是将海洋机器人置于虚拟力场中,使编队中的海洋机器人之间、海洋机器人与障碍物之间存在引力和斥力。障碍物及相邻海洋机器人被斥力势场包围,产生的排斥力随距离的减少而增大,目标点和想要远离编队的海洋机器人被引力场包围,产生的吸引力随距离减小而减小,在合力作用下,海洋机器人沿势能下降最快的方向运动,从而使海洋机器人编队获得理想队形。该方法的优点是计算简单,易于实时控制,且系统适应性和避障性能较强。缺点是不能在相近障碍物间发现路径。Kumar等(2016)将仿生学引入人工势场法,不同种细胞会实现自组织,形成特定的队形,最终组成器官,其原理是不同细胞表面的黏着力不同。受此启发,对一组异构机器人,产生不同的人工势场,在此基础上提出控制策略,从而实现异构机器人系统的自组织。

(6)图论法。该方法首先利用图上的节点表示机器人的相关运动特性,两个节点间的有向或无向连线往往具有某种特定的关系,如先后关系、传递关系等,将控制理论引到图中,构成编队的控制策略。该方法的优点是可以表示任一队形,且有成熟的图论理论作为研究基础;其缺点是较难实现。西北工业大学的研究者提出一种基于雅可比(Jacobi)几何向量的多海洋机器人编队控制方法。他们从单个海洋机器人的动力学和运动学模型出发,引入雅可比几何向量建立了海洋机器人系统的水平面动力学模型,进而采用线性状态反馈法设计了运动控制器和转向控制器,并通过仿真实验证明了此方法可以控制海洋机器人编队系统跟踪指定路径并保持预定队形。

一些新的编队控制策略也被提出,且侧重点各不相同。减小通信量对多海洋机器人系统很有帮助,因此,一些研究者将重点放在如何使系统中的机器人尽可能少地获得全局信息就可以完成编队。每个机器人仅需要获得相邻两个机器人的相对角度和距离信息,就可以据此得到自身的控制策略,与另外两个机器人形成一个三角形编队。多个三角形编队最终形成整体编队,实现全局渐近收敛。这种策略的优势是编队整体鲁棒性较好,缺陷是只能用于平面编队。

另外,一些研究的侧重点是改善多机器人系统的编队性能,如西北工业大学的研究者提出,利用滚动时域控制在线处理约束能力强的特点,得到一种分布式多海洋机器人编队控制方法。其主要思想是相邻海洋机器人间相互发送预测控制轨迹,用来计算邻居的预测状态轨迹。在每次控制更新时刻求解最优控制,令给出的编队性能指标达到最小,从而实现编队的形成和保持。此种方法的缺陷是对实时性要求较高。

此外,还有一些比较新颖的编队控制策略,如 Hou 等(2016)提出 PID 控制在多海洋机器人编队中的应用,并证明简单的 PID 控制策略在多海洋机器人编队控制中同样有效。海底观测网中的移动节点组织也可以看作是多海洋机器人系统编队的一种特殊形式,不过前者的组织相对松散,且实时性要求较低。

7.7.4　海洋环境观测

近年来,随着海洋机器人技术和无线移动传感器网络技术的发展,应用多海洋机器人协调合作,组成海洋观测网络,成了国际上研究的一个热点课题,其思想是陆地无线移动传感器网络概念和应用向海洋中延伸。

依据驱动方式和工作空间的不同,目前应用于海洋环境观测的海洋机器人主要划分为四类螺旋桨驱动的常规海洋机器人、浮力驱动的自主水下滑翔机、波浪驱动的自主水下滑翔机和自主无人水面艇四类(见图7.7.1)。各类海洋机器人具有不同的能力、功能和特点,也适用于不同的海洋环境观测任务。

(a)螺旋桨驱动海洋机器人　　　　(b)浮力驱动水下滑翔机

(c)波浪滑翔机　　　　　　(d)无人水面艇

图 7.7.1

因此,将不同类型、能力和特点的海洋机器人联合起来组成移动观测网络,能够实现各海洋机器人的能力和特点的互补与集成。同时,基于海洋机器人集群组成的海洋环境观测网络,具有感知、功能和能力等可以按需灵活地进行时空分布的特点,且具有更完善的功能、更强的观测能力、更高的观测效率,能够获取到单一海洋机器人或单一类型海洋机器人所无法获取的高质量、高时空分辨率的观测数据。应用多类型、多个海洋机器人组成移动海洋环境观测网络已经成为将来海洋环境观测应用的必然趋势。

7.8 海洋机器人智能技术面临的挑战

对各个技术进行整理和综述后可以看出,人工智能正在逐渐进入海洋机器人研究的各个领域。一方面,由于机器人本体、传感器和海洋环境的特异性,人工智能技术在融入海洋机器人的过程中都会遇到不同程度的挑战。这就需要根据实际情况对技术进行自适应改造。另一方面,海洋机器人领域本身的很多问题则需要借鉴人工智能的原理,甚至设计独特的智能理论来解决。当前,人工智能技术正在深刻改变着社会生产与生活的各个领域,有理由相信其也必将推动海洋机器人的智能化革命。

下面总结了海洋机器人智能技术所面临的主要挑战,包括但不限于以下几个方面。

1.海洋机器人的环境适应性技术

海洋机器人正在从实验室走向实际海洋工程,如油气资源勘探、水下设施维护、水下救援打捞和极地探索等。这些作业任务的作业环境往往具有非开放性和未知性。非开放环境意味着机器人需要结合本体的运动特性,考虑作业空间受限情形下的灵活避碰、路径规划和任务规划等问题。而在极地探索中,需要重点考虑极区特殊环境给海洋机器人带来的挑战。

2.海洋机器人的自主作业技术

虽然机械手早已搭载于海洋机器人平台上,但是在实际的海洋工程中,依然是操作员控制机械手开展作业。尽管在人工智能技术的推动下,机械手目前已经能够在局部和特定情形下开展部分精细作业,但是这离机械手进行真正的自主作业,将操作员从繁重的海洋作业中解脱出来还有相当大的差距。水下环境的特殊性给环境理解、稳定控制和任务建模等带来了较大的挑战。其中,需要重点考虑的是,声光磁多模态信息融合下的环境理解技术、浮动基座与环境交互下的控制技术、人机交互下的作业行为学习与任务建模技术等。

3.海洋机器人集群自适应观测技术

近年来,海洋机器人在长续航、长航程上的技术日益成熟,其灵活机动性使海洋观测有可能迎来移动观测的时代。但从设想到落地,还面临如下挑战:首先,需要感知水声通信环境、预测水声通信性能,并将其纳入海洋机器人集群的环境感知和运动规划;其次,随着机器人数量的增长,水声通信中存在的带宽窄、延迟高和通信碰撞等问题将导致信息的传播速度和可靠性剧烈下降,给集群控制带来了很大的困难;最后,海洋环境的多尺度特性需要将不同分辨率的模型和观测相互嵌套构成综合的自适应海洋观测和预测系统。

参考文献

封锡盛,李一平,2013. 海洋机器人30年 [J]. 科学通报,58(2):2-7.

李闻白,刘明雍,李虎雄,等,2011. 基于单领航者相对位置测量的多AUV协同导航系统定位性能分析 [J]. 自动化学报,37(6):724-736.

卢健,徐德民,张福斌,等,2011. 异时量测序贯处理的多AUV协同导航 [J]. 计算机工程与应用,2011,41(31):12-16.

许真珍,封锡盛,2007. 多UUV协作系统的研究现状与发展 [J]. 机器人,29(2):186-192.

曾俊宝,李硕,李一平,等,2016. 便携式自主水下机器人控制系统研究与应用 [J]. 机器人,38(1):91-97.

Baum L E, Petrie T, 1966. Statistical inference for probabilistic functions of finite state markov chains [J]. Annals of Mathematical Statistics, 37(6): 1554-1563.

Carrica P M, Kim Y, Martin J E, 2019. Near-surface self propulsion of a generic submarine in calm water and waves [J]. Ocean Engineering, 183(1): 87-105.

Filaretov V, Zhirabok A, Zuev A, et al., 2014. The new approach for synthesis of diagnostic system for navigation sensors of underwater vehicles [J]. Procedia Engineering, 69: 822-829.

Guerneve T, Subr K, Petillot Y, 2018. Three-dimensional reconstruction of underwater objects using wide-aperture imaging SONAR [J]. Journal of Field Robotics, 35: 890-905.

Hayati A N, Hashemi S M, Shams M, 2013. A study on the behind-hull performance of marine propellers astern autonomous underwater vehicles at diverse angles of attack [J]. Ocean Engineering, 59: 152-163.

Jia Q, Xu H, Feng X, et al., 2019. Research on cooperative area search of multiple underwater robots based on the prediction of initial target information [J]. Ocean Engineering, 172: 660-670.

Jiang M, Feng X, Song S, et al., 2019. Underwater loop-closure detection for mechanical scanning imaging sonar by filtering the similarity matrix with probability hypothesis density filter [J]. IEEE Access,7:166614-166628.

Li G, Chen C, Geng C, et al., 2019. A pheromone-inspired monitoring strategy using a swarm of underwater robots [J]. Sensors, 19(19): 4089.

Liu S, Ozay M, Okatani T, et al., 2018. Detection and pose estimation for short-range vision-based underwater docking [J]. IEEE Access, 7: 2720-2749.

Liu S, Sun J, Yu J, et al., 2018. Distributed traversability analysis of flow field under communication constraints [J]. IEEE Journal of Oceanic Engineering, 44(3): 683-692.

Mallios A, Ridao P, Ribas D, et al., 2016. Toward autonomous exploration in confined underwater environments [J]. Journal of Field Robotics, 33(7): 994-1012.

Negahdaripour S, 2018. Application of forward-scan sonar stereo for 3d scene reconstruction [J]. IEEE Journal of Oceanic Engineering, 23(99): 1-16.

Palomeras N, Vallicrosa G, Mallios A, et al., 2018. AUV homing and docking for remote operations [J]. Ocean Engineering, 154: 106-120.

Renilson M, 2014. A simplified concept for recovering a UUV to a submarine [J]. Underwater Technology the International Journal of the Society for Underwater, 32(3): 193-197.

Rypkema N R, Fischell E M, Schmidt H, 2017. One-way travel-time inverted ultra-short baseline localization for low-cost autonomous underwater vehicles [J]. In Robotics and Automation (ICRA), 2(2):4920-4926.

Song S, Li Y, Li Z, et al., 2019. Seabed terrain 3D reconstruction using 2D forward-looking sonar: A sea-trial report from the pipeline burying project [J]. IFAC-Papers OnLine, 52(21): 175-180.

Stern F, Wang Z, Yang J, et al., 2015. Recent progress in CFD for naval architecture and ocean engineering [J]. Journal of Hydrodynamics, 27(1): 1-23.

Stern F, Yang J, Wang Z, et al., 2013. Computational ship hydrodynamics: Nowadays and way forward [J]. International Shipbuilding Progress, 60(1-4): 3-105.

Valerio D C, Maurelli F, Brown K E, et al., 2016. Energy-aware fault-mitigation architecture for underwater vehicles [J]. Autonomous Robots, 41(5): 1-23.

Viquez O A, Fischell E M, Rypkema N R, et al., 2016. Design of a general autonomy payload for low-cost AUV R&D [J]. Autonomous Underwater Vehicles (AUV), 3(15): 151-155.

Wang C, Zhang Q, Tian Q, et al., 2020. Learning mobile manipulation through deep reinforcement learning [J]. Sensors, 20(3): 939.

Wang Y X, Liu J F, Liu T J, et al., 2019. A numerical and experimental study on the hull-propeller interaction of a long range autonomous underwater vehicle [J]. China Ocean Engineering, 33(5): 573-582.

Yeu T, Choi H T, Lee Y, et al., 2019. Development of robot platform for autonomous underwater intervention [J]. Journal of Ocean Engineering and Technology, 33(2): 168-177.

Zhao B, Skjetne R, Blanke M, et al., 2014. Particle filter for fault diagnosis and robust navigation of underwater robot [J]. IEEE Transactions on Control Systems Technology, 22(6): 2399-2407.

第8章

无人船智能技术

8.1 研究背景与现状

8.1.1 导航避障

无人船航行规划和导航过程可以描述为依据态势感知图,综合考虑任务需求、航行安全(搁浅和气候等)、航行空时效率(时间、距离和偏差等)、航行规则(海事避碰规则)、船体操纵性(最小转弯半径等)、环境不确定性(障碍物状态不确定等)等要素,计算航行规划和导航所需关键要素,如航行偏差、航行时间和危险概率图等,按照不同粒度与频率形成互容的位置和速度序列空间,在满足无人船航行安全包线的前提下,发挥无人船的效能。同样地,其他无人系统已有很多优秀的航行规划和导航算法(Breivik et al.,2008;Kuwata et al.,2014)可借鉴至无人船中。无人船航行规划和导航不仅同其他无人运载系统一样,面临动态不确定环境感知问题,还有一些特殊挑战,如海事避碰规则多且具有模糊多属性,船时滞性大、惯性强且不同船型相差大等。无人船航行规划和导航分为全局航路规划和局部反应式导航。全局航路规划从全局可用信息角度规划满足任务需求的安全高效航向;局部反应式导航以满足全局航路规划为目的,根据当前状态和局部环境信息进行局部调整并且同全局航路对接。全局航路规划和局部反应导航按不同频率相互补充、协调,获取无人船的全局航路、局部航路和瞬时速度。

全局路径规划领域的研究贡献主要来源于机器人领域的科研团体,通常解决高效安全的路径到达和路径覆盖两个问题(Galceran et al.,2013)。全局路径规划,首先需定义路径规划的位姿空间,如地图模型、网格分解和势场法等;然后根据搜索算法,如波前(Garrido et al.,2006)、神经网络(Yang et al.,2004)、深度优先和宽度优先等,获取满足任务需求的安全优化路径;最后,基于上述方法可以生成系列航路点。全局路径规划需针对无人船的机动特性和相关航线评价标准,利用直线和弧线等几何形状(Dubins,1957)生成至少二阶可微的光滑路径。路径曲率的不连续将导致无人船体等驱动系统的横向加速度的不连续,最终影响无人船艉向控制器的控制。可从航线光滑程度、航路精度、可跟踪性和计算时间建立航路评价标准,并以此标准采用单调三次赫尔米特(Hermite)样条插值方法生成光滑航路。

局部反应式导航分为跟随/跟踪导航和局部反应避障,两者相互融合形成最终的局部反应式导航律,其中局部反应避障优先级高于跟随/跟踪导航。为完成全局航路规划任务,首先需证明局部反应式导航的稳定性和收敛性;然后需证明由导航律和控制器构成的级联系统的稳定性和收敛性。根据任务场景不同,跟随/跟踪导航可以分为目标跟踪、路径跟随、路径跟踪、路径机动(Breivik et al.,2008)。跟随/跟踪导航经常采用导弹中的视线线路(line of sight,LOS)、纯跟踪控制算法(pure pursuit)和恒定方位(constant bearing)方法。Lekkas 等(2012)和 Pav-lov 等(2009)分别提出了时变前向距离 LOS 方法以提升 LOS 导航方法的稳定性。Borhaug 等(2008)、Breivik 等(2009)和 Fossen 等(2015)分别提出了积分 LOS,以应对慢时变干扰条件下的导航。Breivik 等(2008)基于恒定方位方法提出一种用于慢机动目标的目标跟踪算法。

Tam 等(2009)重点概述了海洋环境下的避障方法研究进程。Tam 指出,基于地面无人车辆,海洋无人运载平台避障的主要挑战为海事避碰规则的适应性和船体动力学的多样性。Statheros 等(2008)描述了在动态避障场景中船体建模、通用避障算法和导航系统所涉及数学方法的研究现状。Campbell 等(2012)按控制、路径规划和避障架构描述了无人船的智能避障研究进展。局部反应避障方法有速度障碍、动态滑窗、虚拟力场等。Naeem 等(2012)和 Kuwata 等(2014)分别将速度障碍同海事避碰规则结合用于无人船的局部反应避障。Stenersen(2015)基于ROS 搭建了一个满足海事避碰规则约束的速度障碍避障的开源平台。Perera 等(2015)基于模糊方法实现无人船的局部避障并且进行了实验测试和评估。Woerner(2016)将速度障碍扩展至柔性多阈值形式以更好地表征和评估人类的驾驶经验。同时,Woerner 等(2018)研究了避障场景中,基于船只运动的行为意图判断,以保证有人船和无人船同时在水面运行的安全。Shah(2016)和 Svec 等(2014)基于网格化和模型预测方法提出一种自适应危险和偶然事件感知的导航避障方法,以实现动态拥堵航行条件下的航行、目标追踪和围堵等。Candeloro 等(2017)基于维诺(Voronoi)图、费马螺线(Fermat's spiral)和自适应 LOS 方法,构建了一个由全局航路规划、局部反应避障和路径跟随组成的无人海洋运载平台的航行规划和导航系统。Cheng 等(2018)将无人船导航避障问题转化为一个深度强化学习问题。

8.1.2 布放回收

随着各国科技和军事能力的大幅度提高,海洋成为各个国家和地区加紧争夺的战略安全空间,围绕海洋资源争夺、岛礁主权、海域划界和通道安全的争端进一步加剧。无人艇作为未来海上侦察、作战和作业的新宠,越来越受到各国的重视,特别是欧洲和美国,纷纷将无人艇提升到战略高度。

自主布放回收技术是无人艇能否安全高效投放并成功列装的关键。当前使用的无人水面艇大多是以搭载在大型舰艇上的有人小艇为基础发展而来的,其布放与回收利用母舰上现成的吊艇架或坡道进行(见图8.1.1)。该方法需要人力上、下无人艇,挂接无人艇等操作,效率低、危险性大,适用于低航速、低海况、试验航次情形。

图 8.1.1　有人小艇布放回收

研制合理、有效的自主布放回收装置可大幅度提高无人艇的安全性、自主性和工作效率,大大提升无人艇的生存和作战能力。无人艇自主布放回收技术面临的挑战包括布放回收作业的安全和可操作性、系统的通用自主与可移植性、无人艇与母平台接口间潜在的冲突等。针对无人艇的布放回收系统,国内外才刚开始研究,大多停留在设计和样机阶段,未见成熟产品。其中,美国在无人艇的布放回收技术方面水平最高、发展最快。为提升我国的无人艇技术水平,加快无人艇部署,亟须研究适合高海况和多数舰艇收放条件的自主布放回收系统与技术。

1. 坞船式

坞船式布放回收系统从位于船尾的船坞及斜坡来进行水面艇布放或回收。母船航行时,船尾门(水密)关闭,水面艇停放在排完水的船坞底面上。布放时,船坞内部注水,船尾门打开,水面艇后推驶离船坞。待水面艇完全离开船坞后,坞门关闭。回收顺序与布放顺序相反。坞船式布放回收系统需要在船尾有一个坞室,对船体结构要求特殊。

2. 滑道式

滑道式布放回收系统通过一套滑道系统实现无人艇的收放。回收小艇时,小艇以高于母艇的航速冲进尾滑道,由滑道前方的绞车用钢缆把小艇拉离水面,收到要求的位置,快速脱钩挂住小艇,并可靠固定。释放小艇时,小艇驾驶员在艇内就位,去掉固定艇的钢缆后,释放快速脱钩,小艇靠重力快速、自动下滑到水面,必要时,可用绞车将小艇缓慢下放到水面。

3.吊放式

目前的有人工作艇布放回收中,基于吊艇架的吊艇架式布放回收系统使用最广泛。吊艇架一般安装于船只甲板的两侧,非工作时艇身及收放装置处于甲板上,工作时收放装置摆出船舷外,收放装置可将工作艇下放或吊起。典型的收放装置如图8.1.2所示。

吊艇架

图8.1.2　有人工作艇吊艇架式布放回收装置

美国的佩莱格里尼公司研制了能在6级海况下正常工作的典型船用布放回收装置(见图8.1.3),从图中可以看出,该公司的收放装置外形尺寸较大,内部结构复杂,能够实现收放的工作艇外形尺寸范围大。该收放装置具有提升速度较快、安全工作负载较大等特点。

挪威一家公司最新研制的单点全电动伸缩式收放装置如图8.1.4所示。该收放装置适用于地震船、供应船、客船、邮轮和滚装船等,载重量为2000～15000kg。虽然该装置所占的空间不是很大,但对安装的空间有特殊要求,即要保证母船横向的空间能够安装该装置。该收放装置主要特点为纯电动、伸缩式、单调点。

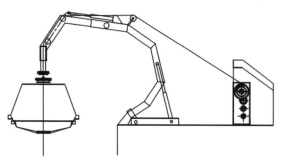

图8.1.3　佩莱格里尼公司研发的布放回收装置　　　图8.1.4　单点全电动伸缩式收放装置

　　由于吊放式布放回收装置应用广泛,技术相对较成熟,因此国外研究机构尝试在现有吊放式布放回收装置基础上进行改装,使之能应用于无人艇的收放作业。

　　美国一海洋国际公司提出了一种采用浮动托架的吊放式自主布放回收装置,它可以在母船正常航行下完成无人艇的布放与回收作业(见图8.1.5)。

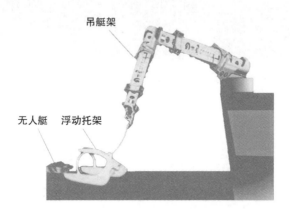

图8.1.5　浮动托架式自主布放回收装置

　　无人艇布放时,吊艇架将浮动托架和无人艇一起吊下母船,当浮动托架与无人艇入水后,松开吊艇架的锁定装置,完成无人艇与浮动托架的脱离。控制无人艇行驶出浮动托架,脱离过程中需实时调整无人艇和浮动托架的相对位置和姿态,克服海浪影响。待无人艇完全移出浮动托架后,吊艇架回收缆绳,并将浮动托架吊上母船,完成布放过程。

　　无人艇回收时,母船将浮动托架放至水中,让无人艇驶入浮动托架。在无人艇进入浮动托架的过程中,需对无人艇和浮动托架的相对位置和姿态进行实时控制,克服海浪影响。当无人艇进入浮动托架后,利用吊艇架的锁定装置将无人艇与浮动托架锁定。最后,利用吊艇架将浮动托架和无人艇一起吊上母船,完成回收过程。具体步骤图解如图8.1.6所示。

(a)浮动托架放下无人艇逐步靠近浮动托架　　　　(b)无人艇慢慢驶入浮动托架

(c)无人艇驶入浮动托架,浮动托架与无人艇锁定　　(d)吊艇回收缆绳,起重机将无人艇
吊上母船

图8.1.6　浮动托架吊放式自主布放回收过程

为解决回收时浮动托架与无人艇在高海况下对接难的问题,更好地控制浮动托架与小艇的相对位姿,美国海洋国际公司在浮动托架上设计了控制系统、推进器和浮箱,以便在对接时实时控制浮动托架的水面位置和姿态(见图8.1.7),使小艇在较高海况下也容易进入浮动托架,以实现安全对接。

图8.1.7　浮动托架位姿控制

当无人艇进入浮动托架后,浮动托架前端的锥形锁定装置将无人艇和浮动托架连接在一起(见图8.1.8)。考虑到后续任务,该锁定装置经过升级改造后,可用于无人艇和母船的数据、油料和电力传输,增加无人艇的巡航能力和时间。通过油料和电接口设计,该装置不仅能完成布放回收任务,还能承担对无人艇的海面补给和数据传输任务。

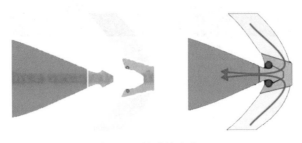

图8.1.8　锥形锁定装置

　　美国海洋国际公司研制的布放回收装置不仅可用于无人艇的布放回收,在经进一步升级后,还可用于无人水下航行器、无人机甚至是蛙人的布放回收和补给。该布放回收装置最终将设计成一个集布放回收、海上补给于一体,适应多种无人作战平台、多任务需求的综合服务平台。

　　美国的AEPLOG公司也提出了一种浮动托架吊放式回收,该装置主要针对集装箱运输小艇、两栖战车的回收要求设计(见图8.1.9)。为简化结构、降低成本,该方案的浮动托架没有推进装置和控制系统,而以导向支架代替。当目标小艇接近浮动托架后,目标小艇通过导向杆和导向支架的喇叭口滑入浮动托架,直至到

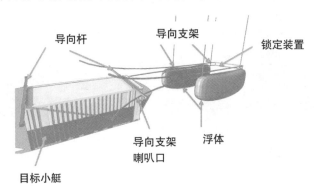

(a)集装箱运输小艇布放回收

(b)两栖战车布放回收

图8.1.9　AEPLOG公司浮动托架式布放回收装置

位锁定。由于该方案浮动托架缺少主动控制能力,因此,其对接能力有限,无法完成高海况下的布放回收任务。

在浮动托架式布放回收装置中,对接锁定装置是其关键部件。在无人艇与浮动托架对接时,希望所需的冲击力越小越好,对接自校正范围越大越好,这样可以减少因撞击带来的对浮体位姿变化的影响,从而提高无人艇回收的成功率。对接锁定装置除了连接无人艇与浮动托架结构外,还可以对无人艇进行油料补给、数据传输等任务。美国CDI公司针对无人艇提出了一种水面对接锁定装置,该装置已试验完成海面对接、补给任务,可以应用于布放回收装置中(见图8.1.10)。

图8.1.10　CDI公司对接锁定装置

除了浮动托架吊放式布放回收方案,挪威的HENRIKSEN公司还提出了一种绳缆半自主吊放式布放回收方案。该方案采用单点吊形式,在无人艇上布置了一套伸展臂和回收绳缆。无人艇正常行驶时,伸展臂折叠收拢,回收绳缆置于无人艇内部;需要使用时,伸展臂伸起,回收绳缆展开(见图8.1.11)。

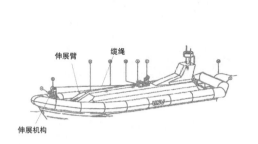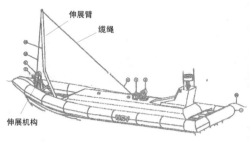

(a)装置收拢状态(无人艇)　　　　　　(b)装置展开状态(无人艇)

图8.1.11　绳缆半自主吊放式布放回收结构

无人艇布放时,其过程与普通有人艇布放过程相似(见图8.1.12)。无人艇下水平稳后,自动连接装置将绳缆释放,无人艇驶离母舰。

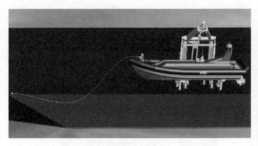

图 8.1.12 布放过程

当无人艇回收时,首先无人艇上的伸展臂自动展开,拉出绳缆(见图 8.1.13);然后,母舰上的工作人员将绳缆拉回到母舰,并与吊艇架连接;最后,通过吊艇架将无人艇吊上母舰。

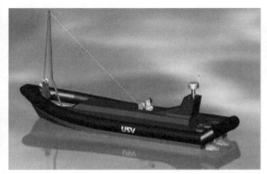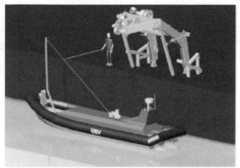

图 8.1.13 回收过程

相比浮动托架吊放式布放回收装置,该方案结构简单,但对无人艇改动较大,无人艇上需要预留空间和重量给伸展臂和绳缆等回收装置,这给无人艇上层结构的设计带来了一定难度。另外,该方案后续改进空间不大,无法将该系统扩展成为一个多任务工作平台。

为便于无人艇使用,上海大学研制出一种高压气动式无人艇布放回收装置,该装置安装在无人艇上(见图 8.1.14)。回收时,利用高压气源作为动力,将携带高强度线绳的飞镖滑行器投射到母船甲板上。通过线绳,先引导山形吊钩进入无人艇上的锥形漏斗区,漏斗区内的锁定释放机构自动挂住吊钩。然后,母船可以起吊无人艇,完成回收操作。

该方案对吊臂改动较小,可在现有折叠臂、A 吊上实现,但回收布放过程中海况不能太高,在舰上需要有一定的作业空间。

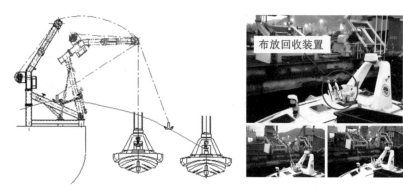

（a）无人艇布放回收　　　　　　（b）回收过程实物演示

图 8.1.14　高压气动式无人艇布放回收装置

8.1.3　减振降噪

8.1.3.1　舰艇减振抗扰国内研究现状及发展动态

1.被动隔振技术

基于减振降噪技术的大型舰船声隐身研究起步较早,浮筏隔振系统是其中最为有效的途径。浮筏隔振系统由机组、上层隔振器、中间筏体、下层隔振器、基础、限位器等部分组成,动力源机组与基础之间通过浮筏隔振系统隔离动力源的振动,从而衰减传递路径上的振动,降低艇/舰的辐射噪声(朱石坚等,2006),其传递路径如图 8.1.15 所示。

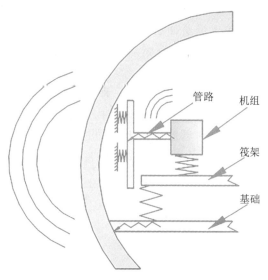

图 8.1.15　船舶浮筏隔振系统振动传递路径

　　浮筏隔振系统在舰艇、船舶领域受到了国内外学者和研究机构的广泛关注，在军事和造船技术发达的国家得到了广泛应用。20世纪60年代，美国首先将浮筏技术应用到舰船上，并使潜艇上的辐射噪声降低了30～40dB，"海狼"和"弗吉尼亚"级核潜艇均采用了整舱浮筏隔振系统，动力舱段内所有的动力设备均安装在一台大型浮筏装置上，这使潜艇的噪声等级达到了90～100dB，低于三级海洋噪声（Nashif et al.，1985）。英国海军的"机敏"级核潜艇的主动力系统也采用了一台高度集成整舱浮筏装置，潜艇下层使用了隔振器，具有22.5t承载能力和横向、垂向5Hz的固有频率。法国"拉斐特"级护卫舰的低速柴油推进装置和齿轮箱采用了两台104t的浮筏装置，每台浮筏下面采用22个隔振器支撑，系统的垂向固有频率约为5Hz。我国海军工程大学研制的浮筏隔振装置，成功应用于"中远海"海洋调查船上的柴油发电机隔振（向敢，2012），该浮筏系统在试验中测得的振级落差达到42dB以上。

　　被动式浮筏隔振装置可以非常有效地降低艇/舰主辅机系统和其他转动设备等机械振动在全频段内的总量级，但当激励频率等于或低于系统共振频率时，浮筏隔振装置起不到隔振效果。而浪涌冲击的大幅冲击频段多为0～4Hz的低频段，因此，浮筏隔振装置不仅无法抑制这类扰动，还可能加剧振动的传递。

2. 主被动混合隔振技术

　　现代艇/舰的动力推进装置和浪涌冲击频率最低可达1Hz，传统的被动式浮筏隔振装置已难以满足隔振性能的要求。基于被动隔振与主动控制的主被动混合隔振技术是被动隔振器和作动器的集成，由被动隔振器承载设备重量并隔离宽频振动，同时利用作动器进行主动控制从而衰减低频振动，其隔振效果要优于被动隔振技术。

　　澳大利亚海军针对柯林斯（Collins）级潜艇柴油发电机组进行了主被动混合隔振技术研究，采用了双层隔振装置和电磁作动器，样机陆上试验结果表明，其对柴油机主要线谱的控制效果可达10～30dB。瑞典一所大学将其研发的船用主动隔振装置AVIIS（active vibration isolation in ships），应用于该国护卫舰，该装置能有效隔离舰艇壳体声辐射耦合的结构振动。法国Paulstra公司将橡胶隔振器与电磁惯性力作动器串联，在柴油机主被动混合隔振装置上进行了测试。结果表明，与单纯的被动隔振装置相比，其对20～300Hz的振动隔离量提高了20dB。IDE公司的精密主被动隔振器采用气浮支承技术，垂向采用圆锥面气浮轴承与空气弹簧相结合的构型，刚度由空气弹簧决定；水平向采用端面止推气浮轴承，具有近零刚度的特点，其结构如图8.1.16所示。

　　主被动混合隔振技术能够大幅改变舰船的振动传递，但主被动混合隔振器往往存在体积大、功耗高、稳定性差等问题，对大型舰船更加友好。水面无人艇体积小、载荷轻的特点使隔振器的体积受限；同时，水面无人艇航速快、机动灵活的特点使隔振器的主动行程受限,这些因素导致大型主被动混合隔振器的使用受到了一定的局限。

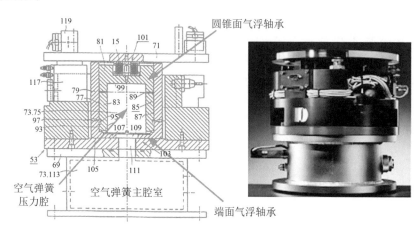

图8.1.16　精密气浮主被动隔振器

8.1.3.2　巨电流变液材料阻尼器国内外研究现状及发展动态分析

1.巨电流变液材料

电流变液是由高介电常数、低电导率的微纳米颗粒分散于绝缘基液中混合而成的悬浮体系,是一种电响应的软物质智能材料。在零电场下,颗粒在基液中呈无序随机分布,电流变液具有良好的流动性,呈现出牛顿流体的性质。当施加外电场时,颗粒被极化,聚集成为有序的链状或者柱状排列,电流变液具有类似固体的抗剪切能力,呈现出宾汉流体的性质;撤除电场后,电流变液又恢复流动性,电流变液这种可逆、能耗低、响应快(一般为毫秒级)、连续无极变化和"软硬"可调的奇特性质在机电一体化的自适应控制(如减振器、离合器、智能润滑和机械手等)工业以及生物医学领域应用前景广泛(Yin et al.,2011)。

电流变液在20世纪40年代就已经被发明,但是其剪切强度低以及温度和沉降稳定性低等缺点,阻碍了它的应用与推广。2003年,Wen等(2003)通过包覆尿素极性分子研制出了巨电流变液,首次突破了工程应用阈值,并建立了新的"表面极化饱和"物理模型,圆满地解释了巨电流变液效应。2005年,Shen等(2009)通过掺杂极性分子或者基团研究出了极性分子型巨电流变液,屈服强度可高达200kPa。随后,赵晓鹏等(2007)和赵红等(2013)制备的巨电流变液屈服强度都大大超过了传统介电型电流变液屈服强度的理论上限(10kPa)。这些巨电流变液的屈服强度与电场强度呈线性关系,与介电型电流变液的平方关系明显不同,其物理机理与介电型电流变液有重大区别。

巨电流变液的剪切屈服强度已能满足工业应用要求,并适于大批量生产,基于巨电流变液的智能器件原型被研发出来且具备诸多优势,但是在工程化应用的

过程中,巨电流变液的一些基础和应用性问题仍然制约了其广泛应用。例如,
①巨电流变液的抗沉降性和再分散性不是很理想,在实际应用中,其性能更是降
低了许多,特别是长时间静置会造成电流变液沉降,如图8.1.17所示,需要再搅动
分散均匀才能恢复其性能;②巨电流变液在电场下剪切屈服强度已经满足工业应
用要求,但是零电场的黏度过高;③巨电流变液对部件的化学腐蚀和机械摩擦较
大,它与容器/密封圈的相容性等是实际应用中需要解决的问题。

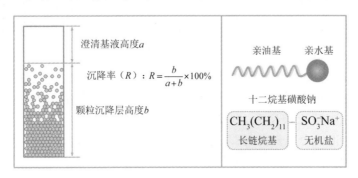

图8.1.17　巨电流变液表面活性剂及沉降模型

　　巨电流变液虽然具有低能耗高屈服应力等优点,但是仍存在稳定性和再分散
性差等问题,针对这些问题,添加表面活性剂或者分散剂是一个有效的解决方案。
但对于新型电流变液,关于添加剂的研究尚处于起始阶段,其研究内容相对零散,
特别是对巨电流变液的沉降性、表面极化饱和、结构以及力学性能的影响研究较
少,尚未出现全面的研究报道,而针对实际应用涉猎更少,因此尚有很大的研究发
展空间。

2.巨电流变液阻尼器

　　根据板间运动方式的不同,巨电流变液的工作模式可以分为剪切模式、流动
模式和挤压模式,如图8.1.18所示。其中,剪切模式如图8.1.18(a)所示,指极板保
持板间距不变而进行水平相对运动,从而在施加电场的情况下产生剪切力;流动
模式如图8.1.18(b)所示,同样是板间距不变,在压强差的作用下使板间液体进行
流动,在电场作用下液体与极板相互作用,产生类似于剪切模式的剪切力;挤压模
式下极板进行相对运动,如图8.1.18(c)所示,在电场作用下,由于液体黏度的变
化,板间挤压力也会随之发生变化。

　　根据挤压模式的工作方式,赵霞等(2007)设计了一种多层挤压式巨电流变阻
尼器模型(见图8.1.19),并基于双黏模型(Bi-Viscous模型),通过计算机仿真对挤
压式电流变阻尼器进行了数学建模及讨论。他们模拟分析了阻尼器在不同外部
条件下输出的阻尼力,提出了巨电流变液的阻尼力分为黏性阻尼力和电致阻尼力
两部分。韩国仁荷大学智能结构与系统实验室的研究者,利用巨电流变液的流动
特性,设计了用在汽车悬架系统上的流动式巨电流变液阻尼器(见图8.1.20),实测

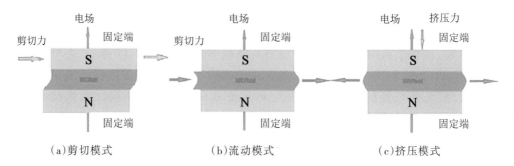

（a）剪切模式　　　　　　（b）流动模式　　　　　　（c）挤压模式

图 8.1.18　巨电流变液工作模式

发现,车辆的垂向加速度以及俯仰角减少了10％。为了研究巨电流变液在挤压工作模式下正应力与不同电压的关系,中国科学技术大学的王志远等(2017)设计了平板挤压式巨电流变液实验,其实验装置及测试曲线如图 8.1.21 所示,图中得出了不同电压下正应力的变化规律,他们还利用CCJ(Cho-Choi-Jhon)模型得出了理论模型,并从微观理论角度解释了剪切震荡的现象。

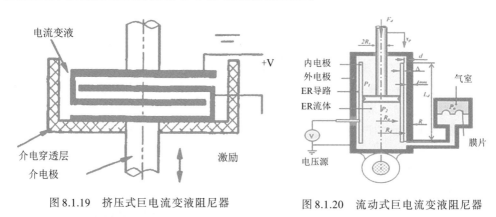

图 8.1.19　挤压式巨电流变液阻尼器　　　　　图 8.1.20　流动式巨电流变液阻尼器

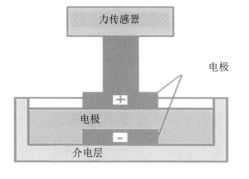

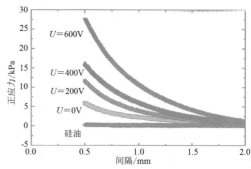

图 8.1.21　挤压试验装置与实验结果

清华大学摩擦学实验室的张敏梁等(2009)研究了极板形貌修饰对巨电流变液的影响,发现了对极板进行激光打坑和覆盖尼龙网的方法能够有效抑制巨电流变液与极板之间的滑移现象、提高巨电流变液的压缩强度,其不同极板形貌的影响规律如图8.1.22所示。

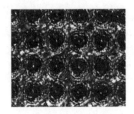
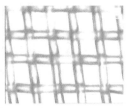
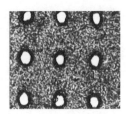

(a)机械抛光加工的　　(b)激光加工的坑阵列　　(c)覆盖尼龙网的极板　　(d)光刻腐蚀加工的
光滑极板　　　　　　　　　　　　　　　　　　　　　　　　　　　　　柱阵列

图8.1.22 不同极板形貌

在阻尼器的试验设计上,除了合理的结构设计之外,极板的微观形貌对整体的阻尼效果也有着较大的影响,被外电场极化而固化的巨电流变液容易在极板处产生剪切滑移而降低其力学性能。巨电流变液阻尼器的效果已经显现,但使用中还存在大量问题。因此,关于巨电流变液阻尼器的结构构型优化设计、模型构建以及生成控制等问题,仍然有很大的研究空间。

8.1.3.3 振动主动控制国内外现状及发展动态

尽管被动隔振抗扰系统为探测装备提供了一个简单、可靠的抑振环境,但它始终存在高共振峰、低频抑振与高频传递存在矛盾、频率带宽受限、高冲击破坏等问题。探测装备系统性能的提升对抑振性能的需求也越来越高,同时随着智能传感器、智能制动器和微处理器的快速发展,主动抑振也变得越来越有吸引力。

1.阻尼主动控制技术

磁流变液和电流变液形成的阻尼器,在阻尼生成及主动控制上有极大的相似性,因此下面分别对两种材料的控制进行调研。

在对磁流变液的主动控制、半主动控制以及优化设计上,大连理工大学的贝伟明(2014)针对用于建筑结构减震的减振器,发现了对磁流变液阻尼器进行半主动控制的结构抗震方法,有效减少了结构的平动、转动的位移和加速度幅值。南京理工大学的宋春桃(2014)设计了用于汽车座椅的磁流变液阻尼器,建立了阻尼器的非线性系统的数学模型,采用模糊PID控制算法,实现了阻尼力的连续控制,改善了座椅的动态特性,提高了乘坐的舒适性。土耳其萨卡里亚大学的研究者利用田口设计方法,通过控制阻尼间隙、法兰厚度、活塞核心半径以及激励电流四个参数,以最大动态范围作为目标值,利用公式推导,发现阻尼器间隙与法兰厚度对阻尼器性能的影响较小,为后来的设计奠定了理论基础。

在对电流变液的主动控制、半主动控制以及算法设计上,武汉理工大学的董泽光(2003)设计了针对电流变液阻尼器悬架系统的模糊控制器,实现了对电流变液阻尼器的半主动控制,相较于传统的被动控制,其有较好的减振效果。日本富山县立大学工学部的Koyanagi等(2011)在电流变液制动电机的技术上提出了PID控制算法,解决了电流变液在高速电机下响应延迟的问题。南京理工大学的宫厚增(2016)设计了应用于火炮反后坐装置上的电流变阻尼器,通过仿真分析、比较得出了具有较好稳定和动态控制性能的二维模糊控制算法。

2.振动主动控制技术

主动抑振能够大幅提高抑振性能,但需要一套完整的传感器-制动器对和一个相应的主动控制系统,这些因素都要求主动控制必须有简单的结构和高效的算法。因此,为主动抑振控制找到一个有效的主动控制策略尤为重要。无论是反馈控制环路还是前馈控制环路,每个控制环路中的控制算法都起到了至关重要的作用。

基于抗扰动目标的减振降噪主动控制中常用的主动控制算法有:①PID控制算法。其结构较简单、参数易于调整、运算量少,被广泛应用于振动主动控制中;②自适应控制算法。其实现原理为当外部扰动或者系统参数改变时,控制系统能自动调节变量,使控制系统依然可以按照设计的性能指标工作在最优状态,实现较高性能及使用范围的控制性能,常见的模型参考自适应控制、自适应前馈控制,在振动主动控制中的应用最近呈上升趋势;③最优控制算法。线性二次最优控制算法(LQR)和线性二次高斯最优控制算法(LQG)可以不断对控制系统进行调节,最优控制理论和最优估计算法的混合能够有效解算出控制对象的最优解;④鲁棒控制算法。传统的鲁棒控制设计主要包括H∞鲁棒控制、结构奇异值理论控制和Kharitonov区间理论,由于充分引入了被控对象的动态模型,以及考虑到时变参数的不确定性,因此鲁棒控制能够有效地改善控制系统及被控对象的稳定性;⑤模糊控制算法。这是一种利用模糊逻辑建立的一种"自由逻辑"的非线性控制算法,广泛适用于传感器和作动器等具有较强的非线性特性的振动系统。

目前,除了上述的控制算法外,径向基(RBF)神经网络算法、透明盒理论、最小均方算法(LMS)、重复控制算法等控制算法在一些振动控制系统中也广泛存在。此外,还有许多学者将迭代控制算法、预测控制算法、神经网络控制算法、时间延迟算法等智能控制算法用于振动的主动控制中。

针对多自由度振动扰动的控制问题,目前比较常用的解决多自由度耦合控制的控制策略有多输入多输出(MIMO)转单输入单输出(SISO)的分散控制方法和模态解耦控制方法。MIMO转SISO的分散控制方法中(Kim et al.,2001),原本多输入采集、多输出控制的混合系统被转化为单输入采集、单输出控制的以单路参数调节的方法使用。MIMO转SISO的分散控制方法,控制器设计简单、高效,但其无法对主模态的幅频特性进行主动调节改善。Chen 等(2004)基于此种解耦策略,推导出一种可以把高度耦合的动力学模型转换成多个 SISO 的控制信号的解耦控制方法。模态解耦控制则从模态解耦的角度出发,将多自由度的控制问题转换为单自由度的模态控制问题,对主动抑振系统中关心的主模态进行单独主动控制。模态解耦控制对动力学模型的精度要求极高,需要提前对系统的动力学模型进行准确建模。

综上所述,虽然巨电流变液材料的阻尼器件及在线控制已取得了一些研究成果,但是巨电流变液可变阻尼减振系统的研究尚处于探索阶段,相关研究主要集中在原理分析和讨论阶段,对客观存在的扰动和激励频率时变对减振系统阻尼调节机制的影响,以及以优化抗扰减振性能为目标的阻尼调节的主动控制策略研究还不够充分。

为此,我们从高海况下无人艇探测装备的抗扰增稳控制的需求出发,进行振源图谱特征分析,建立无人艇的振动模型映射关系,以基于巨电流变液新材料的阻尼控制技术为创新驱动特色,围绕变阻尼高低频同步抑振机理和巨电流变液频变阻尼在线调节的核心理论和关键技术问题,从多物理量/场作用下系统动力学特性的生成与表征、多源扰动下系统动力学行为变化规律、以优化减振性能为目标的系统特性主动调节机制方面着手,在理论、方法、关键技术、实验等层面展开研究,创新性地提出了基于巨电流变液新材料的频变阻尼器及其智能在线控制方法,突破了宽频减振与强抗冲击等与常规技术伴生的矛盾问题,实现了高海况下无人艇探测装备的抗扰增稳控制的目标,有望极大提升无人艇的综合性能以及应用范围。

8.1.4 集群协同

"向海而生,背海而衰",争夺世界海洋权益和资源是海洋强国与临海国家的重要战略行动之一。我国有 300 万平方千米的海域面积和 7000 多个岛礁,是海洋大国。从海洋大国到海洋强国迈进的战略过程中,离不开无人化、智能化、网络化的海洋装备,无人艇正是高技术海洋智能装备的具体体现,是世界军事与经济竞争的重要领域,是维护领海安全和国家海洋权益的主战场。

在海洋环境日益复杂、作业任务日渐多样、作业范围日趋扩大的形势下,亟需多艘无人艇通过共享信息和协同分工合作来达成一个或多个共同目标。无人艇集群因具有更广的作业范围、更强的复杂任务完成能力、更高的作业效率、更强的鲁棒性及灵活性等诸多优点,在海上护航、海上搜救、巡逻警戒、环境监测、海战等发挥着重要作用。无人艇集群协同系统通过对信息的高度共享以及资源的优化调度,产生远远超出单一无人艇单独完成任务时的效果。执行任务的复杂性以及动态不确定环境决定了无人艇势必朝着集群化、网络化和智能化方向发展。

集群协同是一种全新概念的作战模式,对未来战争的影响将是颠覆性的。随着现代战争形态的演变,试图通过不同功能的作战力量间的相互配合实现整体效能的增值。作战领域由单一的陆地或海洋转变为了陆、海、空、天、网联合作战。跨域协同成为未来战争制胜的重要课题,与无人系统集群一同成为前沿技术研究的热点,各国纷纷部署了重要研究计划,获得了许多研究成果。

8.1.4.1 国外无人艇集群研究现状

世界各海上大国高度重视无人艇及无人艇集群的研究,特别是美国,其对海洋无人艇这类新的海洋智能装备的研发相当重视。美国海军在20世纪90年代开始研究无人艇,开发出"OWL MK Ⅱ"型无人艇。2003年,由美国、法国、新加坡联合开发的"斯巴达"号海上无人艇首次实现了无人艇与舰艇编队的联合演练。美国对新技术的极度敏锐,使其成为无人艇服役最多的国家。

以色列则是全世界无人艇发展最快的国家,2008年,以色列海军将艾尔比特公司研发的"银枪鱼"无人水面艇引入了水面作战系统(Yan et al.,2010)。新加坡海军于2005年引进了以色列所研制的"保护者"无人艇,"保护者"无人艇配有整套的作战控制系统(Caccia,2006),以确保该型艇能够进行复杂多样的海上任务。德国研究者在20世纪90年代末就开始了无人艇研究,开发了"MSSV Ⅲ"型多用途无人艇,其可根据任务需要装载任务模块,实现水面侦察和巡逻等任务。2009年,法国开展了"旗鱼"无人艇研制项目(Ferreira et al.,2007),该项目是法国海军未来反水雷项目计划的一部分,旨在利用机器人技术提升反水雷作战能力,"旗鱼"无人艇的演示艇于2011年下水。除了上述国家外,还有许多国家也都积极开展无人艇相关技术的研究,开发自己的无人艇,如英国的"FENRIR""MAST"无人艇,日本的"UMV-H""OT-91"无人高速军用艇,俄罗斯的"探索者"无人艇等(Kumar et al.,2018)。

同时,各国也在无人系统集群控制方面部署了重要研究计划(见表8.1.1)。

表8.1.1 国际无人系统集群主要研究项目

主要研究项目	项目名称	研究机构	时间	研究内容
国际无人艇集群主要研究项目	MDUSV 中型排水量无人水面艇项目	美国约翰·霍普金斯大学,美国海军研究局	2014年开始	联合设计多任务模块化平台和模块化有效载荷可选项
	Unmanned Warrior 2016(无人战士-2016)	英国皇家海军	2016年开始	将士兵从乏味、危险的活动中移除,如水雷铺设和回收以及反潜艇行动,从而保障海军人员安全
	GREX项目	欧盟	2006年开始	解决多 UUV 的协同导航及编队控制通信问题

续表

主要研究项目	项目名称	研究机构	时间	研究内容
国际无人机集群主要研究项目	LOCUST	美国海军研究局,美国佐治亚理工学院	2015年	集群空中监视、护航、对"宙斯盾"系统进行饱和攻击
	"小精灵"无人机	美国国防预先研究计划局	2015年	渗透到敌防区内共同执行情报侦察与监视、电子攻击或地理空间定位
	山鹑无人机	美国国防部,美国麻省理工学院	2016年	对驱逐舰进行电子干扰、饱和攻击、情报监视侦察
	"进攻性蜂群战术"(OFFSET)项目	美国国防部高级计划研究局	2017年	集群系统能力的集群自主性和人-集群编队技术,开发小型空中无人机和地面机器人,能够以250个或更多数量进行蜂群行动

8.1.4.2　国内无人艇集群研究现状

我国从21世纪初就开始进行无人艇关键技术的攻关。2004年,中国科学院沈阳自动化所较早开展了水面无人艇的研究;2008年青岛奥帆赛上,我国首次采用"天象1号"无人艇进行气象资料采集及检测,该艇由中国航天科工集团研制,船体使用碳纤维材料,同时具备智能驾控、定位、搜索和成像等实用功能。上海大学从2009年开始研制"精海"系列无人艇;2011年实现了无人艇在海上的自主航行、自主避障等功能,然后在海上进行大量的可靠性测试;2013年,研制的"精海1号"无人艇在南海永暑礁、赤瓜礁、美济礁进行岛礁周边海图测量;2014年"精海1号"随"雪龙号"赴南极罗斯海科考,并在罗斯海为"雪龙号"找到锚地;截至目前,上海大学研制了一系列"精海"无人艇,尺寸从2～16m,航速从6～50kn,在东海、南海岛礁区域进行了大量军民探测应用。

上海海事大学开发的"银蛙"号双体无人小艇(郑体强等,2017),可进行多项检测任务,包括近岸巡逻、水体采样、水文测量、搜救打捞等。珠海云洲公司开发的"领航者"号无人艇(王鸿东等,2018),其推进系统采用油电混合动力,最高可提供30kn航速,能在一定范围内通过全球定位系统(GPS)或者北斗系统实现高精度定位自主航行、自主作业和自动避障,在近岸水下地貌测绘、海洋调查、岛礁安防等领域得到了成功运用。在2017年上海国际海事展上,哈尔滨工程大学展示了自主开发的"天行一号"智能无人艇(刘欣等,2019),该艇采用深V艇型,油电混合动力(柴油机＋喷水推进/表面桨),最大航速达到80kn,推进系统使用静音螺旋桨,隐蔽性好、生存能力强。

虽然我国在无人艇研发方面起步较晚,但我国目前的无人艇单艇核心技术和国外相比,并没有代差。但是,我国无人艇单艇在材料、动力能源、传感器、声呐方面还与国外存在差距。

对于无人艇集群的研究,2016年上海大学在黄海进行了无人/有人艇的协同护航,如图8.1.23(a)所示。2017年,华中科技大学曾志刚教授团队揭示了群体动力学系统构型相变规律,提出了空间约束下编队构型切换算法,在松山湖实现了海斯特12艘无人艇的多艇编队、围捕、打捞、监测等集群控制试验[见图8.1.23(b)],并在无人系统海空跨域协同领域实现了无人机艇协同运动起降。2019年1月的实验中,自主无人机先从无人艇上起飞,执行指定空域探测任务,此后自主探测周围水域环境,并执行返航跟艇和自主识别可降落位置,最终成功实现降落。

中国科学院沈阳自动化所是国内较早研发无人艇的单位之一,率先开展了陆、海、空跨域协同理论与技术研究,并在2018年5月实现了国内首次水空跨域协同应用演示验证。2018年,由珠海云洲公司设计的56条小型无人船协同运行,列队穿过港珠澳大桥,实现了大规模的小型无人船编队航行[见图8.1.23(c)]。北京理工大学陈杰院士团队(2017)提出了基于代数图论和拓扑的无人系统集群的连通性保持问题,构建了无人系统集群自组织网络体系,提出了构造的自组织体系的智能分簇算法,并与Ad Hoc自组织网络协议相结合,设计出了高可靠改进型自组织无线通信网络协议,提出了将分布式控制与非光滑分析相结合的方法,设计出了基于微分包含算法的分布式非光滑柔顺集群协同行为规划优化方法。

(a)上海大学无人艇协同护航　　(b)华中科技大学无人艇编队　　(c)珠海云洲公司无人艇编队
　　　　　　　　　　　　　　　　　　　围捕　　　　　　　　　　　　　　展示

图8.1.23　国内无人艇集群成果

相对于空中环境,海洋环境更加复杂多变,风、浪、涌、流等不确定环境因素使稳定和精确的集群控制更加难以实现。目前集群编队难以满足无人艇集群在执行海上搜救、护航、反潜等实际应用时的需求。因此,复杂海况下的无人艇集群对高效、稳定、精确的实时控制提出了更高的要求。

8.1.4.3　无人艇集群面临的挑战

无人艇集群控制在环境感知、交互认知、优化决策和跨域协同方面与无人系统编队相比有质的区别。在编队控制中,具有自主能力的无人系统按照一定结构形式进行空间排列,编队内个体依靠中心控制器指令和观察临近个体位置来保持稳定队形。然而,要在具有高动态的复杂海洋环境下完成强对抗性任务,编队控制在智能性和灵活性上还远远不够。例如,在海上护航中,无人艇集群需要护送目标船只向指定区域行进,届时可能会遇到从不同方向出现的多艘陌生船艇,对我方船只的安全造成威胁。这种情形下,为了保障我方船只安全、准确地沿着规定航路向指定区域行进,需要尽早从复杂的海洋背景中快速识别出敌意船艇,动态调整集群态势并进行监控、拦截与驱除等智能协同控制决策。这对复杂海况下的无人艇集群提出了以下要求。

(1)海洋环境感知准确、完备。无人艇集群需克服复杂海况下海洋环境及其弱观测目标信息难以获取的困境,对海洋环境信息进行准确感知,对海洋弱观测目标进行精确识别。

(2)多艇交互认知快速、灵活。无人艇集群需具有灵活的交互认知机制,多艇之间需进行实时可靠的信息交互认知,为集群控制决策提供更多的感知信息。

(3)集群决策优化实时、高效。无人艇集群需具有统一安全抗毁的知识传输框架,使无人艇集群系统决策时效性高、任务整体耗时短,且具备基于交互认知的任务分解与最优任务分配能力。

综上,无人艇集群对自主协同控制与优化决策理论提出了更高要求,单艇的智能感知、多艇的交互认知以及集群的协同控制是无人艇集群系统控制所面临的重大需求。围绕以上三大需求,研究复杂海况下无人艇集群控制理论与应用,可以提高我国无人艇集群协同控制的自主化与智能化程度,从而提高无人艇集群执行任务的高效性与智能性。

为了达到上述要求,无人艇集群理论与应用需要克服以下难点。

(1)感知能力提升难,即实现单艇感知能力从“弱”到“强”的变化。

单艇准确完备的信息感知与理解是多艇协同及无人艇集群控制的重要前提和基础。实现无人艇准确、完备的自主感知与场景理解,首先,必须克服复杂动态海况带来的影响并获得较准确完备的观测信息。如图 8.1.24 所示,相对于空中及陆上环境,海洋环境更加复杂多变,风浪、雨雾、涌流等不确定环境因素使得无人艇获取的多源异构数据具有高冗余、强噪声、复杂多变等问题。此外,获取的数据集也存在有效目标样本少、局部缺失、尺度多变等问题,使得无人艇观测信息不完备,导致构建的多尺度目标识别模型库对目标识别精度低,目标实体感知信息不准确。其次,必须克服领域背景知识缺失带来的无人艇目标属性感知难、实体关系语义理解难和场景态势分析难的影响。然而,领域文本集合内容多样、冗杂,实体属性及实体间关系种类繁多、错综复杂,使得构建完善的海洋目标实体属性及关系知识图谱,以及对目标实体进行高效的知识推理存在许多挑战,进而导致单艇环境信息感知与理解不完备。

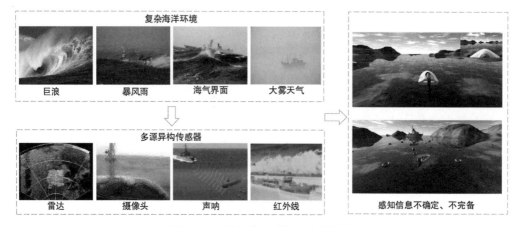

图 8.1.24　单艇自主感知面临的挑战

无人艇感知信息不准确、不完备以及领域背景知识缺失会极大限制单艇感知场景与现场态势语义理解,严重影响无人艇感知与理解能力的提升,使稳定和精确的集群控制更加难以实现。因此,如何基于不完备的观测信息构建高精度的海洋环境和多尺度目标识别模型库,以及单艇准确完备自主感知机理模型是提升无人艇环境信息感知与理解能力的关键问题之一。

(2)多艇交互认知过程难,即实现多艇交互认知效率从"低"到"高"的变化。

若要提升无人艇集群的协同控制能力,则必须使无人艇间的信息交互方式快速、灵活。复杂海洋场景中,多艇交互认知过程是建立在单艇准确完备的场景感知与现场态势的语义理解的基础之上的,对无人艇集群协同控制决策能力提升具有决定性影响。

无人艇集群在复杂海况执行任务时,通常需要协同配合完成任务,这就需要多艇间能建立交互认知机制,完成信息共享。如图 8.1.25 所示,无人艇集群交互

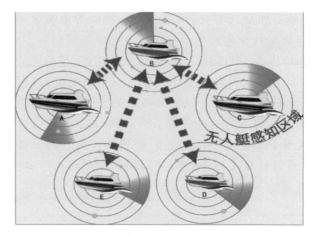

图 8.1.25　多无人艇交互面临的困难

过程中存在多艇结构动态变化、环境/任务复杂多变等特点,这就造成了多艇交互时机及交互目标难以确定的问题,为多无人艇的实时交互认知带来了挑战。不仅如此,无人艇交互过程中难以建立明确的交互认知模型,导致无人艇之间交互内容的获取难,不能获取真正的信息。而且,即使获取到了有效信息,但从这些信息中提取到真正需要的知识仍需要花费大量时间。除此之外,无人艇在信息融合过程存在着信息不一致、矛盾性、冲突性、模糊性等问题,这难免给无人艇信息融合带来了挑战。因此,如何在多艇拓扑结构动态变化与环境复杂多变条件下,实现多艇交互信息的快速、灵活认知,是复杂海况下无人艇集群控制的关键问题之二。

(3)集群智能协同控制优化难,即实现智能协同控制效果由"差"到"优"的变化。

复杂多变的海洋环境为无人艇集群智能协同控制与决策优化带来了诸多难点。第一,信息安全传输难。复杂海况下,风浪干扰和多径效应严重,导致多尺度目标识别精度低、场景自主感知难、拓扑结构变化剧烈,使得现有的自组织理论难以满足无人艇集群系统的高效性、抗毁性和安全性的要求;复杂海况下无人艇集群系统会感知到大量信息并理解出大量知识,但目前缺乏统一安全抗毁的信息传输框架,使得无人艇集群系统决策时效性低、任务整体耗时长及智能协同控制的实时性需求难以得到满足等。第二,集群任务分配难。复杂海况下,无人艇集群系统面临的是复杂烦琐的动态任务,且无人艇的能力倾向、所处场景各有不同,以往的任务分解和分配方法没有针对以上问题给出兼具实时性和有效性的智能决策策略,难以满足无人艇集群高效智能的决策要求,如图8.1.26所示。第三,精准柔顺控制难。复杂海况下,风浪和洋流等外界干扰严重,且无人艇本身具有高时滞和大惯性的特点,这使得传统的无人艇控制方法难以满足无人艇集群精准的控制需求。并且,复杂海况下无人艇集群系统面对动静态障碍和较大的无人艇数量,而传统的控制方法无法提前获知前方障碍和其他艇的状态信息,从而无法实

 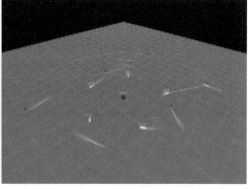

(a)无人艇具有高时滞与大惯性特点　　　　(b)集群独立分散决策难以协同

图8.1.26　无人艇集群控制优化面临的挑战

现柔顺灵活的行为规划。因此,如何克服信息安全传输难、集群任务分配难、精准柔顺控制难的挑战,实现无人艇集群高质量的协同控制,是复杂海况下无人艇集群控制的关键问题之三。

8.2 研究内容

8.2.1 导航避障

无人船航行规划和导航的研究基础较多,但需进一步提升其智能性。为此,需利用当前人工智能理论基础和方法,解决开放、动态和不确定场景下的意图判断及其表征问题,逐步学习人工驾驶过程中的宏观航路规划和微观的紧急状态判断与处理能力,实现真正的有人船和无人船驾驶共融,从而保证在动态环境中任何可能的危险状况下都安全航行,找出可行驶区域或是预测环境的变化都需要复杂的算法设计予以支撑。此外,还需要保证无人船可以平顺行驶。综合考虑上述因素,研究具备类人的驾驶行为学习系统的重点研究内容如下。

(1)驾驶行为决策系统需要学习人类驾驶习惯,学会如何在复杂场景下进行合理操作,并优化驾驶效率。

(2)驾驶行为决策系统需要对整个海上环境中动态目标一段时间内的行为进行预测,再根据无人船的状态和意图,结合环境感知结果和高精度地图提供的定位信息,重规划出最佳的行驶路径。

(3)驾驶行为决策系统的目标是最小化无人船当前位置与航迹的距离,实现最优航迹的空间精确跟踪;在每一帧中,系统通过理想速度与当前速度的关系来控制无人船加减速,以实现最优航迹的时间精确跟踪。

为支撑上述研究,需建立驾驶行为数据库,即为船内驾驶员操作的感知信息,包括其驾驶行为如舵角、油门等,提供决策基础信息。

8.2.2 布放回收

(1)新型对接锁定释放装置

考虑到不同艇型和任务的需要,新型对接锁定释放装置在设计时增加主动和被动可调节机构,并统一机械和电气接口设计。考虑到海况因素,新型对接锁定释放装置具有自校正和弱冲击力对接能力。

(2)两浮体对接控制技术

基于浮体动力学理论对两浮体对接过程进行理论研究,分析海浪对浮体的扰动效果,研究两浮体间的相互位姿关系,并依据所建立的理论模型给出实现对接的控制策略和最佳的控制参数。

（3）高海况下无人艇抵近母船自主控制技术

相对于无人艇,母船的体积要大得多,因此母船附近水流流况较为复杂,需要合理设计无人艇抵近母船的自主控制算法,保证无人艇根据规划路径和传感器的障碍探测信息快速准确驶入可回收范围内完成回收工作。自主控制功能和性能在很大程度上决定了无人艇的先进性和安全性。

（4）主动减摆控制技术

无人艇离开水面后,由一根钢索悬吊在空中并进行升降操作,母船的摆动会造成无人艇与母船碰撞,给工作艇带来严重的威胁。因此,收放装置的使用受海况的限制极大,一般4级海况时吊艇架就难以确保无人艇安全收放操作。需要根据系统摆动的影响因素,考虑较为复杂的欠驱动非线性系统进行减摆控制。

8.2.3 集群协同

8.2.3.1 海洋环境智能感知方法

1.研究目标

针对复杂海况下海洋环境感知所面临的样本获取难、单艇完备观测难、多尺度目标识别精度低等问题,可构建基于小样本数据增广与多艇数据互补重建的海洋环境及目标识别模型库。针对复杂海况背景下目标属性感知难、实体语义理解难和场景态势分析难等问题,可以无人艇智能感知和领域知识图谱构建为基础,建立复杂海况单艇准确完备的自主感知场景语义理解框架。

2.研究方案

复杂海况下,无人艇感知能力的提升需要分三步进行。第一步,由于无人艇真实观测样本数量少,样本中目标尺度变化剧烈、姿态位置单一且极端海况样本难以获取,故需要扩充样本数量、提高样本质量,为海洋环境及目标感知模型的训练提供充足数据基础。第二步,无人艇集群在海上运行中,单艇的快速运动及多变的海洋天气易导致目标观测信息缺失,所以需要实现多艇多源信息的互补重建,以提供目标完备观测信息以供识别。第三步,由于单一识别模型对不同海况不同模态观测数据不具普适性,因此需设计复杂海况下面向特定模态及异构数据的海洋环境及多尺度目标识别模型库,以全面提升无人艇的复杂海况海洋环境及目标的智能感知能力。

8.2.3.2 多艇实时交互认知方法

1.研究目标

鉴于无人艇感知视野受限、感知信息多变及集群运动结构动态变化等导致多艇信息交互存在偏差与效率低的问题,故需以单艇感知场景与运动态势理解为基础,建立基于认知心理学的多艇实时交互认知机制。

2.研究方案

首先,以认知心理学为基础,模拟各种认知模块的功能及调用机制,构建基于认知心理学的多艇认知功能模拟和综合管理调度框架,以解决复杂海况下单艇认知能力不强、多艇交互信息难以共享的问题。其次,借鉴好奇心机制及神经科学中记忆-突触可塑性状态之间的相关理论,提出基于推理中断的交互启动机制,并实现对交互需求的自主产生和持续性学习,解决多艇信息交互认知过程中交互时机难确定、交互需求难阐明的难题。再次,借鉴交互意图认知机制,构建多艇交互内容获取策略,以知识驱动为基础,克服知识多样性、碎片性及隐含性的影响,在易混淆、高动态、强干扰、集群结构动态变化快的复杂环境中,实现对交互内容进行准确、获取快速。最后,借鉴关联语义机制,提出基于关联语境的知识融合和认知推理方法,克服交互信息的矛盾性、不一致性和模糊性的影响,提升综合态势认知能力,为后续无人艇集群的决策和控制提供更多的感知信息和决策知识。

8.2.3.3 无人艇集群智能协同控制决策方法

1.研究目标

针对复杂海况的强干扰、弱通信、多障碍,无人艇自身结构的大惯性、高时滞、欠驱动和无人艇集群任务的多变化、大规模等特点导致的难以实现集群实时高效的协同决策与控制问题,研究无人艇集群智能化协同决策与控制的理论基础与关键技术,可实现在复杂海况下无人艇集群高效、可靠的智能协同决策与控制。

2.研究方案

首先,构建无人艇集群自组织体系,以场景语义理解模型为依托,构建抗毁的无人艇集群自组织框架。通过对大规模场景感知信息凝练得到的知识进行传输,解决信息高效传输的问题;通过市场竞标的分布式协同拍卖算法,完成拓扑连通性约束下的通信-任务耦合连接的建立与安全删除,降低无人艇集群系统的控制代价与通信代价,实现信息的安全传输。其次,通过基于交互认知的无人艇集群自适应任务分解和全局最优任务分配策略,牺牲局部利益以换取全局最优,实现无人艇集群异构系统多平台-多目标的快速最优任务分配,解决复杂海况下任务分配难的问题。再次,基于交互认知机制,设计高效实时的无人艇集群行为规划智能算法求得静态全局规划路径,并在此基础上进行对急转路段曲线柔顺化等动态路段规划过程,实现智能柔顺行为规划。最后,以规划好的路径为驱动,构建预测模型表示集群无人艇系统运动状态,设计基于集群交互规则约束的分布式模型预测控制策略。

8.2.3.4 无人艇集群应用验证支撑平台

1.研究目标

针对智能感知、交互认知、优化决策、跨域协同等相关研究,搭建无人艇集群应用验证平台,对无人艇集群硬件进行相应的扩充提升,对试验验证方法进行适应性改进,对相关研究成果进行应用验证,以实艇与仿真相结合的方式,来满足未来无人艇集群控制理论试验验证需求,形成无人艇集群离线与在线应用验证相结合的方法,从而为相关研究提供平台支撑。

2.研究方案

首先,研究基于脑记忆认知过程的知识管理和模型调用方法,构建复杂海洋无人艇集群实艇验证领域知识与模型管理系统。其次,搭建基于离线预验证技术的无人艇集群预验证系统并建立预验证物理模型,为预验证系统提供可重构的验证环境。再次,研究基于大规模分布式强化、进化学习框架的架构方法,以修正预验证系统的虚拟化物理模型,为预验证系统提供可自愈的验证环境。最后,研究无人艇集群典型验证场景设计方法,以及复杂海况下基于离线和在线学习相结合的实艇递进式验证评估方法,实现本项目各课题理论方法与指标的实艇验证。

参考文献

贝伟明,2014.建筑结构利用磁流变液阻尼器减振的优化设计 [D].大连:大连理工大学.

陈杰,2017.多智能体系统的协同群集运动控制 [M].北京:科学出版社.

董泽光,2003.电流变液阻尼器用于车辆减振的智能控制研究 [D].武汉:武汉理工大学.

宫厚增,2016.新型电流变阻尼器结构设计及抗冲击特性研究 [D].南京:南京理工大学.

刘欣,杨格,郭日成,2019.无人艇在电子战中的应用 [J].科技导报,37(4):20-25.

宋春桃,2014.车辆座椅的磁流变减振研究 [D].南京:南京理工大学.

陶万勇,赵红,董旭峰,等,2013.丙三醇改性对电流变液性能的影响 [J].功能材料,44(9):1265-1268.

王鸿东,张子祥,易宏,2018.无人货船研发现状亟待解决的问题 [J].舰船科学技术,40(6):1-5.

向敢,2012.浮筏隔振系统的振动特性研究 [D].杭州:浙江工业大学.

张敏梁,田煜,蒋继乐,等,2009.极板形貌修饰对电流变液/极板界面滑移抑制实验研究 [J]. Acta Physica Sinica,58(12):102-111.

赵霞,张永发,2007.多层挤压式电流变阻尼器理论建模研究 [D].北京:北京理工大学.

郑体强,王建华,赵梦铠,等,2017.波浪干扰下固定双桨无人水面艇的路径跟踪方法 [J].计算机应用研究,17(1):75-78.

朱石坚,何琳,2006.船舶机械振动控制 [M].北京:国防工业出版社.

Borhaug E, Pavlov A, Pettersen K Y, 2008.Integral LOS control for path following of underactuated marine surface vessels in the presence of constant ocean currents [C]// 47th IEEE Conference on Decision and Control (CDC), Cancun, Mexico: 4984-4991.

Breivik M, Fossen T I, 2008.Guidance laws for planar motion control [C]// 47th IEEE Conference on Decision and Control (CDC), Cancun, Mexico: 570-577.

Breivik M, Fossen T I, 2009. Guidance laws for autonomous underwater vehicles [M]// Alexander V I. Underwater Vehicles. Rijeka, Croatia: In Tech.

Caccia M, 2006. Autonomous surface craft: Prototypes and basic research issues [C]// 14th Mediterranean Conference on Control and Automation, Vouliagmeni, Greece: 1-6.

Campbell S, Naeem W, Irwin G W, 2012.A review on improving the autonomy of unmanned surface vehicles through intelligent collision avoidance manoeuvres [J]. Annual Reviews Control, 36(2): 267-283.

Candeloro M, Lekkas A M, Sørensen A J, et al., 2013. Continuous curvature path planning using Voronoi diagrams and Fermat's spirals [J]. IFAC Proceeding Volumes, 46(33): 132-137.

Candeloro M, Lekkas A M, Sørensen A J, 2017. A voronoi-diagram-based dynamic path-planning system for underactuated marine vessels [J]. Control Engineering Practice, 61: 41-54.

Chen Y X, Mcinroy J E, 2004. Decoupled control of flexure-jointed hexapods using estimated joint-space mass-inertia matrix [J]. IEEE Transactions on Control Systems Technology, 12(3): 413-421.

Cheng Y, Zhang W, 2018. Concise deep reinforcement learning obstacle avoidance for underactuated unmanned marine vessels [J]. Neurocomputing, 272: 63-73.

Dubins L E, 1957. On curves of minimal length with a constraint on average curvature, and with prescribed initial and terminal positions and tangents [J]. American Journal of Mathematics, 79(3): 497-516.

Ferreira H, Martins R, Marques E, et al., 2007. Swordfish: An autonomous surface vehicle for network centric operations [C]// Oceans 2007-Europe, Aberdeen, UK: 1-6.

Fossen T I, Pettersen K Y, Galeazzi R, 2015. Line-of-sight path following for dubins paths with adaptive sideslip compensation of drift forces [J]. IEEE Transactions on Control Systems Technology, 23(2): 820-827.

Galceran E, Carreras M, 2013. A survey on coverage path planning for robotics [J]. Robotics and Autonomous Systems, 61(12): 1258-1276.

Garrido S, Moreno L, Abderrahim M, et al., 2006. Path planning for mobile robot navigation using voronoi diagram and fast marching [J]. Intelligent Robots and Systems, 11(2): 2376-2381.

Kim S M, Elliott S J, Brennan M J, 2001. Decentralized control for multichannel active vibration isolation [J]. IEEE Transactions on Control Systems Technology , 9(1): 93-100.

Kumar A, Kurmi J, 2018. A review on unmanned water surface vehicle [J]. International Journal of Advanced Research in Computer Science,9(2): 95.

Kuwata Y, Wolf M T, Zarzhitsky D, et al.,2014.Safe maritime autonomous navigation with colregs, using velocity obstacles [J]. IEEE Journal of Oceanic Engineering, 39(1): 110-119.

Lekkas A M, Fossen T I,2012. A time-varying lookahead distance guidance law for path following [J]. IFAC Proceeding Volumes, 45(27): 398-403.

Naeem W, Irwin G W, Yang A, 2012. COLREGs-based collision avoidance strategies for unmanned surface vehicles [J]. Mechatronics, 22(6): 669-678.

Nashif A D, Jones D I G, Henderson J P, 1985. Vbiration Damping [M]. New York, USA: John Wiley &. Sons.

Pavlov A, Nordahl H, Breivik M, 2009. MPC-based optimal path following for underactuated vessels [J]. IFAC Proceeding Volumes, 42(18): 340-345.

Perera L P, Ferrari V, Santos F P, et al., 2015. Experimental evaluations on ship autonomous navigation and collision avoidance by intelligent guidance [J]. IEEE Journal of Oceanic Engineering, 40(2): 374-387.

Qiao Y P, Yin J B, Zhao X P, 2007. Oleophilicity and the strong electrorheological effect of surface-modified titanium oxide nano-particles [J]. Smartials and Mater Structures, 16(2): 332-339.

Shah B, 2016. Planning for autonomous operation of unmanned surface vehicles [D]. Washington, D.C., USA:University of Maryland, College Park.

Shen R, Wang X, Lu Y, et al., 2009. Polar-molecule-dominated electrorheological fluids featuring high yield stresses [J]. Advanced Materials,21(45): 4631.

Slocombe G, 2017. Future maritime warfare: Autonomous vehicles on the surface and below [J]. Asia-Pacific Defence Reporter, 43(7): 16.

Statheros T, Howells G, Maier K M, 2008. Autonomous ship collision avoidance navigation concepts, technologies and techniques [J]. Journal of Navigation, 61(1): 129-142.

Stenersen T, 2015. Guidance system for autonomous surface vehicles [D]. Trondheim, Norway: NTNU.

Svec P, Thakur A, Shah B C, et al., 2012. USV trajectory planning for time varying motion goals in an environment with obstacles [C]//ASME 2012 International Design Engineering Technical Conferences and Computers and Information in Engineering Conference, Chicago, USA: 1297-1306.

Svec P, Thakur A, Raboin E, et al., 2014. Target following with motion prediction for unmanned surface vehicle operating in cluttered environments [J]. Autonomous Robots, 36(4): 383-405.

Tam C,Bucknall R, Greig A, 2009.Review of collision avoidance and path planning methods for ships in close range encounters [J]. Journal of Navigation, 62(3): 455-476.

Wang Z Y, Xuan S H, Jiang W Q, et al., 2017. The normal stress of an electrorheological fluid in compression mode [J]. RSC Advances,7(42): 25855-25860.

Wen W J, Huang X X, Yang S H, et al., 2003. The giant electrorheological effect in suspensions of nanoparticles [J]. Nature Material, 2(11): 727-730.

Woerner K, 2016. Multi-contact protocol-constrained collision avoidance for autonomous marine vehicles [D]. Cambridge, UK: MIT.

Wolf M T, Rahmani A, Croix J P, et al., 2017. CARACaS multi-agent maritime autonomy for unmanned surface vehicles in the Swarm II harbor patrol demonstration [C]// Conference on Unmanned Systems Technology XIX, Anaheim, USA: 10195.

Yan R, Pang S, Sun H, et al., 2010. Development and missions of unmanned surface vehicle [J]. Journal of Marine Science and Application, 9(4): 451-457.

Yang S X, Luo C, 2004. A neural network approach to complete coverage path planning [J]. IEEE Transactions on Systems Man and Cybernetics Part B: Cybernetics, 34(1): 718-724.

Yin J, Xia X, Xiang L, et al.,2011. Temperature effect of electrorheological fluids based on polyaniline derived carbonaceous nanotubes [J]. Smart Materials and Structures, 20(1): 15-20.

第9章
离散制造业无人车间/智能工厂

9.1 研究背景

离散制造业是制造业按照生产方式分类的一种。相对于连续制造,离散制造的产品往往由多个零件经过一系列并不连续的工序加工最终装配而成,如属于生产资料生产的机械、电子设备制造业,属于生活资料生产的机电整合消费产品制造业。离散制造业大多属于传统制造业,但随着信息技术特别是网络化技术的不断发展,离散制造业也在不断地发生着重要变革。

20世纪60—70年代,面对用户需求量大和竞争比较缓和的市场环境,全球无论是装备制造商还是消费品生产企业,都以扩大生产规模、降低生产成本、抢占市场份额为目标,实现其产业化发展;20世纪80—90年代,精益生产、敏捷制造等科学合理的制造技术对离散制造业的发展有着巨大影响,加之市场空间不断缩小,追求产品质量、加快市场响应能力成为制造业发展的潮流。进入21世纪,在市场竞争日益激烈、生产成本不断降低和用户个性需求变化快等因素的影响下,在高新技术和先进制造理念的推动下,全球制造业正在向全球化、数字化、智能化和绿色化方向发展。相应地,离散制造业的发展也呈现出新的特征。

受制造全球化、国际经济不断互动和融合发展的大环境影响,制造企业跨国间的信息基础设施建设日益受到世界各国政府和企业的重视,制造资源的优化配置逐渐由区域向一国乃至全世界范围扩展。价值链和产业链中与制造密切相关的各个环节间的全球化分工协作也日益成为各制造企业赢得市场竞争的主要发展战略。为寻求国际化大市场中的机遇,积极参与国际化分工协作,迅速响应客户的个性化需求,抢占制造领域的高端市场,制造企业间加快了跨国并购、重组和整合,跨国公司得到了长足的发展壮大,并已经成为当代国际经济活动的核心(张定华等,2010;顾新建等,2010)。

随着数字化制造理论和技术在离散制造领域应用的不断深入,数字化制造模式已成为国际化知名公司优化企业生产经营、提升市场竞争能力的主要手段。进入 21 世纪后，随着离散制造企业的产品性能不断完善、产品结构进一步复杂化和精细化、产品功能趋于多样化，产品所包含的设计信息和工艺信息量急剧增加，生产线和生产设备内部的信息流量增加，制造过程和管理工作的信息量也随之剧增，导致制造技术发展的热点与前沿转向了提高制造系统对于爆炸性增长的制造信息处理的能力、效率及规模上。同时，为在激烈的全球竞争中保持优势，离散制造企业要最大化利用资源，将生产变得更加高效。为适应不断变化的客户需求，离散制造企业必须尽可能地缩短产品上市时间，对市场的响应更加快速；为满足市场多元化的需求，离散制造企业还要快速实现各环节的灵活变动，将生产变得更加柔性，这就要求制造系统更加高效、灵活、敏捷、柔性和智能。随着无线射频技术（radio frequency identification，RFID）、传感器网、工业无线网络、微机电系统和传感器等物联网技术和普适计算技术的成熟与发展，以无处不在的感知和智能化信息服务为代表的新一代信息化制造技术（U-manufacturing）将成为促进先进制造技术发展的新驱动力，使人们由现在对制造设备的生产过程、人机交互过程以及供应链与生产物流过程的"了解不足"，向三维空间加时间的多维度泛在感知和透明化发展。以泛在技术为基础的计算模式将具有环境感知能力的各种类型的终端、移动通信、信息获取、上下文感知、智能软件与人机交互等技术如空气和水一样，自然而深刻地融入制造行为所触及的各个角落。泛在制造信息感知空间作为下一代制造信息服务基础设施，将原有离散、杂乱、模糊、滞后的制造过程和管理流程变得更加透明、有序、清晰、实时，并且增加了大量的感知、判断、分析、决策等智能化元素，大幅提高制造效率、改善产品质量、降低产品成本和资源消耗，为用户提供更加透明和个性化的服务。

在技术发展与市场竞争的双重驱动下，传统工厂的生产运作模式正在逐渐被带有智能特征的新型制造模式所代替，制造智能化正在迅速地得到全球主要工业强国和企业的高度重视，一批具有高度自动化、柔性和智能特征的新型制造工厂——智能工厂，正在汽车、装备制造等典型离散制造领域悄然兴起。

离散型智能工厂的产生和发展是一个长期的阶段性的渐进过程，它顺应全球制造业总体发展趋势，符合制造全球化、数字化、智能化和绿色化发展要求，是人类经济、社会、科技共同发展和作用的必然结果。

9.1.1 智能工厂是实现智能制造的核心载体，成为各国竞相争逐的战略高地

受到制造全球化、国际经济不断互动和融合发展的大环境影响，美国、德国、加拿大、日本、韩国、欧盟等国家和地区相继开展了数字化智能工厂的研究计划，并从智能制造系统、智能制造装备、智能供应链、智能制造环境等智能工厂关键技术方面开展了研究。美国通过《2010 制造业促进法》《国家先进制造伙伴计划》（2011 年）、《国家制造创新网络（NNMI）：初步设计》（2013 年）等一系列制造业再

回归战略的实施,努力实现"本土发明、本土制造",希望将最先进制造行业的研发和生产都留在美国,并且开始实施以"数字化技术 + 机器人 + 人工智能"为核心智能制造和工业互联网战略,推进其制造业回归的战略,从而使美国制造业在全球经济布局和新一轮产业革命中抢占制高点(中国人工智能2.0发展战略研究项目组,2018)。德国提出了以"智能工厂"为重心的"工业4.0"计划(王天然等,2017),通过互联、互通达到持续占据智能制造技术及制造业价值链高端的目的,其核心载体是机器人和智能制造平台。"工业4.0"的内涵是实现三大集成(生产系统纵向集成、产品数字化端到端集成和企业价值链横向集成),以保证德国在装备、汽车、机械领域的传统优势地位。欧盟研发框架计划(FP7)是由英国诺丁汉大学科技人员总协调,欧盟多个成员国科技人员组成的欧盟"未来工厂"研发团队,经过多年的努力,团队研究开发出了一系列应用于工厂生产线和组装工艺的智能制造技术,其中有三个主要研究领域,即智能工厂,敏捷制造与客户化定制;虚拟工厂,价值创造,面向全球的网络化制造和物流;数字工厂,制造设计与产品全生命周期管理。日本在1991年1月发起了智能制造系统(Intelligent Manufacturing System, IMS)的国际合作研究开发计划。该项计划旨在组合工业发达国家和地区的先进制造技术,包括日本的工厂与车间的专业技术、欧洲共同体的精密工程专业技术,许多发达国家和地区,如美国、欧洲共同体、加拿大、澳大利亚等参加了该项计划(唐任仲等,2011;臧传真等,2007)。

纵览全球,瞬息万变的市场需求和激烈竞争的复杂环境,要求制造企业和制造系统表现出更高的灵活性、敏捷性和智能性。因此,智能工厂越来越受到各国重视,各国政府均将此列入国家发展计划,并大力推动实施。

9.1.2 新一代人工智能技术将推动离散制造企业智能工厂的发展和建设

推进智能工厂建设需要围绕离散制造全生命周期活动的智能化发展需求,部署、实施基于工业互联网群体智能的个性化创新设计、协同研发群智空间、智能云生产、智能协同保障与供应营销服务链等应用示范。需要围绕流程制造全过程、全流程活动的智能化发展需求,部署实施基于新一代人工智能技术的流程工业智能感知、智能建模、智能控制、智能优化与智能运维等应用示范;需要围绕我国创新驱动发展战略和提升我国制造业自主设计创新能力的重大需求,部署实施服务于从概念创意到研发、生产、试验、服务等全产业链的大数据智能创新设计和群智众创设计等典型示范。

9.1.3 智能工厂催生新业态新模式,为新一代人工智能产业发展开拓空间

智能工厂建设过程实质上是新一代人工智能技术、信息通信技术、制造技术的融合,新业态、新模式不断涌现的过程。随着新一代人工智能、大数据、云计算

等信息技术创新体系的演进以及与传统工业技术的融合创新,智能工厂将发展出全新的模式和业态。从新模式来看,在生产模式层面,智能工厂将实现由过去的"人脑分析判断＋机器生产制造"方式转变为"机器分析判断＋机器生产制造"的方式,形成高度灵活、个性化、模块化的生产模式;在商业模式层面,智能工厂将催生网络众包、异地协同设计、大规模个性化定制、远程诊断、精准供应链管理等新模式。从新业态来看,信息技术的升级应用,将会发展成为工业云服务、工业大数据、工业物联网、全生命周期管理、总集成总承包等新业态。

在智能工厂的建设过程中,创新极为活跃,能为新一代人工智能产业、信息通信产业发掘出新的增长点。移动互联、物联网、云计算、大数据等新一代信息技术在智能工厂的集成应用将带来产业链协同创新,催生和孕育出新业态和新模式,促进新一代信息技术的应用范围从消费者领域渗透到产品的研发设计、生产制造、过程管理等各个环节。伴随着智能工厂建设逐渐向多行业延伸,新一代信息技术产业的发展空间在不断拓展。同时,智能工厂的建设是一个动态的、发展的过程,随着信息技术不断升级到新的阶段,智能工厂将衍生、叠加出新活动和新环节,新的工业发展模式和业态将不断出现。就目前来看,大规模个性化定制、网络众包、工业大数据、工业物联网、全生命周期管理、总集成总承包等都催生出了新的增长点。

9.2 国内外发展现状与趋势

随着传感器网、工业无线网络、传感器技术等的成熟与发展,以无处不在的感知为代表的信息技术将使人们由现在对制造设备与过程的"了解不足",向"三维空间＋时间"的多维度泛在感知和透明化发展。具有环境感知能力的各种类型终端、移动通信、信息获取、上下文感知、智能软件与人机交互等技术如同空气和水一样,自然而深刻地融入了制造业所能触及的各个角落。人机交互的各种手段与方式的产生,未来脑科学的进步,将使人机交互的方式产生重大变革。未来的加工制造将在一个变化迅速、相对于今天有重大变革的环境(智能制造空间)中来完成。智能制造空间作为下一代制造信息服务与管控的基础设施,将为用户提供更加透明和个性化的服务,有利于创新制造模式,大幅度提高制造效率、改善产品质量、降低产品成本和资源消耗(周云成,2014;孙明佳,2012)。

目前,许多国家的高校和企业研究机构对智能空间开展了广泛的研究,这些研究为智能制造空间研究提供了重要的参考依据。

9.2.1 "灵活分布"的美国通用电气(GE)炫工厂

浦那(Pune)是印度马哈拉施特拉邦的一座重要城市,从20世纪50—60年代开始便拥有完善的机械、玻璃、制糖和锻造工业,它的内地工业不断增长,许多信息技术和汽车公司在浦那建造工厂。2015年2月14日,GE在浦那建设的炫工厂揭幕。区别于传统的大型工业制造厂,这间工厂具备超强的灵活性,可以根据GE在全球不同地区的需要,在同一厂房内加工生产飞机发动机、风机、水处理设备、内燃机车组件等看似完全不相干的产品。理论上说,这一灵活性将极大提升GE的生产效率。

GE的炫工厂是工业互联网和先进制造相结合的产物,它用数据链打通了设计、工艺、制造、供应链、分销渠道、售后服务,形成了一个内聚、连贯的智能系统。该工厂雇用了1500名工人,他们分享使用生产线,包括3D打印机和激光检测设备。工业用3D打印(或称为增材制造),在很大程度上实现了工业设计的所见即所得。3D打印的应用场景在很大程度上受材料科技的限制,配合创新材料科技的发展,先进制造技术让很多从未有过的零件设计很快变成原型机。工厂的设备和电脑相互"沟通交流",共享信息并且为保证质量和预防设备故障采取措施。工厂的生产线通过数字化的方式与供应商、服务商、物流系统相连接来优化生产,如图9.2.1所示。

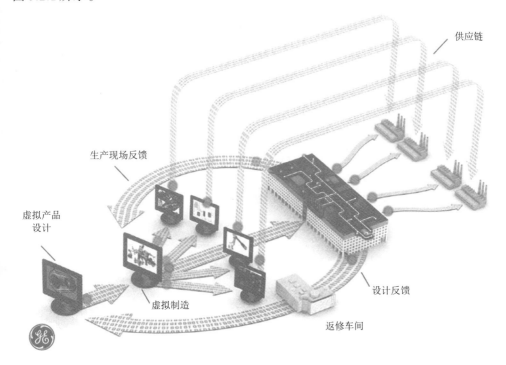

图9.2.1　GE炫工厂示意

GE作为美国工业的代表,把工业互联网描述为"大铁块＋大数据＝大成果"。其中,大铁块意指涡轮机、发动机、风机、火车机车等工业用机器设备,大数据即云基分析(cloud-based analytics)。从总体来看,GE的工业互联网与"工业4.0"中的信息物理融合系统(cyber physical systems,CPS)类似,都模糊了数字世界和现实世界边界,装载了各种传感器的大铁块之间、大铁块与人之间,通过互联网实时交换信息。铁块们因而变得可预测、会反应和社会化。

9.2.2 "虚实并行"的德国数字化工厂

西门子是德国工业自动化的排头兵、"工业 4.0"的重要参与者和推动力量,基本主导了工业软件平台的发展。西门子认为软件、数据、连接造就的所谓的数字工厂,是未来互联网与传统制造业结合的落地场景。数字工厂的工作流程可以大致描述如下。通过产品生命周期管理(product life-cycle management,PLM)系统前端 NX 软件和用户一起设计产品,同时从 TIA 中调取制造流水线的组成模块信息,模拟生产流程。制造过程模拟信息实时反馈至设计环节,互相调整、配适。在模拟无误之后,产品设计、制造流程方案传递至加工基地,由制造企业生产过程执行系统(manufacturing execution system,MES)实现生产设施构建、生产线的改装、产品生产、下线、配送到用户手中的全过程。

西门子数字工厂的核心是通过软件和硬件相结合的手段实现"虚实并行",数字工厂可以看成是部分实现"工业 4.0"构想的全价值链工程端到端数字整合:从产品设计这一"端"到产品出厂的这一"端",都事先在数字模拟平台上完成详尽的规划。与现实中在工厂走流程的产品相对应的是,数字模拟平台在云中分享的是一个一模一样的虚拟产品,工厂内的具体执行系统可以根据数字模拟平台的要求进行一定程度的重构。

与西门子"虚实并行"方案类似的是,德国政府的"工业 4.0"工作小组的主要成员博世(BOSCH)公司所推出的"慧连制造"解决方案,该方案的核心为制造-物流软件平台,可实现对整个生产流程进行云化和再造。该方案包括三个部分:一是制程质量管理,二是远端服务管理,三是预测维护。

9.2.3 工业技术与信息技术呈现加速融合态势

早在 2010 年,中国就已经超过美国在产值上成为全球制造业第一大国,但中国制造业实属大而不强,目前仍处于工业化发展的中期阶段,与西方发达国家相比仍存在很大差距。

与此同时,在新一轮工业革命的背景下,西门子、思爱普(SAP)等工业软件巨头通过不断并购,向全产业链扩张,已建立起封闭的生态系统。目前,其工业软件和平台已经覆盖需求、设计、仿真、试验、工艺、生产、制造、服务等大部分链条,且与工业控制系统实现了互联互通和无缝对接,主导了新一轮制造业革命的核心工业平台。

无人车间/智能工厂的发展将从三个层面实现工业技术和信息技术的深度整合。

（1）基于工业互联网、云制造和制造服务实现"具有分散或自治形成企业制造能力"的深度整合，制造能力的知识表示和协同利用、制造资源的互联互通和虚拟化等技术将极大地提升工业技术。

（2）以 CAD、CAE、PLM 等基础工业软件为工具和手段，通过信息物理融合系统、数字孪生、数字主线、虚拟制造等实现以"虚实并行"为特征的智能生产模式，重构需求、设计、仿真、试验、工艺等制造环节的工业技术，实现工业技术与信息技术的深度整合。

（3）"人机共融"方面，将研究面向工业技术的"机器人大脑"，实现更为全面地感知、理解人的生产环境。在理解环境、对象的基础上，做出"智能"的行为决策，适应环境、完成任务，实现拟人化的"联想"能力，多目标、多机合作任务的协商策略和网络环境下资源共享与调度技术。机器人以拟人化的本体与控制，以拟人化的方式在人机共享环境中完成使命，实现刚-柔智能切换、融合控制，机器人健康自检测自重构和多机器人自主协调合作。

9.2.4　大规模个性化定制制造成为重要发展方向

无人车间/智能工厂的主要特征之一是面向大规模个性化定制，提供灵活、便捷的制造服务，满足用户快速变化的个性化需求，为企业开展个性化用户服务提供强大的工具。竞争的全球化和客户需求的多样化对工业、企业提出了更高的要求：更多的产品变化、更短的交货期、更低的产品成本和更高的产品质量。大批量定制就是在这种背景下产生的一种新的生产方式。通常情况下，有两类产品多样化，即客户可以感受到的产品外部多样化以及在产品的设计、制造、销售、服务和回收过程中企业可以感受到的产品内部多样化。大批量定制的核心是尽可能减少产品的内部多样化，增加产品的外部多样化。

大批量定制生产模式是在市场需求的拉动和技术进步的推动下产生与发展的。大批量定制具有不同的形式，可适应于不同的产品和不同的市场。不同的定制方法能够为企业带来不同的效益。大批量定制的基本原理和方法对其他生产模式以及一些相关问题的解决具有广泛的指导意义。目前，大批量定制的技术体系尚在完善之中，包括面向大批量定制的开发设计技术、面向大批量定制的管理技术以及面向大批量定制的制造技术三方面关键技术，这些技术覆盖了产品的整个生命周期。

9.2.5　本节结论

综上所述，在制造业的发展进程中，制造工艺和适应工艺的制造设备的进步是制造业技术发展的重要内容，一直受到人们的关注。同时，制造环境与条件，同样是制造技术进步的标志，对制造业的发展至关重要。随着信息技术的快速发展和两化融合的深入发展,在智能制造的发展中,智能制造环境将是对制造业发展产生重要影响的领域,应给予深入研究。通过查阅大量文献和多次专家会议研讨,得出以下三个结论。

1. 制造由集中正在向分布发展

首先,大规模个性化生产和服务型制造的发展趋势,将使目前的集中式制造向分布式制造发展。分布式制造的本质是企业为追求利益最大化,生产链条由更专业的单元灵活组织。其次,信息技术特别是网络技术使得分布式制造能够在合理的经济条件下得以实现。最后,基于效益是选择原则,不是所有制造业都将走向大规模个性化生产和服务型制造,相反,大批量标准化制造仍将是高效率的生产方式,而一部分制造企业将在云计算、大数据、3D打印、机器人等新一代信息技术的驱动和支持下,获得更强的分布式制造能力。因此,随着信息技术和工业技术的不断发展,集中与分布共存的新的制造模式将得以形成。

2. 虚实结合的设计与制造手段正在形成

为了快速响应市场,最大可能提高效率,在三维辅助设计和虚拟仿真技术的支持下,产品的虚拟设计已开始应用,并将发展到工艺设计和流程设计等生产全过程,将来将覆盖全部生产环节。因此,可以看出,虚实结合的设计与制造手段,将极大促进设计与制造的变革。

3. 人机融合是提高效率和智能最大化的必由之路

未来,人与制造系统将在三个层面加强介入与合作,具体包括人与机器在制造过程中的合作、设备运行中的实时维护与支持、生产运行系统的介入与控制。因此,人机融合是提高效率的手段,人的智慧和能力将得到更好的发挥。同时,未来"无人工厂"将在新的能力下存在、发展、发挥作用。

9.3 无人车间/智能工厂的内涵与特征

离散型智能工厂建立在面向物联的泛在信息感知和智能信息服务基础环境之上,采用基于泛在信息的智能制造模式和管理模式组织生产,具有高度自动化、柔性化和智能化特点,环境友好,人机和谐,面向未来的新型制造企业。它以物联技术为基础,以泛在感知技术、人工智能技术与先进制造技术的融合应用为支撑,通过增强机器对制造环境与自身状态的感知能力、机器设备对人的指令及行为的理解能力、制造系统的动态响应和快速重构能力,实现生产制造过程中人与机器间的能力互补和对产品与环境变化的快速应变,从而大幅度提高生产效率。

9.3.1 内涵与特征

未来制造是基于信息物理系统的制造,是数据驱动、软件定义、平台支撑的制造,是实体制造与虚拟制造实时交互的制造。其将经历从碎片化到一体化、从局部到全局、从静态到动态的过程,逐渐涵盖研发设计、制造过程、服务运营的全流程,是数据流闭环体系不断延伸和扩展的过程,并逐步形成相互作用的复杂数据网络空间;进而实现跨系统、跨平台的互联、互通和互操作,促成多源异构数据的集成、交换和共享的闭环自动流动。最终在全局范围内实现信息全面感知、深度分析、科学决策和精准执行,实现横向、纵向和端到端集成;形成开放、协同、闭环的数据流空间;是制造系统的集成、制造体系的重建、制造模式的再造。

由此,无人车间/智能工厂的核心内涵是在"需求牵引、技术驱动"下,以"虚实并行、灵活分布和人机融合"三个基本原则,组成既相对独立、又相互支撑的三元空间融合与协同的智能制造空间(见图9.3.1)。

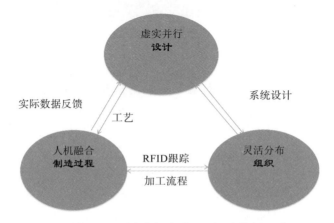

图9.3.1　无人车间/智能工厂三大特征

(1)"虚实并行"是为了快速响应市场,最大可能提高效率,在三维辅助设计和虚拟仿真技术的支持下,产品的虚拟设计已开始应用,并将发展到工艺设计和流程设计等生产全过程,形成虚实结合的设计手段。

(2)"灵活分布"是面向个性化生产和服务制造,要求企业更专业、组织更灵活,信息技术特别是网络技术使得这种结构能够在合理的经济条件下实现。而泛在信息条件和网络支持下的生产重构有了新的进展与应用,形成了批量集中式制造和分布式制造结合的新的生产系统组织。

(3)"人机融合"是在生产的组织与指挥要求人快速方便介入,这也是美国工业互联网和德国"工业4.0"都提出的目标。在机械化与自动化高速发展的同时,人们发现,很多工作还要人手工完成。因此,人机融合是制造过程中的新技术需求(见图9.3.2)。

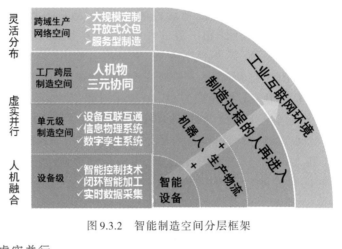

图 9.3.2　智能制造空间分层框架

9.3.1.1　虚实并行

智能制造空间研究的虚实并行源于虚拟制造和数字样机等技术,现有的虚拟制造或数字样机(包括几何样机、功能样机、性能样机)是建立在真实物理产品数字化表达的基础上的,其建立的目的就是描述产品设计者对这一产品的理想定义,用于指导产品的制造、功能性能分析(在理想状态下)。真实产品在制造中由于加工、装配误差、使用、维护、修理等因素,并不能与数字化模型保持完全一致。数字样机并不能反映真实产品系统的准确情况,在这些数字化模型上的仿真分析,其有效性受到了明显的限制。

虚拟制造或数字样机是一种弱的虚实并行,智能制造空间所提出的虚实并行,可以被视为一个或多个重要的、彼此依赖的装备系统的数字映射系统,并将充分利用物理模型、传感器更新、运行历史等数据,集成多学科、多物理量、多尺度、多概率的仿真过程,在虚拟空间中完成映射,从而反映相对应的实体装备的全生命周期过程。

在制造领域,数字映射与数字生产线通过CPS集成了生命周期全过程的模型,这些模型与实际的智能制造系统和数字化测量检测系统进一步与嵌入式的CPS进行无缝集成和同步,从而能够在这个数字化产品上看到实际物理产品在产品设计、生产、运维等整个产品生命周期可能发生的情况(见图9.3.3)。

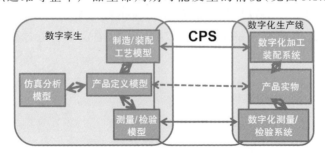

图 9.3.3　以虚实并行为特征的数字孪生

  智能制造空间所提出的"虚实并行",强调的是从产品的运维到产品设计的回馈。它是物理产品的数字化影子,通过与外界传感器的集成,反映对象从微观到宏观的所有特性,展示产品的生命周期的演进过程,同时在生产产品的系统(生产设备、生产线)和使用维护中的系统也将实现虚实并行。虚实并行涉及多项关键技术,需要集成和融合这些跨领域、跨专业的多项技术,如多物理尺度和多物理量建模、结构化的健康管理、高性能计算等。

  目前,我国重大设备的设计、制造与装配中,涉及越来越多复杂多变的零件,而复杂多变的零件具有产品开发周期长、更新慢、技术附加值高等特点,在未来先进制造中,需要采用新的技术改变传统的设计、制造与装配模式,虚拟现实与真三维显示技术就是其中的一种技术。虚拟现实是以计算机技术为核心,结合相关科学技术,在视、听、触感等方面生成与一定范围真实环境近似的数字化环境,用户借助必要的装备与数字化环境中的对象进行交互作用、相互影响。在虚拟现实技术的基础上发展起来的增强现实,能够将计算机生成的虚拟对象与真实世界进行融合,构造出虚实并行的智能制造空间,并且在大型装备设计、载人航天试验、飞机设计、船舶设计、汽车设计等复杂装备与产品开发领域有着广阔的应用前景。

9.3.1.2 分散与自治

  为在激烈的全球竞争中保持优势,制造企业要最大化地利用资源,将生产变得更加高效。为适应不断变化的客户需求,制造企业必须尽可能地缩短产品上市时间,对市场的响应更加快速。为满足市场多元化的需求,制造企业还要快速实现各环节的灵活变动,将生产变得更加柔性。因此,提升制造企业可分布制造能力和可分布管理能力,实现制造业企业的"分散与自治"兼顾,不仅满足离散制造大规模个性化定制的需求,而且将给未来制造企业的产品生产方式和销售方式带来巨大的变革。

  本质上,提升可分布制造能力需要完成"制造系统的灵活重构""制造设备的大规模共享"和"制造服务的随需应变"。

1.制造系统的灵活重构

  系统构型的灵活可变性是智能制造空间与传统制造系统的本质区别。传统的制造系统建成以后,其物理构型是静态不可变的,而智能制造空间下的制造系统则需要随市场需求、生产订单和任务等的变化进行快速灵活重构,整个系统结构是动态可变的,不同生产周期可能有不同的系统构型。系统重构要求制造系统能迅速调整生产模式,面向新的制造任务和市场情况,以快速重排、重复利用,必要时通过更新系统模块或子系统等方式迅速调整制造系统,在低成本甚至无投资的情况下实现生产规程、生产功能和产能的快速改变,以满足成本、质量和交货期等方面对生产任务的综合要求,实现制造系统的动态重构,从而快速适应多品种-批量生产模式下的市场变化需求。

系统的灵活可重构性,首先是制造单元的可重构。目前,制造系统分为多种制造单元,具体包括成组制造单元、柔性制造单元、敏捷制造单元、智能制造单元、虚拟制造单元以及独立制造岛等。因此,可重构制造单元作为系统的基本组织单位和制造流程的执行单元,必须满足可重构制造生产模式的要求。可重构制造单元根据现有制造设备的能力、负荷、加工工艺相似度等,通过聚类分析、重组形成不同的制造单元。这些制造单元可对制造系统实现动态、快速的软重构,也为最终实现以可重构的智能制造空间打下基础。

2.制造设备的大规模共享

我国制造行业中存在的一个较为普遍的问题是一方面设备资源闲置,使用不足;另一方面缺少设备加工自己的产品。另外,离散制造企业中大多进行的是小批量生产,需要不断地改变自己的产品以适应不断变化的市场需求,这就需要不同种类的加工生产设备。因此,制造设备的大规模共享也是形成可分布制造能力的核心。

目前,存在多种制造设备共享模式,如应用服务提供商(ASP)模式、设备资源共享服务平台、共享服务专业网站等,虽然这些研究对设备共享模式进行了一定探讨,提出了各种应用模型,但是大多数系统从本质上来说都是一种电子商务平台,它们借助网络发布各种设备的供求信息,供需双方借助它们进行设备共享服务的协商,签订共享合同等,至于共享设备的具体使用,大多仍采用传统的方式,并没有嵌入实施设备共享服务的具体功能模块,缺乏针对底层制造设备资源使用过程中的信息集成和信息共享。

3.制造服务的随需应变

目前,集中式制造系统模式正逐渐被分布式制造系统模式所取代,而智能制造空间的出现将加速这种制造模式的发展。本质上,智能制造空间是一种多级分布式智能制造系统,由若干地理上分散的多个零部件制造单元和产品装配单元组成,每个制造单元内部又有若干制造分支单元。各制造单元之间既相互依赖,又相互独立。因此,"分散与自治"兼顾是该制造模式下提升智能制造系统分布管理能力的本质要求。

微电子技术和制造业应用软件技术的发展使传统工业化意义上的机械化、电气化、自动化的生产装备具备数字化、智能化、网络化的特征。因此,未来集成传感、数据获取、无线通信和控制的嵌入式系统将成为过程控制和自动化的关键,集成嵌入式系统的过程控制自动化设备将取代现有部分控制单元。

由于工业测控系统规模的不断扩大,新产品制造过程变得越来越复杂以及数据采集的越来越多样,如硅片的生产,需要数目众多的传感器来采集数据,无线的传感系统由于其灵活性,将成为数据采集的主要手段。目前,大量传感器构成工业生产信息采集的第一通道,对自动化生产线进行全面监控,以此保障工业生产得以有序进行。

　　未来的制造系统需要实现生产监控、故障诊断、维护和控制的集成,这就需要突破现有的"从上往下"的控制数据流模式,还需得到"从下往上"的从传感到决策的数据流,这些数据流实时记录了当前的生产过程和设备运行状态,通过智能传感系统和容错的控制系统构成新的控制闭环。

9.3.1.3　人机共融

　　制造系统是一个由制造技术、制造资源、制造信息以及对资源、信息进行加工处理的过程所组成的相互联系的有机整体,完成包括市场分析、产品研发设计、工艺规划、制造实施、质量检验、物流配送、销售服务甚至报废回收等各个环节活动的制造全过程。制造过程涉及的要素包括人员、生产设备、材料、能源,涉及的软件包括制造理论、技术、工艺、方法、标准、规范等。

　　其中,人、机的关系是制造系统中的要素关系。现代制造系统中的"人"是指具备技术知识或技能的技术人员、操作人员和管理人员,是系统的核心要素;"机"是指在制造活动中与人发生关系的各种要素的总称,如技术装备、工程软件、管理制度以及环境条件等。

　　在制造技术发展的不同阶段,人机关系的内涵与表现形式不同。在手工制造阶段,主要表现为人与工具的关系;在机器制造阶段,主要表现为人与机器的关系;在现代制造中,人机关系不再是单纯的人与机器的关系,还涉及多环节、多途径、多方式的信息交流与互动,其实质是人与制造系统的关系。人们开始从制造系统的全局研究人机关系,提出了"人机系统"的概念。

　　制造技术的每一次重大发展和进步都会导致新的人机关系在一个更高水平的重构。自20世纪50年代以来,基于心理学、生理学、解剖学、人体测量学等学科的人类工效学研究已取得丰硕成果,为现代人机和谐关系的构建提供了理论基础,技术的人性化发展观已逐渐融入价值论、认识论范畴,"以人为中心"已成为现代人机关系发展的主导原则。制造技术从手工制造发展到机器制造、再到数字化制造,制造业人机关系也相应地由自然状态发展到"以机器为中心",再到现代的"以人为中心"。

　　未来,随着传感器与传感网技术、采集和通信手段的进步,必将形成制造环境的信息空间。信息空间的形成,是为了控制制造系统的需要,更是为了有利于人更好地利用信息空间和人的智慧,实现对制造系统的指挥和干预。而这种指挥和干预,是借用先进信息技术手段实现人的控制在时间、空间等方面的延伸,智能制造空间的本质就是人、机、物的融合计算、控制与管理,其中,人、机的融合是重中之重。

　　"人机共融"意味着在同一自然空间内机器与人的自然交互,配合人的需求、学习人的技能。与人取长补短才是机器存在的意义,互助共赢才能克服人对机器的恐惧。人和机器应该是互动的,不仅是人在操控机器,机器也会提供一些指令以帮助人更好地调整工作,这是一个双向的协同,不再是传统的单向协同。"人机共融"也是未来机器人产业的发展方向。目前,飞机几乎所有的零部件都是靠人用高精度机床加工的,无法完全采用机器人,因为人的感官是机器人无法代替的。所以机器人和人一起共事,也称"人机共融",这才是人机关系的主旨。

综上所述,制造技术与人机关系的发展是相互促进、相互制约、协同发展的关系。技术的发展为人机关系的发展创造了技术基础,而人机关系的发展又为技术的发展提供了良好的情境氛围。两者之间的相互作用将会产生对称性的破缺,从而促进新的有序结构在更高层次上形成,使技术与人机关系在总体上处于平衡与和谐发展的状态。

人与机器不再是严格分工的关系,机器与人在一定的工作区域范围内为达成任务目标而进行直接合作,机器从事精确度高、重复性强的工作,人在机器的辅助下做更有创造性的工作。智能制造空间中有利于人利用信息空间更好地利用人的智慧,实现对制造系统的指挥和干预。而这种指挥和干预,是借用先进信息技术手段实现人的控制在时间、空间等方面的延伸。更进一步的是将机器数据、制造环境数据、人类的知识被大规模采集、生产并集成起来后,深度应用于人机协作过程中,探索并发掘出人机协作过程中的更多反馈结果,发现人机协作过程中的不足,优化制造生产效能,从而推进人机融合。

9.3.2 基本功能

9.3.2.1 智能化生产

1.高度自动化基础上的柔性化生产

高度自动化、少人化甚至无人化的生产是智能生产的主要特征。制造系统具有协调、重组及扩充特性,系统中各组可依据工作任务,自行组成最佳系统结构;生产线还应能够根据客户个性化要求、生产工艺自动调整并组织生产,能够根据当前,生产实际状况实时地、自动地调整制造资源分配和生产排程,进而实现生产智能调整和生产高度柔性化。

2.面向智能设备的智能化加工

具有智能的加工设备能够识别工件身份标识,能够智能地选择相应的加工工艺,自动加载数控加工工艺程序,自动装夹与校准,自动选择刀具;能够实时监测加工状态,并根据实时工况自动优选加工参数和自动调整自身状态(王天然等,2017)。

3.制造资源精准化、自动化周转

制品、工具等制造资源在工序流转过程中按照精细化的生产指令进行物资转运与集配,如在制品转运过程中的行车调度、刀具调拨、工装夹具配备、人员到位等。

4.个性化装配与工艺指导

在装配环节,根据在制品身份标识,系统自动载入制品相关信息及生产工艺文件用以指导生产。

5.自动化质量检测与处理

在检测环节,利用自动化检测仪器设备对所要求的各种检测参数进行自动检测、自动生成检测报告和处理意见。

9.3.2.2 智能化管理

1.制造资源智能化管理

通过各种传感器及其他信号采集设备对生产环境内各生产资源(人员、车辆、可移动设备、容器等)、状态信息(包括各种状态参数、空间位置等)进行实时感知;通过对感知到的实时信息进行综合分析,从而实现对各种状况的预报、预测、优化控制等。

2.自我学习及维护能力

通过系统自我学习功能,在制造过程中实现知识库补充、更新及自动执行故障诊断,并具备对故障进行排除与维护,或通知对的系统执行的能力。

3.制造全过程动态跟踪与追溯

进行制造全过程跟踪(包括进度跟踪、质量跟踪、位置跟踪、状态跟踪等)与追溯(包括产品质量追溯、资源消耗追溯、生产过程追溯等)。

4.生产全景监控、分析与实时优化调度

结合信号处理、推理预测、仿真及多媒体技术,将实境扩增展示现实生活中的设计与制造过程;可视化展示及监控生产全资源全过程的全景;面向动态泛在信息进行生产分析与预警提示;支持人机协作的生产实时优化调度。

9.3.2.3 智能化设备

1.设备自诊断与自调整

可采集与理解外界及自身的状态信息,并以之分析、判别及规划自身行为,根据设备运行情况对预期故障状况进行诊断并进行预警和自调整。

2.自主感知、识别、通信与决策能力

自动感知周围环境变化并根据情境变化进行智能化调整自身行为,自动识别加工对象身份并根据加工对象个性化特征执行特定工艺操作,具备与其他智能设备进行自主信息交互和通信能力,具备信息智能化分析与决策能力。

3.智能化的人机交互能力

人机之间具备互相协调合作的关系,各自在不同层次之间相辅相成;支持多种方便灵活的访问与接入方式;信息展示丰富友好;支持交互式高级人机对话。

4.绿色环保

噪声、油污等环境指标监控,能耗、资源消耗监控,能源优化利用等。

9.3.2.4 智能化物流

1.自动化与智能化仓储

复杂库存操作的自动化与无人化(或少人化);库存物品、设备及装置的自管理、自诊断与自维护;库存状态、库房系统运行状态以及环境状态智能化地感知、监控、判断、分析、决策,库存信息实时动态调整;线上、下游请求与服务的无缝接入。

2.智能化工具管理

工具身份统一标识,自动化存取,维修维护智能化分析,流转过程实时监控。

3.智能化物流供应

利用识别技术实现物料消耗、物流周转过程的智能化监控,物流各个环节信息实时采集与利用,物流定位与跟踪。

9.3.2.5 智能化环境

1.环境感知

生产现场空间环境包括温度、湿度、噪声、电磁辐射、光线、水电油等实际参数的信息采集与获取,实现生产环境自调整。

2.一体化网络环境(中国人工智能2.0发展战略研究项目组,2018)

将工厂内底层网络与上层网络、有线网络与无线网络实现互联,构建生产现场集成网络环境。充分发挥无线网络的技术优势,支持多种无线传输协议的无线网络互联。

正是由于新型离散型智能工厂具有上述有别于传统工厂的显著特征,才使其在以下诸多方面具有显著优越性。

1.更透彻的感知

(1)企业对其内外环境具有十分强大的感知能力,能够通过感知网络快速感知与企业相关的各种信息。感知网络的基础是泛在网络。

(2)感知网络汇集了来自各生产资源、各种流程、各种设备和系统的信息。通过对制造环境、设备与工件状态、制造能力的感知和处理,达到物理空间与信息空间融合,进而实现生产过程透明可视化。

(3)同时,感知网络为不同企业服务,使企业所感知的信息的范围扩展深度加深,故其信息的"搜全率"和"搜准率"有显著提高。

2.更广泛的互联互通

企业能够通过泛在网络(互联网、无线网和物联网),实现企业内外信息互联互通,用户的需求得到精准和及时的满足,资源得到充分利用,工作效率得以实现最大化,各种浪费被控制在最低,节能减排取得巨大成功。

3.更彻底的人机融合

(1)生产状态实时、透明、可视,生产过程智能精益管控。

(2)人介入制造系统的手段更加丰富,人机功能平衡系统智能协调。

(3)对动态不确定生产条件和生产环境适应性和灵活性增强。

(4)系统快速配置与智能重构。

(5)人与制造系统能力互补、和谐统一。

4.更深入的智能化

(1)海量工业信息实时知识挖掘、仿真优化以及专家经验与业务规则的结合,实现生产过程智能管控。

(2)不同层面的知识融合化。

(3)企业管理和控制的高效精准化。

(4)面对复杂环境变化的自组织化。

(5)有效利用外部资源的协同化。

9.4 重点研究内容

当前制造过程的特征为高效、高质量、绿色、环保,需要对制造系统进行全局优化,特别是随着人力资源问题的日益严重和产品个性化需求的显现,传统的工厂已经难以应对产品订单的脉动特征和个性化、定制化生产要求,智能工厂作为实现未来智能制造的核心要素之一,是联结制造过程物料流、信息流、能量流的枢纽。通过对工厂内部参与产品制造的物料、设备、人员等全要素环节进行泛在感知,并充分利用物联网、大数据、云计算、虚拟现实和知识自动化等新思想与新技术,可实现具有状态高度自感知、动态优化自决策等高度智能化特征,达到高效率、高质量制造过程的管控一体化。

智能工厂不仅生产过程应实现自动化、透明化、可视化、精益化,而且在产品检测、质量检验和分析、生产物流等环节也应当与生产过程实现闭环集成。一个工厂的多个车间之间也要实现信息共享、准时配送和协同作业。智能工厂的建设充分融合了信息技术、先进制造技术、自动化技术、通信技术和人工智能技术。每个企业在建设智能工厂时,都应该考虑如何有效融合这五大领域的新兴技术,并与企业的产品特点和制造工艺紧密结合,以确定自身的智能工厂推进方案。智能工厂将实现以下目标。

(1)设备互联。生产设备具有足够的数字化、自动化、网络化特征,符合人因工程,具备状态信息采集和自动控制能力,并提供数字通信接口,支持远程维护与远程操作,并且能够实现设备与设备互联(M2M)。生产设备通过与设备控制系统集成,以及外接传感器等方式,由数据采集与监控系统(SCADA)实时采集设备状态,生产完工的信息、质量信息,并通过应用无线射频技术、条码(一维和二维)等技术,实现生产过程的可追溯。

(2)广泛应用"工业软件生产管控一体化平台系统",支持生产过程动态重构与自主优化,可根据小批量、个性化订单自动选择特定的生产模式和运行参数;具备生产过程可视化和产品质量全生命周期追溯能力;支持生产过程大数据分析;广泛应用MES、先进生产排程(APS)、能源管理、质量管理等工业软件,实现生产现场的可视化和透明化。在新建工厂时,可以通过数字化工厂仿真软件,对设备和产线布局、工厂物流、人机工程等进行仿真,以确保工厂结构合理。在推进数字化转型的过程中,必须确保工厂的数据安全和设备和自动化系统安全。在通过专业检测设备检出次品时,不仅要能够自动与合格品分流,还能够通过统计过程控制(SPC)等软件,分析出现质量问题的原因。

(3)充分结合精益生产理念。关键工具及应用软件与制造过程紧密集成,工艺设计软件支持全数字化制造工艺设计和模拟仿真,消除设计过程与制造过程的鸿沟,实现产品设计数据、物料清单数据与制造数据的双向连接;应用优化软件实现生产过程持续优化,降低单位产品的物料和能源消耗。充分体现工业工程和精益生产的理念,实现按订单驱动、拉动式生产,尽量减少制品库存,消除浪费。推进智能工厂建设要充分结合企业产品和工艺特点。在研发阶段也需要大力推进标准化、模块化和系列化,奠定推进精益生产的基础。

(4)实现柔性自动化。结合企业的产品和生产特点,持续提升生产、检测和工厂物流的自动化程度。产品品种少、生产批量大的企业可以实现高度自动化,乃至建立黑灯工厂;小批量、多品种的企业则应当注重少人化、人机结合,不要盲目推进自动化,应当特别注重建立智能制造单元。工厂的自动化生产线和装配线应当适当考虑冗余,避免由于关键设备故障而停线。同时,应当充分考虑如何快速换模以适应多品种的混线生产。物流自动化对于实现智能工厂至关重要,企业可以通过自动引导运输车、行架式机械手、悬挂式输送链等物流设备实现工序之间的物料传递,并配置物料超市,尽量将物料配送到线边。质量检测的自动化也非常重要,机器视觉在智能工厂的应用将会越来越广泛。此外,还需要仔细考虑如何使用助力设备,减轻工人劳动强度。

(5)注重环境友好,实现绿色制造。能够及时采集设备和产线的能源消耗,实现能源高效利用。在危险和存在污染的环节,优先使用机器人替代人工,能够实现废料的回收和再利用。

(6)可以实现实时洞察。从生产、排产指令的下达到完工信息的反馈,实现闭环。通过建立生产指挥系统,实时洞察工厂的生产、质量、能耗和设备状态信息,避免非计划性停机。通过建立工厂的数字映射,方便洞察生产现场的状态,辅助各级管理人员做出正确决策。

因此,针对国内制造业数字化、自动化程度不高的整体现状,应基于新一代人工智能技术的发展,重点解决智能工厂、生产要素、智能人机物三元融合理论和方法、智能工厂工艺仿真、大数据获取与智能处理、设备互联中的关键技术,开发制造过程工艺数据平台、智能工厂自主智能决策平台、物联网产品平台,建立自动化车间数字化接口标准,打通工厂制造设备和制造过程的信息化孤岛,突破车间制造设备与执行系统的数字化交互瓶颈,为智能工厂示范工程应用提供技术支持,满足产业升级和转型的重大战略需求,如图9.4.1所示。

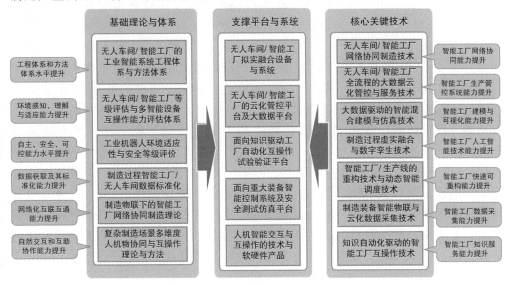

图 9.4.1 无人车间/智能工厂拟开展的研究内容体系框架

9.4.1 基础理论与体系

围绕无人车间/智能工厂的工程体系和方法体系水平、环境感知、理解与适应能力、自主安全可控能力、数据获取及其标准化能力、网络化互联互通能力、自然交互和互助协同能力等方面的提升,在基础理论与体系方面重点开展无人车间/智能工厂的工业智能系统工程体系与方法体系、无人车间/智能工厂等级评估与智能设备互操作能力评估体系、工业机器人环境适应性与安全等级评价、制造过程无人车间/智能工厂数据标准化、制造物联环境下的无人车间/智能工厂网络协同制造理论、复杂制造场景下多维度人-机-物协同与互操作理论与方法等研究。

9.4.2 核心关键技术

围绕无人车间/智能工厂的网络协同能力、快速可重构能力、生产管控能力、工厂建模与可视化能力、数据采集与大数据分析能力、知识服务能力等方面的提升,重点研究六大核心关键技术:大数据驱动的智能工厂信息融合与处理技术、大数据驱动的制造知识发现与知识库构建技术、知识自动化驱动的智能工厂人机共融与互操作技术、信息物理融合系统驱动的虚实并行与数字孪生技术、工业云驱动的分布与自治协同制造技术、全流程的大数据云化管控与服务技术。

9.4.2.1 大数据驱动的智能工厂信息融合与处理技术

从智能工厂应用急需解决的关键技术入手,结合云计算在基础设施、架构体系、存储体系、虚拟化方面的成果,逐步构建并完善工业过程大数据处理体系架构、系统组织结构、存储结构以及分布式海量数据处理基础设施,实现实时企业管理环境。以面向企业管理的云计算系统为核心,海量管理信息的获取、认知、推理和决策为主线,突破目前管理过程中遇到的泛在信息服务瓶颈,集中解决海量管理信息的实时与历史处理、实时企业跨时空且过程复杂事件的处理、面向企业管理的云计算系统等泛在信息处理技术,初步形成支撑实时企业管理新模式的泛在信息处理技术体系。同时,基于云计算模式,构建企业信息资产管理、实时企业管理和客户智能感知与服务等系统,初步创立以泛在信息处理为基础的实时企业管理模式,提升我国企业管理的总体水平。具体包括智能工厂过程信息处理面向智能工厂的预测性维护、可定制制造、自诊断自愈等新型应用模式,研究工业过程多维海量感知数据过滤、聚合技术;针对智能工厂生产过程综合监控的要求,研究基于上下文感知计算的时空融合方法;研究工业过程多源异构数据转换引擎与智能集成技术;在此基础上,开发工业过程感知信息智能处理系统。

9.4.2.2 大数据驱动的制造知识发现与知识库构建技术

大数据是一个体量与数据类别特别大的数据集,它无法用传统数据库工具对其内容进行抓取、管理和处理。大数据具有数据体量大的特点(一般约在10TB)。但在实际应用中,很多企业用户把多个数据集放在一起,已经形成了PB级的数据量,数据类别大,数据来自多种数据源,数据种类和格式日渐丰富,已冲破了以前所限定的结构化数据范畴,包括了半结构化和非结构化数据;数据处理速度快,在数据量非常庞大的情况下也能够做到数据的实时处理;数据真实性高,随着社交数据、企业内容、交易与应用数据等新数据源的兴起,传统数据源的局限被打破,企业愈发需要有效的信息,以确保其真实性及安全性等特征。

设计人员做决策时,需要大量设计制造知识的支持,获取设计制造相关知识的途径主要有两种:一种是与人的接触,如通过召开会议或私人接触向具有丰富制造经验的同事或领域专家咨询;另一种则是通过查询制造相关的知识系统来获取。然而,随着企业人员流动性的加剧,设计人员要咨询的人并非随时都能为其提供帮助,且目前设计人员依赖于人的接触来获取知识的比例已呈现下降趋势。因此,必须加强其他途径来减少设计人员对人的依赖,这就需要有效组织设计制造知识并构建支持设计的制造知识系统,为满足设计决策对制造知识的需求提供支持。因此,利用大数据驱动的设计制造知识发现技术,从各类制造数据库中收集或直接从生产现场采集的制造数据中发现对设计有用的制造知识,在设计决策所需的制造知识获取途径中所占的比例越来越大。根据从中发现的知识类型,可进行描述型数据挖掘(如关联、聚类)和预测型数据挖掘(如分类、预测),发现对设计有用的制造知识,包括产品、零部件自身的质量特性之间的关系描述知识,某些质量特性对某个质量特性的预测模型,各类影响因素与产品及零部件质量特性之间的关系描述知识,各类影响因素对某些质量特性的影响预测模型。

随着信息技术在制造业的广泛应用,企业积累了海量数据,如何有效地将企业积累的海量数据转化为"信息资源与知识",通过基于数据的优化和对接,把业务流程和决策过程有机融合,更好地为企业的产品创新设计、供应链优化、制造过程的质量控制以及营销服务,已成为企业迫切需要解决的现实问题。同时,制造企业的数据积累量、数据分析能力、数据驱动业务的能力已成为决定企业市场竞争力的重要评判标准。但目前在企业数据的应用中,这些大数据并没有得到充分有效的利用,反而给企业带来了巨大的挑战。通过研究建立具有自主知识产权的大数据智能分析与决策平台,开展在离散和流程行业的关键技术攻关,在技术研究基础上形成技术研发体系,并研发相关软件构件和工具,从而为技术的应用奠定坚实基础。

9.4.2.3　知识自动化驱动的智能工厂人机共融与互操作技术

知识自动化驱动的人机共融与互操作技术不仅是人-机-物三元协同与互操作的关键技术,也是工厂获取、理解并应用知识能力的核心。通过运用先进技术手段改善和改造传统信息采集、传输、处理和使用的模式和方式,将所采集的信息进行数字化和模型化表达,完善生产管理知识,驱动各种软件、硬件和设备,完成原本需要人去完成的大部分工作,将人解放出来去做更加高级、更具创造性的工作,大幅提高工厂组织、管理、协调和生产活动的控制。

同时,通过对企业历史数据和行为数据的深度挖掘,利用机器学习技术把经验性知识进行显性化和模型化表达,进而实现工程技术知识的持续积累,实现工业技术驱动信息技术,信息技术促进工业技术的双向发展,并将实现知识直接输出成生产力,以及人与机器的重新分工。在人与多设备之间在信息搜索、服务获取和智能控制等方面实现多层级交流与互动。

具体研究面向智能互操作的上下文感知、表达模型、规则融合推理方法,实现动态、不确定环境下感知信息的精确化和知识化,以及智能灵活的交互过程;复杂场景下多维结构的人机物协同模型与集成接口方法,实现人与设备之间、设备与设备之间、设备与环境之间的实时感知、语义理解和知识协同;互联网环境下人机物云协同方法,实现人-机-物资源的虚实融合、协同需求的敏捷发现与智能匹配、协同服务的动态调度组合;研究基于大数据的三元协同决策与优化方法,通过多维数据关联分析和知识发现,实现按需、实时、灵活的智能协同。

9.4.2.4 信息物理融合系统驱动的虚实并行与数字孪生技术

信息物理融合系统是在计算机技术(特别是嵌入式计算技术)、通信技术(特别是无线通信技术)、自动控制技术和传感技术(特别是无线传感网络技术)高度发展的基础上产生的。信息物理融合系统能够实现物理世界和虚拟世界的互联,具有自主感知、自主判断和自主调节治理等能力。根据功能及所涉技术领域区别,可将信息物理融合系统一体化模型划分为物理实体、计算实体和交互实体这三大实体。三大实体同核,与计算、通信和控制技术紧密相连,物理实体主要根据深度嵌入计算过程的物理环境,实时描述物理过程在连续时间上所遵循的具体规则;计算实体主要描述信息物理融合系统计算过程中的离散和逻辑的基本属性、内部数据和事件间的交互方式;交互实体即为描述计算实体和物理实体的交互接口融合规则。

信息物理融合系统驱动下的数字孪生技术可以设计出包含所有细节信息的生产布局,包括机械、自动化设备、工具、资源甚至操作人员等各种详细信息,并将之与产品设计进行无缝关联。

9.2.4.5 工业云驱动的分布与自治协同制造技术

云制造模式伴随着大规模个性化生产和服务型制造的发展而逐渐发展壮大。可以看出,云制造模式与传统敏捷制造、网络化制造、制造网格最大的区别在于"分散资源集中使用、集中资源分散服务"的资源共享与使用模式、基于网络的制造能力按需使用、自由流通和交易模式等。一方面,随着集中制造向分布式制造发展,企业为追求利益最大化,生产链条将由更专业的单元灵活组织,这使分布式制造能够在合理的经济条件下得以实现。另一方面,基于效益是选择原则,不是所有制造业都将走向大规模个性化生产和服务型制造,相反,大批量标准化制造仍将是高效率的生产方式。因此,如何实现工业云驱动下的分布与自治协同制造成为智能制造空间的重点技术之一。

分布与自治协同作为智能制造空间技术研究的重点之一,其目标是满足集团企业、中小企业、产业集群、区域集群等不同类型企业开展协同制造和资源共享的应用需求,在云计算、大数据、3D打印、机器人等新一代信息技术的驱动和支持下,建立支持众创模式的云制造生态服务系统,包括私有云制造服务、公有云制造服务和混合云制造服务。提供支持业务协同、能力交易等不同制造应用的共性制造服务云模式,包括面向设计、分析、加工、生产配套等制造资源云端化机制、云端资源服务化机制、产品设计制造资源和服务的远程获取使用机制、高效运行与维护机制等,从根本上为企业实现更强的分布式制造能力。其具体研究内容包括云制造服务平台构建技术、基于云计算的业务基础中间件、多样化制造软硬资源虚拟化及云端适配接入技术、制造云服务按需获取和使用技术、制造云服务按需组织和管理技术等。

9.4.2.6　全流程的大数据云化管控与服务技术

针对传统的企业管理在自身拥有的人、财、物等各种要素资源的约束下,组织开展制造活动,难以最优化利用人、财、物各种要素的问题,应研究自主决策的要素资源配置技术和基于云平台的制造资源/能力优化配置技术,以形成动态、高效、智能的企业管理新模式。在制造资源的虚拟化、服务化的基础上,研究云项目管理、云企业管理、云质量管理、云营销、云供应链、云物流等新的资源计划、组织、控制、调度新手段,培育高效、动态、协作的智能管理新业态,从而提升整个产业链的管理水平,促进能源、资金和人才的优化配置。

立足智能制造、万物互联、规模庞大的知识、模型和工业数据价值发掘的应用需求,研究智能制造设备/装备数据采集和监控技术、工业传感器实时在线数据采集技术、产品生命周期知识管理技术、信息化平台(CRM、PDM、ERP、MES 等)数据集成等技术;研究智能知识/模型/大数据分布式缓存技术;研究复杂异构知识/模型大数据整合和特征抽取技术、智能知识/模型/大数据高效利用技术、基于跨媒体表达结构模型与语义体系,研制智能知识/模型/大数据融合分析和推理工具;基于大数据和大知识的人工智能方法,开发智能知识/模型/大数据挖掘和可视化系统。提高企业决策和业务优化水平,推动智能制造业向基于知识、数据的制造服务模式转变。

参考文献

顾新建,祁国宁,唐任仲,2010. 智慧制造企业——未来工厂的模式 [J]. 航空制造技术,12:26-28.

孙明佳,2012. 数控机床智能化技术研究 [J]. 机械(4):74-81.

唐任仲,白翱,顾新建,2011. U-制造:基于U-计算的智能制造 [J]. 机电工程,28(1):6-10.

王天然,朱云龙,库涛,等,2017. 智能制造空间发展战略研究报告 [R]. 中国工程院.

臧传真,范玉顺,2007. 基于智能物件的实时企业复杂事件处理机制 [J]. 机械工程学报,43(2):22-32.

张定华,罗明,吴宝海,等,2010. 智能加工技术的发展与应用 [J]. 航空制造技术,21:40-43.

中国人工智能2.0发展战略研究项目组,2018. 中国人工智能2.0发展战略研究 [M]. 杭州:浙江大学出版社.

周云成,2014. 智造模式与未来人 [J]. 商界:评论(11):3.

Davis J, Edgar T, Porter J, et al., 2012. Smart manufacturing, manufacturing intelligence and demand-dynamic performance [J]. Computers & Chemical Engineering, 47: 145-156.

第10章
流程工业智能无人工厂

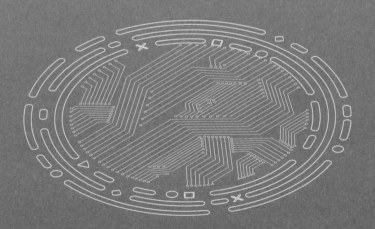

10.1　研究背景

流程工业是指化工、石化、钢铁、建材、医药等大宗原料型工业产品的生产、加工、供应、服务工业。大批量、高效率的流程工业生产是构成现代物质文明的基石。我国流程工业是国民经济的支柱产业,资源资金技术密集、经济总量大、产业关联度高。在2017年中国大中型工业企业中,流程工业型企业(石油加工炼焦和核燃料加工业、化学原料和化学制品制造业、医药制造业、化学纤维制造业、橡胶和塑料制品业、非金属矿物制品业、金属冶炼和压延加工业、电力热气生产和供应业)主营业务收入占比为38%,利润总额占比为35%(国家统计局,2019)。提升流程工业的产品质量和技术水平,是实现"中国制造"的必由之路。

从技术角度而言,流程行业的生产模式以大批量连续或半连续工艺流程为主,生产工艺相对固定,进出物料往往为气、液、固的形式,通过管道实现运输。流程生产物质流、能量流高度耦合,往往形成输入、输出个数达到几十个的多变量系统,涉及极其复杂的物理、化学变化,具有操作复杂、控制要求高、操作成本高、物耗能耗巨大的特点。

近150年以来,流程工业生产自身技术不断进步,新的工艺、装备、控制技术不断涌现。从全世界范围看,经历了第一次工业革命(蒸汽动力)、第二次工业革命(电气、机械)、第三次工业革命(计算机、网络)的强力推动,流程工业生产已基本消除了对人类体力劳动的直接依赖,从总体上实现了生产运行的自动化。以分布式控制系统(distributed control system,DCS)为代表的控制系统被大量部署在生产一线,正在实时、连续地对各种温度、压力、流量、液位等生产的关键变量进行感知、测量、调控,通过对工艺控制点实施全程监控记录、自动调节、超限报警、联锁停车等,流程生产能够安全、可靠、稳定、有序的进行。传感检测、回路控制、模型辨识、系统仿真已成为普遍被接受的常规技术。

事实上,流程工业生产装置基本实现了"现场无人化",仅有少量的维护和运行控制人员。由于工艺流程长,现场环境比较恶劣,并具有一定的危险性,直接的人工现场操作往往费力费心、有毒有害、危险丛生。一方面,流程工业的劳动性质具有从体力劳动、程序化劳动转向脑力劳动、高级脑力劳动的趋势;另一方面,流程工业生产的各个环节具有复杂的联系,处理工业现场抽象且分散的信息不是人的本能,生产信息需要加以汇总才能帮助操作人员把握生产状态,使数字化控制系统在流程工业较早得以大量应用。

流程生产过程中的不确定性多,操作人员的水平对生产运行的影响大,经验不足的操作人员容易操作不当,影响生产效率和安全。为了处理原料、能源波动带来的干扰,响应匹配快速变化的市场需求并保证装置的安全平稳运行,建设流程工业智能无人工厂能减少人工依赖,更是一种提高生产效率、提升运行品质的方法。智能无人工厂是先进工业的终极目标和理想状态。

现阶段,流程工业生产无人化还处于渐进发展的探索阶段。安全、稳定、均衡、长周期、高负荷、高质量、高收率、低物耗能耗、低污染是流程工业不懈追求的目标。无人化是解瓶颈、提效益的新范式,是技术可靠先进、人工依赖程度低的另类指标,是对物耗能耗、产品质量等传统显性指标的一个补充和发展。就大规模、现代化的流程工业生产而言,"无人化"的程度总体而言与技术先进水平、生产效能成正相关。在操作经验传承困难、生产不确定性严重、用工成本不断提高、劳动生产率遭遇瓶颈、国际贸易形势风险增加的情况下,流程工业智能无人工厂也是客观形势下的必然选择。

10.2 研究现状

流程工业迈向无人化、智能化是后工业时代的历史必然。工厂将由低级到高级、简单到复杂,实现全方位的自动化、自主化、智能化,以更少的人力形成更高效的企业中枢神经系统。现有技术的集成整合、灵巧运用、模式再造,可应对各种外部条件变化,进而实现质量、效益、环境要素的整体优化。

流程生产的进一步"无人化",不仅仅意味着在化验、维护、调控、调度等层面压缩人手,而是更多地体现了能力、水平的整体提升。"无人"意味着不再需要体力劳动、更少依靠人工经验、减少仰仗"拍脑袋"决策,意味着精准、自动、科学,也意味着质量、消耗、排放、效益达到全新高度。

在互联网时代,生产效率、研发速度以及生产制造的灵活性成为影响流程行业走向价值链高端的最大难题。德国提出的"工业4.0"将创新质量与成本效率相融合,提升了制造业的信息化、数字化、智能化,引发了新型生产制造方式的变革,目标是建立具有适应性、资源效率、人因工程学的智慧工厂,并且在商业流程及价值流程中整合上下游客户以及商业伙伴。其技术基础是信息物理融合系统及物联网(Internet of Things，IoT)。由美国的制造业公司、供应商、技术公司、大学、政府机构及实验室组成的"智能制造领导联盟"(Smart Manufacturing Leadership Coalition，SMLC)，致力于采用 21 世纪的数字信息和自动化技术，加快实施对 20 世纪工厂的现代化改造，在经济、效率、竞争力等诸多方面提升效益(Davis et al.，2012)。中国在新一轮科技革命和产业变革背景下，针对制造业发展提出了"中国制造 2025""互联网＋先进制造业"的战略举措(中华人民共和国国务院，2015，2017)。我国的主攻方向是智能制造，即以"互联网＋""新一代人工智能"为主要技术抓手，深度融合互联网新技术与制造业，优化制造业的生产方式、投资方式、管理方式和商业模式等，全方位改造、提升中国制造业。由于制造行业的工业化与信息化程度千差万别，相对于美国、德国、日本等国的国情以及不同的技术发展水平，各国提出的战略以及联盟的发展方式都不尽相同。但是各国在重要目标和核心手段上有异曲同工之处，即都把智能和网络技术作为流程工业技术改造和提升、实现智能化转型与变革、保持可持续发展和竞争优势的重大关键所在(Kang et al.，2016；MacDougall et al.，2014；Davis et al.，2012；Chand et al.，2010)。

◎ 案例：埃克森美孚

埃克森美孚一直致力于建立一个能够在全球的工厂之间共享数据和管理信息的信息平台。已建成的有信息安全标准平台、产品生命周期管理系统，以及远程操作及数据可视化系统。在建的有标准装置建模系统、全球实时优化系统、地区炼油计划调度系统、全公司级管理监控及无线通信系统等。其中，以"高效和可持续地运行"为目标，埃克森美孚公司实现了 30 多个工厂的集成化管理。这一系统将公司 75% 的炼油能力与其润滑油和化工业务整合了起来，同时通过操作管理系统，提升了装置的安全性能。此外，公司还开发了基于不同组分的炼油分析系统，实现了炼油过程中每一个分子的最优利用。最后，公司通过对实时的生产过程建立更高精度的模型，极大地提升了各产品联合计划和调度的能力。

◎ 案例：雪佛龙德士古公司

雪佛龙德士古公司作为当今全球第二大国际石油公司，在信息化管理方面占领了先机。在已经建成的 ERP 管理系统层面上，公司从总部开始实施 SAP 的财务系统，并逐渐在后勤、炼油、销售、勘探和生产线上依次实施，使整个企业处于全面连通的状态。在综合管理系统上，公司采用开发系统、测试系统、生产系统和升级系统四个子系统架构。其中，包括八个开发系统、九个测试系统、九个生产系统和质量认证系统以及 30～40 个其他系统(如项目管理、培训、研发等)。开发系统数量已达到 80TB，生产系统的数据量为 20TB，同时公司还实施了满足《萨班斯法案》(SOX 法案)要求的信息安全方案与对灾难恢复的管理。公司从各个方面致力于软件系统的开发与管理，利用大量的数据与信息流实现全范围内的信息交互，使得各部门的计划安排与调度能够及时共享。

◎ 案例：宝钢集团

宝钢集团以基于场景的"工业＋AI"应用为重点，形成智能集成应用产品化的解决方案，并在智能软件和智能装备开发方面持续探索，将经验知识转化为产品，如连铸浇钢机器人、智能仓储等，以实现机械化换人、自动化减人、智能化拟人。宝钢集团在用的各类工业机器人（机械手）已有404台/套，其中，宝山基地129台/套、青山基地33台/套、东山基地53台/套、梅山基地41台/套、宝钢国际基地148台/套，分别应用于各类产线（Kang et al.，2016）。在宝钢集团4号转炉项目中，宝钢集团自主集成的转炉全自动出钢技术，围绕建立"转炉自动出钢专家系统"，采用理论出钢模型与现场工人操作大数据分析相结合的方法，在模拟工人出钢的基础上，建立了转炉自动倾转等全自动出钢五大模型。宝钢集团利用先进的基于视觉的图像识别与分析系统，实时预报了钢包溢钢、大炉口溢渣等生产异常情况，并与相关设备联锁，自动进行相关异常处理，实现转炉全自动出钢替代现在出钢过程的人工操作，使目前现场操作由摇炉和合金添加简化为操作监护，有效提高炼钢成功率，缩短出钢周期，改善工人的工作环境并减轻工人的劳动强度。在后续的工艺中，宝钢集团使用的无人化浇钢技术，依靠机器人代替人工开展炉前操作的自动化技术，体现了智慧工厂的理念，包括钢包水口液压缸拆装、中间包测温、取样、定氢、烧氧、覆盖剂投放、结晶器保护渣投放等功能。宝钢集团通过搭建某连铸机1:1的自动化浇钢模型，开展了自动化浇钢全流程调试，所有技术已经成熟，完全具备设备成套、工程设计、工程总承包等自动化浇钢业务的能力。智能仓储主要包括无人化行车和立体仓库运用货架、自动堆垛机技术，可使货物堆存由平面向立体改进，有效减少用地面积及公共设施的投入。无人化仓库在不直接进行人工处理的情况下能自动存储和取出物料，减少了人员投入和因人为原因造成的安全事故。由集团自主研制的全自动堆垛机已成功应用于JFE无偏析预混合铁粉项目。堆垛机总负载为2.7t，提升速度最快可达65m/min，行走速度最快可达80m/min，升降定位精度为±2mm，行走定位精度为±2mm，可广泛应用于智能仓库、智能加工车间等领域。

◎ 案例：镇海炼化

石油与化工行业是我国制造业供给侧结构性改革的先行领域和绿色发展的主战场。中国石化积极推动信息化与石化产业深度融合的决策部署，大力推进"三大平台"（以ERP为核心的经营管理平台、以MES为核心的生产营运平台和信息基础设施及运维平台）完善提升和四项示范工程建设（智能石化试点、经营管理平台集中集成、互联网技术共享服务中心、移动应用），公司整体信息化水平持续排名央企前列，为转方式调结构、提质增效升级攻坚战提供有力支撑。2013年，中国石化选择燕山石化、茂名石化、镇海炼化、九江石化四家企业开展试点。经过近三年建设，四家企业初步形成数字化、网络化、智能化的生产运营管理新模式，打造了中国石化智能工厂1.0版，劳动生产率提高超过10%，先进控制投用率达到90%，生产数据自动采集率达到

95%,操作合格率从90.7%提升至99%,重点环境排放点实现100%实时监控与分析预警。

2013年,镇海炼化完成了智能工厂整体规划,明确了"四化四全"的建设思路和建设策略,即以业务驱动智能工厂建设为目标,坚持"全生产过程优化、全生命周期管理、全业务领域覆盖、全方位资源支撑",以"顶层设计、业务驱动、集中集成、分步实施"为建设策略,围绕"以最少的人管理最大的炼化一体化企业",抓住中国石化智能工厂建设试点的机遇,提升竞争力(Kang et al.,2016)。2015年4月,镇海炼化成为国家第一批通过两化融合管理体系贯标企业。2016年7月,镇海炼化的"炼化智能工厂试点示范"项目入围工业和信息化部公布的63个2016年智能制造试点示范项目名单。2017年8月,镇海炼化的两化融合管理体系成为国家试点示范企业。

立足智能制造,探索现代信息技术与生产营运过程、生产营运能力深度融合是镇海炼化的发展目标。

围绕石化行业提质增效、转型发展,运用大数据等现代信息技术,镇海炼化建设了以供应链-产业链-价值链协同优化驱动的炼化一体化生产智能制造示范工程,实现从原油选择与调和、加工、成品油调和生产链的智能优化管控,推动了生产和经营管理模式变革。

其主要建设内容如下。①大数据驱动的企业运营智慧决策与管理。建立经营管理辅助决策系统和跨专业、纵向集成的管控一体化管理平台,以及融合知识、模型的企业管控体系。②分子管理驱动的炼化一体化智能生产管控。实现从原油选择与调和、加工、成品油调和生产链的智能优化管控。③实现废弃物、污染物和高危化学品的全生命周期足迹跟踪、溯源与调控。④面向高端制造的工艺流程创新与质量控制。通过装备的高端化改造和工艺流程的优化,研发高端产品,提高具有竞争力的生产能力,并对产品质量进行全生命周期管理,实现向价值链高端跃升。⑤面向开放共享的上下游产业链协同优化。镇海炼化智能工厂与宁波化工园区、宁波智慧城市建设相结合,形成"三位一体",进一步拓展和整合供应链、产业链和价值链,促进上下游产业与宁波市临港工业的协同发展。⑥工艺流程创新与质量控制。镇海炼化通过装备的高端化改造和工艺流程的优化,研发高端产品,提高具有竞争力的生产能力,并对产品质量进行全生命周期管理,实现向价值链高端跃升。烯烃部控制室负责控制年产量100万吨的乙烯装置,乙烯装置共有17642个仪表数据点,8000余个控制点。现在只需要7名工作人员,就可以从屏幕上监控每个装置的参数,控制整个装置的运行(Arch,2016)。

镇海炼化"炼化智能工厂试点示范"项目整体技术现已达到国际先进、部分达到世界领先,装备与技术的国产化率已超过80%,主要能耗、排放与产品质量指标、单位加工费用达到国际同类企业领先或先进水平,生产现场作业的劳动生产率提高了20%,盈利能力继续保持国内领先。除此之外,该项目的实施,进一步发挥了集成创新的效果,提高了镇海炼化的核心竞争力。

总体来说,流程工业智能工厂应当具有智能的单元设备调控、智能的调度优化决策系统、智能的自动化信息化平台、智能的传感监测技术等特征。

10.2.1 智能的单元设备调控

生产回路作为全流程的基本组成部分,基于回路的参数整定、调控和优化决定了流程决策管理、优化调度等上层应用。

1.智能回路

众所周知,现代工业过程控制中大多已经有成百上千个控制回路在运行,研究的内容逐渐从单变量系统向多变量系统拓展。其中,采用系统性的回路性能评估方法是回路高质量运行的基础,回路性能评估是针对当前回路的特性找出最优的性能基准。主要的性能评价指标有最小方差基准、用户自定义基准、先进基准、针对PID控制器和模型预测控制器的性能基准(Raybill et al.,2015),以及非线性控制系统性能评估。控制回路在运行一段时间后,由于环境影响以及设备老化等种种原因而不再处于最佳工作状态。因此,对自动控制回路进行定期性能诊断分析显得尤为重要。在大部分工厂中,这项工作一般是由工厂的维护和控制人员完成,然而由于持续的成本和市场竞争压力,逐渐采用智能算法进行自动的分析整定。在过去几十年中,控制系统性能监控和诊断领域在学术界和工业界都获得了大量的关注,其目的是找出控制回路性能下降的原因,控制回路中常见的问题有输出振荡、阀门黏滞、控制对象强非线性等,针对上述问题的性能监控算法包括量化当前性能、基准选择、回路评估及检测、回路诊断、性能改善。当找到回路的问题后,则需要对回路控制器参数进行整定,目前大部分流程工业中被控对象的控制策略还依赖于PID算法,对于非线性时变对象,其过程机理复杂,工况运行变化较大,致使数学建模困难,当控制器工作在人工给定的工作点,其带有很强的主观性,很难取得理想的控制效果。基于系统辨识的控制特别是结合常规PID形成的智能PID控制,可以较好地对参数进行自整定,从而全面提高回路投运率、消除手工操作的不确定性和随意性。

2.智能调控

国内现有大型流程工业工厂中,多数企业采用相互独立的调控系统,主要包括制造执行系统、设备运维管理系统、过程控制系统等,基本已经实现了信息化和自动化,但是随着生产成本不断增加,建设多系统的人员、设备及后续的运行维护等都是一笔不小的开支,同时多个系统的独立运行需要工作人员紧密联系和协调,这在一定程度上限制了工厂的生产潜能。因此,研究多系统融合的智能调控系统,实现流程工业的协同调控是实现智能工厂的重要内容。

复杂的工业流程可以抽象成由各个工序组成的复杂流程网络,其中能量流、物质流与信息流在时间序列下贯穿整个网络,智能调控系统的研究内容之一就是这三股"流"。首先是在信息流。流程工业企业生产过程优化调控和经营管理优化决策需要大量的实时信息,目前面临的难点就是如何实现从原料供应、生产运行到产品销售全流程与全生命周期资源属性和特殊参量的快速获取与信息集成。燕飞等(2018)针对钢铁厂中的钢铁制造流程特点,针对现有调度指挥系统在物质流、能量流与信息流融和协调上存在的问题,提出建设基于物质流、能量流与信息流"三流合一"的钢铁厂智能调控系统,以实现钢铁制造流程中物质流、能量流与信息流的协同优化。

工业流程中传统的反馈、串级和前馈控制已经不能满足非线性、前耦合、大时滞的复杂系统,同时现有控制系统大部分以控制性能作为指标,鲜有对产品质量和工艺指标进行控制,在生产过程中的能量、流量、设备运行等环节还不能做到实时在线控制,能做到优化控制的更是寥寥无几,企业的上层管理规划、调度决策和过程控制信息还没有实现有效集成。因此,智能调控系统的研究内容包括以产品质量和工艺要求为指标的先进控制技术的研究与应用。在工厂自动化中广泛使用的先进控制技术包括基于模型的控制技术、基于计算智能的控制技术、自适应控制技术、基于离散事件系统的技术和事件触发和自触发控制。模型预测控制技术(MPC)、专家控制系统、神经网络控制、鲁棒控制等已经广泛应用于石化、电力、化工行业。

3.智能优化

与离散制造业不同,流程工业的制造流程一般都存在多个相互耦合关联的过程,其整体运行的全局最优是一个混合、多目标、多尺度的动态冲突优化命题。在过去20年中,过程优化已发展成为流程工业中研究和开发的重要分支。一般而言,过程优化可以分为最优设计、最优操作、最优综合和最优控制几个部分(祝雪妹等,2006)。在流程工业中,通常根据不同的场合,可分为稳态优化和动态优化以及满足市场变化的结构优化,其中不考虑时间因素在稳态条件下操作的即为稳态优化,常采用序列二次规划(SQP)方法和分支定界法求解;生产过程的开停车、变工况操作一直处在动态操作中,对其进行优化本质上是非线性动态优化问题。求解动态优化问题,目前已有许多应用软件,常采用离散法和变分法求解。除了上述方法,还有一些现代智能计算方法,如遗传算法、模拟退火算法等。

由于求解优化问题时间比较久,大部分优化均采用离线优化,随着计算机技术的发展,实时在线优化技术开始发展。2000年以来,中国石化开始全面推广流程模拟与优化技术,青岛安邦炼化实时优化技术在乙烯装置应用(高航,2019),其中稳态实时优化控制(real time optimization,RTO)和动态RTO的使用促使乙烯装置的操作达到最优的经济效益操作点,实现节能减排目标,协助乙烯生产企业创造更大的经济价值。催化剂和聚合物工艺是巴斯夫两个重要的研究领域。其中一个应用软件解决方案是为处理批处理和半批处理系统的困难需求而设计的。

在一个项目中,巴斯夫建立了一个高保真、详细的间歇发泡聚苯乙烯过程动力学模型,然后应用动态优化技术使批量生产时间减少了30%,从而大大节省了能源。巴斯夫还开发了 BASF Verbund 系统来实现数字化(赵恒平,2015)。

10.2.2 智能的调度优化决策系统

工厂优化决策针对的研究对象为工业生产全流程的优化决策。工业生产全流程是由一个或多个工业装备组成的生产工序,多个生产工序构成了全流程生产线(柴天佑,2009)。优化决策的整体过程综合生产中产品的质量、产量以及工厂的整体消耗来协调生产原料供应以及各个工序等。

工业生产的全流程运行、优化、管理主要分为两个部分:工艺设计部分和协调调度部分。工艺设计部分的主要任务为将上层的评价指标转换为可操作的控制变量,同时,根据工艺需求以及整体环境的变化不断调节系统来适应变化并向上层反馈运行数据;协调调度部分则通过底层工艺得到的运行数据设计生产评价指标以及根据全厂的生产状况以及市场环境设计经济指标,以上述指标作为优化目标,协同各个生产流程部分,实现全厂的优化调度。

现有的研究主要停留在生产过程中的单个或多个工艺环节的调度优化以及仅从全厂角度考虑的优化,下面着眼于以上几个方面进行叙述。

10.2.2.1 工厂生产全局调度优化

工厂全局调度优化的着眼点为市场环境、企业生产力、生产成本、管理成本等。以工厂的一段时间内的效益为优化目标做出决策,协调上述因素,生产合理的产品数量以满足销售需求,同时维持工厂正常运转。

由于调度优化方法和环境的不同,全局调度优化可分为静态环境下的调度优化、动态环境下的调度优化以及一体化的调度优化。

假设生产环境不发生变化,处于平稳的生产过程中,基于上述假设所用到一些主要的方法有基于模型的调度优化方法和基于仿真的调度优化方法等(丁进良等,2018)。

1.基于模型的调度优化方法

该方法的实现分为两步:优化模型与优化方法求解。该方法通过结合生产中的所有因素(包括市场环境、生产成本、管理成本等)建立约束条件,将工厂的营销与成本进行结合作为优化目标,形成数学的约束问题。进而利用神经语言程序学(neuro-linguistic programming, NLP)、混合整数线形规划(mixed integer linear programming, MILP)等方法对上述问题进行求解。典型的应用例子为炼油厂,其根据当前的生产与运营约束等建立原油的卸载、输送和加工方案(陈旋,2012),包括较多的连续及离散变量,通过上述所提到方法能够很好地解决该问题。

启发式算法思想来源已久,其中在调度优化方面的应用是在1960年提出的,其实验不同的启发式条件以及不同的规则对优化命题进行求解来判定规则与启发式条件对调度优化命题的影响。该方法主要通过结合工程经验以及现有的数据等来挖掘一些规则和条件,最终利用该类条件来求取最优化命题。除此之外,对于一些仿生算法,如模拟退火算法、粒子群算法、遗传算法等,都被用于建立规则启发库。就应用方面来说,该方法在炼钢连铸系统中得到了应用,具体应用在了路由选择算法中,采用了最小等待时间路由选择算法解决调度问题,该方法便是一种启发式算法(李霄峰等,2001)。启发式算法的优点在于好的规则以及策略能够加快优化命题的收敛速度,但该类型规则以及策略过分地要求工程经验等,具有很强的不确定性,同时它也不能保证收敛以及能够获得全局最优。

针对模型建立的方式又产生了以网络为基础的建模方式,其中最为知名的是Petri网建模的方式。Petri网是20世纪60年代由佩特里发明的,适合于描述异步、并发的计算机系统模型。Petri网既有严格的数学表述方式,又有直观的图形表达方式,图像的表达方式简单易操作,其在20世纪80年代被引入计划调度研究领域,主要用于分析验证计划调度问题的可行性与可达性(Lin et al.,2002)。Petri网是一种网状信息流模型,利用库所和变迁、有向弧以及令牌等元素来描述生产模型,然后利用启发式或者其他的一些优化方法来获取符合约束条件的调度方案。尽管该方法的呈现方式直观,但在复杂大规模建模的过程中很难被利用。虽然该网络已经被认可,但所应用的方向仍然比较浅,在复杂情境下难以应用,尤其是在变工况的流程生产中。

2. 基于仿真的调度优化方法

基于仿真的优化框架将智能搜索算法和仿真方法相结合,通过仿真方法为智能搜索算法的适应度函数提供预估的方法,两者迭代交互,直至满足终止条件。其中,仿真的建立是为了能够实时关注流程中的关键变量,并以此作为依据来对实际生产进行评价以及修正。与Petri网相同,该种方式下的调度优化方法往往需要较大的存储空间,因此在大型优化命题中,该方法只能针对部分子模型进行预估评价。随着运算能力以及存储空间的提升,相信该方法在未来能够起到更大的作用。在应用方向,该方法主要与一些基于模型的调度优化的方法相结合,进而得到优化结果。典型的应用案例为原油厂,在其PCS层的全流程稳态仿真和动态全流程模拟过程中,利用仿真的方法进行详细建模,同时以机理建模作为补充,完成整体多周期、多生产方案切换、动稳态结合的集成仿真系统(唐立新,2005),进而进行优化求解。

除此之外,在实际的生产过程中,来自系统内部与外部的因素会对已经做好的调度问题提出新的要求,由此产生一些新的方法去解决所出现的变化因素。

针对不确定因素的解决方法是将可描述的、不确定的噪声因素考虑为动态因素加入模型。根据不确定性因素的影响程度和可描述性,不确定性因素处理方法又可分为确定性常数法、随机规划法和鲁棒优化等。确定性常数法是将可能改变的一些因素当作常数去考虑,典型的应用是在处理有关传热传质时,其中的一些只发生微小变化的系数均可以当作常数进行处理;随机规划法是研究因素变量发生的概率分布,通过其概率分布建立可变因素的模型,完善原有的优化命题;鲁棒优化的方法不依赖于具体的参数模型以及参数范围等,利用本身优化的鲁棒性来适应系统中可能出现的变化。除了上述的一些方法,近些年来,一些混合方法也被提出并应用于该方向。

为了实现系统的完整性,将上述的一些的优化命题项结合后,得到了更加完整的调度优化方法,即一体化的调度优化方法。该方法的出现主要是针对约束冲突问题,由于在实际的生产过程中,不同层之间的优化往往会对约束有不一样的考虑,因此很容易产生冲突,同时也提出了新的优化命题,即如何能在调度过程中,分析不同约束的灵敏度,适当放宽一些约束,进而找到最优解(Baldea et al.,2014)。

10.2.2.2 过程运行流程调度优化

过程运行流程调度优化在保证安全稳定运行的条件下,测量运行的操作指标的实际值,并将该类型的值控制在目标范围内,将产品质量的提高、整体设备运转效率的提高以及生产耗损的降低作为优化目标。目前,针对该优化命题的方法主要分为基于机理模型的调度优化与数据驱动的调度优化。

1.基于机理模型的调度优化

基于机理模型的调度优化代表性的方法主要有自优化控制(SOC)与RTO。SOC的核心问题是选择/构造被控变量,使控制系统在运行时除了完成常规控制作用外,还具有优化的功能。SOC的目标是找到这样一些变量:它们在不确定扰动下的最优值保持相对不变,这样扰动产生时无需重新优化计算,而是在反馈控制器作用下将这些变量维持在原先的设定点,就能够使过程运行在新工况下的最优点附近(叶凌箭等,2013)。除了SOC外,RTO在现有的工业中应用更为广泛,同时与MPC相结合应用(Cesar et al.,2017),即MPC用于底层结构的控制,RTO在上层用于为MPC提供设定值,该方法在工厂实际生产中得到了广泛的应用且有良好的效果。

2.数据驱动的调度优化

数据驱动方法的出现是由于冶金等行业难以建立精确描述的机理模型,因此考虑利用历史数据以及测试数据等进行建模实现优化控制。目前,应用较多的是利用系统辨识方法建立过程模型,进而与MPC等相结合完成底层的控制(王东东,2016)。上述方法已经在化工生产行业得到了成功的应用。除了提到的系统辨识方法外,Q - Learning方法的提出也为数据驱动的调度优化提供了新的可能,但该方法仍然处于研究阶段,目前未能得到实际应用。

10.2.2.3 全流程运行调度优化

由于上述所提到的方法均只考虑单一层,未能考虑到层与层之间的相互影响,因此不一定能达到全局最优。由于不同层之间的优化指标以及尺度等方面均不同,因此很难建立机理模型来分析解决不同层之间出现的冲突问题。最新研究提出了一种以实现综合生产指标优化为目标的选矿自动化系统的全流程集成优化策略(柴天佑等,2008)。

上层的综合生产指标目标值优化采用基于梯度驱动的多目标进化优化方法产生月综合生产指标优化目标值。该方法以多目标约束优化模型为基础,针对外部环境变化,如生产材料物性、产品市场波动以及设备运转的变化等,周期性地对多目标约束优化模型和约束的参数进行自适应修正,以获得适应当前生产环境和工况的修正模型。

中间层全流程生产指标目标值优化采用基于周期滚动的两层分解策略来产生日全流程生产指标优化目标值。该方法将多目标、多时间尺度和不同生产材料进行组合,将一个复杂的优化模型割离成一个两层模型,并且以相应时间尺度对生产环境和工况的变化进行模型修正,按照不同的时间周期进行滚动优化求解。

下层运行指标的优化决策产生各个工序/装置的运行指标目标值。运行指标优化决策是以上层确定的日全流程生产指标为设定值,在空间上进行分解获得各个工序/装置的运行设定。运行指标往往反映的是设备所产生中间产品的质量、效率与消耗等相关因素。该优化决策方法的目的是在于优化协调运行指标实现全流程生产指标的优化。目前,该方法在某选矿厂22台竖炉组成的焙烧过程已成功应用,进而也验证了该方法的有效性(丁进良等,2018)。

流程工业是一个人机共融的高度复杂的系统,其优化决策不仅涉及工厂内部的生产流程,同时还涉及工厂外部环境条件的变化以及动态的市场变化,如何在复杂的环境中使工厂整体效益最大化是必须研究的问题。而智能调度优化决策系统正是面向该问题所提出的解决方案。该系统的目标也是针对上述问题所制定:适应系统内部生产环境以及外部经济环境的变化;合理协调生产资源,实现可持续发展;在保证生产力以及运转的同时,获取更高的经济效益。

为了实现上述功能,该系统要具有生产指标优化决策系统、生产全流程智能协同优化控制系统和智能自主运行优化控制系统。在这三个系统的共同协调下,可最终实现工厂的智能调度优化决策。

10.2.3 智能的自动化信息化平台

随着云计算、物联网、大数据等信息技术向工业领域融合渗透,工业云应运而生。近年来,国内外工业云平台发展势头日新月异,一系列工业云产品相继推出,并且应用日益广泛。

聚焦流程工业,智能的工业云平台一方面需要借助典型的工业互联网架构,包括提供数据采集服务的边缘连接层、提供基础计算服务的云基础设施 IaaS(Infrastructure as a Service)层、提供基础开发服务的工业云平台 PaaS(Platform as a Service)层、提供软件应用服务的工业应用 SaaS(Software as a Service)层。

另一方面,随着物联网的发展,工业制造设备所产生的数据量越来越多。如果这些数据都要放到云端处理,那就需要无穷无尽的频谱资源、传输带宽和数据处理能力,"云"难免不堪重负,此时就需要通过边缘计算来分担"云计算"的压力。另外,由于流程工业本身的复杂性与动态特征,工业现场的很多数据"保鲜期"很短,一旦处理延误,就会迅速"变质",数据价值呈断崖式跌落,"云"依靠这种数据做出的决策绝大部分是延迟无效的、甚至是负面的,因此边缘计算从数据源头入手,以"实时、快捷"的方式完成与"云计算"的应用互补。

此外,工业生产组织方式日益呈现跨区域、多层次的特征,既对"云计算"提出了平衡、协调的挑战,又为基于工业互联网云边协同方式解决操作运行难题带来了新的契机:有望在大时空跨度上,以大规模、平行共享、实时协同为特征整合同类型装置和生产全流程的分散、孤立模型,形成更高精度、更宽范围、更好适用度的模型,并以此为核心打造更有效的优化控制和诊断决策体系。更进一步,通过云边协同实现网络访问、远端部署执行可进行多实例扩展、共享,按需使用自主服务,具备高可用、可远程监控应用的工作状态和访问审计能力,能够在云端进行标准化交付。这一类"云友好"应用除了能以传统的本地离线模式独立运行以外,还能够以本地私有云端纳管的模式和云端纳管模式运行,能够无缝接入各种主流的云计算环境。

10.2.4 智能的传感监测技术

流程工业是我国实现工业现代化的基础。在生产过程中,传感器技术是实现自动检测和自动控制的首要环节,可通过监视和控制生产过程中的参数,使设备工作在正常状态或最佳状态,并使产品达到最好的质量。在各种创新技术的推动下,近年来,传感设备日益完善,实现了数字化、精度高、抗干扰能力强、安装方便以及使用可靠等特点。传感器发展成检出、变换、传输、处理、存储、显示一体化的器件或装置是大势所趋。流程工业中大量使用检测仪表,其中最常见的测量变量是温度、压力、流量、物位(液位、界面)以及成分(浓度)等。主要代表有在线过程成分分析技术(PAT),对离散传感器、多变量传感器、带无线通信功能的传感器及兴起的 RFID 射频识别技术、物联网、传感网(佟伟等,2017)。与此同时,基于模糊理论的新型智能传感器和神经网络技术在智能化传感器系统的研究和发展中也日益受到相关研究人员的重视。

10.3　研究内容

随着劳动力成本的增加、全球化竞争的日趋激烈,国内企业日益感受到了"减员增效"带来的压力。以无人化和智能化的思路改造传统企业,是国内流程工业企业破解运行瓶颈的唯一出路。

中国石化把建设石化智能工厂作为重要的发展战略。针对清洁能源带来的石化价值链调整、高端生产需求和服务模式的变化、管理和控制系统中的不确定性增加以及原材料多样化和能源环境约束带来的新挑战,中国石化提出以炼化产业生产管理一体化、石化价值链的供应链一体化以及石化生命周期内设计操作一体化为主线的智能石化工厂愿景,把石化生产资源优化技术、复杂流程设计和仿真技术、绿色制造的一体化技术、本质安全的操作管理和控制技术、复杂生产过程智能控制技术、基于云平台的实时知识驱动技术以及人机协同决策技术作为建设智能石化工厂优先发展的七大核心技术。中国石化在2020年实现了石化现场运行状况监控、工业机器人在非关键环节落地、工业现场整体感知、生产管理和供应链的泛在检测、跨业务的优化和集成、企业级多厂协作等目标,计划于2025年实现生产现场的主动控制、核心环节工业机器人的大规模应用、智能设备的智能应用、实时敏捷灵活的生产、全局供应链优化、网络化协作设计等目标(Li,2016)。

尽管国内流程行业的技术界和产业界已经取得了长足进步,但普遍性的问题仍然突出。

在运行操作层面,尽管基础自动化系统尤其是DCS已得到大面积推广应用,但大量DCS仅仅实现了变送数采、远程操作、历史记录、报警连锁,回路自动化投运率低。有相当一部分操作员工还习惯于手工远程控制,思维方式保守僵化,宁可简单重复,也不愿动脑筋提升,缺乏"偷懒"意识。相当一部分回路因缺乏维护诊断而性能低下,部分投运回路由于经验不足设置不当造成报警率高,解决多变量耦合、全流程优化的技术几乎一片空白。而工厂方面,从管理层到工艺、自动化技术人员,都未能形成"自动化即标准化""智能化即优化"的理念,对优质、高效、节能、减排的运行技术仍缺乏根本上的认识。操作人员经验无法固化下来、操作培训及经验积累周期长、岗位变动等导致工厂运行水平减退。

在全厂调度和供应链管理层面,依靠人工和经验,决策时间长,各环节配合存在脱节,导致对外部需求响应不及时。同时,外部供应和下游客户之间因为管理程度与信息化程度不一致,也存在协调困难。在辅助岗位,如产品质量检测、投料包装运输、检修等环节,任务琐碎、重复,对人工依赖较多,存在大量的人工取样、人工分析环节。大量运行数据存储仅仅在数据库中,存在数据孤岛,缺乏对数字资产必要的整理和分析,数据错误、缺失的情况时有发生,数字化思维还没有深入运行人员心中。

"无人化"需要通过工艺-设备-控制相关技术的无缝集成,实现全流程(主辅设备)、全范围(开停车)、全自动(变工况切换)、快适应(原料、公用工程等)的无人化。主要的关联技术包括测量执行、回路控制、优化设定、切换协同、工艺再造、能量集成、安全联锁、故障诊断等。在安全、稳定、均衡、长周期的基础上,实现优质、高效、节能、降耗、低排,是流程工业应对经济形势变化、市场需求变化、节能减排压力实现产业改造和提升,保持可持续健康发展的必然选择,也是企业在基础自动化和信息化的平台之上进一步提升智能化操作水平,迈向真正"无人工厂""智能工厂"的必由之路。

10.3.1 流程工业智能无人工厂技术分级

智能无人工厂的建设是一个循序渐进的过程。对于不同的企业、行业,应考虑不同的基础和成本,针对不同的需求和挑战,采取定制化的智能无人工厂建设方案。总体来说,根据无人化的广度,可以将智能无人工厂分为六个级别。高层级智能无人工厂以低层级技术为基础,以实现更大范围、更深层次的无人化(见图10.3.1)。

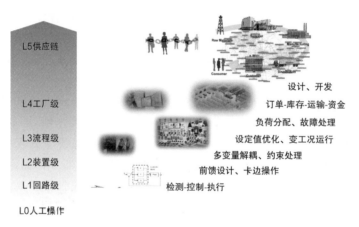

图 10.3.1 工厂无人化的技术分级和核心

L0级别为人工操作。该级实现了机械化、电气化基础上的手动控制,其特点是人工操作、开环决策,绝大多数流程工业企业已经达到了这一层次。这一层次下生产、调度、管理的各个环节高度依赖人类脑力劳动,我们把这一阶段作为流程工业企业无人化的起点。

L1级别为回路级无人化。该级以提高回路投运率和回路品质,消除手工操作的不确定性和随意性为主要技术目标。核心技术是检测-控制-执行、回路级性能诊断分析、系统辨识、控制器参数整定、多模态变结构控制。回路级性能诊断分析技术通过被控量的余差和方差等信息来判断基础回路控制器的运行性能,为上层控制打牢基础,防止不合理的控制作用损坏执行机构。系统辨识技术通过定位关键的输入输出和干扰变量,设计激励信号进行测试建模,获得基础回路特性模型,通过在线辨识和自适应辨识等技术补偿对象特性的漂变,保证模型的准确性。控制器参数整定技术结合回路模型对控制器参数进行整定,提高控制性能,保留足够的安全裕度,确保底层控制的准确性、可靠性。多模态变结构控制针对系统不同的运行模态设计针对性的控制结构和算法,实现大范围、全工况下的高效、鲁棒运行。L1 级别无人化可以回路控制器投运率、报警率为技术指标。

L2 级别为装置级无人化。该级进行多控制回路协同,实现全范围、变工况的装置自动运行,实现设备自启停。核心技术包括多回路耦合分析、多变量非线性约束控制、分布式协同调控、自适应控制等。投运先进控制系统可以减少被控变量的波动,大幅减少对操作人员手动调节的依赖,使设备运行更加平稳,有利于设定值卡边,从而节约能源和原料。研究高实时性的非线性控制算法,通过多变量非线性约束控制,实施复杂耦合系统实施大操作范围下的最优控制、应对变负荷、产品切换等控制需求。开发分布式协同调控系统,研究相应的分布式控制算法,实施生产装置群调群控,根据经济指标分配生产任务,提高生产弹性,节约操作人员。L2 级别无人化可以 APC 投运率、生产周期内自动化控制系统人工干预率作为技术指标。

L3 级别为流程级无人化。该级结合工艺/知识/数据,建立质量、物耗、能耗等关键指标预测模型,实时优化操作运行参数。核心技术包括全流程动态建模、机器学习和模型在线修正、实时操作优化等。通过在线的数学规划和模型修正,实时优化操作参数,应对生产过程的不确定性,使工艺流程运行在最佳工作点,降低物耗能耗。建立全生产流程的动态模型,研究自适应收敛策略,通过优化控制的一体化,确定动态约束下的最优设定值曲线,保证装置的高效平稳运行。通过机器学习解析流程工业大数据,构建工业知识系统,实现基于工业大脑的智能优化与控制。开发机理与数据融合的建模方法,将机理模型的可解释性和数据模型的灵活直接、针对性强的特点相结合,提高建模效率和精度,使模型获得较好的外推泛化能力。L3 级别无人化可以无人运行条件下生产效率和产品能耗作为技术指标。

L4 级别为工厂级无人化。通过合理安排产品切换、设备检修,及时处理生产故障,克服原料、环境、上下游变化等影响。核心技术包括多尺度建模分析、诊断和容错、混杂系统优化。打通流程工业企业各部门数据通道,建立多时间尺度模型,实现企业营收目标、车间排产计划、设备操作指令一体化优化决策,充分挖掘现有工艺和设备下的生产力。建设大数据平台和数字化中心,利用开发工艺流程故障诊断和预警算法,将高维生产运行数据进行降维可视化,使生产管理人员对生产流程的健康状态了如指掌,合理安排设备检修任务。通过工业物联网布设多样化的传感器,将关键信息充分集成,扩大和提高了对现场设备泛在感知的范围和能力,建设透明工厂,减少了现场维护人员工作量。L4级别无人化可以故障预警准确性和提前量等指标作为技术指标。

L5级别为供应链级无人化。无人系统可以支持产品营销、原材料供应、生产系统群控、内外能源保障一体化决策系统。核心技术包括人-机-物协同、供应链网络建模、混合整数规划等。L5级别的无人化不仅依赖物理信息系统,还涉及经济社会系统,是流程工业智能无人工厂的长期愿景,数字化智能化深入人心,生产要素高度互联,无人化渗透到企业生产、经营、管理的各个环节。研究工业场景下人在回路的混合增强智能,寻找直观友好的人机交互渠道,配备能够胜任人机协作任务的操作工、工程师和管理人员,保证无人系统安全、无缝运行。通过供应链网络建模,打通市场和上下游企业信息接口;通过非线性混合整数规划确定生产计划,快速响应市场需求,从而实现灵活机动的无人或少人化生产。

10.3.2 无人工厂需要关注的其他技术

无人化是自动化、工艺优化和自主协同三者的结合。"无人工厂"涉及大国重器,是人工智能的关键性应用,需要更缜密严谨、运行可靠、可解释可外推的建模、优化、控制技术。模型、算法、软件等"工业智能"技术是现阶段加速提升的关键。面向未来,工艺优化和自主协同技术同样不可或缺。智能的设备和工艺设计是建设智能无人工厂的基础,人-机-物系统流畅地协同和融合是高层及智能无人工厂安全稳定运行的保障。

在流程工业中,工艺和设备是工业流程中的两大要素,在智能制造的背景下,制造业的建模、模拟和预测方法和工具对整个工厂架构可能产生巨大影响(刘进等,2018)。在架构的低层次,方法和工具可以提升生产设备和流程的设计和管理,支持先进的、可持续的制造业。合理设计和管理越来越复杂的生产系统也需要新的方法与工具。但在现有的工艺流程设计中,尚未融入无人化、智能化的理念,通常在完成工艺设计后才会考虑后续的控制、优化等因素,导致智能工厂的无人化"先天不足"。

智能无人工厂以生产设备构建而成的物理工厂为基础,同时将物理工厂转化为数字化的虚拟工厂,通过两者实时、紧密的联系,以数字量驱动为核心,通过交互通信和传感识别手段实现制造系统中人-设备-信息的高度集成、数字量与物理系统高度融合,运用虚拟工厂的仿真能力,对设计工艺进行仿真预演,在正式投产之前进行工艺验证、生产优化、控制决策等。

智能工艺包括在工艺设计过程中考虑更高效的物质转化机理、本质安全、高度柔性、全程可控等因素,同时对现有流程进行在线重构实现工艺再造。现有的工业流程面临着能源、需求等因素制约,同时在工业流程中的原料属性成分多变、难测,以及加工过程包含复杂的物理过程和化学反应,如何对生产过程采用更高效的物质转化机理描述任重道远,随着复杂过程的测量分析技术的进步,以及计算机和人工智能的发展。近年来,化学工程的研究工作已从宏观现象描述和实验数据关联逐步转向对物质转化过程的本质的认识(周兴贵等,2016)。流程工业制造中,采用经济优化层、计划调度层、先进控制层、基础控制层的分层模式进行操作优化的前提是"稳态假设",如何根据实际过程的动态实时运行情况,从全局出发协调系统各部分的操作,已成为生产过程优化调控的核心。解决该问题就需要将物质转化机理与装置运行信息进行深度融合,建立过程价值链的表征关系,从而实现生产过程全流程的协同控制与优化。

随着需求的多样化和能源成本的攀升,一个固定流程逐渐受到限制,此时研究实际生产过程中系统对不确定性影响的承受能力,即柔性设计显得尤为重要。柔性设计是指要考虑工况在一定范围内变化的情况下的优化设计(张健等,2001),同时将安全性能作为过程设计的目标和出发点,并将本质安全特性融入过程属性,以获得风险最小化的途径和方案(樊晓华等,2008)。在概念阶段考虑过程本质安全,从源头上削减危险。

在柔性设计过程中,需要使用流程重构及工艺再造技术,传统/固定的流程结构由于调控范围和操作优化空间有限,无法根据原料、负荷、产品等性质或数量变化而进行适应性调整。再造工程的概念源于管理学领域,是在对过程(业务流程/管理系统等)的本质重新思考的基础上,系统性地进行过程再设计,通过精简、重组、同步等方式,实现成本、品质、服务和效率上的大幅改进。再造工程的核心在于过程对象,在结构上呈现多层次的业务/逻辑连接关系,再造后的工程的一个外在变化就是结构层次的减少和逻辑关系的扁平化(康嘉元,2018)。流程重构梳理模型各个层次之间的逻辑关系,对原本用于过程分析、产品设计的复杂激励模型进行修正、约简、降阶和分析,使之适应于不同的场景需求。在线流程重构就是针对这一问题,在传统生产流程给定的过程装置上,进行流程设备网络结构的重组优化,来扩展过程工艺路线的调控范围和操作空间,从而适应产品质量指标、装置负荷、原料性质等要素的变化(张晨,2016)。流程机理建模从广义上描述流程结构、工艺操作条件与产品性能(吴博等,2016)、过程操作性能(刘守强等,2015)、经济性能间的定量关系(笪文忠等,2016),再基于此模型进行在线重构实现工艺再造。

人机共融是无人化的又一重要课题。但从 20 世纪 60 年代中期以来,随着计算机技术和工业控制技术的发展,工程师们都在试图缩小人对所要完成的任务的认知和控制系统所能完成的任务之间的差距,系统设计者们认为人是控制系统中最弱的部分,因而系统计划者想完全忽略人在整个控制回路中的作用,试图实现全部自动化。但是实际教训告诉我们,当任何一个行业开始忽略人在自动化系统中的核心作用,逐渐把人隔离在整个回路之外,并且未能处理好人与自动化机器关系时,往往会产生更大的风险。据美国有关机构 1995 年统计,当今世界上所有人机系统失效的案例中,70%～90% 直接或间接源于人的因素。在国内,核工业事故中约有 70% 与人的因素有关(黄卫刚等,1998),化工、航空、冶金、矿山等行业也如此(林泽炎等,1995)。

2010 年 4 月 20 日,墨西哥湾里英国石油公司"深水地平线"平台事故中,事故升级和人员伤亡扩大的一个原因就是作业者风险辨识能力不够,未能在第一时间察觉到可燃气体的泄漏这一异常情况,在异常情况被发觉后,作业者在面对异常时惊慌失措。

流程工业"无人化"进程带来了一些人因可靠性挑战。

(1)低工作量导致认知负荷降低。流程工业高度的自动化,将人从繁重的体力劳动、部分脑力劳动以及恶劣、危险的工作环境中解放出来,但随之带来的低工作量将引发一线操作员分心、注意力降低等问题。操作员认知负荷变低,对手头操作任务的控制匮乏将导致"被动疲劳",这一现象无疑会降低操作员的表现。疲劳状态下操作员警惕性会降低,应对突发事件的反应会变缓。当生产过程需由自动控制转变为手动控制时,会给操作员带来一系列问题,甚至导致事故发生。此外,低工作量会激增操作员的消极情绪。在自动控制模式下,操作员本应监管整个过程,但消极情绪导致操作员无心监管,转而参与其他次要活动,如班组内闲聊、玩电子游戏或者睡觉等。操作员在次要活动上投入大量时间而不自知,也会为模式转换带来困难。

(2)情境意识级别不足。情境意识是操作者对周围发生的事情的动态理解(Yang et al.,2004)。当操作人员对整个装置进行手动操作时,会对生产过程拥有清晰的认识,但当整个生产过程处于自动运行时,操作人员情境意识急剧降低,可能导致自动控制模式下不应发生的操作被意外触发,如警报装置突然报警导致操作人员恐慌,无从应对。情境意识不足还会导致操作人员对生产过程的真实运行状态存在认知差异,当需要模式切换时,一个接一个的坏抉择与误操作不断连续累加,直至无可挽回。

(3)过度信任和依赖自动化系统。目前,我国大多数流程工业企业都配备了先进控制系统,这些先进控制系统不仅可以控制正常生产条件,还可以处理有限的、已知的非正常情况,这有可能使操作人员对其信任程度过高而产生过度依赖。操作人员不再对系统存有质疑,相信系统可以帮助自己完成生产任务并处置异常情况。而自己投身于其他活动,将生产任务完全交由自动控制系会对生产安全产生不利。操作人员对系统的信任与使用必须处于适度水平,过度信任会产生过度依赖与利用(Parasuraman et al.,1997),而过少则导致系统的技术优势无法完全发挥。

（4）操作技能退化。技能退化的唯一原因是操作人员将操控权一次性全部转交给了自动控制系统,过程的操作直接由人工转变成机器,缺少人机互动、协同操作的过渡期。这会带来一系列问题,首先,操作模式切换过程中难以做到无缝无扰动,会给生产过程带来扰动;其次,操作人员长时间作为监察者而非实践者,操作人员就不愿意思考、行动以及通过学习来加强自己的技能,造成技能退化,典型表现就是在需要手动操作时,操作人员往往是"漫无目标地乱点鼠标",因为动脑思考是一件很累、很不情愿去做的事情,显然本应帮助人的自动系统起的作用却恰恰相反;最后,长期置身于生产回路之外以及被机器完全替代,操作技能的急剧下降也给自己的心态、信心带来一定程度的打击,不仅造成风险辨识意识减弱、故障处理能力降低,给生产安全埋下了极大的隐患,同时对操作人员自身的职业发展甚至整个行业、社会的发展都将不利。

人作为认识世界、改造世界的主体,对客观事物本质有着明确的认识,对决策任务的制定又是具有创造力的;机器作为人的创意衍生体,在极端恶劣的环境下,在高度复杂、极度频繁、需快速响应以及多项操作并行的任务执行时,发挥着举足轻重的作用。在流程工业"无人化"进程中,划清大型、综合和动态的工业自动化系统以及劳动的人之间的清晰的界限是没有必要的。换句话说,一味地寻求使用机器,高级机器、"智能"机器全部代替人来显示工厂的"智能"是愚蠢的。自动化机器作为一种有利、高效的执行工具,应该辅助人类发挥人类的潜能,而不应该限制甚至降低他们的能力。将人机融为一体是充分发挥机器执行能力与人类创造潜能的最佳途径,因此构建一个支持人机协同操作、建立人机适度信任、培训强化操作技能的人机共融实战化演练平台是必要的。

（1）开发通过"图灵测试"的数字孪生。建立一个人机共融的实战化演练平台,一个可以全面反应物理实体运行状态的虚拟对象至关重要。数字孪生作为一个现实物理系统在赛博空间的虚拟映射,全方位反映了真实物理系统的运行状态（Grieves,2014）,是构建人机共融平台的基础。实现数字孪生的核心就是对物理对象建立精确的模型,准确地反映对象的静态、动态、病态行为,为后续的人机协同操作打下基础,如果不能对现实生产体系准确模型化描述,那所谓的人机共融就是无源之水,无法落实。为了客观评价数字孪生体覆盖的广度与精度,"图灵测试"的机制不可缺少,不同于最初的"图灵测试"手段,可采用机器互测（machine test machine）的方法,使用在实际工业对象上出色地执行过控制任务的机器,在数字孪生体上执行相同的任务。

（2）支持人机协同的操作模式。基于数字孪生体,为了克服在上一部分提到的挑战,人必须扮演关键的角色,操作人员必须处于系统的决策环中。一个实施方案就是控制权不断转移,让机器培训人的行为,采用先进的传感器和解释算法来监控人的身体和心理状态,然后利用这一信息来实现任务和责任在人与机器之间的转移。一旦系统感觉到操作人员真正在与某一困难的任务作斗争时,就会分配更多的任务给机器,让操作人员避免分心。而当系统感觉到操作人员兴趣正在减弱时,系统就会增加此人的工作量以便提高其注意力并开发他的技能。另外一个实施方案是制造错误,并培训操作人员以识别和恢复他们,让他们不断地排练熟悉的失败场景,并且努力想象其他新的事故场景。除了使用机器培训人类的行为外,人类也可以创造、影响和塑造机器的行为。虽然机器在设计之初是可以精确执行某些任务,但本身的自主进化局限性限制了其在环境和对象发生较大变化后的卓越表现。研究人类操作人员的优秀操作行为,并使用这些数据训练机器来重塑机器的行为是一种选择。从更高的层次来讲,仅仅是通过机器培训人类行为以及人类重塑机器行为来实现人机共融是远远不够的,因为人类与机器本质上仍然是一种隔离的状态。要想最大限度地发挥人类和机器的能力,让机器可以在与人类之间的合作相媲美的水平上直接与人类合作,那么系统设计之初就必须考虑人机融合的问题,对于流程工业来讲,感知共融、执行共融、决策共融、诊断共融,无论如何都是不可忽略的。

(3)综合的操作评估体系。为了对操作人员的培训后能力进行量化分级以及评估人机协同操作的质量,必须建立一套综合的评估体系,这不仅需要对实际过程十分了解,还要综合考虑操作人员的知识、年龄、学历、能力、心理等诸多因素。

参考文献

柴天佑,2009.生产制造全流程优化控制对控制与优化理论方法的挑战 [J]. 自动化学报,35(6): 641-649.

柴天佑,丁进良,王宏,等,2008.复杂工业过程运行的混合智能优化控制方法 [J]. 自动化学报,34(5): 505-515.

陈旋,2012.离散和连续时间模型在原油调度问题中的应用研究 [D]. 北京:清华大学.

笪文忠,顾雪萍,王嘉骏,等,2016.Hypol 四釜串联聚丙烯工艺流程重构扩能 [J]. 现代塑料加工应用,28(2):45-47.

丁进良,杨翠娥,陈远东,等,2018.复杂工业过程智能优化决策系统的现状与展望 [J]. 自动化学报, 44(11):13-25.

樊晓华,吴宗之,宋占兵,等,2008.化工过程的本质安全化设计策略初探 [J]. 应用基础与工程科学学报,16(2):191-199.

高航,2019.实时优化技术在乙烯装置应用 [J]. 山东工业技术,290(12):53.

国家统计局,2019.中国统计年鉴 2018 [M]. 北京:中国统计出版社.

黄卫刚,张力,1998.大亚湾核电站人因事件分析与预防对策 [J]. 核动力工程,(1):64-67.

康嘉元,2018.聚合过程微观结构质量指标的机理模型再造及在线预测 [D]. 杭州:浙江大学.

李霄峰,徐立云,邵惠鹤,等,2001.炼钢连铸系统的动态调度模型和启发式调度算法 [J]. 上海交通大学学报,35(11):1658-1662.

林泽炎,徐联仓,1995. 人为失误及其预防策略 [J]. 人类工效学,1(1):57-60.

刘进,关俊涛,张新生,等,2018. 虚拟工厂在智能工厂全生命周期中的应用综述 [J]. 成组技术与生产现代化,35(1):20-26.

刘守强,胡长青,2015. 空分装置预冷系统流程的重构 [J]. 节能技术,33(6):572-575.

唐立新,2005. 基于智能优化的钢铁生产计划与调度研究 [J]. 管理学报,2(3):263.

佟伟,Thomas S,2017. 智能传感时代做工业 4.0 时代的推动者 [J]. 现代制造,(10):4-5.

王东东,2016. 递推辨识算法研究及其在 MPC 上的应用 [D]. 杭州:浙江大学.

吴博,罗雄麟,2016. 基于传热/传质的乙烯裂解过程脱甲烷塔进料瓶颈识别及流程重构策略 [J]. 化工学报,67(12):5199-5207.

燕飞,范军,吴礼云,等,2018. 基于物质流、能量流与信息流的钢铁厂智能调控系统架构研究 [J]. 冶金自动化,42(3):24-31.

叶凌箭,钟伟红,宋执环,2013. 基于分段线性化法的改进自主优化控制 [J]. 自动化学报,39(8):1231-1237.

张晨,2016. 基于分子量分布的聚合过程建模、优化与流程重构 [D]. 杭州:浙江大学.

张健,陈丙珍,胡山鹰,等,2001. 复杂流程工业系统的优化综合与柔性分析 [J]. 计算机与应用化学,18(1):23-30.

赵恒平,2015. 中国石化先进过程控制应用现状 [J]. 化工进展,34(4):156-162.

中华人民共和国国务院,2015. 关于印发《中国制造 2025》的通知 [R/OL]. (2015-05-19) [2019-06-20].http://www.gov.cn/zhengce/content/2015-05/19/content_9784.htm.

中华人民共和国国务院,2017. 关于深化"互联网＋先进制造业"发展工业互联网的指导意见 [R/OL]. (2017-11-27) [2019-06-18].http://www.gov.cn/zhengce/content/2017-11/27/content_5242582.htm.

周兴贵,袁希刚,李平,等,2016."复杂化工过程物质转化机理与能效分析"立项报告 [J]. 科技资讯,14(17):179-180.

祝雪妹,王树青,岳东,等,2006. 流程工业中的优化技术及应用研究 [J]. 华东理工大学学报(自然科学版),32(7):852-855.

Arch, 2016. Present findings, and future directions [J]. International Journal of Precision Engineering and Manufacturing-Green Technology, 3(1): 111-128.

Baldea M, Harjunkoski I, 2014. Integrated production scheduling and process control: A systematic review [J]. Computers & Chemical Engineering (71): 377-390

Cesar D P, Daniel S, Gloria G, et al., 2017. Integration of RTO and MPC in the hydrogen network of a petrol refinery [J]. Processes, 5(4): 3.

Chand, Sujeet, Davis J F, 2010. What is smart manufacturing [J]. Time Magazine Wrapper, 7: 28-33.

Davis J, Edgar T, Porter J, et al., 2012. Smart manufacturing, manufacturing intelligence and demand-dynamic performance [J]. Computers & Chemical Engineering, 47(20): 145-156.

Dotoli M, Fay A, Miskowicz M, et al., 2016. Advanced control in factory automation: A survey [J]. International Journal of Production Research, 55(5-6): 1-17.

Grieves M, 2014. Digital twin: Manufacturing excellence through virtual factory replication [J]. White Paper (23): 1-7.

Jelali M, 2006. An overview of control performance assessment technology and industrial applications [J]. Control Engineering Practice, 14(5): 441-466.

Kang H S, Lee J Y , Choi S S, et al., 2016. Smart manufacturing: Past research, present findings, and future directions [J]. International Journal of Precision Engineering and Manufacturing-Green Technology, 3(1): 111-128.

Li D, 2016. Perspective for smart factory in petrochemical industry [J]. Computers & Chemical Engineering, 91: 136-148.

Lin F J, Fung R F, Wang Y C, 2002. Sliding mode and fuzzy control of toggle mechanism using PM synchronous servomotor drive [J]. IEEE Proceedings-Control Theory and Applications, 144(5): 393-402.

MacDougall, William, 2014. Industrie 4.0: Smart manufacturing for the future [R]. Germany Trade & Invest, 2014.

Parasuraman R, Riley V, 1997. Humans and automation: Use, misuse, disuse, abuse [J]. Human Factors: The Journal of the Human Factors and Ergonomics Society, 39(2): 230-253.

Raybill, Korambath P, Schott B et al.,2015. Smart manufacturing [J]. Annual Review of Chemical and Biomolecular Engineering ,(6): 141-160.

Yang J, Kan Z, 2004. Situation awareness: Approaches, measures and applications [J]. Advances in Psychological Science, 12(6): 842-850.

第11章

高端智能控制技术

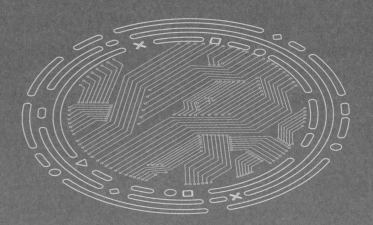

11.1　研究背景

高端智能控制装备及系统是现代工业装备以及冶金、能源、化工等领域重大工程的神经中枢、运行中心和安全屏障，其主要功能是监测、控制、优化整个工艺流程和保证产品质量，是确保重大装备安全可靠和高效优化运行的不可或缺的根本保障，是实现我国智能制造自主可控、安全持续、绿色高效发展的整体信息化（数字化、网络化、智能化及系统集成化）的重要支撑。发展高端智能控制技术与系统是实现重大装备节能、降耗、减排的有效途径（Jing，2016）。

经过几十年的发展，我国的重大装备设计制造水平已经取得了长足的进步。在大型电力装备、冶金装备、石化装备等领域，我国已具备相当的设计制造能力，但与之配套的成套智能控制技术及系统发展较为滞后（Menkovski et al.，2013），特别是满足高智能化、高安全性、高可靠性、高精确性的高端智能控制技术与系统，严重依赖国外引进，这已经威胁到了国家经济安全和产业安全。

发展"智能装备制造"这一战略性新兴产业的重要技术途径就是将智能控制技术和系统（包括智能控制器、智能控制软件、智能变送器、智能执行器等）与常规工业生产装备耦合，形成智能生产装备，即多功能智能体或工业装置信息物理系统。因此，大力发展高端智能控制技术与系统具有重大意义。

11.2　研究现状

21世纪，信息化与工业化呈现加速融合趋势，从全球产业发展大趋势来看，发达国家正利用信息技术领域的优势，加快制造工业智能化的进程。2006年2月，美国发布了《美国竞争力计划》，指出融合现代计算机、通信、控制与工业实体的信息物理系统是提高制造业竞争力的核心技术。德国针对离散制造业提出了以智能制造为主导的第四次工业革命发展战略，即"工业4.0"计划。2013年，工业和信息化部正式发布《信息化和工业化深度融合专项行动计划(2013—2018年)》，提出发展工业云、大数据等新技术、新应用，建立信息化(数字化、网络化、智能化及系统集成化)与工业化深度融合的智能制造模式——智能自动化，努力建设集研发设计、物流采购、生产控制等于一体的工业企业全链条智能化系统。

智能制造是中国制造业的发展之路。《中国制造2025》指出，工业技术和信息技术的结合可推动我国制造业向创新驱动、质量效益竞争优势、绿色制造、服务型制造业转变，使我国到2025年跻身现代工业强国之列。智能制造是制造业产品、装备、生产、管理和服务智能化应用水平的体现，也是网络业从消费互联网向产业互联网转型创新的重要方向，是实现两个互联网技术融合和倍增发展的具体表现，更是推进两化深度融合的核心目标和最新着力点。

发达国家更重视高端智能控制装备及系统的研发，因为高端智能控制技术与系统可以提升工业企业在资源和能源利用、安全环保等方面的水平，支撑制造业向高效化、绿色化和高端化方向发展。国外知名控制技术及系统研发公司，在重大工程与重大项目方面仍然保持明显优势，占据着大部分的高端市场。

控制技术与系统经历了仪表控制(电子化)、计算机集中控制(数字化)、分布式控制(数字化＋网络化)三个阶段后，长期无实质性改进，面临发展方向不明、战略转移困难等重大问题。随着"工业4.0"、信息物理融合系统、新一代人工智能等理念与技术的涌现，目前控制技术与系统正进入以分散智能、自主协同和全局优化为特征的第四个阶段(数字化＋网络化＋智能化)。其发展趋势体现在以下几个方面。

(1)控制系统的智能前置与分散智能技术。结合现代控制理论，应用人工智能技术，以微处理器为基础的智能化设备纷纷涌现；先进控制策略、故障诊断、过程优化、计算机辅助设计、仿真培训和在线维护等技术应用日益广泛(姚智刚等，2012)。随着数据库系统、推理机能的发展，尤其是知识库系统和专家系统的应用，如自学习控制、远距离诊断、自寻优等，人工智能将在控制系统各级得以实现。控制系统架构扁平化趋势下，分散控制向分散智能发展，具体包括自诊断、自修复、自校正、自适应、自学习、自协调、自组织、自决策等。

(2)控制系统的泛在感知控制与动态协同优化技术(孙优贤，2016)。嵌入式计算随工业互联网(物联网)无所不在，有利于打破电气控制(包括传动控制、逻辑和顺序控制)、过程控制、运动控制等多专业的桎梏，以及模糊数据采集与监视控制(supervisory control and data acquisition，SCADA)系统、远端终端装置(remote terminal unit，RTU)、可编程逻辑控制器(programmable logic controller，PLC)、分布式控制系统、工业计算机(industrial personal computer，IPC)等控制装备的产品边界，取消控制域、管理域、企业域等的应用范围边界，构建规模可大可小、高可用性、性能稳健，通信、控制、优化等数据能力极强，且无边界的平台——协同过程自动化系统,实现企业全部变量参数的实时可测可控,以及企业运行流程的全闭环控制,以保证企业综合指标最优。

(3)工艺流程、工业装备及控制优化等多专业协同一体化智能设计技术。随着高智能化、高安全性、高可靠性、高精确性等控制需求的不断呈现,现有的基于通用工业流程的控制技术与系统难以满足实际应用需求。因此,需要针对特定行业的装备、工艺等要求,开发集成基于重大工程的行业模型库、算法库与知识库,以逐步形成核电控制系统、电力控制系统、石化控制系统、水泥控制系统等专业控制系统。

(4)控制系统融合功能安全与信息安全的内生安全技术(王文海等,2019)。由于广泛采用通用软硬件和网络设施,以及与企业管理信息系统交互协作,控制系统越来越开放,通过互联网逐步渗透到工业控制系统并对其进行远程代码执行、信息窃取、恶意篡改等破坏行为已成为现实。自从"震网"病毒暴发以及美国发布《国家网络空间安全战略》之后,工业控制系统的安全引起了各个国家的高度重视,各国纷纷把工业控制系统的安全上升到国家安全战略的程度,控制系统相关安全技术得到了重点关注与快速发展,控制系统安全防范从单向隔离、纵深防御等被动防御技术,向移动目标防御、拟态安全、可信计算、内生安全等主动防御技术发展。

现阶段,我国制造业已经形成门类齐全、规模较大、具有一定技术水平的产业体系,但产业大而不强、自主创新能力薄弱、基础制造水平落后、低水平重复建设、自主创新产品推广应用困难等问题依然突出。随着"中国制造2025"的持续推进以及供给侧转型压力的不断升级,制造业亟须向自动化与智能化方向发展,但由于国内产品难以满足高端控制技术与系统对自主智能、优化控制、广域协同等性能指标的要求,如钢铁行业关键流程的控制系统的精度和可靠性与国际先进水平差距较大,石化行业主装置及关键流程的控制系统难以满足其对高精度、高可靠性的要求,因此目前国内高端智能控制系统大多依赖国外进口。具体而言,国内外产品在高智能化、高安全性、高可靠性、高精确性等技术指标上尚存在5~10年的差距,在石化、煤化、冶金、电力等行业的模型库、算法库、行业工艺解决方案上则还有10~15年的差距。

11.3　研究内容

针对工业、军事装备制造和智慧城市建设等重大工程对高端智能控制技术与系统的高智能性、高安全性、高可靠性、高精确性需求,研究开发集智能控制装置、智能检测装置、智能特种变送器、智能特种执行器、智能控制和智能优化技术于一体的自主智能、优化协同的高端智能控制技术与系统很有必要。应自主研发一系列关键技术,形成完全自主知识产权的硬件技术、软件技术、安全技术和实现技术,研究开发一系列智能控制技术与系统,并在流程工业、离散工业、混合工业、军事装备、智慧城市等领域大面积应用实施。高端智能控制技术与系统的总体研究目标如图11.3.1所示。

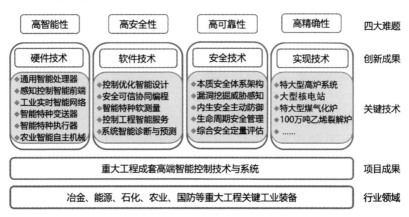

图11.3.1 高端智能控制技术与系统的总体研究目标

11.3.1 硬件技术

硬件技术主要包括通用智能处理器与自重构冗余容错技术、感知控制智能前端技术、工业实时智能网络技术、智能特种变送器技术、智能特种执行器技术等。

1.通用智能处理器与自重构冗余容错技术

研究控制运算的动态再分配、硬件失效自检与性能退化在线监测、场景快速适应的同构/异构智能表决等,支持故障隔离、动态重构,以保障控制组件的高可靠性、高精确性、高可用性。

2.感知控制智能前端技术

研究通用智能输入输出、在线校正、全覆盖诊断、过失保护、故障隔离、灵巧总线等技术,满足恶劣工业环境与控制工程复杂性要求,以实现设备前端分布式自主实时控制、智能协同与云端编程维护。

3.工业实时智能网络技术

研究多感知网络智能协议转换与自适应路径规划技术,开发高智能性、高安全性、高可靠性、强实时性的动态自组织工业网络协议与网络设备,以实现感知网络与感知节点的智能管理。

4.智能特种变送器技术

研究多数据融合感知、自校正免维护、高适应性、多总线通信集成与设备管理、安全与防爆认证等技术,研制极限参数、高精度、高适应性的智能特种变送器。

5.智能特种执行器技术

研究执行机构自适应自整定、运行分析、在线测试、诊断预警等技术,研制高可靠、高性能、高耐候的智能特种执行器。

11.3.2　软件技术

软件技术包括面向物联网/大数据和知识自动化的协同自动化体系架构、广域异构多实时/多尺度/多语义工程实时数据库、知识推理与基于模型计算的控制优化统一架构、控制工程全生命周期设计开发软件平台与云引擎、结合功能安全与信息安全的冗余容错与可信增强开发、控制工程知识性工作的自动化(工程文档自动生成、控制程序自动生成、远程协同开发、行业算法复用同步与专家云服务、故障诊断与预测技术、智能特种软测量技术)等。

1.基于数据驱动的控制优化智能设计技术

基于工程特征与海量工业数据,利用卷积神经网络、循环神经网络、深度信念网络等深度学习技术,研究具有自适应、自学习、自组织、自进化、自诊断、自维护等特征的数据驱动系统的分析与控制技术,以解决复杂工业系统智能控制难题。

2.控制工程智能服务与知识工作自动化技术

基于多领域工程对象模型,利用高效适配、递阶复用的工程行业模板,实现工业装备控制程序的自动化生成;提炼专家知识与工程经验,以领域知识为主体,提高项目工程设计开发效率,实现协同编程、远程维护、资料生成等;以冗余总线网络与分布式全局数据库为基础,结合无服务器的对等网络结构,实现分散控制与协同控制,保证高可靠性、高安全性、高适应性与大规模化;基于多感知网络智能协议转换与自适应路径规划,支持动态自组织网络与广域云平台。

3.系统智能诊断与设备预维护技术

基于过程知识和数据驱动的层次因果模型,进行故障诊断、重构、分类及工况定位等策略,以实现系统运行监控、设备实时诊断与远程预维护。基于数据驱动的故障诊断,通过对大量历史数据和在线过程数据的综合分析和评估,完成故障诊断决策。其在大型复杂系统过程监控和故障诊断中具有广阔的应用前景,但其相关的理论和技术仍需要不断完善,以满足应用需求。首先,面对大型复杂系统庞大的历史数据,如何快速、高精度地对其处理、压缩并保存有效信息是亟待解决的难题;其次,当历史数据不足以构建诊断模型时,如何结合当前在线数据实现诊断系统的实时更新是另一个难点;最后,对于大型复杂系统,如何将基于模型和基于数据驱动的方法相结合、实现两者的优势互补也是必须解决的关键问题。一个最直接的方式是利用过程历史知识进行模型的辨识,并利用基于模型的技术设计故障诊断系统。

11.3.3　安全技术

安全技术包括本质安全体系架构技术、脆弱性分析与威胁态势感知技术、内生安全主动防御技术、生命周期安全管理技术等。

1.本质安全体系架构技术

针对工控系统攻击机理和工程特征,研究多层次多维度工控系统动态防御机理与脆弱性分析理论;研究工控系统全生命周期全流程攻防建模;研究基于动态重构及可信增强的工控系统内生安全主动防御机理,构建可抵御多层次多维度复杂攻击的工控系统深度安全体系架构;研究面向未知威胁的测试方式,提出工业控制系统安全评估指标体系。

2.脆弱性分析与威胁态势感知技术

研究基于数值、结构及语义多层次特征指标的函数高精度匹配算法及跨平台漏洞关联检测机制;研究针对工控系统监控软件、通信协议、嵌入式操作系统、实时控制引擎的漏洞挖掘机制,搭建工控系统设备漏洞挖掘与关联平台;研究基于信息物理系统工程特征的深度防御体系,构建多层次多维度的异常行为检测机制;研究自学习的自动化逆推溯源方法,推断攻击路径与源头;研究层次化的工控威胁态势感知指标体系和风险计算方法,推断整体威胁态势。

3.内生安全主动防御技术

研究控制系统可编程电子组件的可信增强技术和动态防护技术,突破可信链、完整性检测、信源可信和协同安全认证、安全联动、多重异构容错、动态隔离与在线恢复技术等关键技术,实现控制行为安全可信;研究工业控制系统工程设计与运行安全可信技术,建立安全受控的关键工业装备控制设计与运行维护机制,保障控制系统工程设计链的可信受控;研究工业控制系统容侵弹性控制技术,提出局部网络单元分布式协同估计与局部子系统协调控制方法,突破分布式动态隔离与多重异构容错技术,实现工业控制系统的全局弹性控制。

4.生命周期安全管理技术

分布式智能感知控制器与系统采用基于物联网、大数据和知识自动化的扁平自动化体系架构,将传统控制系统技术与物联网信息技术深度融合,实现产品信息无缝互联、设备状况协同可控、资源管理全局优化。其硬件装置采用硬件模块冗余容错、高适应性智能模块、控制网络安全增强等技术,软件平台采用多领域工程对象模型、多语言集成编程环境、内生安全主动防御等技术,可有效保证控制系统的高可靠性、高安全性、高适应性、大规模化等特征。

11.3.4 实现技术

针对特大型高炉系统、特大型造纸机、大型核电站、100万吨级乙烯裂解炉、特大型煤气化炉、特大型燃煤锅炉、大型工程机械等冶金、能源、石化、国防等领域工业装备的智能化控制、优化和工程应用问题,需要研究自适应建模、多尺度预测控制、实时联合优化、快速精确软测量等方法与工程应用技术,实现对环境变化、原料状况、负荷变换、品种切换等因素的自调整与自适应,以保证工业装备在复杂工况与需求下的安全、稳定、长期、满负荷、优化运行。

11.4　高端智能控制技术及系统

11.4.1　高端智能控制技术及系统的硬件系统

高端智能控制技术及系统的硬件系统(见图 11.4.1),采用全硬件模块冗余容错、高可用安全模块、高安全工业网络等技术。应用于有安全完整性等级要求的关键过程安全控制场合,包括紧急停车系统(ESD)、安全联锁系统(SIS)、紧急跳闸系统(ETS)、火灾及气体检测系统(FGS)、燃烧管理系统(BMS)等,应用领域包括石化、炼油、煤化工、精细化工、电力、冶金等,具有高可靠性、高可用性、高安全性、高适应性的特点。

(1)全硬件模块冗余容错;实现控制、网络、I/O、电源、监控的各节点、各模块、各通道及各信号类型的双重化或四重化硬件冗余;无单点故障失效,支持同构或异构冗余,增强系统功能安全与信息安全。

(2)安全功能模块具有硬件诊断、软件诊断、工程程序诊断等功能,可通过硬件随机故障重执恢复、软件多样性执行恢复等实现偶发故障的快速恢复;支持模块冗余配置,多级表决机制,在线热更换,冗余配置时 2—2—0 降级;通过独立第三方功能安全认证。

(3)高抗干扰度与低功耗设计,符合国家或国际(ESD/RS/EFT/SURGE)4 级A、(CS/DIP/CE/RE)3 级 A 标准,具有极强的抗干扰性与电磁环境适应性;低功耗自然对流无风扇热设计提高了环境温度适应性。

(4)高适应智能模块,采用在线校正、线路诊断、故障隔离、在线插拔、过失保护、灵巧总线等技术,能满足恶劣工业环境与控制工程的复杂性要求。

高端智能控制系统包括控制模件、通信模件、电源模件、I/O 模件、机柜及其附件;功能模件是控制系统内部完成特定任务的硬件板卡、运算处理单元、应用软件的组合,包括控制单元、输入输出单元、电源单元、通信单元、机柜及其附件;通过冗余控制网 CNet 互连,具有独立性、自主性,用于及时、有效地完成所分担的局部任务,主要功能模件如下。

(1)控制模件:集成高速处理器、冗余控制网络与冗余系统网络,解释运行所设计的控制策略,并支持数据同步与冗余切换。

(2)模拟量输入模件:实现模拟量点数据的类型选择、程控放大、数据采集、故障诊断、数字滤波、温度补偿、线性校正、工程转换等,支持通用输入。

(3)模拟量输出模件:实现模拟量点数据的校验、锁存、保护、输出,可以根据配置要求,在异常情况下实现数据输出,保持或输出指定设定值。

(4)模拟量混合输入/输出模件:实现模拟量输入或模拟量输出的混合,支持点点隔离、点点配电、点点在线更换。

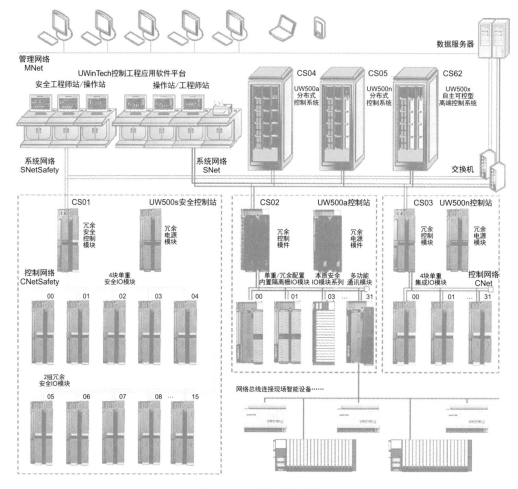

图 11.4.1　硬件系统架构

（5）数字量输入模件：实现数字量的输入，包括数字输入的抖动消除、变化时间戳生成、实时响应。

（6）数字量输出模件：实现数字量的输出，包括数字输出的校验、诊断、掉电记忆、上电保护等。

11.4.1.1　控制单元

控制单元是各个控制装置的中央处理单元，是控制装置的核心设备。控制单元可以是一个、两个或多个控制模件分别构成的非冗余控制单元、双模冗余控制单元或多模冗余控制单元。控制模块组件采用四重化冗余架构，由四个独立的控制模块构成，控制模块从 CNet 控制网络上接收数据并进行表决，各控制模块完成数据运算后,对运算后的结果进行表决,并将表决结果送到 CNet 控制网络上,如图 11.4.2 所示。

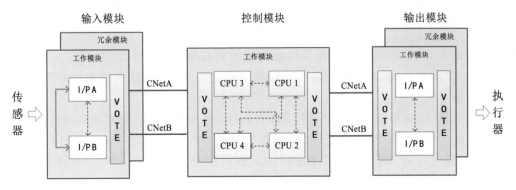

图 11.4.2　控制单元冗余结构

四重化模块冗余架构(QMR,即 2oo4 结构),由四个功能单元组成,四个功能单元均正常工作时采用多数表决输出,若其中一个功能单元故障,系统隔离故障的功能单元,降级为三取二架构;若其中两个功能单元故障,系统隔离故障的功能单元,降级为二取一架构;若超过三个功能单元故障,则系统导向安全状态;QMR故障裕度为 2,降级模式为 4—3—2—0,如图 11.4.3 所示。

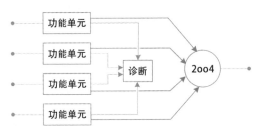

图 11.4.3　2oo4 结构

11.4.1.2　输入输出单元

输入输出单元实现控制装置与工业现场 I/O 信号的连接、转换、驱动等。现场 I/O 信号主要包括模拟量输入信号、模拟量输出信号、数字量输入信号、数字量输出信号、通信量连接信号等。

输入输出单元由各种类型的输入输出模件组成,包括大信号模拟量输入模件、热电偶输入模件、热电阻输入模件、通用模拟量输入模件、模拟量输出模件、开关量输入模件、开关量输出模件、脉冲量输入模件等。各硬件模块的模件具有高抗干扰度;支持硬件系统各模块/功能电路的综合诊断、故障隔离与在线修复技术;支持模块在线安装、在线调整与联机接线。

　　为了满足工业现场对控制系统的要求,需要对输入输出单元采取电气隔离措施,以切断工业现场与控制系统之间直接的电气连接,实现下列功能要求。

　　(1)现场设备电气损坏时,不影响控制系统。

　　(2)现场设备与控制系统之间存在高压时不损坏控制系统;当现场设备存在高压或串入高压时,应提供对控制维护人员的人身保护。

　　(3)消除现场设备接地点与DCS接地点的电位差,消除高共模电压对测量精度的影响。

　　(4)隔离DCS各部分的电气连接,实现故障隔离,限制局部故障或损坏的扩散。

　　根据电气隔离的程度和范围,控制系统所采用的电气隔离措施主要如下。

　　(1)路间隔离,即每个信号通道或输入输出点之间均相互隔离,且与控制网络相互隔离。

　　(2)板间隔离,即各模板之间相互隔离,且都与控制网络隔离,但同一模板内的各个通道之间不隔离。

　　(3)组间隔离,即多个模板形成不同的分组,各组之间隔离,且所有模板都与控制网络隔离,但同组内的不同模板之间不隔离。

　　(4)站间隔离,即控制站之间隔离,但站内模板之间或设备之间不隔离。

　　(5)系统隔离,即所有现场设备之间不隔离,但都与控制网络隔离。

　　其中,路间隔离的可靠性、稳定性、安全性、易用性均优于其他隔离措施。目前,主要通过变压器隔离、电容隔离、线性光隔离等技术实现模拟量输入输出的路间隔离,但存在代价较高的问题。

　　实现开关量输入输出的路间隔离采用光电隔离即可,代价较低,且开关量输入输出常涉及高压或电气设备。因此,一般控制系统模拟量输入输出常采用板间隔离或组间隔离方式,数字量输入输出常采用路间隔离。然而,下列情况要求采用路间隔离。

　　(1)现场传感器/变送器设备自身提供电源,且可能在现场端接地时。

　　(2)现场传感器/变送器设备除连接DCS外,还可能与其他设备或系统存在电气连接,如其他本地显示仪表、调节器或设备。

　　(3)使用现场接地型热电偶,热端与外壳接触,而外壳又接地。

　　(4)系统可靠性要求较高,为防止一个通道损坏对板内其他通道产生影响,应实现故障隔离,限制故障扩散。

　　此外,高端智能控制系统为了提高其工作性能、可靠性、稳定性及工程适应性,所有的I/O模件均采用路间隔离。同时,为了提高在线维护效率,常提供单点I/O通道的在线更换功能。

11.4.1.3　电源单元

高端智能控制系统采用开关电源为各种模块供电;开关电源由输入电网滤波器、输入整流滤波器、逆变器、输出整流滤波器、控制电路和保护电路等硬件模块组成,其主要优点是体积小、质量轻、效率高、输出精度高、抗干扰性强、输出电压范围宽。衡量开关电源的主要性能指标包括输入电压范围、额定输出功率、电压调整率、负载调整率、输出电压精度、动态响应、纹波和噪声、转换效率、绝缘性、过压保护、欠压保护、过流保护、过热保护、温度漂移、工作温度等。

为了提高控制系统的可用性,控制系统通常采用冗余电源实现供电,冗余方式可分为简单并联冗余和并联均流冗余。简单并联冗余中输出电压稍高的电源模块承担绝大部分负载,输出电压较低的承担很少的负载或几乎不承担负载,这时输出电压较低的模块可能处于冷备状态,若输出电压较高的模块故障,由于冷备模块需要较长的上电时间,则系统失电,复位重启。而并联均流冗余支持多个电源并联、均流运行,从而可以在某一路电源故障时,迅速将该电源模块承载的用电负荷分流到其他电源模块上,以解决上述简单并联冗余存在的诸多问题。

11.4.1.4　网络单元

系统网络的通信介质、交换设备、网络适配器等均为双重化冗余配置,对于冗余配置的两个网络我们分别称之为 A 网和 B 网。站点发送数据时,同时向两个线路发送,接收站点则根据所接收数据包的时间标记与质量标记,判别选取冗余数据包。这不仅可以避免网络线路交错出现故障时无法正常收发数据的情况,而且在不正常的网络恢复正常时,系统几乎不需要恢复时间就可重新正常通信。

系统网络的实时信息传递是完全基于 UDP/IP 协议的。UDP 协议是最简单、无连接的传输协议,在通信过程中,UDP 协议不但减少了因建立连接和撤销连接所需的巨大开销,而且不进行数据的确认与重传,极大提高了传输速率。在 UDP 协议的基础上,系统网络还大量使用了组播和广播技术,进而极大缓解了网络通信负担。对于数据传输,CNet 网络驱动程序还提供流量控制、差错控制、自动重发、报文传输时间顺序检查、报文质量标记检查等确保数据可靠的功能,从而保证了过程信息能够高效、实时、可靠地传递,并且能够保证基于工业以太网的系统网络不会因通信负担过重而瘫痪。

为保障系统网络的安全,采用安全隔离网关设备,它是连接两个网络安全域的设备,通过物理隔离、协议隔离、安全过滤,实现网络域之间的受控通信,可以抵御 Dos、DDos、ICMP Flood、SYN Flood 等各种常见攻击。它具有访问控制、安全管理、安全审计等功能。

安全隔离网关硬件由底座、A 网外网板卡、A 网内网板卡、B 网内网板卡、B 网外网板卡组成。A 网内网板卡、A 网外网板卡组成 A 网通道;B 网内网板卡、B 网外网板卡组成 B 网通道;A 网通道与 B 网通道热备冗余,如图 11.4.4 所示。

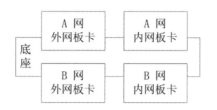

图11.4.4 安全隔离网关总体架构

11.4.2 高端智能控制技术及系统的软件系统

高端智能控制系统的软件系统是控制工程应用的软件平台,支持实时控制、图形监控、实时数据库等,支持多类控制器的多平台开发,控制域系统规模为30万点,集群数据规模为200万~1000万点。软件系统提供控制工程设计开发的集成开发环境,硬件配置实现系统硬件资源的设计管理,实时数据库与历史数据库组态实现工程项目实时数据库,画面开发与运行系统实现项目所需的流程显示、交互操作等人机界面,算法编辑器实现工程项目的控制策略;各功能模块生成相关的硬件配置、实时数据库、历史数据库、流程监控画面、控制算法程序,以及各类报表的目标文件,并下载至各个控制器或显示操作终端,在集成开发平台中协同实现控制系统的各个功能。

11.4.2.1 软件系统的构成

(1)工程管理器实现控制工程的管理维护,具有新建、添加、修改、删除、搜索、备份和属性修改等功能;还可以进入各软件功能模块,对实时数据库、控制策略、人机界面及用户安全信息等进行修改。

(2)系统硬件实现I/O模件、控制模件的配置,系统中所有模板、模块数据的实时监控,工程在线下装,模板、模块及组态的故障诊断等一系列功能均已实现;不仅可以浏览系统硬件资源,查阅CNet网络与SNet网络的相关信息,配置硬件模板或模块的信号类型与参数信息等,还具有强大的硬件故障诊断能力,诊断信息定位到通道,帮助用户快速发现故障点。

(3)实时数据库用于定义各站点的变量信息,包括各站的组成设备及属性,各站点的数据采集与转换、报警、历史记录和安全区等属性;实现系统数据的统一接口与全局一致。

(4)历史记录配置组态记录点的记录方式与记录参数,提供高效的历史数据查询接口,支持在线增删、高效压缩、灵活查询。

(5)设备管理器实现外部设备的配置管理。

(6)画面开发系统实现流程画面绘制组态,如系统所需的总貌图、流程图和工况图等。

（7）画面运行系统实现流程画面的动态显示与操作管理，通过实时数据交换完成报警、历史记录、趋势曲线等监视功能。

（8）报警组态软件通过对报警组、报警声音系、各报警限、报警偏差、变化率等属性的设置来满足不同的报警需求。

（9）算法编辑器用于生成系统所有连续控制、逻辑控制、顺序控制、特殊处理算法等控制策略；提供符合国际标准的控制编程语言及其混合编程方式，支持离线、在线调试和仿真运行。

（10）事件序列分析软件提供事件响应序列的查询与追忆分析，分辨率达到1ms。

（11）WEB 服务器提供基于 Internet 与 IE 浏览器的远程访问，以实现与本地系统高度一致的画面显示效果。

11.4.2.2　软件系统的主要技术特点

（1）基于多领域工程对象模型的控制工程设计开发平台，通过建立典型控制工程模型库（静动态模型与工艺数据）、控制方法库（设备控制及过程优化算法与运行参数）、显示界面库（显示与操作面板），逐级构建基础元件、单元设备、行业装备的多领域描述模型库，以重用的方式"搭建"装备模型，以重构的模式"构建"运行程序，通过对抽象、孤立、松散的数据（常数、参数、变量等）、函数（计算、语义等）、图形（线条、多边形、色块等）进行多领域统一建模，构建起紧密关联并具有物理意义的工程对象模型、工程控制策略、显示操作面板，实现控制工程设计编程的形象直观、高效与稳定。

（2）实时数据质量戳，标识数据的质量状况，结合硬件冗余状态，涵盖通道故障、采样偏差、量程超限、网络状态等信息，保证实时数据的可靠性和可用性，提高了数据引用的安全性；支持质量戳与实时值的历史记录与追忆分析。

（3）提供基于算法块封装与数据驱动、事件触发的分布式算法调度技术，以及符合国际标准的控制编程语言，集逻辑控制、运动控制与过程控制于一体，实现支持图形化编程与文本编程及多语言混合编程的集成开发环境，支持控制算法的封装、派生、复用，实现控制算法的离线组态、在线组态、离线模拟与在线调试，提高编程效率。

（4）实现 Modbus、Profibus DP 等网络驱动模块，通过开放规范的 OPC 客户端与服务器接口，采用透明网络管理技术实现与第三方设备的数据通信，构建分布式工程对象实时数据库，实现系统数据与外部设备数据的全局一致与接口统一，满足工业数据多实时性、多语义性、多时空性、多尺度性的信息集成与接口开放要求。

（5）GPS 全局卫星时钟接入，采用 NTP 网络时钟协议同步所有控制站和操作站的系统时钟；为控制站站间事件顺序记录（SOE）提供精确时钟；为操作站站间的数据记录提供统一的基准时钟。

（6）提供可定制扩展的控制工程行业算法库,通过设计院、设备制造商、工程公司、行业用户,不断提炼专家知识与工程经验,不断丰富行业自动化专业知识库,以领域知识为主体,在资源可重用、系统可重构的架构平台支撑下,在统一建模规范的基础上,通过继承、派生、重用、重构机制,显著提高项目工程设计与编程开发效率;控制工程行业算法库兼具特定自动化应用行业的普适性与特殊性,将以控制工程行业算法包的形式定期发布,终端只需加载便可轻松拥有。

（7）工程远程更新是针对工程服务人员而研发的功能,避免了工程人员为细微的组态变动而频繁跑走于工程现场的无奈。

（8）工程协同组态功能适用于超大型工程的多人同步组态作业,使多人同步组态同一工程时信息协调一致,极大缩减了前期工程组态的时间。

（9）工程竣工图导出功能,待到工程组态、调试、开车后,一份详尽描述工程信息的工程竣工图是必不可少的。

（10）实时数据库新增工程对象结构体建模方式,将原有离散的记录点按照控制工程或工程对象机理构成联合体,协同工程控制策略与显示操作面板,实现编程复用,提高编程维护效率。

（11）丰富的设备库和简洁的图库管理功能让用户能够便捷地装入已建设备,并在原有基础上轻松地改进画面。

（12）支持画面组态的页眉页脚功能,使得页面拥有统一风貌之余更有一分迥异,同时支持模板的任意定制。

（13）支持免安装的流程画面远程互动访问,通过普通网页浏览器即可便捷地访问控制现场,通过严格的用户认证手段控制互动操作。

（14）特有的报警声音系功能,使得报警声音的设置异常灵活方便,配合报警组和报警等级功能,使得报警有了一"音"了然的最佳效果。

（15）捆绑于用户的功能区与安全区功能限制了工程登录用户操作的权限,灵活多样的组合方式完全满足工程现场纷繁复杂的人员构成,工程的安全性得到了全方位的保障。

11.4.3　高端智能控制技术及系统的过程优化云平台

高端智能控制技术及系统的过程优化云平台支持无约束以及约束稳态优化、动态优化、智能优化问题的求解,给出并执行最优化决策方案,是高端智能控制技术及系统的控制参数最优设定、系统最优化的核心。近20年来,研究人员在这方面进行了大量原创性、引领性工作,很多成果在国际优化控制领域的顶级期刊上发表,并取得了良好的应用效果,得到了国内外学术界、企业界的高度好评。

将最优化方法实现为具有价值的优化软件需要应用数学与计算机科学的交叉融合,需要解决诸多瓶颈问题,如矩阵结构的探测、针对大规模矩阵的高效分解算法、冗余约束的消去技巧等。目前,我国工程背景最优化方法的实现,几乎都是利用国外现成的优化软件来解决在具体科学中遇到的优化问题。一方面,如果只是单纯购买和使用国外现成的优化软件,而不去尝试自主开发可替代的软件,那么在工业、经济、军事国防等领域势必会长期受制于人;另一方面,如果没有可供调试的软件程序来辅助学习(国外商业软件的程序是无法调试的),对最优化理论与方法的理解也很难达到一定的深度。因此,将最优化方法实现为应用软件,是将最优化从第二层次真正推向最高层次的一个关键。

11.4.3.1 线性和非线性规划经典优化软件

构建高效的优化算法软件是基于云平台的过程优化运行技术的核心组成。

2006 年,沃奇(Wächter)和比格勒(Biegler)提出了基于过滤线搜索的原-对偶内点法,并开发出著名的优化软件包 IPOPT。Lv 等(2019)提出了一种新的非单调过滤线搜索技术,并将其引入 Wächter-Biegler 内点法框架,以高效求解带约束 NLP 问题,其基本思路如下。

1. 原-对偶障碍函数方法

考虑如下形式的 NLP 问题:

$$\min_{x \in \mathbb{R}^n} f(x)$$
$$\text{s.t.} \quad c(x) = 0 \tag{11.4.1}$$
$$x_L \leqslant x \leqslant x_U$$

式中,目标函数 $f: \mathbb{R}^n \to \mathbb{R}^1$,等式约束条件 $c: \mathbb{R}^n \to \mathbb{R}^m (m \leqslant n)$,并且 f、c 二阶连续可微,边界约束条件 $x_L, x_U \in \mathbb{R}^n$。

问题(11.4.1)的障碍函数定义如下:

$$\min_{x \in \mathbb{R}^n} \varphi_\mu(x) = f(x) - \mu \sum_{i \in I_L} \ln\left[x^{(i)} - x_L^{(i)}\right] - \mu \sum_{i \in I_U} \ln\left[x_U^{(i)} - x^{(i)}\right] \tag{11.4.2}$$
$$\text{s.t.} \quad c(x) = 0$$

式中,$\mu > 0$ 为障碍参数,集合 $I_L = \{i: x_L^{(i)} \neq -\infty\}$,$I_U = \{i: x_U^{(i)} \neq \infty\}$。为了便于分析,在此引入两个指示器 $e_L, e_U \in \mathbb{R}^n$,对于 $i \in I_L$,有 $e_L^{(i)} = 1$,否则,$e_L^{(i)} = 0$;同样地,对于 $i \in I_U$,有 $e_U^{(i)} = 1$,否则,$e_U^{(i)} = 0$。

2. 非单调过滤线搜索方法

提出的非单调过滤线搜索方法是用来寻找合适的步长,以求解参数值为 μ_j 的障碍函数问题(式 11.4.2)。在该方法中,有两个竞争优化目标:

$$\min \varphi_{\mu_j}(x), \min \theta(x) \tag{11.4.3}$$

式中,$\theta(x) = \|c(x)\|_1$,表示迭代点的不可行性。

基于以上问题,我们提出了非单调过滤线搜索算法,称为算法 A1(外循环)与算法 A2(内循环)。

3.数值测试

为了测试提出算法(算法 A1、A2 合称为算法 A)的性能,下面将采用杜兰-莫尔(Dolan-Moré)方法进行测试,同时与 IPOPT、算法 ZH、算法 AAN,以及算法 M 进行对比,如图 11.4.5 和图 11.4.6 所示。

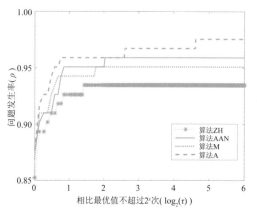

图 11.4.5　算法 ZH、算法 AAN、算法 M 及算法 A 迭代次数比较　　图 11.4.6　算法 ZH、算法 AAN、算法 M 及算法 A 函数计算次数比较

由图 11.4.5 和图 11.4.6 可知,算法 A 相较于其他三种算法,在迭代次数方面具有持续的优势。此外,在图中所示函数计算次数方面,当性能比率小于 1.1 时,只有算法 AAN 比算法 A 有一定优势,而当性能比率大于 1.1 时,算法 A 要更加出色。

由于过滤方法本质上也是一种非单调的方法,这使得算法 ZH、算法 AAN 及算法 A 中的非单调作用被弱化,从而使这四种算法的测试结果差异不是特别大。尽管如此,提出的非单调技巧还是起到了重要的作用,使算法 A 在求解成功率、迭代次数、函数计算次数等方面比其他三种算法表现更加出色。

我们针对 CVP 方法中的另一重要过程,即 NLP 问题求解,提出了一种基于非单调过滤线搜索的内点算法。其中,新的非单调过滤线搜索技术的引入使得步长搜索更加灵活、宽松。通过与 IPOPT 的比较测试可以看出,提出的算法在整体求解表现上具有一定的竞争力。

刘兴高等(2014)在国际上首次提出了新颖的基于卡罗需-库恩-塔克(Karush-Kuhn-Tucker, KKT)修正的 SQP 优化方法,具体如下。

1.KKT 修正策略

非线性优化问题可以表示为:

$$\min f(\chi^k)$$
$$\text{s.t.}\quad Z_i(\chi^k)=0, i=1,2,\cdots,m \tag{11.4.4}$$

其 KKT 最优性条件为：

$$\nabla f(\chi^k) - \sum_{i=1}^{m} \lambda_i^k \nabla Z_i(\chi^k) = 0$$
$$Z_i(\chi^k) = 0, i = 1, 2, \cdots, m \tag{11.4.5}$$

基于此，定义如下的公式计算上述最优性条件的最大违反：

$$\|F(\chi^k)\|_1 = \max \left\{ \left\| \nabla f(\chi^k) - \sum_{i=1}^{m} \lambda_i^k \nabla Z_i(\chi^k) \right\|_1, \|Z(\chi^k)\|_1 \right\} \tag{11.4.6}$$

采用分数边界（fraction-to-the-boundary）规则计算步长以得到新的迭代点 χ^{k+1}：

$$x^{k+1} = x^k + \tilde{\beta}^T d^k$$
$$y_j^{k+1} = c_j(x^{k+1}), j = m_e + 1, \cdots, m \tag{11.4.7}$$
$$\chi^{k+1} = \begin{bmatrix} x^{k+1} \\ y^{k+1} \end{bmatrix}$$

式中，$d_i^k (i = 1, 2, \cdots, m)$ 是二次规划问题（QP）子问题得到的搜索方向。

结合式（11.4.6）和（11.4.7），提出 KKT 条件的修正公式如下：

$$\|F(\chi^{k+1})\|_1 \leqslant KF \|F(\chi^k)\|_1 \tag{11.4.8}$$

如果式（11.4.8）满足，则得到新的迭代点 χ^{k+1}，此点称为 KKT 修正点。

2. 基于 KKT 修正的序列二次规划（SQP）算法的实现

结合 KKT 修正策略，实现了一种基于 KKT 修正的 SQP 算法。该算法相较于不采用 KKT 修正策略的 SQP 算法，求解效率和求解能力得到了明显的提升，该算法实现步骤如下。

① 初始化参数：给定初始迭代点、人工变量，设定误差、惩罚因子和步长。

② 收敛性判别：检查收敛性准则，收敛，则保留当前迭代点并停止迭代，输出"问题成功求解！"；否则，转向第③步。

③ 求解基本 QP 子问题：求解二次规划子问题得牛顿方向，成功求解，转向第④步；否则，转向第⑤步。

④ KKT 修正：KKT 条件修正公式满足，得到 KKT 修正点；否则，保留原始迭代点并转向第⑥步。

⑤ 求解替代 QP 子问题：成功求解，转向第⑥步；否则，输出"求解失败！"。

⑥ 步长选择：步长检测公式满足，转向第⑦步；否则，转向第⑧步。

⑦ 参数更新：参数更新后设置新的迭代并转向第②步。

⑧ 步长判别：小于步长下限，停止迭代并输出"罚函数不能足够小"；否则，转向第⑥步。

3. Polygon 问题测试

设定 $n_v = 100$（200 个决策变量）和 $n_v = 200$（400 个决策变量）进行测试，分别采用 FU-SQP（由国际著名优化学者福岛雅夫提出）和 KKT-SQP 算法进行求解，其求解结果与国际先进非线性优化算法求解器的结果对比见表 11.4.1。由表可知，提出的 KKT-SQP 算法能够有效地对该问题进行求解，所得到的优化目标值优于大部分非线性优化求解器，并与国际先进的求解器 CONOPT、SNOPT 求解结果基本一致，表明了改进算法的有效性。同时，与 FU-SQP 算法相比，采用 KKT 修正后算法能够更好地收敛于最优解，表明了 KKT 修正在提升求解效能方面的作用。图 11.4.7 展示了在 $n_v = 200$ 的情况下，KKT-SQP 和 FU-SQP 算法的目标函数值的收敛情况。由图 11.4.7 可知，采用 KKT 修正后，迭代次数减少了 4 次，而且能够更快速地到达最优值附近。

表 11.4.1 Polygon 问题测试结果对比

方法	$f(x)_{max}$ ($n_v = 100$)	$f(x)_{max}$ ($n_v = 200$)
CONOPT	—	0.784811
GLCDP	—	0.784248
FILTER	0.766131	0.777239
MINOS	0.766297	0.679085
SNOPT	0.784015*	0.785023*
FU-SQP	0.783997	0.785055
KKT-SQP	0.784014	0.785059

注：*表示文献最优值。

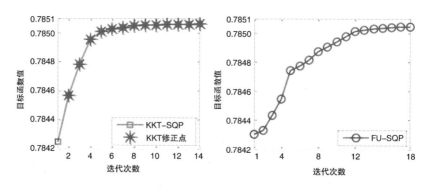

图 11.4.7 FU-SQP 和 KKT-SQP 算法收敛性能比较（$n_v = 200$）

研究非线性优化问题及其求解算法将为最优控制的进一步实施提供坚实的理论基础。测试结果显示，该方法能够有效地求解 NLP 测试问题，其求解效率相对于 FU-SQP 和 FMINCON（SQP）（MATLAB 软件包程序）分别提升了 10% 和 5.71%，同时迭代次数和求解时间还有所降低，这都表明了 KKT 修正的有效性。采用 KKT 修正后，KKT-SQP 算法在迭代次数和求解时间上的性能都优于其他算法。

　　在提出的优化技术的基础上,进一步开发出了完整的线性规划和非线性规划优化软件包。最优化科学可以分为最优化理论、最优化方法、实践与应用三个层次。位于第一层次的最优化理论,主要研究从具体问题得到的数学模型的分类、性质、解的特点等信息;第二层次的最优化方法,则是基于最优化理论提炼得到的求解上述数学模型的计算方法。最优化方法只有在具体学科中进行实践与应用才能体现其自身的价值,即"到实践中去"的过程,也是体现最优化解决实际问题来创造最优化价值的过程。

　　解决了无约束多维优化问题的基本方法(包括最速下降法和牛顿法)和高级方法(包括共轭梯度法和拟牛顿法),关于带约束优化问题的计算方法,线性规划问题的单纯形法和原-对偶路径跟踪内点法(包括当前国外流行软件中用得最多的预测校正内点法),二次规划问题的积极集法和内点法(包括预测校正内点法),以及带约束的一般非线性优化问题的序列二次规划方法,均已在 MATLAB 平台上编程实现,并经过严格测试。

　　针对最优化科学的第三个层次"实践与应用",完成了如下工作。①精心选取了石油化工、机械冶金与能源、电力电子与航空、运输通信与网络、生物医药、经济管理等六大领域近 70 个应用实例,并阐述了最优化方法在各行各业的广泛应用。典型的例子包括烷基化过程的优化、精馏塔回流比的优化、齿轮泵的优化设计、电弧炉炼钢的配料优化、发电企业煤结构的最优混配、运输问题、停车场选址优化问题、通信系统可靠性最优分配问题、酵酒酵母生产乙醇问题的优化、水稻育苗问题的优化、饲料配方问题的优化、成品油供应链的优化、人力资源最优配置问题等。②对问题建模、优化计算与分析的全过程进行了详细说明。③自主开发了多种数值优化算法。这是致力于深入理解最优化方法,并运用最优化方法解决实际问题的表现。

11.4.3.2　动态全局优化理论与技术

11.4.3.2.1　动态优化新方法

1. 一种新颖的光滑化精确罚函数动态优化方法(Liu et al.,2014)

　　在计算机视觉和图形(computer vision and pattern,CVP)方法中如何处理路径约束,特别是不等式路径约束,是当今的研究前沿和难点。

　　带路径约束的最优控制问题规范形式为:

$$\min J = \Phi_0[\,x(t_f)\,] + \int_{t_0}^{t_f} L_0[\,t,x(t),u(t)\,]\mathrm{d}t$$

$$\mathrm{s.t.}\quad \dot{x}(t) = f[\,t,x(t),u(t)\,]$$

$$x(t_0) = x_0$$

$$\Phi_i[\,x(t_f)\,] + \int_{t_0}^{t_f} L_i[\,t,x(t),u(t)\,]\mathrm{d}t = 0, i = 1,2,\cdots,m_1$$

$$\Phi_i[x(t_f)] + \int_{t_0}^{t_f} L_i[t,x(t),u(t)]\mathrm{d}t \geqslant 0, i=m_1+1,m_1+2,\cdots,m_1+m_2$$

$$G_r[t,x(t),u(t)]=0, r=1,2,\cdots,q_1$$

$$G_r[t,x(t),u(t)]\leqslant 0, r=q_1+1,q_1+2,\cdots,q_1+q_2$$

$$u_l \leqslant u(t) \leqslant u_u$$

$$t_0 \leqslant t \leqslant t_f$$

式中，$G_r[t,x(t),u(t)]$ $(r=1,2,\cdots,q_1+q_2)$ 是路径约束函数。不等式路径约束带来的困难主要如下。

① 对于某一个不等式路径约束，它在时间段内究竟何时成为积极约束事先未知。

② CVP 方法中，某一子区间内究竟有几个积极不等式路径约束也事先未知。

③ 在有一个或多个不等式路径约束成为积极约束的时间区域内，这些积极不等式路径约束可以视为等式路径约束，从而也需要求解 DAE（甚至是高阶 DAE）初值问题。

许多学者都研究过在 CVP 方法中如何有效处理不等式路径约束。雅各布森（Jacobson）和莱勒（Lele）早在 1968 年就提出了松弛变量法；1994 年，瓦西里亚季斯（Vassiliadis）融合了 OC 方法的特征，将不等式路径约束在时间段中离散化为许多内点约束，然后将这些内点约束转换为 NLP 问题的普通约束；1999 年布洛斯（Bloss）和比格勒（Biegler）将所有不等式路径约束包含进可微的 Kreisselmeier-Steinhauser（KS）函数中，称为 KS 函数法；2005 年 Vassiliadis 在之前的 CVP-OC 混合方法基础上进一步提出了有限收敛法；梅卡拉皮鲁克（Mekarapiruk）和吕斯（Luus）提出了基于问题模型转换的处理方法；近期，泰奥（Teo）研究组通过精确罚函数法成功求解了带不等式路径约束的复杂最优控制问题。

考虑带不等式路径约束的最优控制问题：

$$\min J = \Phi_0[x(t_f)] + \int_{t_0}^{t_f} L_0[t,x(t),u(t)]\mathrm{d}t$$

$$\text{s.t.} \quad \dot{x}(t)=f[t,x(t),u(t)]$$

$$x(t_0)=x_0$$

$$\Phi_i[x(t_f)] + \int_{t_0}^{t_f} L_i[t,x(t),u(t)]\mathrm{d}t = 0, i=1,2,\cdots,m_1$$

$$\Phi_i[x(t_f)] + \int_{t_0}^{t_f} L_i[t,x(t),u(t)]\mathrm{d}t \leqslant 0, i=m_1+1,m_1+2,\cdots,m_1+m_2$$

$$G_r[t,x(t),u(t)]\leqslant 0, r=1,2,\cdots,q$$

$$u_l \leqslant u(t) \leqslant u_u$$

$$t_0 \leqslant t \leqslant t_f$$

式中，$G_r[t,x(t),u]\leqslant 0, r=1,2,\cdots,q$ 可以等价写成 $\max\{G_r[t,x(t),u],0\}=0$，$r=1,2,\cdots,q$。该式还可以继续等价于：

$$\int_{t_0}^{t_f} \max\{G_r[t,x(t),u],0\}\mathrm{d}t=0, r=1,2,\cdots,q$$

也可写成 $\sum_{k=1}^{N}\int_{t_{k-1}}^{t_k}\max\{G_r[t,x(t),u_k],0\}\mathrm{d}t=0, r=1,2,\cdots,q$。难点在于问题中的 max 函数是非可微的。

光滑化罚函数方法源于两方面考虑：无论约束函数 $G_r[t,x(t),u]$ 在 $t\in[t_0,t_f]$ 内是否满足 $G_r[t,x(t),u]\leqslant 0$，都必有 $\max\{G_r[t,x(t),u],0\}\geqslant 0$。于是有：

$$\int_{t_0}^{t_f}\int_{t_0}^{t_f}\max\{G_r[t,x(t),u],0\}\mathrm{d}t=\sum_{k=1}^{N}\int_{t_{k-1}}^{t_k}\max\{G_r[t,x(t),u_k],0\}\mathrm{d}t\geqslant 0, r=1,$$

$2,\cdots,q$

因此，可以将 $\sum_{k=1}^{N}\int_{t_{k-1}}^{t_k}\max\{G_r[t,x(t),u_k],0\}\mathrm{d}t, r=1,2,\cdots,q$ 全都增广进入问题的目标函数，得到：

$$\min J=\Phi_0[x(t_f)]+\sum_{k=1}^{N}\int_{t_{k-1}}^{t_k}L_0[t,x(t),u_k]\mathrm{d}t+\rho\sum_{k=1}^{N}\int_{t_{k-1}}^{t_k}\sum_{r=1}^{q}\max\{G_r[t,x(t),u_k],0\}\mathrm{d}t$$

$$\text{s.t.}\quad \dot{x}(t)=f[t,x(t),u]$$
$$x(t_0)=x_0$$
$$\Phi_i[x(t_f)]+\sum_{k=1}^{N}\int_{t_{k-1}}^{t_k}L_i[t,x(t),u_k]\mathrm{d}t=0, i=1,2,\cdots,m_1$$
$$\Phi_i[x(t_f)]+\sum_{k=1}^{N}\int_{t_{k-1}}^{t_k}L_i[t,x(t),u_k]\mathrm{d}t\geqslant 0, i=m_1+1,m_1+2,\cdots,m_1+m_2$$
$$u_l\leqslant u_k\leqslant u_u; k=1,2,\cdots,N; t_0\leqslant t\leqslant t_f$$

近年来，出现了能够良好近似 max 函数的连续可微函数，在本章节中统称为 max 函数的光滑近似函数。考虑的光滑近似函数表达式为：

$$p_1\{G_r[t,x(t),u],\varepsilon\}=\frac{1}{2}\{G_r[t,x(t),u]+\sqrt{G_r[t,x(t),u]^2+4\varepsilon^2}\}$$

例子：线性路径约束的 Van der Pol 振荡器问题。

问题模型为：

$$\min J=x_3(5)$$
$$\text{s.t.}\quad \dot{x}_1(t)=[1-x_2^2(t)]x_1(t)-x_2(t)+u(t)$$
$$\dot{x}_2(t)=x_1(t)$$
$$\dot{x}_3(t)=x_1^2(t)+x_2^2(t)+u^2(t)$$
$$x(0)=[0\ 1.0\ 0]^T$$
$$-x_1(t)-0.4\leqslant 0; -0.3\leqslant u(t)\leqslant 1.0; 0\leqslant t\leqslant 5$$

问题中的不等式路径约束要求状态变量 $x_1(t)$ 在整个时间段内不低于 -0.4，使用基于 $p_1\{G_r[t,x(t),u],\varepsilon\}$ 的光滑化罚函数法求解该问题控制参数的初始值统一设置为 0.7。用现代内点法求解转化后的 NLP 问题,得到的最优控制参数和光滑化惩罚过程如表 11.4.2 所示。

表11.4.2　最优控制参数

k	u_k	k	u_k	k	u_k	k	u_k
1	−0.0971	6	0.8241	11	0.5296	16	0.0882
2	0.4885	7	0.8151	12	0.4179	17	0.0450
3	0.9344	8	0.8029	13	0.3140	18	0.0166
4	0.9221	9	0.7373	14	0.2230	19	0.0017
5	0.8693	10	0.6404	15	0.1474	20	−0.0013

表11.4.3 中也给出了国际上其他研究者对该问题的计算结果。结果表明,该方法在较低精度下取得了与 DOTcvp 方法相同精度的结果,说明了光滑化罚函数法的有效性。

表11.4.3　光滑化惩罚过程

k_p	目标函数值	误差绝对值	二次规划子问题数	函数值估计次数	耗时/s
1	2.9483	0.0010	25	54	
2	2.9719	0.0236	36	49	
3	2.9723	0.0003	64	94	104.6
4	2.9723	0.00002	98	211	

注:Gritsis:2.9600;Vassiliadis:2.95436 / SUN SPARC 2(服务器计算平台);Bell and Sargent:2.9758 / SUN SPARC 5(服务器计算平台);DOTcvp:2.9610;本实验方法:2.9610 / $N=30$,需要六次光滑化惩罚。

2. 改进的 Time-Scaling 动态优化方法(Li et al.,2016)

Time-Scaling 方法在 20 世纪 90 年代由 Teo 等提出。该方法把原始时间网格的节点映射到一个新的时间网格的尺度上,并将原有宽度作为优化变量,在求解得到最优控制参数的同时获得最佳的网格划分。Time-Scaling 方法的基本原理描述如下。

考虑规范化的动态优化问题。假设控制时域 $[t_0, t_f]$ 上的分段时间节点都是可变的,那么所有的时间节点位置都是问题的待优化变量。Time-Scaling 方法并未直接将时间节点 $t_k(k=1,2,\cdots,N)$ 作为参数进行优化,而是用子区间 θ_k 的宽度来作为待优化的参数。$\theta_k = t_k - t_{k-1}, k=1,2,\cdots,N$。

定义从 $t \in [t_0, t_f]$ 到 $s \in [0, N]$ 的 Time-Scaling 函数为:

$$t = t(s) = \begin{cases} t_0 + \sum_{r=1}^{\lfloor s \rfloor} \theta_r + \theta_{\lfloor s \rfloor + 1}(s - \lfloor s \rfloor), & \text{当} s \in [0, N) \\ t_f, & \text{当} s = N \end{cases}$$

式中，s是新时间尺度上的时间变量，$\lfloor s \rfloor$是不超过s的最大整数值。通过Time-Scaling函数，原始的控制时域$[t_0, t_f]$被映射到一个新的时间尺度$[0, N]$上，以$N = 4$为例，新、旧时间尺度的对应关系如图11.4.8所示。

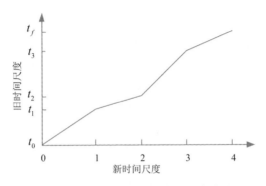

图11.4.8　新、旧时间尺度的对应关系

3.一种新颖的经验模态分解(Empirical Mode Decomposition, EMD)多尺度动态优化方法

1998年，美国国家航空航天局的华裔科学家黄鄂提出了一种名为EMD的分析方法，该方法对于处理非线性、非平稳信号具有非常优异的效果(Liu et al., 2017)。

EMD分解过程主要基于以下假设进行：信号数据至少有一个极大值和一个极小值；极值间的时间间隔为特征时间尺度；如果信号数据没有极值点只有拐点，则可通过对信号数据进行一次或几次微分来获得极值点，再通过积分获得分解结果。

在此假设基础上，可以对控制数据进行相应的EMD分解。首先，假设σ为一个参数向量，定义$\bar{u}$为σ构成的数据源。设$\theta = \bar{u}$并获取θ的所有局部极值点，将所有的局部最大值用三次样条插值函数形成数据的上包络；同理，将所有的局部最小值用三次样条插值函数形成数据的下包络，上、下包络应覆盖所有的数据点。上下包络线的均值记作m_1，数据源θ和m_1的差值定为分量h_1，$h_1 = \theta - m_1$。在进一步"筛"的过程中，将h_1当成一个原始经验模态函数(intrinsic mode function, IMF)，即新的数据源。同样可以得到h_1的上、下包络线，设置m_{11}为该上、下包络线的均值，则数据源h_1和m_{11}的差值分量h_{11}为$h_{11} = h_1 - m_{11}$，通过重复$k(k = 1, 2, \cdots)$次"筛"的过程，可以得到$h_{1k} = h_{1(k-1)} - m_{1k}$。其中，$h_{1k}$是$\theta$的第一个IMF组成。需要注意的是，"筛"的过程去除了叠加波，这使得到的IMF分量经希尔伯特(Hilbert)变换后得到的瞬时频率有意义。同时，"筛"的过程也使得振幅变化很大的相邻波形变得平滑，这有可能会去除有意义的振幅波动，得到振幅恒定，只有频率调制的IMF分量。为了确保IMF分量在频率调制和幅度调制方面都有意义，"筛"

的过程通过采用柯西(Cauchy)收敛测试以获得停止次数 k,定义 SD_K 值为连续两个筛分结果的标准差,其公式如下:

$$SD_K = \sum_{j=0}^{T} \left[\frac{\left| h_{1(k-1)}(j) - h_{1k}(j) \right|^2}{h_{1(k-1)}^2(j)} \right]$$

式中,T 是数据 h_{1k} 的长度,停止次数 k 选取规则为:如果 SD_K 满足以下式子则停止,并得到相应的 k 值。结合 CVP 方法,实现基于 EMD 分解时间网格重构的 CVP 算法(简称 EMD-CVP),其具体实现步骤如下。

①初始化参数:设置初始参数 u_0,阈值 ε_1、ε_2 以及相应的时间节点 T_0,指定求解精度和最大重构迭代次数 I_{max},设置当前迭代次数 $k=1$。

②第 k 次 CVP 求解:通过控制变量参数化将原始最优控制问题转换为 NLP 问题,采用 NLP 求解器求解该 NLP 问题,得到相应的优化结果,记最优控制参数为 $\tilde{u}_k$,相应的目标函数值为 $\tilde{J}_k$,$k=1,2,\cdots,I_{max}$,进入第③步。

③重构次数判断:如果 k 小于最大重构迭代次数 I_{max},转向第④步,否则,转入第⑥步。

④时间网格重构:对 $\tilde{u}_k$ 进行 EMD 分解,并计算得到 $\tilde{u}_k$ 的趋势项信息 r_n;计算 δ 和 φ,采用网格重构规则进行时间网格重构并得到相应的重构后时间节点,转入第⑤步。

⑤更新参数:将第四步得到的时间网格作为初始网格,更新相应的时间网格参数和控制参数初始值,设置 $k=k+1$,转入第②步。

⑥输出最优结果:网格重构结束,得到最优控制参数为 $u^* = \tilde{u}_k$,相应目标函数为 $J^* = \tilde{J}_k$。

例子:催化剂混合优化问题。

催化剂混合优化问题是一个经典的最优控制问题,最早由关(Guun)和托马斯(Thomas)提出,国际上诸多学者都对其进行了研究。

该问题为:两种反应物 A 和 B 在长度为 t_f 的管式反应器中进行反应,其反应示意如图 11.4.9 所示,图中 C 为目标产物,反应 A $\rightleftharpoons$ B 和 B $\rightarrow$ C 分别由两种不同的催化剂催化。

定义 $x_1(t)$,$x_2(t)$ 和 $x_3(t)$ 为反应物 A,B 和 C 的摩尔分量。则该反应的动态微分代数方程为:

$$dx_1(t)/dt = u(t)[k_2 x_2(t) - k_1 x_1(t)]$$
$$dx_2(t)/dt = u(t)[k_1 x_1(t) - k_2 x_2(t)] - [1 - u(t)]k_3 x_2(t)$$
$$x_3(t) = 1 - x_1(t) - x_2(t)$$

式中,k_1,k_2 和 k_3 表示反应 1~3 的速率常数,$u(t)$ 表示催化剂沿管长的混合配比。

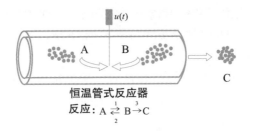

图 11.4.9　管式反应

该优化问题为：如何进行两种催化剂在沿管长方向的混合，使得在反应器末端，产物 C 的浓度最大。结合其微分代数方程，该最优控制问题可以表示为：

$$\max_{u(t)} \quad J = x_3(t_f)$$

$$\text{s.t.} \quad k_1 = 1, k_2 = 10, k_3 = 1$$

$$x_1(0) = 1, x_2(0) = 0, x_3(0) = 0$$

$$0 \leqslant u(t) \leqslant 1$$

$$t_f = 12, 0 \leqslant t \leqslant t_f$$

该问题经 Guun 和 Thomas 提出后，得到了很多学者的研究，如安吉拉（Angira）等求得最大目标函数值为 0.476827；麦考利（McAuley）等采用迭代动态规划方法得到 $J = 0.475272$；拉杰什（Rajesh）等得到最优目标函数值为 0.47615；陈（Chen）等采用联立方法得到 $J = 0.476946$。采用 EMD-CVP 方法和统一网格划分的 CVP 方法对本问题进行求解，设置 $\varepsilon_1 = 0.01$，求解精度设置为 10^{-6}。其中，EMD-CVP 方法中最大重构迭代次数 I_{max} 设置为 5。两种方法的求解结果如表 11.4.4 所示，对比可知，EMD-CVP 方法在求解时间和目标函数值方面的表现都优于传统 CVP 方法，其求解得到的最优目标函数值 $J = 0.4777069$，也优于参考文献的数值优化结果，表明采用 EMD-CVP 后，目标函数值能够得到有效提升。

表 11.4.4　EMD-CVP 和 CVP 方法的求解结果对比迭代次数

序号	EMD-CVP			序号	CVP		
	N	J_{max}	CPU 时间/s		N	J_{max}	CPU 时间/s
1	6	0.4728115	0.917	1	3	0.4721696	0.599
2	3	0.4739742	0.298	2	12	0.4740097	2.582
3	6	0.4757553	1.155	3	23	0.4756461	9.837
4	12	0.4771562	4.691	4	40	0.4769465	40.808
5	23	0.4777069	25.341	5	—	—	—

4. 含有特征时间节点的最优控制问题动态优化求解方法

大多数动态优化问题（DOP）具有约束性。求解这些 DOP 的思想是在一些约束下对动态模型的控制向量实施控制，以达到成本最优的目的。有一类特殊的

DOP 问题,在约束或成本函数中有离散的时间点,这些内部时间节点被称为特征时间。具有特征时间的 DOP 被分类为特征时间 DOP,其在许多领域中出现,如癌症化疗、可再生资源等。

考虑含有特征时间的 DOP 问题,其目的是最小化成本函数:

$$J = \boldsymbol{\Phi}_0[\boldsymbol{x}(a_1), \cdots, \boldsymbol{x}(a_{m_1})] + \int_{t_0}^{t_f} \boldsymbol{\Psi}_0[t, \boldsymbol{x}(t), \boldsymbol{u}(t)] \mathrm{d}t$$

动态过程在时间范围 $[t_0, t_f]$ 内演变:

$$\dot{\boldsymbol{x}}(t) = f[t, \boldsymbol{x}(t), \boldsymbol{u}(t)]$$

$$\boldsymbol{x}(t_0) = \boldsymbol{x}_0$$

t_0 是固定的起始时间,t_f 是终端时间,可以是固定的也可以是可变的;$x(t) \in \mathbf{R}^n$ 是状态向量,$u(t) \in \mathbf{R}^r$ 是 r 维控制矢量;$f: \mathbf{R} \times \mathbf{R}^n \times \mathbf{R}^r \rightarrow \mathbf{R}^n$ 对每个变量连续可导,$x(t_0)$ 是初始状态;$a_1, \cdots, a_{m_1}$ 是成本函数的特征时间。需要满足以下等式约束和具有不同积分时域的不等式约束:

$$C_j(\boldsymbol{u}) = \boldsymbol{\Phi}_j[\boldsymbol{x}(c_j)] + \int_{b_j}^{c_j} \boldsymbol{\Psi}_j[t, \boldsymbol{x}(t), \boldsymbol{u}(t)] \mathrm{d}t = 0, j = 1, 2, \cdots, m_2$$

$$C_j(\boldsymbol{u}) = \boldsymbol{\Phi}_j[\boldsymbol{x}(c_j)] + \int_{b_j}^{c_j} \boldsymbol{\Psi}_j[t, \boldsymbol{x}(t), \boldsymbol{u}(t)] \mathrm{d}t \leqslant 0, j = m_2 + 1, \cdots, m_2 + m_3$$

m_2, m_3 分别是等式约束和不等式约束的数量;b_j, c_j 是约束中的特征时间。假设有 $m - 1(m \geqslant 2)$ 个特征时间,并且表示为 $t = [t_1, t_2, \cdots, t_{m-1}]^{\mathrm{T}}$。同时,假设赋予函数 $\boldsymbol{\Phi}_j: \mathbf{R}^n \rightarrow \mathbf{R}$ 和 $\boldsymbol{\Psi}_j: \mathbf{R} \times \mathbf{R}^n \times \mathbf{R}^r \rightarrow \mathbf{R}$ 对于其每个变量都是连续可导的。边界条件需要满足:

$$B[\boldsymbol{x}(t_0), t_0, \boldsymbol{x}(t_f), t_f] = 0$$

那么可以介绍具有固定特征时间的 DOP。

假定 DOP 在约束和成本函数中总共具有 $m - 1(m \geqslant 2)$ 个特征时间,通过 $t = [t_1, t_2, \cdots, t_{m-1}]^{\mathrm{T}}$ 表示。t 的元素按单调增加的顺序进行排序,即

$$[t_0, t_f] = [t_0, t_1] \bigcup [t_1, t_2] \bigcup \cdots \bigcup [t_{m-1}, t_m]$$

区间的长度 $[t_{s-1}, t_s], (s = 1, \cdots, m)$ 表示为 θ_s。在提出的方法中,特征时间之间的时域被进一步细化以确保精度。假设第 s 域被均匀分为 N_s 个子域。$N_T = \sum\limits_{s=1}^{m} N_s$ 表示子域的总数,$t_{s,d}$ 作为区间 $[t_{s-1}, t_s]$ 第 d 个子域的终点。

要使用伪谱法离散化矢量,需要先进行以下时间转换:

$$t = \frac{t_{s,d+1} - t_{s,d}}{2} \tau + \frac{t_{s,d+1} + t_{s,d}}{2}, \quad s = 1, \cdots, m; \ d = 1, \cdots, N_s - 1$$

在每个子域中,通过引入拉格朗日多项式近似该状态:

$$\boldsymbol{x}_{s,d}(\tau) \approx \boldsymbol{X}_{s,d}(\tau) = \sum_{j=0}^{N_{sdc}} L_{s,d,j}(\tau) \boldsymbol{X}_{s,d}(\tau_j), s = 1, \cdots, m; \ d = 1, \cdots, N_s$$

$L_{s,d,j}(\tau)$ 是拉格朗日多项式的基函数。代替使用与状态相同的多项式,控制向量由分段常数近似:

$$\boldsymbol{u}_{s,d}(\tau) \approx U_{s,d}(\tau) = P_{s,d}$$

将状态和控制变量由每个子域中的不同多项式近似,从而生成NLP问题。为了解决所产生的NLP问题,将离散变量分为独立变量和因变量,然后推导出梯度公式、局部和全局灵敏度,以提高方法的效率。

该方法结合了正交配置法和多射方法的优点,可以说是一种能够求解带状态变量路径约束的动态优化问题的混合算法。在该算法中,状态变量和控制变量同时被离散,用分段常数函数来表示控制变量,用有限单元配置法离散状态变量。因此求解过程中的路径约束在有限单元中的配置点处始终得到满足。求解敏感性的过程中,消除了等式约束和状态变量,优化层变为一个仅仅存在不等式约束和控制变量的更小规模的优化问题。之所以说该算法既保持了传统多射方法的可行路径的优点,又克服了多射方法难以满足路径约束的缺点,是因为对于过程中的实际优化问题,只要能找到局部最优解,哪怕是一个次优解,甚至是一个第三次优解,都会使系统或过程的优化指标(目标函数)有所改善。该算法概括来说,可以分为模拟计算、灵敏度计算和SQP计算三个步骤。这三部分内容都是过程模拟和优化计算中的基本计算方法,特别是模拟计算,可以采用已有熟悉的模拟工具,稍有数值计算知识的技术人员就能理解和接受,而不像联立算法,为了使大规模的优化问题降维,需要复杂的数学推导。因此,该算法简单易行,是一种易于在工程领域推广应用的动态优化算法。

5. 基于敏感度的自适应网格重构的正交配置方法(Xiao et al.,2017)

动态系统可以描述许多工业过程,这些动态系统通常是常微分方程(ODE)或微分代数方程(DAE)。DOP是涉及这些系统的问题,目的是获得有效的控制策略,以获得最优性能指标。物理边界,安全限制和环境法规等原因引起的复杂的约束,令这些问题可能变得具有挑战性。

为了便于描述,假设要求解的动态优化问题中只含有一个控制变量。此外,假设经过第1次迭代,得到的目标函数最优值为 J^{*l},最优控制参数为 $\hat{\boldsymbol{u}}^{*l} = [\hat{u}_1^{*l}, \hat{u}_2^{*l}, \cdots, \hat{u}_p^{*l}]^{\mathrm{T}}$,相应的时间网格为 $\Delta^l = [t_0^l, t_1^l, \cdots, t_p^l]^{\mathrm{T}}$ ($p > 0$)。

假设在第 l 次迭代中,时间网格 $\Delta^l = [t_0^l, t_1^l, \cdots, t_{2p}^l]^{\mathrm{T}}$ 是通过将 Δ^l 中的每个子区间进行二等分而得到的,$\hat{\boldsymbol{u}}^l = [\hat{u}_1^l, \hat{u}_1^l, \hat{u}_2^l, \hat{u}_2^l, \cdots, \hat{u}_p^l, \hat{u}_p^l]^{\mathrm{T}}$ 是相应的初始控制参数。假设 J^{*l} 为经过第 l 次迭代所获得的目标函数最优值,$\hat{\boldsymbol{u}}^{*l} = [\hat{u}_1^{*l}, \hat{u}_2^{*l}, \cdots, \hat{u}_{2p}^{*l}]^{\mathrm{T}}$ 为最优控制参数。由 J^{*l} 的一阶泰勒展开式,可得:

$$\Delta J = J^{*l} - J^{*l} = J^{*l} - J^l \approx \nabla J(\hat{\boldsymbol{u}}^l)^{\mathrm{T}}(\hat{\boldsymbol{u}}^{*l} - \hat{\boldsymbol{u}}^l)$$

式中,J^l 为第 l 次迭代的初始目标函数值。可以看到,一阶梯度 $\nabla J(\hat{\boldsymbol{u}}^l)$ 与目标函数值的下降量 ΔJ 之间有重要的联系,这也是本章所提出的自适应策略的理论基础。

对于 $\hat{\boldsymbol{u}}^l$ 中当前取值为 $\hat{\boldsymbol{u}}^{*l}_{\lfloor(j+1)/2\rfloor}$ 的各个参数 $\hat{\boldsymbol{u}}^l_j$，为了评估其对目标函数值 J 下降量的影响，定义 $\hat{\boldsymbol{u}}^l_j$ 相对于 J 的灵敏度为：

$$s_j = \left| \frac{\partial J}{\partial \hat{\boldsymbol{u}}^l_j} \Big|_{\hat{\boldsymbol{u}}^l_j = \hat{\boldsymbol{u}}^{*l}_{\lfloor(j+1)/2\rfloor}} \right|$$

基于上述详细描述，优化过程如下。

① 输入子区间数，每个子区间中的配置点数，最大迭代次数和阈值，参数化状态变量和控制变量。

② 离散动态系统，计算状态对控制参数的敏感度。

③ 离散等式和不等式约束，推导所产生的 NLP 问题的梯度公式。

④ 初始化迭代计数器 $l \leftarrow 1$；输入控制的初始猜测 $\boldsymbol{u}^0$；使用初始点 $(\boldsymbol{u}^0)^l \leftarrow \boldsymbol{u}^0$。

⑤ 求解 NLP 获得最佳性能指标 J^{*l} 和最优控制 $\boldsymbol{u}^{*l}$；如果 $l > l_{\max}$，请转到步骤⑧，否则转到步骤⑥。

⑥ 网格细化策略：计算灵敏度指标 $\sigma_i(i=1,\cdots,2m_l)$；如果 $\max\{\sigma_i, i=1,\cdots, 2m_l\} \leqslant \varepsilon$，没有任何一个子区间需要改进，请转到步骤⑧，否则转到步骤③；优化满足 $\max\{\sigma_{2i-1}, \sigma_{2i}\} > \varepsilon, i=1,\cdots,m_l$ 的网格，并生成新的网格划分 $(\theta^*)^{l+1}$。

⑦ 更新迭代计数器 $l \leftarrow l+1$；根据更新 $(\boldsymbol{u}^0)^{l+1}$，转到步骤⑤。

⑧ 输出最优控制轨迹和状态轮廓，同时输出性能指标和计算时间。

该方法以有限元分析技术为基础，基于灵敏度分析进行网格的非均匀重构，被称为 SNR-CFE 方法。为了提高所提出方法的效率，我们推导出了离散状态参数相对于离散控制参数的灵敏度，并且优化从较粗糙的网格(有限元数目较少)开始。应用 SNR-CFE，通过在连续不断的迭代中对一些子区间进一步进行细化，得到整个时间间隔内的不均匀网格，可以更好地适应各种不同的动态优化问题。

11.4.3.2.2 智能优化新方法

过程优化云平台支持无约束以及约束动态优化问题的求解，其中的一大类方法是智能动态优化方法，即首先采用 CVP 对时域进行离散，将整个时间段连续的控制变量划分成有限个组成部分，将原始的动态优化问题转化为最优参数选择问题，继而利用现有的启发式智能算法进行求解。平台支持多种经典以及新兴智能算法，下面以部分算法为例测试平台求解性能。

1. 入侵杂草动态优化方法

最优状态曲线(IWO)算法由梅拉比安(Mehrabian)和卢卡斯(Lucas)首次提出。算法模拟自然环境中杂草个体的生长行为，通过繁殖、空间扩散和竞争，促使杂草群体占领资源丰富的位置，该算法比较简单，易于实现和收敛，即计算速度较快。

入侵杂草动态优化算法基本原理如下。

IWO 算法主要分为初始化、繁殖、空间扩散，以及竞争四个阶段。

① 初始化。在 D 维搜索空间内随机生成 N 个可行解，记最大种群规模为 N_{max}。

② 繁殖。适应度较高的个体可能携带更多有用信息，所以应产生较多的种子，而适应度较低的个体则产生较少的种子。杂草产生种子的公式为：

$$sd_i = floor\left[s_{min} + \frac{f_i - f_{min}}{f_{max} - f_{min}}(s_{max} - s_{min})\right] \qquad (11.4.9)$$

式中，f_i 表示第 i 个体的适应度，f_{max} 和 f_{min} 分别表示当前种群对应的最大和最小适应度，s_{max} 和 s_{min} 分别表示杂草个体所能产生的最大和最小种子数目，$floor(x)$ 是向下取整函数。

③ 空间扩散。在 D 维搜索空间内，产生的种子按照特定的步长成长为杂草，该步长服从 $N(0, \delta^2)$ 的正态分布。标准差 δ 更新公式如下：

$$\delta_{iter} = \frac{(\delta_{max} - \delta_{min}) \times (iter_{max} - iter)^n}{iter_{max}^n} + \delta_{min} \qquad (11.4.10)$$

式中，$iter$ 表示当前进化次数，$iter_{max}$ 表示最大进化次数，δ_{iter} 为当前标准差，δ_{max} 和 δ_{min} 分别为种群初始状态时设定的最大值和最小值，n 是非线性调和因子。

④ 竞争。种群经过一定进化次数后，杂草和种子的数目总和会达到初始迭代时预设的最大种群规模 N_{max}。此时，对种群的杂草以及个体按照适应度进行排序，适应度较高的前 N_{max} 个个体保留下来继续进化，而剩余个体则淘汰。

该算法的流程如图 11.4.10 所示。

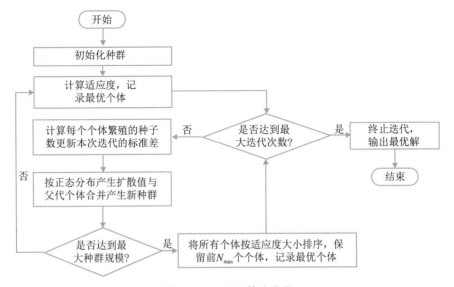

图 11.4.10　IWO 算法流程

例1:管式反应器平行反应问题。

在反应器中,进行着A → B和A → C的平行反应。问题的目标是确定最优控制轨迹,使得在反应器结束时,副产物B的产量最大化,其数学模型如下:

$$\max \quad J = x_2(t_f)$$
$$\text{s.t.} \quad \dot{x}_1 = -(u + 0.5u^2)x_1$$
$$\dot{x}_2 = ux_1$$
$$x_0 = [1, 0]^T \quad (11.4.11)$$
$$0 \leqslant u \leqslant 5, t_f = 1$$

式中,x_1表示反应物A的浓度,x_2表示副产物B的浓度。

算法与公开文献结果的对比如表11.4.5所示。图11.4.11给出了例1的最优控制轨迹和最优状态曲线。

表11.4.5　管式反应器平行反应问题文献结果比较

文献作者	优化方法	最大值	CPU时间/s	相对误差/%
达德博(Dadebo)和麦考利(McAuley)	IDP	0.57353	—	0.0019
拉杰什(Rajesh)等	ACO	0.57284	—	0.1222
优化云平台	IWO	0.573541	2129.84	—

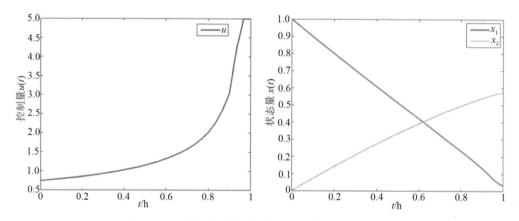

图11.4.11　例1的最优控制轨迹和最优状态曲线(IWO)

2.自适应粒子群动态优化方法

针对具有多个极值点、强非线性、难以求解的大规模动态优化问题,优化平台提供了相应的改进算法。相比于原基本算法,改进算法具有更好的收敛性能。这里以自适应粒子群算法(APSO)进行说明。

根据种群中粒子在搜索空间的分布状态,定义种群在寻优过程中的四种的进化状态为探索态(S_1)、开拓态(S_2)、收敛态(S_3)及跳出态(S_4),如图11.4.12所示(黑色三角形代表种群历史最优位置),状态不断循环直至找到最优解。

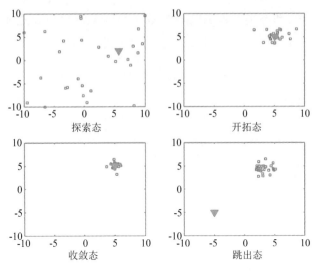

图11.4.12　APSO算法四种进化状态

定义进化因子定量描述进化状态。粒子$i(i=1,2,\cdots,N)$与种群中其他粒子的平均距离为：

$$d_i = \frac{1}{N-1} \sum_{j=1,j\neq i}^{N} \| r_i - r_j \| \qquad (11.4.12)$$

定义反映群体分布特性的进化因子：

$$f = \frac{d_g - d_{\min}}{d_{\max} - d_{\min}} \in [0,1] \qquad (11.4.13)$$

式中，d_g为当前全局最优解与种群中其他粒子的平均距离，$d_{\max}$和$d_{\min}$分别是$d_i(i=1,2,\cdots,N)$中的最大值与最小值。

根据进化因子f的值评估算法寻优过程中的进化状态。研究表明，f是隶属于四个进化状态的隶属度函数，如图11.4.13所示。

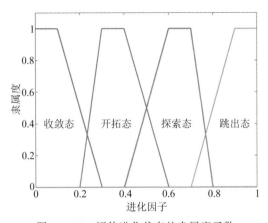

图11.4.13　评估进化状态的隶属度函数

根据进化因子,动态地控制 APSO 参数。惯性系数更新方式如下:

$$\omega(f)=\frac{1}{1+1.5e^{-2.6f}} \tag{11.4.14}$$

加速度系数同样对算法的性能有着重要的影响。c_1 和 c_2 在不同进化状态的调整规律如表 11.4.6 所示。

表 11.4.6　c_1 和 c_2 在不同进化状态的调整规律

进化状态	c_1	c_2
探索态	增加	减少
开拓态	缓慢增加	缓慢减少
收敛态	缓慢减少	缓慢增加
跳出态	减少	增加

例 2:Lee-Ramirez 生物反应器问题

该问题是重组细菌诱导蛋白生产蛋白质的间歇反应器最优控制问题,过程性能指标是通过控制诱导剂投饲率和营养素,使生产过程的利润最大化,问题含有两个变量,其数学模型如下:

$$\max J = x_1(t_f)x_4(t_f) - Q\int_0^{t_f}u_2(t)\mathrm{d}t$$

$$\text{s.t.}\quad \dot{x}_1 = u_1 + u_2,\ \dot{x}_2 = \mu_1 x_2 - \frac{u_1+u_2}{x_1}x_2$$

$$\dot{x}_3 = c_1\frac{u_1}{x_1} - \frac{u_1+u_2}{x_1}x_3 - \mu_1\frac{x_2}{c_2},\ \dot{x}_4 = \mu_2 x_2 - \frac{u_1+u_2}{x_1}x_4$$

$$\dot{x}_5 = c_3\frac{u_2}{x_1} - \frac{u_1+u_2}{x_1}x_5,\ \dot{x}_6 = -\mu_3 x_6$$

$$\dot{x}_7 = \mu_3(1-x_7),\ x_0 = [1,0.1,40,0,0,1,0]^{\mathrm{T}}$$

$$\mu_1 = \left(\frac{x_3}{14.35+x_3+x_3^2/111.5}\right)\left(x_6+\frac{0.22x_7}{0.22+x_5}\right)$$

$$\mu_2 = \left(\frac{0.233x_3}{14.35+x_3+x_3^2/111.5}\right)\left(\frac{0.0005x_5}{0.022+x_5}\right)$$

$$\mu_3 = \frac{0.09x_5}{0.034+x_5},\ c_1=100,\ c_2=0.51,\ c_3=4.0$$

$$t_f = 10h \tag{11.4.15}$$

式中,x_1 是反应器容积,x_2 是细胞密度,x_3 是营养素浓度,x_4 是蛋白质浓度,x_5 是诱导剂浓度,x_6 是与细胞增长速度相关的休克因子,x_7 是与细胞增长速度相关的恢复因子,Q 是描述诱导剂成本与蛋白质价格的比值,此处仅考虑 $Q=0$ 的情形,反应器生产总时间 t_f 设置为 10h。

APSO 与公开文献的结果比较如表 11.4.7 所示,计算得到的最优控制轨迹和最优状态曲线如图 11.4.14 所示。

表 11.4.7　APSO 方法结果与文献结果比较

文献作者	优化方法	最优值
托鲁杜尔(Tholudur)和拉米雷斯(Ramirez)	FIDP	6.16
巴尔萨−坎托(Balsa-Canto)等	TN	6.15
萨尔卡(Sarkar)和英达克(Modak)	GA	6.1504
谢洛卡尔(Shelokar)等	MJWAT	6.15
优化云平台	APSO	6.15152

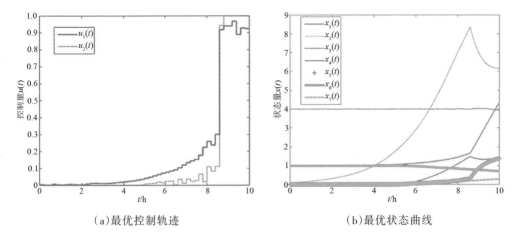

（a）最优控制轨迹　　　　　　　　　（b）最优状态曲线

图 11.4.14　例 2 的最优控制轨迹和最优状态曲线

3.迭代多目标粒子群动态优化方法

针对含约束优化问题,这里介绍一种优化云平台中的迭代多目标粒子群动态优化算法(IMOPSO),IMOPSO 通过加入变异操作以及迭代算子来提高算法的全局搜索能力以及收敛性能。约束优化问题通过状态变量的引入可以转化为多目标优化问题,因此两者均可由 IMOPSO 求解。

多目标动态优化问题如下。

多目标动态优化问题的一般数学描述如下式:

$$
\begin{aligned}
&\min f(x) = [\, f_i(x), i=1,2,\cdots,m \,] \\
&\text{s.t.} \quad g_j(x) \leqslant 0, j=1,2,\cdots,p \\
&\qquad h_k(x) = 0, k=1,2,\cdots,q
\end{aligned}
\tag{11.4.16}
$$

式中,$f_i(x)(i=1,2,\cdots,m)$ 代表第 i 个目标函数,$g_j(x)(j=1,2,\cdots,p)$ 代表第 j 个不等式约束,$h_k(x)=0(k=1,2,\cdots,q)$ 代表第 k 个等式约束。多目标优化问题就是寻找决策向量 x,使得 $f(x)$ 达到最优。

约束动态优化问题如下。

约束动态优化问题的数学模型为：

$$\min J = \varPhi_0 [\boldsymbol{x}(t_f)] + \int_{t_0}^{t_f} L_0 [t, \boldsymbol{x}(t), \boldsymbol{u}(t)] \mathrm{d}t$$

$$\text{s.t.} \quad \dot{\boldsymbol{x}}(t) = f [t, \boldsymbol{x}(t), \boldsymbol{u}(t)]$$

$$\varphi_i (\boldsymbol{x}(t), t) \leqslant 0, i = 1, 2, \cdots, n \qquad (11.4.17)$$

$$\boldsymbol{x}(t_0) = \boldsymbol{x}_0$$

$$\boldsymbol{u}_l \leqslant \boldsymbol{u}(t) \leqslant \boldsymbol{u}_u$$

$$t_0 \leqslant t \leqslant t_f$$

为处理状态不等式约束，通过下式引入若干状态约束变量：

$$\dot{x}_{n_x+i}(t) = \begin{cases} \varphi_i (x(t), t), & \varphi_i [x(t), t] > 0 \\ 0, & \varphi_i [x(t), t] \leqslant 0 \end{cases}, \quad i = 1, 2, \cdots, n \quad (11.4.18)$$

$$x_{n_x+i}(0) = 0, i = 1, 2, \cdots, n \qquad (11.4.19)$$

因此，在终端时刻值 $J_i = x_{n_x+i}(t_f), i = 1, 2, \cdots, n$ 代表了第 i 个状态约束在整个时间段违背约束程度的大小，可以将这种违背约束的程度作为待优化的指标。

通过 CVP 方法和上述的约束处理技巧，可以将单目标动态优化问题转化为多目标非线性规划问题，从而采用多目标优化算法进行求解与分析。

$$\min z = [J_1, J_2, \cdots, J_n, J]$$

$$\text{s.t.} \quad \dot{\boldsymbol{x}}(t) = f [t, \boldsymbol{x}(t), \boldsymbol{u}_k(t)], k = 1, 2, \cdots, NE$$

$$\boldsymbol{x}(t_0) = \boldsymbol{x}_0 \qquad (11.4.20)$$

$$\boldsymbol{u}_l \leqslant \boldsymbol{u}_k(t) \leqslant \boldsymbol{u}_u, k = 1, 2, \cdots, NE$$

$$t_0 \leqslant t \leqslant t_f$$

式中，$J_i = x_{n_x+i}(t_f) (i = 1, 2, \cdots, n)$ 代表违反约束程度的性能指标，而 $J = \varPhi_0 [\boldsymbol{x}(t_f)] + \int_{t_0}^{t_f} L_0 [t, \boldsymbol{x}(t), \boldsymbol{u}(t)] \mathrm{d}t$ 为原问题待优化的指标；NE 表示对控制向量的分段数；$x(t) = [x_1(t), x_2(t), \cdots, x_{n_x}(t), x_{n_x+1}, x_{n_x+2}, \cdots, x_{n_x+n}]^{\mathrm{T}} \in \mathbf{R}^{n_x+n}$ 为新状态向量。

但和一般多目标优化问题不同的是，多个目标函数之间被附上优先级，用于确保状态约束严格满足。这里，$J_i (i = 1, 2, \cdots, n)$ 的优先级都要高于 J。这种方法的优势就是将约束违背程度从目标函数中分开，从而避免了惩罚因子的引入。

IMOPSO 基本原理如下。

IMOPSO 的主要组成部分包括初始化、评估适应度函数和反复进行嵌入帕累托(Pareto)支配准则的群体搜索。在算法中引入变异操作，所有粒子的位置以及控制变量的范围在迭代过程中都受到变异操作的影响，算法的搜索性能也可得到一定程度的提高，具体方法如下。

$$p_m = (1 - t/\text{MaxIt})^{1/\mu} \tag{11.4.21}$$

$$u_{\max} = \min\{x_i[\dim] + (u_u - u_l)*p_m, u_u\} \tag{11.4.22}$$

$$u_{\min} = \max\{x_i[\dim] - (u_u - u_l)*p_m, u_l\} \tag{11.4.23}$$

$$x_i[\dim] = unifrnd(u_{\min}, u_{\max}) \tag{11.4.24}$$

式中,μ 指的是变异因子,$\dim$ 表示待变异的维数,$unifrnd(u_{\min}, u_{\max})$ 是在 $u_{\min}$ 和 $u_{\max}$ 之间产生随机数的函数。

在 MOPSO 中嵌入迭代算子,用于动态缩减搜索区域的宽度。在若干次迭代后,搜索区域大幅度减小,这样算法获得最优值的可行性也将显著提高。假设待优化的控制向量 $\boldsymbol{u} = [u_1, u_2, \cdots, u_{NE}]$,对每个分量 $\boldsymbol{u}_i, i = 1, 2, \cdots, NE$,其初始上界和下界分别为 $u_i^{\max,0}$ 和 $u_i^{\min,0}$,第 i 个分量可行域的初始宽度为 $d_i^0 = u_i^{\max,0} - u_i^{\min,0}$。假设 $t(t = 1, 2, \cdots)$ 次迭代后 MOPSO 得到的最优解为 $\tilde{u}_i^t$,则第 $t+1$ 次迭代 u_i 的上界和下界计算如下。

$$d_i^{t+1} = \alpha d_i^t \tag{11.4.25}$$

$$u_i^{\max,t+1} = \min\left\{\tilde{u}_i^t + \frac{d_i^{t+1}}{2}, u_i^{\max,0}\right\} \tag{11.4.26}$$

$$u_i^{\min,t+1} = \max\left\{\tilde{u}_i^t + \frac{d_i^{t+1}}{2}, u_i^{\min,0}\right\} \tag{11.4.27}$$

式中,α 为衰减因子。

IMOPSO 的流程如图 11.4.15 所示。

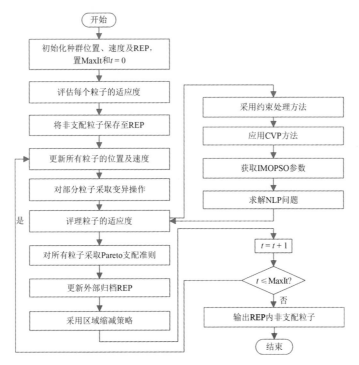

图 11.4.15　IMOPSO 流程

例 3：乙醇生产间歇反应器问题

该例子研究乙醇生产的间歇反应器最优控制问题，它不仅含有状态约束，而且控制时间 t_f 也是待优化的参数。通过控制流速以及反应时间，最大化乙醇的产量。其数学模型如下。

$$\max J = x_3(t_f) x_4(t_f)$$

$$\text{s.t.} \quad \dot{x}_1 = g_1 x_1 - u \frac{x_1}{x_4}, \dot{x}_2 = -10 g_1 x_1 + u \frac{150 - x_2}{x_4}$$

$$\dot{x}_3 = g_2 x_1 - u \frac{x_3}{x_4}, \dot{x}_4 = u$$

$$g_1 = \frac{0.408}{1 + x_3/16} \times \frac{x_2}{0.22 + x_2} \qquad (11.4.28)$$

$$g_2 = \frac{1}{1 + x_3/71.5} \times \frac{x_2}{0.44 + x_2}$$

$$x_0 = \begin{bmatrix} 1 & 150 & 0 & 10 \end{bmatrix}^{\mathrm{T}}$$

$$0 \leqslant x_4(t_f) \leqslant 200$$

$$0 \leqslant u \leqslant 12$$

式中，x_1 是细胞质量，x_2 是底物浓度，x_3 是产品浓度，x_4 是反应器容积。

表 11.4.8 总结了 IMOPSO 方法与文献的结果对比。

表 11.4.8　CVP-IMOPSO 方法结果与文献结果比较

文献作者	优化方法	最优值	CPU 时间/s
博伊科夫（Bojkov）和卢斯（Luus）	IDP	20838~20842	14400
邦加（Banga）等	THP	20839	35
优化云平台	IMOPSO	20842.247	12294.3

图 11.4.16 给出了最优控制轨迹和最优状态曲线，与文献记录的结果也一致。

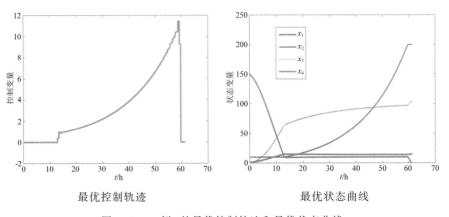

最优控制轨迹　　　　　　　　　　最优状态曲线

图 11.4.16　例 3 的最优控制轨迹和最优状态曲线

综上所述,优化云平台可采用多种智能算法解决各种大规模实际动态优化问题,国际经典的强非线性动态优化实例的测试结果表明,平台中的算法不仅具有强大的全局搜索能力,还兼备局部开拓能力。含状态约束的动态优化问题上的测试结果表明,算法良好的寻优性能以及多目标算法在 Pareto 前有良好的收敛性能和分布性能。

11.4.3.3 面向丙烯聚合过程的优化计算

聚丙烯是工业中常用的一种原料,被广泛运用于化学、光学以及制药领域。在聚丙烯的生产流程中,熔融指数(melt index,MI)是用来指示和评估产品质量的重要指数。但由于生产流程的复杂性和工程技术的不成熟,熔融指数的测量往往是在线下完成的。该测量过程需在实验室中耗费 2h,在这段时间内,生产过程没有任何质量指标,这会给质量控制体系带来一定的时间延迟。

熔融指数的另一种测量方法是安装在线分析仪,如基于近红外光谱或超声波的在线分析仪,以测量熔体指数,但实际工厂在线分析仪的应用有限、价格昂贵、维护成本高。由于丙烯聚合过程相当复杂,因此严格的理论建模方法通常是不切实际的,甚至是不可能的。

近年来,随着分布式控制系统在工业过程中的广泛应用,过程数据量可以定期记录。在这种情况下,使用数据驱动技术获取基于测量数据的过程模型是可行的选择。这些记录的数据(也被称为历史数据)将用作软传感器的输入信号。迄今为止,为了预测 MI,已经开发了多种不同的软传感器,运用了人工神经网络、支持向量回归、整体蚁群免疫克隆粒子群优化等技术。尽管这些方法已经取得了较好的 MI 预测精度,但是由于样品中的高噪声和干扰以及催化剂失活、设备老化而导致的工业过程的时变特性,它们可能仅仅是局部有效的或者效果随着时间增长变差。例如在整体蚁群免疫克隆粒子群优化-最小二乘支持向量机(AC-ICPSO-LSSVM)的建模中,整体蚁群免疫克隆粒子群优化(AC-ICPSO)仅能找到当前最小二乘支持向量机(LSSVM)模型参数的全局最优值,这些最优值也仅与当前的建模样本相匹配。当流程有所改变时,由于收集到的新样本与以往不同,必须从头开始建立新的模型。

丙烯的聚合是一个高度非线性的过程,因此非线性软传感器是比较合适的(Cheng et al.,2015)。目前,LSSVM 模型被广泛应用于非线性系统辨识,最优控制和模式识别。作为一种软测量方法,它的学习和泛化能力受参数设置的影响很大,所以输入变量选择和参数设置必须同时运行。

Wang 等(2017)设计了一种基于特征选择和参数优化技术的系统化数据驱动软传感器(Wang et al.,2017)。在这个传感器中,他们提出了一种最优 LSSVM 模型,其中非线性等距特征映射(ISOMAP)技术负责选择模型输入变量,粒子群优化算法负责优化模型参数。LSSVM 模型的输入变量选择和参数设置可以看作是一个具有基于均方根误差的最优目标函数组合优化问题。此外,在解决生产过程的时变特性时,设计了在线修正策略(OCS),以自适应地更新建模数据并调整模型配置参数的值。只有当模型不匹配发生时,才通过添加新数据并递归移除旧数据的方法来最小化预测误差。

11.4.3.3.1 基本模型及算法设计

1. ISOMAP

ISOMAP 作为一种通用的投影降维算法,具有学习某些弯曲流形结构的能力。在降维算法中,一种方式是提供点的坐标进行降维,如主成分分析(PCA);另一种方式是提供点之间的距离矩阵,如 ISOMAP 中用到的多维尺度分析(multidimensional scaling,MDS)。ISOMAP 是在 MDS 算法的基础上衍生出的一种算法。在计算距离的时候,最简单的方式自然是计算坐标之间的欧氏距离,但 ISOMAP 对此进行了改进。与 MDS 算法保持降维后的样本间距离不变不同的是,ISOMAP 算法引进了邻域图,样本只与其相邻的样本连接,它们之间的距离可直接计算,较远的点可通过最小路径算出距离,在此基础上进行降维保距。

简单的 ISOMAP 算法流程如下。

①设定邻域点个数,计算邻接距离矩阵,不在邻域之外的距离设为无穷大。

②求每对点之间的最小路径,将邻接矩阵转为最小路径矩阵。

③输入 MDS 算法,得出结果,即为 ISOMAP 算法的结果。

文中 ISOMAP 算法被用来提取相关的非线性特征,并且同时获得相互独立的最小 ISOMAP 变量。以往研究中常用的是三种特征提取方法,即主成分分析、偏最小二乘法(PLS)和 ISOMAP。结果表明,对于多变量非线性系统,ISOMAP 一般可以比 PCA 和 PLS 执行得更好。

2. 粒子群优化算法(PSO)

粒子群优化算法是一种进化计算技术,1995 年由埃伯哈特(Eberhart)和肯尼迪(Kennedy)提出,源于对鸟群捕食的行为研究。该算法最初是受到飞鸟集群活动规律的启发,进而利用群体智能建立的一个简化模型。粒子群算法在对动物集群活动行为观察的基础上,利用群体中的个体对信息的共享使整个群体的运动在问题求解空间中产生从无序到有序的演化过程,从而获得最优解。

粒子群优化算法与遗传算法类似,是一种基于迭代的优化算法。系统初始化为一组随机解,通过迭代搜寻最优值。但是它没有遗传算法用的交叉(crossover)以及变异(mutation),而是粒子在解空间追随最优的粒子进行搜索。

粒子群优化算法的基本思路是将一组随机粒子(解)初始化,然后通过迭代来搜索最优解。在每一次的迭代中,粒子通过跟踪两个"极值"来更新自己。

标准 PSO 的流程如下。

①初始化一群微粒,包括随机位置和速度。

②评价每个微粒的适应度。

③对每个微粒,将其适应值与其经过的最好位置作比较,如果更好,则将其作为当前的最好位置。

④调整微粒速度和位置。

⑤未达到结束条件则转第2步。

迭代终止条件根据具体问题,一般选为最大迭代次数或微粒群迄今为止搜索到的满足预定最小适应阈值的最优位置。

与遗传算法相比,粒子群优化算法易实现、参数少、适应性强,可以得到全局最优解。粒子群优化算法目前已广泛应用于函数优化、神经网络训练、模糊系统控制及其他遗传算法的应用领域。

3.在线修正策略

在线修正策略用于处理预测控制问题。在实际应用中,具有固定参数的静态模型不能适应动态系统。在线修正策略的主要思想是及时更新建模数据,然后重建一个新的LSSVM预测模型。

11.4.3.3.2　工业应用实例

1.过程描述及数据收集

工业实例应用考虑丙烯聚合生产工艺,该实例目前为商业经营的一个工厂,流程示意如图11.4.17所示。

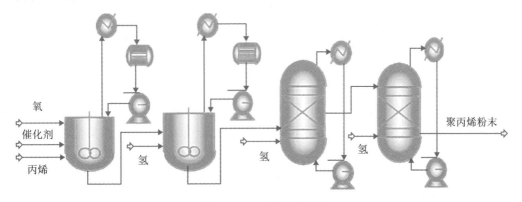

氧

催化剂

丙烯

氢

氢

氢

聚丙烯粉末

图11.4.17　丙烯聚合过程

该流程由串联的反应堆链、两个连续的搅拌槽式反应器和两个流化床反应器构成。丙烯和氢被送入每一个反应器,但是催化剂只加入第一个反应器和溶剂。这些液体和气体为生长的聚合物颗粒提供反应物,并提供传热介质。聚合反应发生在前两个反应器的液相中,然后在第三和第四个反应器中生成气相,生成粉末聚合物产品。

该流程中共有九个过程变量$(T, P, H, a, f_1, f_2, f_3, f_4, f_5)$,这些过程变量作为输入变量用于建立 MI 预测模型,其中 T 是温度,P 是压力,H 是液体的水平,a 是气相中氢的百分比,$f_1 \sim f_3$ 是三个丙烯流的流动速率,f_4 是催化剂的流动速率,f_5 是助催化剂流动速率。

目前,在实际丙烯聚合装置的历史记录中,已经获得了用于训练、测试和推广系统软测量的数据。MI 的采样时间为 2h,9 个过程变量的数据集均来自 DCS 数据库,其 DCS 自动记录间隔时间仅为几秒钟。实际丙烯聚合过程的平均停留时间约为 2h,在数据初始化中已考虑过。首先,将这些数据过滤后丢弃其中的离群值,并在这项研究中使用 72 对时间序列输入输出数据的集合。其中,前 50 对用作训练数据集,另外选 20 对作为测试数据集,其余 2 对作为泛化数据集。测试数据集和训练数据集来自同一批数据,而泛化数据集则是使用另一批数据来度量模型的真实泛化能力。所有这些原始输入和输出数据都被线性化于 [0,1]。因此,预测模型直接输出应进行规范处理才能得到真正的熔融指数值。各参数定义如下:

$$MAXE = \max\left\{\left|y_i - \hat{y}_i\right|\right\}$$

$$MAX = \frac{1}{n}\sum_{i=1}^{n}\left|y_i - \hat{y}_i\right|$$

$$MRE = \frac{1}{n}\sum_{i=1}^{n}\frac{\left|y_i - \hat{y}_i\right|}{y_i}$$

$$STD = \sqrt{\frac{1}{n-1}\sum_{i=1}^{n}(e_i - \bar{e})^2}$$

$$TIC = \frac{\sqrt{\frac{1}{n-1}\sum_{i=1}^{n}(y_i - \hat{y}_i)^2}}{\sqrt{\sum_{i=1}^{n}y_i^2} + \sqrt{\sum_{i=1}^{n}\hat{y}_i^2}}$$

2.模型参数整定

根据所提出的 SYS-LS-SVM 方法,其参数的最优值由指标均方根误差(RMSE)决定,RMSE 刚开始很快下降到底部,之后开始上升,当相关变量的数量进一步增加时,RMSE 呈上升趋势。基础变量的最佳数量是 RMSE 指标处于底部位置时的值。正则化因子 γ 是平衡平滑性和准确性的超参数,γ 越大,正则化程度越小,非线性化程度越高。σ 与训练数据点之间的距离和所得到的模型的平滑插值相关,σ 越大,模型中会包含更多的邻居。通过 PSO 算法微调搜索过程找到两个参数的全局最优解。根据 SYS-LS-SVM 方法随着迭代次数增加,内核参数 σ 的收敛特性,正则化因子 γ 和模型精度误差 σ 优化曲线如图 11.4.18—图 11.4.21 所示。根据核参数和正则化因子的变化,它们的共同目标函数趋势曲线逐渐收敛,搜索结果为第 120 次迭代,RMSE $= 6.52 \times 10^7$。

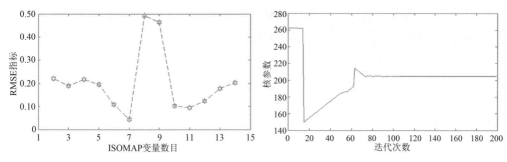

图 11.4.18　通过 RMSE 指标选择 ISOMAP 变量最优数量

图 11.4.19　基于粒子群优化的核参数优化曲线

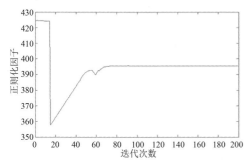

图 11.4.20　基于粒子群优化的正则化因子优化曲线

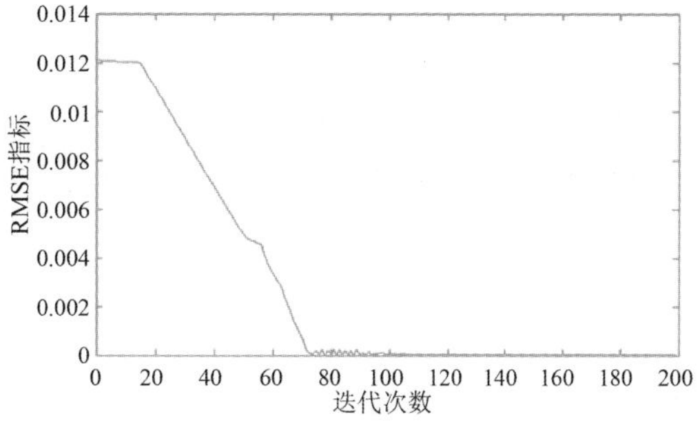

图 11.4.21　在不同的核参数和惩罚因子下均方根误差趋势曲线

表 11.4.9　系统其他参数表

参数	搜索范围	最优值
D	[1,9]	7.00
σ	[0.1,500.0]	204.71
γ	[0.1,500.0]	395.44

3.通过新数据检测模型的性能

性能的测试结果可以反映模型的预测精度,泛化性能能够反映模型的通用性。该研究的目标是获得更好的预测模型,以便在实践中更好地发挥作用。得到的不同模型之间的参数对比如表 11.4.10—表 11.4.12 所示。

表 11.4.10　不同软测量模型在训练数据集上的性能参数比较

方法	MAXE	MAE	MRE	RMSE	STD	TIC
LS-SVM	0.1966	0.0409	0.0166	0.0576	0.0581	0.0117
LSO-LS-SVM	0.3536	0.0713	0.0292	0.0994	0.1004	0.0201
PSO-LS-SVM	0.3499	0.0681	0.0279	0.0960	0.0970	0.0194
SYS-LS-SVM	0.3499	0.0682	0.0279	0.0960	0.0970	0.0194

表11.4.11 不同软测量模型在测试数据集上的性能参数比较

方法	MAXE	MAE	MRE	RMSE	STD	TIC
LS-SVM	0.3343	0.0827	0.0354	0.1146	0.1042	0.0234
LSO-LS-SVM	0.3045	0.0704	0.0308	0.1050	0.1045	0.0216
PSO-LS-SVM	0.3064	0.0646	0.0280	0.0997	0.0975	0.0205
SYS-LS-SVM	0.3063	0.0497	0.0220	0.0872	0.0842	0.0179

表11.4.12 不同软测量模型在泛化数据集上的性能参数比较

方法	MAXE	MAE	MRE	RMSE	STD	TIC
LS-SVM	0.1113	0.0607	0.0238	0.0722	0.0775	0.0142
LSO-LS-SVM	0.0769	0.0430	0.0168	0.0475	0.0384	0.0094
PSO-LS-SVM	0.0725	0.0394	0.0154	0.0438	0.0376	0.0086
SYS-LS-SVM	0.0725	0.0350	0.0136	0.0421	0.0297	0.0083

图11.4.22是熔融指数在泛化数据集上的预测结果。在相同的泛化数据集上，SYS-LS-SVM模型得到的 MAE 为0.0350,指标相较于其他方法,MRE、STD、TIC减少了14.8%,这进一步揭示了系统的最小二乘支持向量机软测量模型的优点。

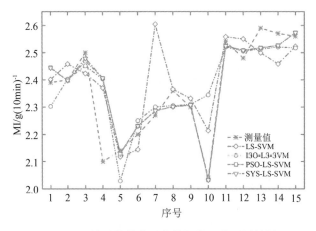

图11.4.22 熔融指数在泛化数据集上的预测结果

参考文献

刘兴高,胡云卿,2014.应用最优化方法及MATLAB实现[M].北京:科学出版社.

孙优贤,2016.控制工程手册(上册)[M].北京:化学工业出版社.

王文海,曲国利,2019.高端控制装备与内生安全控制系统助力中国智造:访杭州优稳自动化系统有限公司董事长王文海[J].仪器仪表用户,26(1):7-15.

姚智刚,王庆林,2012.复杂装备控制系统智能故障诊断技术 [J].火力与指挥控制,37(12):1-6.

Cheng Z, Liu X, 2015. Optimal online soft sensor for product quality monitoring in propylene polymerization process [J]. Neurocomputing, 149: 1216-1224.

Jing Y, 2016. A survey on the development trend of the intelligent control system at home and abroad [J]. The Magazine on Equipment Machinery, 1: 15-15.

Li G, Liu P, Liu X, et al., 2016. A control parameterization approach with variable time nodes for optimal control problems [J]. Asian Journal of Control, 18(3): 976-984.

Liu P, Liu X, 2017. Empirical mode decomposition-based time grid refinement optimization approach for optimal control problems [J]. Optimization Letters, 11(7): 1243-1256.

Liu X, Hu X, Feng H, et al., 2014. A novel penalty approach for nonlinear dynamic optimization problems with inequality path constraints [J]. IEEE Transactions on Automatic Control, 59(10): 2863-2867.

Lv L , Xiao L , Ma W, et al., 2019. A novel analytical second order sensitivity calculation approach usingelement method for chemical engineering problems [J]. Canadian Journal of Chemical Engineering, 98(4): 21-28.

Menkovski V, Liotta A, 2013. Intelligent control for adaptive video streaming [C]// IEEE International Conference on Consumer Electronics (ICCE), Las Vegas, USA: 127-128.

Tian J, Zhang P, Wang Y, et al., 2018. Control vector parameterization-based adaptive invasive weed optimization for dynamic processes [J]. Chemical Engineering & Technology, 41(5): 964-974.

Wang L, Liu X, Zhang Z, 2017. An efficient interior-point algorithm with new non-monotone line search filter method for nonlinear constrained programming [J]. Engineering Optimization, 49(2): 290-310.

Xiao L, Liu P, Liu X, et al., 2017. Sensitivity-based adaptive mesh refinement collocation method for dynamic optimization of chemical and biochemical processes [J]. Bioprocess and Biosystems Engineering, 40(9): 1375-1389.

Zhang P, Chen H, Liu X, et al., 2015. An iterative multi-objective particle swarm optimization-based control vector parameterization for state constrained chemical and biochemical engineering problems [J]. Biochemical Engineering Journal, 103: 138-151.

Zhang P, Liu X, Ma L, 2015. Optimal control vector parameterization approach with a hybrid intelligent algorithm for nonlinear chemical dynamic optimization problems [J]. Chemical Engineering & Technology, 38: 2067-2078.

Zhou Y, Liu X, 2014. Control parameterization-based adaptive particle swarm approach for solving chemical dynamic optimization problems [J]. Chemical Engineering & Technology, 37(4): 692-702.

第12章

自主无人操作系统

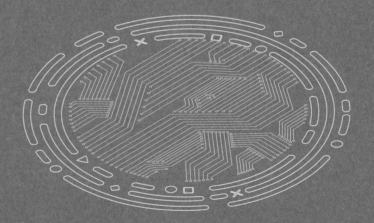

12.1　研究背景

自主无人操作系统是机器人和无人系统的共性基础软件,运行于机器人和无人系统中,为机器人和无人系统的智能性、自主性实现提供支撑,也是无人系统协同化、产业化发展的必然产物,是我国自主无人系统安全、可靠发展的必然路线,是多学科交叉融合发展的必然载体,将成为无人系统的"新脑"。

智能化的必然结果。智能是下一代无人系统技术进步的标志,也是下一代无人系统技术创新的着力点。程序和软件是实现智能的载体,冯·诺依曼体系结构的计算机之所以智能,是因为它为可编程序的计算机,否则机器永远不可能智能。要使人工系统具备智能,需研究如何使其具备类似人的思维能力(如感知、推理、学习、交流、规划等方面的能力),并最终体现在相关的智能算法及其软件实现上。自主无人操作系统管理无人系统的各类资源,并通过管理和调用各种智能算法与软件,使无人系统具有自主适应环境和自主完成任务的感知认知与行动能力,是无人系统软件体系的基础和核心,也是无人系统走向智能化的必然结果。

协同化的必然要求。由多个/多种自主无人系统通过网络连接构成群体,将成本相对低廉、功能相对单一、数目相对庞大的多个智能体有机地组织起来,通过相互感知、联合意图、共同协作,形成智能的倍增与涌现,实现卓越性能的群体智能,既是未来无人系统的重要发展方向,也是未来无人系统生产率提升的重要途径。承载群体智能的系统必须是分布式架构,连接分布式架构中的各个节点,组建鲁棒的自组织网络,实现互联、互通、互操作,支撑基于群体智能的无人系统群体协同,是对自主无人操作系统的必然要求。

产业化的必然产物。自主无人系统要走进千家万户,就需要实现产业化,从而降低价格,而标准化、模块化、平台化是实现产业化的必由之路。2007年1月,互联网技术巨头比尔·盖茨曾在《科学美国人》上撰文预言:"机器人即将重复个人电脑崛起的道路,将走进千家万户。当前机器人产业面临的问题与20世纪70

代计算机产业如出一辙。"正是计算机操作系统的出现,促进了计算机硬件的标准化,也实现了软件的重用,从而促进了计算机产业的高速发展。与计算机操作系统在计算机技术发展过程中的作用类似,自主无人操作系统对于无人系统底层硬件设备的抽象与适配,开放的各种接口规范与协议,以及向上层应用提供的共性系统服务与支持,构成了无人系统软硬件标准化、模块化、平台化的基础,也是实现统一的无人系统软件开发平台和软件生态环境的基础,是自主无人系统产业化的必然产物。

安全可靠的必然路线。随着无人系统大量进入市场和战场并承担越来越广泛和重要的任务,"人""机""物"日趋融合,信息安全问题直接从赛博空间延伸到了物理空间和社会空间,安全形势将更加尖锐和复杂。我国没有抓住信息化时代计算机技术发展的先机,在国外CPU、操作系统、数据库、产品和产业已经形成垄断的形势下,发展自主CPU和操作系统等基础软硬件面临巨大的技术挑战和难以逾越的产业化壁垒。汲取经验教训,以自主无人操作系统作为技术路线,带动无人系统软硬件的发展,是我国实现安全可靠发展的必然选择,是避免被"卡脖子"的核心关键技术。

学科交叉的必然载体。信息技术、生物技术、新材料技术、新能源技术广泛渗透,带动几乎所有领域发生了以绿色、智能、泛在为特征的群体性技术革命,即第三次工业革命。信息技术与多学科技术交叉融合是第三次工业革命的本质特征。信息技术在过去数十年中是推动社会进步的颠覆性力量,未来相当长的时间内仍将是社会发展的核心推动力。自主无人操作系统是移动互联网/物联网、人工智能、虚拟现实、云计算、大数据等信息技术领域的颠覆性技术应用于自主无人系统的必然载体,将为多学科交叉融合创新提供平台和工具。

12.2 研究现状

国内外对自主无人操作系统基础软件研究高度重视,已经开展了长期和大量的工作,形成了改进型嵌入式操作系统、面向特定领域的无人操作系统、通用无人操作系统三条发展路线。

12.2.1 改进型嵌入式操作系统

嵌入式操作系统具有内核小、实时性好、可靠性高等优点,为实现无人系统的自动控制提供了良好的软件基础,是业界构建自主无人操作系统的一条技术路线。

基于改进型嵌入式操作系统的发展路线具有良好的基础优势,但嵌入式操作系统本质上并不是为解决无人系统的自主性而设计的,因此基于改进型嵌入式操作系统实现无人系统的智能化、自主化、协同化面临诸多挑战。

12.2.2　面向特定领域的无人操作系统

嵌入式操作系统的核心功能是信息处理,而无人系统的核心是自主行为。嵌入式操作系统并不提供自主行为管理功能,因此无人操作系统实现的第二条技术路线就是面向不同领域无人系统的不同行为模式,凝练共性功能,实现面向特定领域的无人操作系统,包括无人机领域的通用操作系统(COS)、无人潜航器领域的面向任务操作系统(MOOS)、中国科学院沈阳自动化研究所的海洋机器人操作系统、无人驾驶领域的 Baidu Apollo 操作系统等。

面向特定领域的无人操作系统集成和实现了领域共性的软件和功能,向标准化、模块化、平台化迈出了一大步,对提升领域软件质量和开发效率具有重大意义,但同时也在跨领域互联、互通、互操作等方面面临挑战。

12.2.3　通用无人操作系统

通用无人操作系统是支撑多域异构无人系统实现互联、互通、互操作的底层软件,已经在美国、日本等多个国家的无人机器研究路线图和科技计划中被提出。美国《国家机器人计划》明确提出建立开放系统机器人架构,构建通用的硬件与软件平台,同时将软件和通用无人操作系统作为基础设施需求来支持。日本《机器人新战略》明确将人工智能和操作系统作为其下一代重点研发的"要素",提出实现机器的模块化、开发通用的基础操作系统等。美国 DARPA 更加注重体系集成,推出 SoSITE 等体系集成项目,重点是寻求有人平台和无人平台统一的体系架构以及支撑工具。

学术界很早就开展了无人系统通用基础软件的相关研究,形成了一批有影响力的开源软件项目,包括美国的 Player/Stage(Gerkey et al.,2003)、欧洲的 Orocos(Bruyninckx,2001) 和 YARP(Metta et al.,2006)、日本的 OpenRTM-aist(Ando et al.,2008)等。目前,影响力最大、与自主无人操作系统最相关的开源软件项目是来自美国斯坦福大学人工智能实验室与谷歌联合发起的开源机器人软件框架项目——ROS(Robot Operating Systems)(Quigley et al.,2009),即"机器人操作系统",它从 2007 年开始发展,进展迅猛,得到了国内外学术界和工业界的广泛关注。国内通用无人操作系统研究,则以军事科学院、国防科技大学、陆军工程大学、哈尔滨工业大学、中山大学、南京航空航天大学、中国科学院沈阳自动化研究所等单位联合研究的"多态、智能、群体操作系统(micROS)"为典型。

需要指出的是,通用无人操作系统的发展还处于非常初级的阶段。以当前影响力最大的 ROS 为例,ROS 作为主要解决机器人研发过程中的"软件重用"问题被设计,没有针对机器人和无人系统的智能行为管理与群体自主协作提供模型、框架和支撑。其具体表现在:从体系架构上看,ROS 并没有针对智能行为和群体协作进行架构设计,仅仅提供了一批软件模块,并基于消息的发布/订阅机制进行软件模块的聚合,它需要工作在理想的网络环境下,且缺乏实时性保证,难以满足自主无人系统的实时计算、智能计算、分布计算需求;从资源管理上看,ROS依赖于Linux等底层计算机操作系统,对复杂的机器人物理、认知、社会等空间的资源缺乏统一抽象和管理,难以实现多态资源管理;从行为管理上看,ROS提供的框架往往用于实现面向确定场景和任务的单机器人行为,难以支持复杂环境适应、群体机器人协同、人机协同等各种复杂行为。

总体来看,我国自主无人操作系统研究起步虽晚,但发展基础良好。首先,国家高度重视自主无人操作系统这一前沿方向,《新一代人工智能发展规划》已明确将自主无人操作系统列入国家自然科学基金委员会立项的“共融机器人基础理论与关键技术研究”重大研究计划、科学技术部立项的“智能机器人”重点专项等科技计划中,均明确对机器人操作系统进行支持。其次,国产计算机操作系统的研制已为机器人操作系统的研发奠定了良好的技术基础,如国家“核高基”等科技计划对基础软件长期大力支持,形成了一批研发操作系统的核心队伍,相关单位在操作系统的科研环境、技术储备和设计经验上已经具备了雄厚的基础和独特的优势。最后,国内已经有一些单位开展了自主无人操作系统的基础研究和工程研发工作,并取得了初步成效。例如,micROS研究团队针对ROS操作系统存在的问题,以适应环境、完成任务为设计目标,创新了自主无人操作系统的核心概念、体系架构和关键算法,研制了通用自主无人操作系统的原型版本,并已经适配多种类型的无人机、无人车、无人潜航器、无人机集群等多域异构单体和群体无人系统,针对民用和军用的若干典型环境与任务开展了试验验证。但同时,我们也要清醒地认识到,相较于欧、美、日等发达国家和地区,我们的自主无人操作系统的研究和应用水平都还存在着一定的差距,主要表现为重硬件轻软件、重算法轻架构、重代码轻标准、重单体轻集群等。

12.3 研究内容

自主无人操作系统的相关研究在国内外均处于起步阶段,研究需要从基础理论、核心概念、体系架构、关键技术、运行开发、示范应用等方面开展(见图12.3.1)。

12.3.1 基础理论

12.3.1.1 自主学习与智能行为

机器学习领域的进展是最近几年人工智能技术进步的主要推动力,“学习”也是包括人类在内的生物智能形成和进步的主要途径。对于无人系统而言,智能性、自主性的高低根本上取决于无人系统适应环境和执行任务的能力与水平,自

图 12.3.1 自主无人操作系统研究内容框架

主学习与智能行为是无人系统实现智能性和自主性的核心和关键。在相当长的一段时间内,应该重点围绕机器学习技术提升无人系统的智能性和自主性,发展面向自主无人系统的机器学习,紧扣自主无人系统的根本要求,瞄准"适应复杂环境"和"完成作业任务"开展自主学习的机理和算法研究,让自主无人系统能够理解环境以及自身行为产生的结果,不断沉淀形成智能算法和作业知识,以形成能够用于实际环境和任务的自主学习和智能行为能力。

从研究途径上看,应该顺应美国 DARPA 提出的"适应环境的人工智能"这一发展方向,聚焦突破"持续自主学习"基础理论,实现无人系统的持续自主学习能力。美国 DARPA 已于 2017 年 3 月启动了"终身学习机器(L2M)"项目,以实现智能体的终身学习为目标。自主学习型系统已经有成功的案例:AlphaGo 学习型系统通过自我对弈,实现了自学习的能力,通过每天自我对弈 300 万局实现棋力的不断提升,不仅击败了人类高手,还发现了人类从未想到的布局定式;DQN(游戏)学习型系统通过试错与强化学习生成游戏策略,在 49 个游戏中取得了与人类智能相当的水平,并发现了人类从未想到的游戏策略。面向自主无人系统的持续自主学习系统与这些游戏类的人工智能系统相比,要更为复杂,它们都需要实时地处理现实世界中远为复杂和未知的环境和任务。

无人系统实现智能行为,首先需要一种合适的行为认知模型作基础。传统的机器人和无人系统自动控制采用的是"感知-规划-行动"回路模型,它能够很好地适用于简单合作环境,用于执行特定具体的任务,如工业机器人在封闭静态环境中执行重复固定的装配、打磨等确定性任务。而自主无人系统要体现自主性,就要能够适应复杂多变的环境和任务、应对动态不确定性的行为,并根据当前人工智能技术发展水平,还要能够以适当的方式与人协作,以实现机器智能与人类智能的融合。应对这些挑战,美国军事战略家、空军上校约翰·博伊德(John Boyd)提出了一个循环模型,该模型首先被应用于描述军事对抗行动,目前已经被广泛扩展到用于分析复杂商业行为和学习过程。博伊德将该决策循环划分为"观察(observe)""判断(orient)""决定(decide)"和"行动(act)"四个环节,即OODA循环(见图12.3.2),一个实体(个体或组织)如果能够比其对手更好、更快地处理OODA循环,就能够在应对复杂乃至对抗任务中占得先机。智能机器人要实现行为智能,就需要能够对不断变化的复杂环境做出快速反应。具体地,智能机器人首先需要准确感知环境的变化、正确判断所处环境和自身状态,然后通过决策确定应对行动,最后还需要对行动的执行进行控制,即智能机器人的行为模型可以用"观察—判断—决策—行动控制"闭环行为链来表示。

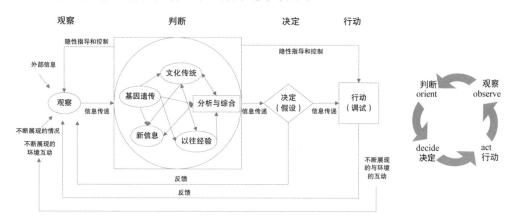

图12.3.2 OODA循环行为认知模型的完整和简化形式

基于OODA智能行为模型实现持续自主学习的一种可行的技术途径是采用虚实结合的"平行学习"模式,即自主无人系统被设计为物理空间多个"实际系统"和虚拟空间多个"人工系统"的平行系统,实际系统的运行结果是自主无人系统的物理行动,而人工系统的运行结果是在虚拟空间中对自主无人系统行动的模拟推演,实际系统的状态不断同步到虚拟空间,而虚拟空间的模拟推演结果则用于更好地控制实际系统的行动,通过两种系统的相互耦合、平行控制,实现自主无人系统的虚实互动。

12.3.1.2 分布架构与群体智能

群体智能是广泛存在于生物界和人类社会的一种重要的智能形式,是智能领域的国际研究前沿和热点。从成群迁移的角马和结队巡游的鱼类,到人类的社交网络,甚至人类社会,不同尺度的生命体都构成了分布式架构,即由众多个体基于相对简单的局部自组织认知与交互作用,产生具有自组织性、动态性、开放性的复杂的群体行为,使系统在整体上涌现出单个个体不可能达成的智能现象。

群体机器人领域的研究者们以蚁群、鸟群、鱼群等低等生物群体为研究对象进行机理研究,构建感知、计算、通信等能力受限的分布式架构机器人群体,从而模仿低等生物群体,研究由个体之间相对简单的局部自组织交互作用,在环境中表现出分布式、自适应、鲁棒性等智能特性,使系统在整体层面上涌现出单个个体不可能达成的智能现象。

从概念上讲,无人系统群体与低等生物群体具有相似的优势:一是数量优势。按兰切斯特(Lanchester)平方律,规模的增大将带来任务能力的快速提升;二是分布优势。其分布式架构具有鲁棒性强、自适应度高、可扩展性好等优点,部分平台的故障不会造成群体整体能力的快速下降;三是成本优势。构成群体的无人平台具有相对"低成本"的优点,使得"消耗式"任务模式成为可能;等等。

自主无人群体与生物群体有本质区别。美国战略咨询报告指出:相比于低等生物群体依靠简单的规则管理的集体觅食、建筑、聚集等任务,无人系统群体完成的任务为复杂任务甚至是复杂对抗任务;无人系统群体可利用一系列隐式与显式的方法实现内部通信,包括发送远距离复杂信号;无人系统群体可由不同类型、功能、级别的无人系统组成特别的组织结构共同完成一项任务;无人系统群体的行为均由人类设计而来,通过合作体现优势。

因此,无人系统群体是一个"新物种",其群体智能与生物群体的群体智能有本质区别,在对自然界群体研究成果的基础上,需要面向无人系统群体的特性和需求,从群体智能的机理和算法等层面,开展群体智能的基础理论研究。

群体智能的机理包含多个方面:①群体智能的"结构性"与智能算法的动态"自链接"机理;②群体智能对环境和任务的"适应性"和嵌入式场景构建的"自嵌入"机理;③群体智能用于完成任务的"目的性"因果关系机理与主动性的"自探索"机理;④群体智能的"涌现性"与复杂系统"自组织"机理等。

群体智能算法方面,按美国DARPA观点,"适应环境"是人工智能未来的发展方向,要建立"环境模型",并研究感知、学习、抽象、推理等能力。以此为启发,需要研究群体共建共享的"环境模型",并开展多种群体智能算法研究:①研究环境任务和群体自身的群体感知算法、时域/空域/时空联合协同感知算法、多模态群体感知算法等;②研究集成式、迁移式、继承式等群体学习算法;③研究基于分类器、规则集、知识图谱等的演绎推理、关联推理、因果推理等;④研究人类抽象机理及其启发的群体抽象算法。

12.3.1.3　态势理解与人机协同

自主无人系统与人协同完成任务,是发挥人机各自优势、实现更强任务能力的重要模式。随着自主无人系统不断地融入人类的生产、生活中,如何同时发挥机器与人的自主性,实现人-机自然交互和无缝协作,依然面临着诸多挑战。在突破"互连、互通"关键技术的基础上,应以实现"互操作、互理解、互遵循"为目标,从基于多元自然媒介、基于机器内部概念表示、基于人脑思维信号识别等方面开展基础理论研究,共同理解态势,共同遵循各类作业模型和物理、信息、社会等各类规则,协同开展"观察-判断-决定-行动",以逐步实现人机智能融合。

在基于多元自然媒介的态势理解与人机协同方面,随着虚拟现实等技术的发展,图像、语音、手势、触摸等方式被广泛采用,人和机器之间"对话"的方式正朝着"自然用户界面""多元自然媒介"的方向演进:①要研究联合态势的多元自然媒介信息表示机理,自然语言规范化、逻辑化表述方法,图像、语音、文字、行动范例等多模态外部信息的概念一致性表示与建模方法(包括感知信息普适处理模型、多模态信息协同与计算模型等),人机协同能力表征与互补机理,复杂约束条件下的人类社会、物理世界和信息空间数据与概念的交互呈现,基于联合态势图的信息展示机理和多模态(VR/AR)呈现方法等;②基于多元自然媒介信息融合和理解机理,以机器学习等人工智能方法为基础,研究复杂环境下多模态数据的信息融合机理、多模态特征之间的概念关联机理、机器输出信息的自然媒介呈现(如机器输出人类语言)、人的多模态自然媒介输出的机器理解(如机器理解人类语言)等,实现基于态势信息和生理状态的交互"意图"推理,实现人与自主无人系统的"对话"。

在基于机器内部概念表示的态势理解与人机协同方面,随着人工智能水平的提升,其与人类之间的交互越来越对等。基于深度学习等方法,当前人工智能和自主无人系统获取的"概念"与人类所持"概念"并不相同,以视觉识别为例,人工智能从图像(如猫脸)中能够获得的概念内部表示和人类对图像所理解的概念表示是不同的。为了更高效、方便地实现人机对等合作,需要研究基于机器内部概念表示的互理解、互遵循机理。

在基于人脑思维信号识别的态势理解与人机协同方面,人脑作为人类思维和心智的载体,是人类智能的物质构成基础,即人类智能的认知建立在人脑对外界刺激感知机理的基础上。基于人脑思维信号识别的研究,能够建立自主无人系统与人之间的透明交互,从而使得态势理解与人机协同更加紧密高效。

12.3.2 核心概念

自主无人操作系统与传统计算机操作系统相比,除管理计算、存储、通信等信息域软硬件资源外,还需管理传感器/控制器等物理域资源、知识/模型/方法等认知资源、作业规则/行动规范等社会域资源来管理无人系统特有的行为,因此自主无人操作系统与传统计算机操作系统存在着本质区别,传统计算机操作系统的进程、线程、文件等核心概念不再适用,需要创新自主无人操作系统核心概念。具体而言,需要创新操作系统类基础软件都至少需要的控制抽象、数据抽象和接口抽象三个核心概念。

12.3.2.1　控制抽象

如何进行控制抽象,是大型基础软件的核心机理之一。以计算机操作系统为例,为了提高资源利用率和系统处理能力,现代计算机系统都是多道程序并发执行,但是程序的并发执行带来了程序执行的间断性、执行结果失去封闭性、运行结果不可再现等一系列问题,所以需要引入一个概念:它不仅能描述程序的执行过程,而且可以作为共享资源的基本单位,即进程。进程是可并发执行的程序在一个数据集合上的运行过程,是系统进行资源分配和调度的一个独立单位。随着多核处理器的迅速发展,为了进一步减少程序在并发执行时的时空开销,使计算机操作系统具有更好的并发性,我们又引入了线程的概念。线程是操作系统能够进行运算调度的最小独立单位,被包含在进程之中,是进程中的实际运作单位。一个线程指的是进程中一个单一顺序的控制流,一个进程中可以并行多个线程,每条线程并行执行不同的任务。传统计算机操作系统建立在基于“进程/线程”的控制抽象基础上,“进程/线程”控制抽象的建立,大大提高了程序的执行效率,是现代操作系统的标志之一。

自主无人操作系统与计算机操作系统相比,在管理对象上存在着本质的不同,自主无人系统除具有资源属性外,还拥有计算机系统不具备的行为属性。自主无人操作系统需要管理自主无人系统的自主行为、人机协同行为、群体行为等,以实现多域复杂协同任务。同时,自主无人系统的行为属性决定了其在资源属性方面,与计算机系统也有着明显区别,即计算机主要管理传统信息资源,而自主无人操作系统除管理信息资源外,还需要管理物理域、认知域、社会域等资源。

自主无人系统的行为属性和资源属性,在行为抽象与管理、行为调度、交互方式、应用开放等方面,为自主无人操作系统的设计带来了全新的挑战。在行为抽象与管理方面,自主无人操作系统要完成多域异构资源到自主协同能力的转换;在行为调度方面,自主无人操作系统要实现行为与任务的紧密关联,并要适应动态复杂的外部环境;在交互方式方面,自主无人操作系统输入的是任务和环境,输出的是行动,要实现人机互操作、互理解、互遵循;在应用开发方面,自主无人操作系统要实现包括平台、算法、任务、作业等模型的解耦与复用。

自主无人操作系统的控制抽象需要对自主无人系统行为进行抽象处理。面对完全不同于计算机系统的生存空间(物理空间、信息空间、认知空间、社会空间等),自主无人操作系统需要对自主无人系统的各种自主行为、人机协同行为、群体行为等进行抽象,以支撑自主无人系统执行给定任务。

自主无人操作系统的控制抽象需要实现自身与自主无人系统平台的解耦。自主无人操作系统的控制抽象应该是对具备一系列资源、属性的自主无人系统单体或集群的抽象。控制抽象需要对资源进行标准化描述,实现资源需求与平台资源的匹配算法,完成控制抽象与集群、平台、传感器等资源的动态绑定,并根据任务进行资源调度。特别地,控制抽象还要支撑传感器数据管理与融合,完成传感器数据融合。

自主无人操作系统的控制抽象需要实现多域异构无人平台从资源到能力的转换。自主无人系统可以根据环境的变化、自身的状态自主进行任务切换和执行,体现了无人系统适应环境的能力。因此,控制抽象在不同的环节和任务阶段,需要调度不同的资源,采用不同的算法,最终形成不同的能力,实现无人平台从资源到能力的转换,从而支持控制抽象对系统行为的调度。

自主无人操作系统的控制抽象需要支撑复杂任务的自主切换。控制抽象的切换需要与任务过程的转换相对应,对复杂任务的切换提供支持。面向任务开发者提供方案化任务描述接口,支持任务开发者以控制抽象为基本单位进行任务筹划而无需考虑无人系统算法实现细节。

自主无人操作系统的控制抽象需要支持不同用户和视图的应用开发。在进行自主无人系统应用开发时,面向的开发者类别包括无人平台、传感器、控制器等开发者,(智能)算法插件开发者,作业模型、作业规则开发者,任务规划和操作控制者等。面向不同的应用开发者,自主无人操作系统所提供的控制抽象需要支持不同的开发模式,以实现不同应用的高效便利开发。

自主无人操作系统的控制抽象需要实现代码和模型的解耦与复用。控制抽象的设计需要实现包括平台、算法、任务、作业等模型的解耦,还需要实现各种算法、任务、模型等不同级别的复用,从而为多域异构无人系统的组织管理和应用开发提供便利。

12.3.2.2 数据抽象

数据抽象是操作系统基础研究的又一核心内容。自主无人系统的行为、动作等源于对其掌握的数据的分析结果。数据在自主无人系统单体内及群体间的各模块之间流动,各模块围绕数据展开合作。对自主无人系统中的数据进行有效管理,为管理自主无人系统行为的各个模块提供统一的数据视图是自主无人系统的一个核心任务。

在计算机操作系统中,数据的存储介质复杂多样,如磁带、磁盘、光盘、U盘等,其访问方式各不相同。现代计算机操作系统基于"文件"对外设数据资源进行一致抽象,提供统一的访问视图,大大降低了数据访问的复杂度,并成为现代操作系统的一些核心机制(如内存映射、虚拟存储等)实现的基础。现代操作系统由数以千计乃至万计的文件组成,其数据存储在硬盘或其他块设备(如磁盘、光盘等)中,使用层次式文件系统进行存储管理。文件系统使用树形目录结构组织存储的数据,并将其他信息(如所有者、访问权限等)与实际数据关联起来。操作系统内核采用开放式架构来支持许多不同的文件系统,通过提供一个额外的虚拟文件系统层,将各种底层文件系统的具体特性与应用层隔离开来。虚拟文件系统既是向下的接口(所有文件系统都必须实现该接口),也是向上的接口(用户进程通过系统调用最终能够访问文件系统功能),可实现对数据的一致抽象、提供统一访问视图。

自主无人系统同时存在于物理域、信息域、认知域、社会域等,它们的数据不能像计算机操作系统那样,仅仅以信息域"比特流"的方式进行抽象,其数据抽象必须能够表征物理域、认知域、社会域的特征、概念、模型、规则,从而有效支撑无人系统的观察、判断、决定、行动等自主行为,支撑数据融合、情境感知、人-机协同判断等功能,是构建环境模型的基础。此外,群体无人系统之间并不是以"比特流"进行数据传输的,而是附加语义的人机协同、机机协同,人类智能与机器智能的交互。

数据抽象可以普适计算、信息物理融合系统等理论为基础,结合情境感知计算的前沿研究方向,对自主无人系统提供如下数据相关的支撑。

层次化数据抽象视图。设计自主无人系统和操控者的多图层、多视角、多尺度的视图抽象,支持按时间、空间、对象等属性定义数据视图,支持分布式存储,形成对全局数据的一致抽象访问。设计数据抽象与控制抽象的融合,包括任务描述与环境信息的融合、环境变化驱动任务动态配置、嵌入式情境构建管理等。

面向自主行动的地图。将地理信息系统(geographic information system,GIS)与无人系统同时定位建图(simultaneous localization and mapping,SLAM)结合,建立无人系统能够"理解并使用"的地图,设计操作原语,以满足自主无人系统行动的需求。

面向智能行为的情境图。基于无人系统观察识别模块,经过信息加工与融合,形成无人系统情境图,基于情境图不断进行自主和/或人机协同的判断与决定,使得情境图成为智能行为的支撑和集智人机意图的界面,最终决定自主无人系统的行动。

面向适应环境机器学习的"环境模型"。在环境感知的基础上开展持续自主学习,将机器学习的多模态特征与概念、"行动+结果"特征与概念等语义不断附加到情境图上,经过抽象、推理等迭代深化处理,形成适应环境机器学习的"环境模型",成为下一代适应环境的人工智能的重要基础。

12.3.2.3　接口抽象

为用户提供操作接口和为应用程序提供运行开发接口,是计算机操作系统的又一核心功能,该功能以 Shell/API 接口抽象概念为基础进行构建。对于用户而言,计算机操作系统会提供一个"用户使用界面"的软件,叫作外壳,如 DOS 操作系统的 command 和 cmd.exe,Linux 操作系统的 Bash。Shell 用于支持操作系统用户操作计算机系统进行工作,包括接收用户命令进行解释、调用相应的应用程序、执行对应的操作和返回结果信息等。对于应用程序而言,计算机操作系统提供 API (应用编程接口),应用程序可以通过 API,向计算机操作系统发送各种指令,用于访问计算机或网络上的各种资源。

自主无人系统执行任务同样需要实现与操作人员(人-机)和其他自主无人系统之间(机-机)的交互接口。为支持操作人员对自主无人系统下达控制命令或进行数据传输,自主无人操作系统需要在人的意图和自主无人系统资源和行为之间提供一个任务级的指令抽象,即"人机界面",用于实现面向任务的指令。而对于自主无人系统与其他自主无人系统的交互,也应实现面向任务的指令,使得自主无人系统的行为能够满足人类的需求,并实现与自主无人系统群体的协同,构建具有特定任务"目的性"的系统。

接口抽象是自主无人操作系统能正常运行的又一重要组成部分,是支撑自主无人系统和自主无人系统群体执行任务和管理行为的任务指令流。其设计实现需要考虑以下几个要素。

提供完备、高效的接口指令格式设计。接口抽象需要结合自主无人操作系统的控制抽象、数据抽象,设计的接口应覆盖典型系统,以支持典型应用,需要支持无人系统要素级、平台级和无人系统群体的操作,用于实现接口的指令本质上是数字化、结构化、规范化的机器语言。接口抽象设计指令格式和指令集时,应考虑指令格式、数据元素、语义语法一体化设计,设计合理高效的信息交互机制和指令处理协议。

支持对预规划方案进行描述并执行。预规划方案是任务规划系统结合任务需求,基于方案库选择任务模块快速定制输出的预先任务规划结果,通常是以自然语言的形式进行线性、流程化的描述。接口抽象应支持对预规划方案的格式化描述,以进入自主无人操作系统执行。对于预规划方案中包含的分支和接续等各种任务接转情况,接口抽象需要提供对应的语法支持和结构描述方式。

支持对临机处置规则进行描述并执行。临机处置规则是自主无人系统或自主无人系统群体在执行预规划方案过程中,对于预规划方案没有描述的情况所采用的处置方案,以各种描述方式存储在规则库中。接口抽象应支持对临机处置规则的格式化表征,支持按需调用相应规则应对临机突发情况。

支持对互操作指令进行描述并执行。互操作指令是基于任务驱动,用于平台间信息共享、信息交互,实现群体会话和群体协同行动的指令。自主无人操作系统需要支持对自主无人系统内机-机之间的互操作指令描述和执行,支持对无人与有人联合系统内人-机之间的互操作指令描述和执行,也应支持对同构、异构无人系统群体内互操作指令进行格式化描述和执行。

提供友好直观的人机交互方式。接口抽象支撑操作系统更好地理解和运用任务信息,需要考虑在地面任务管理系统为操作人员提供终端、图形化、虚拟现实等多种交互方式,支持以命令行、脚本等方式实现人机交互。支持灵活定制用户环境,管理多操作人员的交互过程,支持一人或极少人操作规模化自主无人系统群体。

12.3.3 体系架构

自主无人操作系统作为自主无人系统的"大脑",负责管理各种硬件资源和智能设备,运行各种智能算法和软件,实施各种智能行为。与计算机相比,自主无人系统面临着资源多源异构、行为复杂多变等挑战,面向自主无人系统自主任务与机-机、人-机自主协作等智能行为,考虑人工智能方法从手工知识/统计学习向适应环境发展、无人系统行为从遥操作向智能化/协作化发展、无人系统基础软件由垂直封闭向标准化/模块化/平台化和互连/互通/互操作发展的趋势要求,自主无人操作系统的体系架构设计应主要考虑资源和行为管理体系架构、可扩展分布体系架构和支撑自主学习的体系架构。

12.3.3.1 资源和行为管理体系架构

如果说操作系统的本质是"向下管理资源,向上支撑应用"的话,自主无人操作系统的主要功能就是"向下管理多源异构的资源,向上支撑复杂多变的行为"。因此,资源和行为管理体系架构设计是自主无人操作系统体系架构的关键核心,应该具有层次式结构。

资源管理层的体系架构设计需要实现多域异构资源的一致抽象和管理,进而支持多态体系构建。自主无人系统往往在复杂、非确定性环境中,执行复杂协作任务。不同于传统计算机操作系统,自主无人操作系统不仅要管理信息资源,还需要管理物理、认知、社会等空间的资源。资源的多域异构性和所处环境的复杂性对自主无人系统资源管理提出了支撑自主无人系统的标准化、模块化、平台化,支撑互连、互通、互操作,提供更加高效、可靠的性能的新要求。

根据自主无人系统资源的特点,可将其划分为物理域、信息域、认知域、社会域几部分,物理域管理传感器、控制器、机械结构、能源、环境等资源;信息域除实现传统计算机操作系统功能外,还需实现无人系统数据管理和分布可扩展互操作协议管理等;认知域管理各种模型、智能算法、学习模块等;社会域管理各种规则库,并联结任务规划与操作管理系统。自主无人操作系统资源管理通过对无人系统硬件资源进行一致抽象和虚拟提供标准化的基本功能,对资源进行调度和管理,从而决定自主无人系统的功能和特性。

行为管理层的体系架构设计需要实现对自主无人系统的自主行为管理和控制的支撑。传统的无人系统基于"感知一规划一控制"的控制回路,主要是面向确定性、非对抗性的简单合作环境,执行固定设置的可预知、非交互任务。当前的自主无人系统朝着智能化、协作化、群体化方向发展,如何面向动态非确定性环境,设计行为管理层的体系架构,管控自主行为、群体协同行为、人机协同行为等复杂和不确定性行为模型,执行复杂、不确定甚至是对抗性任务,是多域异构自主无人系统自主行为管理面临的重大挑战。

面向复杂环境和不确定性任务,博伊德提出了OODA行为认知模型,用于描述复杂和对抗行为,可用于指导行为管理层架构设计。

12.3.3.2 可扩展分布体系架构

可扩展分布体系架构由多个自主无人系统基于网络链接,构成自主群体无人系统,进行协同工作,具有自组织性、动态性、开放性(见图12.3.3)。单个自主无人系统的软、硬件模块也构成分布式架构,包括各类传感器节点、计算存储通信节点和控制执行节点。因此,作为无人系统的基础软件平台,自主无人操作系统应采用可扩展分布体系架构,在无人系统节点、集群、跨域多集群、任务/行为集群等层次上进行抽象,研究各个抽象级别的互连、互通、互操作、互理解、互遵循,按体系架构和统一标准,支撑群体协同的观察、判断、决策、行动,实现态势数据管理和人机操控接口,支撑联合态势理解和一对多/多对多人机协同的开发。

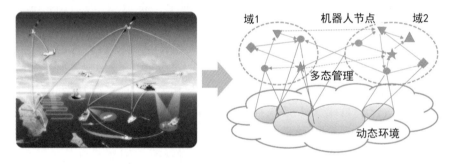

图12.3.3 自主无人操作系统的可扩展分布体系架构

根据自主无人系统的特点,自主无人操作系统的可扩展分布体系架构从以下几个方面开展研究。

可扩展的实时分布体系架构。为了支撑自主群体无人系统在物理空间和电磁空间遂行任务,自主无人操作系统既要保证自主群体无人系统节点内和节点间的实时性,又要能够支持无人系统集群规模的增长。同时,为了适应环境的变化和任务的需求,分布体系架构要支持多个无人系统的群体的动态重构,包括群组的管理、仲裁、加入和退出等功能。因此,需要研究和设计具有可扩展能力和实时性保证的分布体系架构。

基于开放式架构的互操作方法。自主无人操作系统要能够支撑自主群体无人系统应用的可移植性、可裁剪性,以及各个异构无人系统平台之间的互操作性。因此,需要研究分布体系架构的异构资源远程发现与管理机制,并在此基础上实现开放式架构的互操作方法。

自主无人系统互理解支撑架构。为了实现人与自主无人系统之间的人-机互理解,以及自主无人系统之间的机-机互理解,需要研究和设计自主无人操作系统的语义表达机制、协同与互用机制等。

自主无人系统互遵守支撑架构。自主无人系统在物理环境中执行任务,依赖于分发、存储、处理信息,也能以特种和服务型无人系统的形态融入社会环境,需要相应地遵循物理规则、信息规则和社会规则。因此,需要研究自主无人操作系统的互遵守基础理论和支撑架构。

无人系统与云计算等基础设施的互操作机制。针对自主群体无人系统的多样化网络环境和无人系统分布式应用的实际需求,基于云计算基础设施,研究自主无人操作系统计算结点之间进行互连、互通、互操作的协议框架;针对多无人系统对等组织和有后台系统支持的分布式应用,使得自主无人系统能够与云计算等现有基础设施进行互操作并按需访问其能力,需要研究自主无人操作系统的云端虚拟化资源按需映射与访问方法等。

12.3.3.3　支撑自主学习的体系架构

美国的 DARPA 将人工智能的历史与未来划分为了三个阶段,即手工知识阶段、统计学习阶段、适应环境阶段。第一个阶段的典型代表是专家系统,这一阶段在推理方面表现不俗,但仅限于几个严格定义的问题,且没有学习能力,不能处理不确定性问题。第二个阶段是我们现在所处的阶段,机器学习子领域的进展是最近几年人工智能技术进步的主要推动力,"学习"是包括人类在内的生物的智能形成和进步的主要途径。第三阶段的人工智能系统能够根据环境模型进行感知、学习、推理以及抽象,从而达到适应环境的目的。

人工智能面临着复杂作业环境构建、训练数据产生以及训练与实际不一致等问题和挑战,因此设计支持无人系统智能行为控制、知识获取、推理以及智能进化的持续自主学习体系架构是攻克这些挑战的基础。而基于虚实结合的技术路线,支撑物理空间多个"实际系统"和虚拟空间多个"人工系统"协同控制、持续演进的"虚实平行"架构,是支撑持续自主学习的一种可行方案,这种架构要研究如下关键问题。

适应环境。能够针对复杂作业环境进行建模,通过环境模型在虚拟空间中生成各种复杂、逼真的作业环境,以支持学习器的训练。此外,通过机器学习算法集成与学习网络构建技术,在结构层面实现算法和模型的组合发展,以达到适应环境的目的。

持续学习。虚实结合的平行学习架构是实现持续学习行之有效的方法之一,该架构的关键是虚拟环境自学习平台的构建与运行机制的设计。此外,人要参与其中,需要考虑基于人机协同示教学习框架与平台将人类智能和经验教给机器。最后,通过人-机对抗或者机-机对抗的方法使机器实现快速学习。

在线训练。在虚实结合的平行学习架构中,通过在虚拟空间中的快速推演实现实时的在线训练,突破学习训练的时间、空间、数据、成本等限制。为此,学习网络的演化、知识管理与持续增殖等机理和技术是重点突破的核心技术。

按此思路,我们提出了持续自主平行学习架构,如图12.3.4所示。在持续自主平行学习架构中,实际系统的状态不断同步到虚拟空间,而虚拟空间的模拟推演结果则可用于更好地控制实际系统的行动,通过两种系统的相互耦合、平行控制,实现自主无人系统的虚实互动。由持续自主平行学习架构支撑的自主无人系统和群体自主无人系统,是智能化的学习型系统,为自主无人系统的自学习、自演进、智能涌现奠定了技术基础。

图12.3.4　持续自主平行学习架构

该架构还能够支持更高级的对抗式学习,根据相互对抗的主体不同,可以分为人-机对抗和机-机对抗。人-机对抗用于面向人类对手的对抗式学习,能够将人类智慧和方法策略融入自主无人系统;机-机对抗用于面向人工智能对手,或者自身其他平行系统的对抗式学习,能够摆脱训练时的物理约束,并习得超越人类生理极限的技术方法,加速自主无人系统的自学习、自演进和智能涌现。

12.3.4　关键技术

12.3.4.1　异构资源一致抽象与管理

自主无人系统可同时存在于物理空间、信息空间、认知空间和社会空间,故需要对"物理域、信息域、认知域、社会域"的异构资源进行一致抽象与管理。异构资源一致抽象与管理的主要研究包括基本平台模块、载荷单元以及外部辅助设备等物理资源及能源、环境、健康等物理状态的抽象与管理;计算、存储、通信等信息域资源的调度、协同和管理;知识库、模型库、方法库等认知域资源的组织和管理;作业规则、协同规则等社会域资源组织和管理。关键技术包括无人系统平台的控制抽象与资源的动态配置、"软件总线+插件"抽象的结构设计、域内域间自适应信息存储与管理、任务全流程管理与分布式规则推理、智能模型自动选择等。

1. 物理域资源管理

无人系统平台的控制抽象与资源的动态配置。任务执行者为了达到任务目标,需要具备一系列的软硬件资源,以形成一定的任务执行能力,包括行动能力,如最大速度、续航时间,也包括感知能力,如视距、分辨率等。平台作为任务执行的实体,可以执行的任务类型直接由资源所决定,而所具备的资源直接由其硬件资源所决定。同一个平台在不同的时间可能执行多个任务,这就需要完成资源和算法的动态配置,以赋予平台不同的能力。无人系统平台控制抽象与资源的动态配置是实现自主无人操作系统物理域软硬件资源管理的关键技术之一。

基于对平台和传感器的分类,需要研究能够统一描述任务能力需求和平台已有资源的方法和规范。其中,平台描述的是属性,如续航时间值,而任务能力需求描述的是约束条件,如续航时间下限。因此,将统一的描述方法和结构作为平台和控制抽象开发的模板,能够支撑以可视化的方式进行高效地集成开发,并能够支撑基于任务能力需求和平台资源的描述,实现多任务与多平台动态匹配和控制抽象绑定算法及可视化界面。

“软件总线+插件”抽象的结构设计。“软件总线+插件”抽象的结构设计旨在实现设备驱动的挂载和基于逻辑设备抽象对资源的统一管理,并且支持基于消息的设备数据收发和设备参数查询,以及基于静态文件的设备列表和设备参数配置等功能。

面向典型无人系统和相关传感器,通过自主开发与改造厂商驱动相结合的方式,基于逻辑设备的抽象接口,进行物理设备的驱动插件适配。插件开发人员根据逻辑设备的抽象接口,将驱动程序封装成插件的形式,以满足物理域资源管理软件总线的设计要求。按此设计的抽象接口,可以支持自主水下无人系统、地面无人系统,以及空中无人系统的传感器和控制器的驱动插件适配,从而实现面向多域异构无人系统的通用资源管理。

2. 信息域资源管理

智能软硬件管理。面向自主无人系统实现智能性、自主性的智能计算硬件和软件,提供统一高效的抽象和管理。在智能计算硬件方面,提供对 GPU、神经网络芯片及类脑计算等新型智能处理器及计算机体系结构的支持,在操作系统层面上,实现相应编程模型和任务调度机制,以有效发挥这些新型硬件的潜力。在智能计算软件方面,研究将各类智能算法库、无人系统软件模块等软件资源抽象为服务、构件、接口、对象等实体,提供在统一框架支撑下这些软件实体的有效管理机制,引入面向自主无人系统的任务抽象模型和多任务并发执行机制,支撑这些软件实体在语法、语义和能力不同层面上的协同工作。

无人系统数据存储与传输。旨在提供底层的数据管理方法和数据操作接口,实现多域异构计算、存储、通信等资源的存储、调度、协同和管理。自主无人系统的数据既包含位置坐标、时间、属性等结构化数据类型,也包含可见光/红外图像、深度图像、点云等非结构化数据类型,这给数据管理带来了极大挑战。自适应信息存储与管理应针对不同的数据类型,重点突破数据库、文件系统、自适应信息调度等技术,提供自主无人系统数据管理运行机制,实现并发控制、安全性检查和存取限制控制、完整性检查和执行、运行日志的组织管理、事务的管理和自动恢复、数据安全性控制、信息快速检索、分布式数据管理等,从而为数据的互联、互通、互操作提供支撑。

分布可扩展互操作。为解决大规模自主群体无人系统的可扩展、可靠性、实时性等重难点问题,兼容现有和在研主流设备与主流技术,自主无人操作系统必须具有跨域、跨软硬件平台的互操作能力。因此,需要研究支持多语言、跨无人平台、分布式的互操作模型、架构与协议,实现灵活、可扩展的抽象通信接口、消息传递等协议和机制,并且针对上述分布式互操作架构,开发系统配置、参数管理和系统监控诊断等一系列实用工具。

3.认知域和社会域资源管理

认知域资源包括自主无人系统开展认知活动所需的各种知识、方法、模型等,而社会域资源则应包括自主无人系统应遵循的各种社会规则、条例等。进行认知域和社会域资源管理,首先要面向海量的认知资源和社会资源进行高效的存储和管理,一种可行的方法是基于"软件总线+插件"的方式,基于构件化软件设计方法实现认知域和社会域资源管理软件总线,并实现知识库、方法库、模型库、规则库、条例库等插件及相应工具插件,通过软件总线提供的访问接口实现对认知域资源的读、写等操作,方便系统和不同认知资源交叉使用。由于资源的多样性,对于同一任务,有可能存在冲突的现象,需要通过一致性检查和分布式规则推理来解决这一问题。此外,在资源受限的情况下,自动选择一部分最为有效的模型和规则,实现模型库和规则库的优化选择和配置管理,是支持实际自主无人系统及其应用的必然要求,因此需要重点突破模型和规则的智能选择等技术。

12.3.4.2　自主行为管理

基于博伊德提出的OODA行为链描述自主无人系统及自主群体无人系统的自主行为。自主行为管理主要研究包括基于角色的数据融合、面向任务的情景感知等自主观察行为管理;目标/行为/场景理解与预测、基于大数据与云计算的判断能力提升等自主判断和人机协同自主判断行为管理;路径/任务/动作规划、与能量/通信等其他约束条件的联合规划、编队/意外/任务/对抗自主协同、智能辅助决定等自主决定行为管理;移动与操作控制、智能与安全控制、群体动力学控制、行动/指令的群体同步等自主行动管理等。

1.自主观察

自主无人系统存在于物理空间、信息空间、认知空间、社会空间,自主观察行为管理提供基于角色的数据融合、面向任务的情境感知等框架,实现对智能感知算法的有效管理和组合运用,支持自主无人系统对复杂环境、复杂状态、复杂任务的智能感知,构建形成自主无人系统的环境视图、任务视图和状态视图。

基于角色的数据融合。自主无人系统中的传感器在不同任务和环境中具有不同能力,为了在感知任务中针对不同传感器具有的不同能力合理使用传感器数据,需要对传感器角色进行定义与管理,并实现基于角色的数据融合。其主要研究内容包括研究传感器角色定义与描述方式,便于对角色进行统一管理;针对复杂环境下的任务执行,需要获得最适合执行任务的角色,研究角色评估模型,根据感知信息、系统状态以及所处的环境等信息对角色能力进行评估;针对不同角色在不同环境下不同的感知能力,研究以策略为核心的角色选择模型,根据策略以及角色评估结果选择最适合的角色执行相应的感知任务;针对角色数据的多样性,研究统一的角色表示数据模型,便于角色数据的存储、管理及使用等。

面向任务的情境感知。针对复杂多变的感知任务,实现感知任务的定义与描述,并将感知任务下发至特定的无人系统。其中主要的研究内容包括感知任务的定义与描述、感知任务的配置、感知任务管理和感知任务分发等。针对具体情境感知任务主要研究数据收集与处理框架,主要研究内容包括针对复杂多变的动态环境,研究以策略为核心的、支持感知任务适应环境变化的策略驱动引擎,并以此实现感知任务的动态调整和动态配置;提供基于角色的数据融合引擎,为感知任务采集的感知数据融合等处理提供接口。数据传输方面,主要研究高速稳定的感知数据传输引擎,根据任务的需求和环境变化动态调整传输策略,实现任务之间的数据传输和共享。

复杂环境感知。复杂环境感知技术主要涉及自主无人系统生存的物理空间和信息空间,主要解决自主无人系统和自主群体无人系统在多目标、多尺度、多视角、多物质条件下如何提取环境要素的问题。涉及的关键技术包括针对环境描述与行为规划问题,突破自主无人系统的复杂环境同步定位与建图、复杂场景分割、复杂环境建模等技术,突破自主无人系统群体的协同同步定位与建图、跨域协同环境建模等技术;针对多传感器数据处理问题,突破自主无人系统的多模态信息融合、基于角色的数据融合、多传感器资源管理等技术,突破自主无人系统群体的协同主动感知、群传感器资源管理、跨域协同多传感器数据融合等技术;针对多目标感知问题,突破自主无人系统单体的目标检测与识别、基于图网络的多目标跟踪、目标痕迹分析等技术,突破自主无人系统群体的协同目标跟踪、基于场景的情报融合、跨域协同多视角目标识别等技术;针对多波段和多光谱感知问题,突破自主无人系统单体的电磁信号侦收与识别、辐射源指纹识别、伪装目标识别等技术。

复杂状态感知。复杂状态感知技术主要涉及自主无人系统生存的信息空间,为自主无人系统构建全局一致的状态视图,主要包括系统状态、动作状态等。自主无人系统的系统状态包括位置、时间、类型、数量等属性信息和电池电量、计算机性能指标、传感器指标、载荷指标等资源信息,动作状态包括运动速度、运动方向、规划路径等状态信息。涉及的关键技术包括针对系统状态感知问题,突破基于导航定位系统、地理信息系统、信息栅格等技术的自主无人系统单体的状态信息提取与分析,突破基于无线网络、计算机视觉等技术的自主无人系统群体状态信息提取、分发与融合等技术;针对动作状态感知问题,突破自主无人系统单体的基于视觉协同的行为分析、基于临机规划的路径感知等技术,突破自主无人系统群体的动作状态信息融合、群体协同避障避碰、群体协同动作状态管理等技术;针对资源状态感知问题,突破自主无人系统的资源状态信息提取与分析、极限资源识别与预警等技术。

复杂任务感知。复杂任务感知技术主要涉及自主无人系统生存的认知空间和社会空间,主要面向自主无人系统群体,构建群体一致的任务视图。该任务按层次式结构,由局部任务视图组成全局任务视图。涉及的关键技术包括针对复杂任务描述问题,突破局部任务描述与建模、全局任务指令描述、全局冲突任务消解、全局任务自主感知等技术;针对复杂任务分配问题,以整体效率和资源配比最大化为目标,实现任务分解与分配,突破全局任务分解策略、全局资源优化等技术;针对复杂任务认知支撑问题,自主无人系统的智能体现在其完成任务的过程之中,复杂任务自主认知是自主无人系统智能行为的基础,复杂任务感知应提供对复杂任务认知的技术支撑,需突破面向复杂任务的情境感知、基于强化学习的控制指令生成等技术。

2.自主判断

传统的"感知—规划—行动"自主行为控制回路起源于个体机器人的智能控制,多用于确定性合作环境,执行固定设置的可预知、非交互任务。然而,在实际应用中,自主无人系统在执行复杂、不确定甚至非合作任务时会面向行为的动态不确定性、环境的复杂性和任务的多变性,尤其是自主无人系统群体面临的情形更为复杂多变。应对这些问题,无人系统需要实现"端""云+端""人+机"等各种模式的自主判断,从而不断提升针对目标、行为和场景等的理解和分析能力。

目标检测、识别与跟踪。针对结构、非结构化场景下无人系统对场景、人员、车辆、建筑物、事件等目标的识别需求,研究实时、鲁棒和精准的目标识别方法。为拓展自主无人系统识别目标的应用场景、提高无人系统识别目标的准确率以及提供更好的上层服务,需要通过研究人脸识别、声音识别、人的行为识别实现无人系统的目标识别,通过目标识别与情境感知相结合的技术实现无人系统的目标情境识别,基于无监督机器学习的视觉对象分类识别等。针对复杂环境中目标类型多样、场景和目标状态多变、信号噪声大等特点,结合时域、空域、频域以及不同尺度特征的互补性提高运动目标检测和识别的精准性,根据目标状态设计快速有效的目标跟踪方法,提高复杂场景下运动目标跟踪的实时性、精准性和鲁棒性。

行为和场景理解。突破面向人机共融的高可靠行为认知架构与方法,研制行为环境理解基础功能软件库,满足无人系统理解自然环境、人工场景、行为目标、人、其他智能体等主体行为意图的需要。针对无人系统行为环境结构复杂、种类繁多,以及存在各种噪声污染等问题,借鉴人类认知模型、新的数学理论和方法,重点突破非结构化复杂场景的识别与语义理解,使无人系统具备快速准确的场景理解能力。以多维感知数据为基础,研究新信息化条件下无人系统的行为环境态势评估方法,使智能无人系统具备对人或者其他智能体行为的预测能力,实现对潜在意图和未来行为的判断。基于无人系统对自身和环境的感知结果,研究以数据为基础的统计推断模型,开发快速、高效的新模型与方法,形成完备的无人系统统计推断模型库。构造无人系统的历史统计数据和学习规则库,结合对当前环境和自身状态的感知数据,运用以复杂系统理论为代表的计算实验和平行系统方法,构建无人系统的新型判断模型库等。

基于大数据与云计算的无人系统判断能力提升机制。大数据是研究无人系统智能的重要范式,而基于数据中心的云平台则是大数据及其处理的基础设施。通过在云平台上汇聚大量无人系统平台的观测数据、基础环境数据及其他关联的历史数据,对非结构化跨媒体大数据进行深度分析处理,提升无人系统的判断能力。针对多无人系统的协同工作需求,研究利用云平台汇聚多无人系统感知数据的机制和方法,实现大规模、多维度流式感知数据在云端的汇聚和知识共享,以及增量扩充基于云存储结构的无人系统知识库,并在时间维度上不断地优化和改进知识库的内容和质量,从而有效辅助无人系统进行判断。采用"云+无人系统"的系统架构,研究计算密集的无人系统智能算法(如同步定位与地图构建)在云端的实现,研究相关算法的可伸缩、高性能实现方法,构建可被远程访问的无人系统智能云服务。

3.自主决定

面向自主无人系统和自主群体无人系统协同执行任务的基础共性行为需求,设计实现通用的可扩展、模块化无人系统自主决定框架,实现面向自主无人系统和自主群体无人系统的决策规划功能,将来自观察、判断等环节的感知数据(情境数据)和任务要求等高层抽象指令转化为针对无人系统的具体行动指令。

实时路径规划与导航。研究环境建模与自适应定位、基于传感器的局部路径规划、非完整约束下的运动规划、基于强化学习的规划与导航、基于边界约束的未知环境探索及路径规划导航、基于进化学习的规划与导航、基于多机器人协作的未知环境探索及路径规划导航等。

复杂环境和复杂任务的规划与决策。研究基于智能优化算法的自主无人系统多目标优化与决策问题的求解方法,研究不确定性模糊规划与决策方法、随机多目标规划方法、不确定性多目标混合整数规划方法、不确定性机会约束动态规划方法等,研究面向资源、环境及任务的通用化建模方法、基于大数据的问题特征提取和算法规则挖掘、多源数据驱动的行动方案智能决策方法、基于实时信息的动作序列自主规划方法、数据驱动的规划与决策软件工具等。

面向群体无人系统协同的规划与决策。面向群体无人系统的编队协同、任务协同、意外协同,研究动态环境下群体无人系统协同管控架构及工作模式、多源数据驱动的无人系统行动方案智能决策方法、面向复杂任务的多无人系统的自主任务规划与决策模型库的构造等,研究分布式决策过程/策略和方法的设计、分布信息的表达和信息结构的设计、多无人系统之间的高效信息交互方法的设计、多无人系统之间的决策自同步方法设计等,研究利用过程代数、路径搜索优化等技术,建立一致的任务模型,解决多个无人系统之间的协同任务分解、动态任务规划、协同结果判断、行为冲突检测、行为异常检测、行为重规划等问题。

4. 自主行动控制

面向行为的通用控制接口。研究面向无人机、无人车、无人水面艇、无人潜航器等异构无人系统的自主行动统一控制接口,包括软硬件接口设计、面向行为建模的统一通用模型构造、网络数据通信协议设计及通用性评估等。研究机-机通用协同控制协议和关键技术,包括机-机协同控制协议设计及通用性评估、协同控制协议的时间同步性测试及改进优化、多无人系统协同行为的时空一致性、信息一致性和任务一致性控制,多无人系统状态/行为和通信等统一化标准及协议的设计与实现等。

群体无人系统行动控制。面向群体无人系统协同行动控制,开展群体动力学控制研究,包括群体无人系统编队控制算法及编队行进中的避障控制方法研究、队形变化及恢复方法设计与实现、分群/合群控制、鲁棒/容错控制、群体自组织控制与收敛性研究等。

12.3.4.3 无线通信与自组织网络

无线通信网络既是自主无人系统与互联网技术基础设施连接的桥梁,又是无人系统之间实现自主协同的基础。在自主无人系统中,信息的流动依赖于自适应、自组织的网络。因此,自组织网络是构建具有适应性的各类自主无人系统的共性基础。为解决大规模自主无人系统的可扩展、可靠性、实时性等重难点问题,兼容现有和在研的主流设备与主流技术,自主无人操作系统必须具有跨域、跨软硬件平台的互操作能力。因此,自主无人系统需要研究跨无人平台、具备实时服务能力保证的松耦合、分布式互操作模型、架构与协议,实现灵活、可扩展的抽象通信接口、消息传递等协议和机制,并且针对可扩展分布体系架构,开发系统配置、参数管理和系统监控诊断等一系列实用工具。最终具备支撑规模跨域异构无人系统的互联、互通、互操作能力。

多维智能通信技术。多维智能通信技术将分布式宽带频谱探测与认知的无线信道特征作为输入,实现通信模式的自主调节。在发射端,研究基于学习型算法的波形自适应机制,即根据信道状态信息的变化,波形自适应技术调节调制模式、编码速率以及导频结构等波形参数;在接收端,研究基于学习型算法的自适应接收技术,即根据感知到的信道的衰落特性,自适应地调整信道检测、估计、均衡、解调算法。实现空、时、频、能、码等多个维度的智能通信,匹配集群机器智能系统之间的链路特性。这种自适应能力还依赖于发射端发送波形和接收端信息处理的匹配和同步,需要在频谱汇聚的基础上完成高效的发送-接收端握手机制。传统的认知无线通信技术依赖于公共控制信道或者盲信道交会技术,但是前者不能有效适应动态网络结构,而后者可能收敛速度不能满足实时自适应的需求。因此,需要在群体聚合机理和算法的基础上,研究面向分布式自主无人系统的自适应交会机制。

弹性自组织网络技术。弹性自组织网络机制的核心是研究和设计支撑集群机器智能系统间跨邻居节点的自适应信息传输。针对无人系统的自主运动特性,在已有自组织网络技术的基础上,应关注无人系统的通信运动联合规划和混合式自适应路由。通信运动联合规划根据任务需求量化系统优化目标,对物理电磁环境等外部约束、无人平台自主感知-规划-控制能力、通信能力和能量等内部约束进行建模,设计群体通信运动联合规划,优化各智能体的运动和通信策略,从而最优化任务目标。混合式自适应路由研究基于群体智能的适应性机理,综合运用多种先应式和反应式路由模型的多样性和互补性,在拓扑结构变化动态性较低的子网中采用反应式路由协议,在高动态拓扑变化的无人机子网中采用先应式路由协议,并根据异构无人平台的差异性和网络拓扑中所处的地位,研究拓扑预测和簇头选择等方法,在保证实时性的前提下自适应地控制路由更新开销。

自组织网络系统集成技术。根据软件构件化的设计思路,研究支持分布式宽带频谱探测与认知机制、多维智能通信机制和弹性自组织网络机制的自组织网络系统集成技术,形成物化的分布可扩展互操作协议栈。为满足上述三种机制的自适应和可重构性需求,在底层硬件的基础上,协议栈自底向上应包括通信设备驱动、支持弹性自组织网络的自适应路由协议、抽象通信接口协议和分布通信机制。通信设备驱动针对无人系统多种异构设备采用不同通信标准的特性,实现分布式宽带频谱探测与认知机制和多维智能通信机制。通信设备驱动应包括自适应物理层协议和可扩展的多用户接入协议。自适应物理层协议应具备频谱感知功能,根据感知到的频谱使用状况,基于机器学习等技术实现波形自适应,降低异构无人系统的集群内部干扰和外部环境干扰对通信质量的影响。可扩展的多用户接入协议应具备并发性能评估能力,根据评估的信道接入拥堵状况,基于分布式技术实现自适应的多用户接入,提高异构无人系统集群规模增大时的可扩展性。

最后要指出的是,随着 5G 移动通信技术的深入应用,基于 5G 技术支撑群体无人系统协同和人对自主无人系统的操控,预计会具有重大的发展前景。

12.3.4.4　实时处理与并行计算

多级实时技术。实时性是自主无人系统实施自主行为和自主群体无人系统实施自主协同行为的基础性要求,需要从自主无人系统自身、群体和任务等不同级别研究实时性保证技术,形成多级实时框架,涵盖结点实时性、消息实时性、任务实时性三个层次(见图 12.3.5),突破分布计算所需的实时方面的一系列技术,并且在优先级、延时控制等方面提供结点、消息、跨结点任务等多级实时服务的质量保证能力。主要研究内容包括面向异构资源的多任务实时调度机制、支持实时协同的无人系统消息协议、分布环境下任务实时性保证机制等。针对观察、判断、决定、行动控制等各种典型算法,研究面向实时的算法复杂度优化、实时约束优化实现及具有共性的实时支撑机制等。

图 12.3.5　自主无人操作系统结点、消息、任务三个层次的实时性

实时并行计算技术。智能化程度的不断提升导致了计算量的快速增长,而各类无人系统机载计算机硬件的性能也在不断提升,因此采用并行计算技术桥接智能算法与计算能力,提升自主无人系统智能处理和行为管理的实时性,是自主无人操作系统的重要功能。自主无人操作系统的实时并行计算的主要研究内容包括实时并行资源管理与运行调度技术,面向自主无人系统行为管理的 OODA 各环节的实时并行计算技术,面向可见光、红外、SAR 等大规模图像传感器数据的实时并行处理技术,面向多传感器数据融合的实时并行计算技术,以及面向机器学习模型推理与智能算法的实时并行计算技术等。

12.3.4.5　感知数据管理

自主无人系统需要与环境进行交互,并进行感知数据管理和共享。感知数据管理涉及的关键技术包括感知数据的抽象表示,资源受限条件下的高可用、高可扩展的分布式架构,实时的多源数据存储、检索、同步与融合,高可靠、强实时、高安全机制,云端数据库接口与分布式数据管理,云计算支持的感知数据汇聚和知识重用等。

感知数据的抽象表示。感知是自主任务决策和执行的基础,通过对获取的多源异构的传感器数据进行过滤、关联分析以及融合等处理,支撑 OODA 行为链循环。现有的数据管理及数据库技术针对语义数据的存储和分析处理,产生了对象数据库、文档数据库、图数据库及其对应的数据检索、合并、关联算子。然而,面对各种语义模型及其数据库技术,OODA 模块开发者需要掌握众多数据语义模型及其运算方法,这就增加了开发难度和成本,同时,跨数据语义模型的关联运算复杂,降低了 OODA 行为链循环的效率。针对无人系统感知数据多维异构、类型复杂等特点,可采用统一的数据语义转换与处理运算方法,自动提取数据的语义结构并进行标注;基于八叉树等结构存储情境语义一致的感知信息,可建立基于情境语义描述的体系设计方法、建模方法及实现方法。无人系统感知本体/环境/目标信息在尺度、时间、属性等方面存在多维异构性,不利于无人系统本地信息的综合利用及无人系统之间的协同共享。遵循近处精细感知、远处粗略感知的规律,构建层次化可变粒度数据视图,为情境的生成、决策的制定和任务的执行提供有效的支撑。

资源受限条件下的高可用、高可扩展的分布式架构。分布式协同需要全域感知的联合情境数据支持。然而,复杂的物理环境条件和严苛的服务要求,以及性能相对较弱的硬件设备等,导致了传统的分布式数据管理架构无法直接应用于无人协同任务。尤其是在高动态网络环境中,通信资源受限、拓扑动态变化、协同数据容易丢失,需要依托数据抽象、编码压缩、按需投送等方式有效降低网络传输需求,构建资源受限条件下的高可用、高可扩展的分布式架构,完成自主无人系统间的相互协同配合。

实时的多源数据存储、检索、同步与融合。无人系统在任务执行过程中需要不断收集本体/环境/目标等情景数据,涉及大量的结构化/半结构化/非结构化数据,如地理信息数据、状态数据、位置数据、图片数据等,具有数据量大、数据类型复杂、数据操作实时性要求高的特点。然而,无人系统数据处理设备往往由嵌入式计算板组成,其内存大小及 IO 通道相比服务器和桌面系统都是受限的,严重制约无人系统情境数据的存储分析性能。针对高频、多源数据的存储管理和分析处理,可结合异步高速缓存、时序数据库、时空索引、多传感器数据融合,构建实时的多源数据存储、检索、同步与融合机制,实现无人系统情境数据的高效管理。

高可靠、强实时、高安全机制。大规模群体无人系统应用具有分布式信息交互、高动态、高实时的特征,动态时变为不可靠的网络环境,导致异构信息可靠传输难、信息安全保障弱,难以保障大规模群体无人系统的分布式信息交互、高动态、高实时的要求。针对高质量数据服务的需求,通过网络状态感知和数据分发策略优化配置,保障复杂网络环境下分布式信息交互的实时性和可靠性;利用信息安全技术,结合分部环境身份认证、实时数据分发细颗粒访问控制、高效数据加解密设计,构建高可靠、强实时、高安全机制。

云端数据库接口与分布式数据管理。无人系统数据处理设备往往由嵌入式计算板组成,其存储容量和处理性能有限,前端无人系统难以应对海量高频的情境数据。通过构建云-端一体的分布式情境感知数据存储架构,支持云-端感知数据的同步、更新、缓存等功能;当前端无人系统评估自身无法存储或分析数据时,自动将前端数据的存储和分析"卸载"到云端处理,建立前端-云端处理接口的无缝衔接,打通前端-云端的数据联动,形成云端数据库接口与高效分布式数据管理。

云计算支持的感知数据汇聚和知识重用。自主无人系统生存环境具有大空间跨度、长时间跨度、多域的情境信息,包含本体/环境/目标信息等,上述信息随时间变化的过程和趋势,需要构建云计算支持的感知数据汇聚和知识重用,实现对全域环境大数据的融合和可视化,支撑人机协同任务。充分利用云端高性能计算能力,构建大数据分析环境,进一步研究全域环境大数据时空一致性融合、按需的情境数据聚类/挖掘/机器学习等技术,为情境分析提供工具箱,以辅助操控员判断。

12.3.4.6　协同任务管理

多无人系统跨域任务协同管理可以改善单无人系统在面对复杂环境和复杂任务时的能力不足,是当前无人系统技术发展的趋势。无人系统需要实现人机交互和无人系统之间的自主协同,协同任务管理可以提高面向多域的异构无人系统集群的自主协同能力、面向任务的人机智能融合能力,是需要攻克的关键技术。通过数据接口接收感知数据(情境数据)和任务描述,针对态势感知等类型的特定任务进行分析,根据相关模型,生成面向群体的高层抽象指令,包括任务类型描述、个体任务分配、编队队形参数等,把任务转变为对行动的要求。协同任务管理面临异构无人系统平台差异、任务分解和动态分配、人机协同一致性等诸多问题,需要突破一批关键技术难关。

群体共识机制。群体无人系统在完成复杂任务时需要进行群体的协同,而个体之间有限的、局部的通信对于那些需要高度协同的任务具有很大限制,因此需要更高级别的在整个群体中能够实现一致的信息共享方法,从而简化群体无人系统的软件开发,实现更高层次的群体协同行为。针对此需求,探索实现高效鲁棒的群体共识机制。

异构无人系统平台协同任务预规划技术。针对异构无人系统平台搭载载荷、传感器、功能模块、平台特性、当前状态的不同,面向自主无人集群的总任务,根据不同无人系统平台单元能力属性,分析其所能支持的子任务,对无人集群实现任务预规划,并鲁棒、高效地实现面向无人集群全部个体的任务生成与加载。

协同任务分解和动态分配技术。基于深度机器学习等人工智能方法,生成无人系统的行动链等,指导无人系统的规划和行动。为实现无人系统群体的协同,需要攻克面向层次式组织结构的任务分解和动态分配技术。面向无人系统功能,对任务进行建模,研究任务分解策略与任务选择匹配算法,以适应任务的动态分配,对任务分配影响因素的分析,给出影响任务分配选择的因素。

人机自主协同任务管理技术。以人机集智为主线,发挥无人系统的自主智能和人类操作员的高级智能,构建人机自主协同的任务管理框架与方法,实现面向任务的人机智能融合能力。从架构上看,人机自主协同的界面是态势图,自主无人操作系统将自主无人系统和自主无人系统集群的态势信息、任务信息以及其他需要交互的信息组织在态势图上,人类操作员根据任务要求和作业方案,以机器学习等人工智能方法为辅助,生成无人系统的各种指令并提交态势图,自主无人系统根据态势图中的指令进行智能化处理,形成指导、控制无人系统的规划和行动。

12.3.4.7　安全

自主无人系统同时存在于信息空间、物理空间和社会空间,面临多个维度的安全威胁,其可信性和安全性必须得到自主无人操作系统层面的支持。第一是信息安全。在传统信息安全技术研究基础上,应重点针对自主无人系统特有的安全问题和脆弱点开展研究,如无线自组网安全、分布式协议栈安全等;第二是智能安全。自主无人系统大量使用了深度学习等人工智能算法,深度学习等固有的不可解释性、非鲁棒性等,可能对自主无人系统行为造成重大影响,应针对性研究抗欺骗、高可靠的智能算法;第三是行为安全。自主无人系统的行为必须确保不伤害人类,更高级的行为安全是遵循作业规则甚至是社会规则,实现与人类的协同工作,研究内容包安全行为规划、人机安全协同等;第四是研究自主无人系统的安全性测试与评估方法。

12.3.5　开发与调试

12.3.5.1　开发模型

未来,自主无人系统将工作于高复杂、高不确定的动态环境,需具有多源异构各类资源,执行智能化、无人化的复杂任务,这给自主无人系统软件开发提出了更高的要求。当执行群体任务时,群体行为的不可预测性和群体内复杂的分布式协调机制,使得面向群体无人系统的开发比单体无人系统更加困难。

无人系统开发者通常需综合考虑无人平台硬件资源和能力、无人系统自主规划和行动算法、任务要求等各方面因素。当前,无人系统与群体无人系统开发依然面临众多挑战,如自主无人系统的异构性和复杂性,导致开发者需要了解很多细节,无法把主要精力集中在无人系统的控制逻辑和功能协同等关键问题上;又如,无人系统应用开发的代码模块的解耦与复用性差,已有成果难以进行快速部署与移植,导致人力浪费现象严重;再如,复杂群体协同任务的开发流程尚未规范化,缺乏相应的工具集来支撑应用开发的整个流程等。

为了提升群体无人系统软件开发的标准化、模块化和平台化水平,提高代码复用率和开发效率,降低各类开发之间的耦合和开发门槛,可根据不同的开发层次,将自主无人系统开发分为自主无人平台的系统软件开发、各类算法与作业模型开发、自主无人系统及集群的任务开发三类,如图12.3.6所示。自主无人操作系统需要面向不同的开发者,实现对无人系统资源与行为的抽象与管理,提供便利的开发接口、工具集和图形界面,将各个层次的开发有效连接,提高开发效率,提升自主无人系统软件的可重用性,推动群体无人系统的研究、开发和应用。

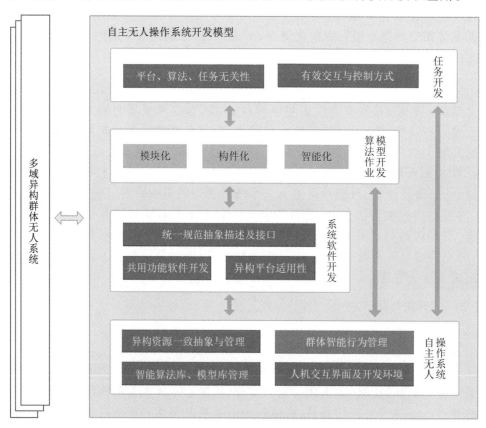

图12.3.6 自主无人操作系统开发模型

1.无人平台的系统软件开发

为实现无人平台与运行于其上的智能应用的解耦,无人平台厂商需要遵循自主无人操作系统提供的开发模型和统一规范的平台软硬件抽象描述接口,为无人平台开发系统软件(类似计算机操作系统中的设备驱动程序),供上层应用软件能够按需灵活访问无人平台的各种资源、调用平台提供的各种功能、驱动平台完成各种行动。按自主无人操作系统的"物理域、信息域、认知域、社会域"资源抽象框架,无人平台的系统软件开发涉及的主要工作包括对无人平台和装载的各种载荷进行标准化描述,从而将其纳入自主无人操作系统的资源池,由自主无人操作系统进行灵活管理;向自主无人操作系统提供无人平台和各类资源的操作接口,由自主无人操作系统封装后提供给上层应用程序调用。自主无人操作系统将提供基于"角色"等核心概念的开发模型,以尽量简化和标准化开发过程,并确保尽量不损失运行效率。

2.各类算法、作业模型、作业规则开发

无人系统要想实现自主性,必须借助于大量各类算法和与任务相关的作业模型、作业规则,这些算法、模型、规则有些与平台和传感器相关(如针对某些特定平台和特定传感器的感知、规划、控制算法等),但大部分则是跟环境和任务相关(如面向特定作业环境和特定作业任务的感知、决策、规划、控制算法及面向特定作业的作业模型和作业规则等)。自主无人操作系统需要为各类算法、作业模型和作业规则开发者提供统一的硬件资源抽象描述、规范的软硬件接口、行为的控制抽象等支撑,从而使各类算法、模型、规则能够方便地与多域异构无人系统平台和各类应用实现灵活、动力的"链接",实现代码复用。同时,各类算法与作业模型开发对于无人系统行为管理也提出了更高的要求,需要自主无人操作系统适应无人系统异构性特点,基于面向智能化、群体化的行为管理框架,实现复杂行为管理和共性算法库管理,根据平台自身能力自主匹配选择相应的智能算法,通过各算法模块的自主选择、优化组合和智能链接完成复杂的自主协同任务,使得算法开发者无需考虑该算法何时被何种平台、何种任务使用,从而为实现无人系统对于复杂环境的适应性提供有力支撑。

3.任务开发

任务开发是指在前述智能无人平台系统软件开发、各类算法与作业模型开发的基础上,对自主无人系统所要执行的任务进行规划和实施。为实现任务的高效开发,需保证任务开发者将精力集中于无人系统任务本身,而无需了解为支持任务实现而采用的具体算法和无人平台细节,最大限度实现平台、算法与任务之间的无关性。因此,好的任务开发模型需要确保任务与平台、算法、模型等各模块的解耦,同时也需要提供高效的人机交互和控制方式支持。为减轻任务开发的门槛和开发者的工作负担、提高开发效率,自主无人操作系统还需要提供便捷、友好的开发环境,将各类无人平台和各种算法、模型等软硬件资源以图形化的方式展现,方便任务开发者以拖拽的方式实现任务的预规划。同时,自主无人操作系统需为任务开发者提供简洁、高效的人机交互界面,按需组织无人系统状态参数,支撑高效的协同判断决策和操作控制,实现有效的群体无人系统管理,从而支持交互式人机协同任务的开发。

12.3.5.2 集成开发环境、调试测试工具集与模拟仿真平台

以自主无人操作系统为平台,以高效集成与测试自主无人系统应用软件系统为目标,研究图形化集成开发环境、基于自主无人操作系统的运行支撑环境、2D/3D可视化环境和运动学/动力学仿真环境。

集成开发环境与调试测试工具集。面向群体自主无人系统任务和应用开发需求,提供一系列主要以图形化方式运行的群体智能无人系统操作系统开发环境,并提供代码/配置文档框架生成、编译构建、代码运行、运行时交互及调试、数据记录及重放、数据可视化等开发调试工具。

模拟仿真平台。构建动态复杂环境,建立丰富的基本结构集合,更加准确地描述复杂模拟对象。对于自然环境中的各种要素,如风、重力、温度等,进行精确计算并产生真实反馈,实现自主无人系统的高逼真模拟环境构建,增加模拟过程的真实性,提高模拟结果的正确性。

模拟仿真环境须支持运行在若干地面无人平台、若干空中无人平台上的智能软件的实时模拟,并支持对模拟过程的回放以及对运行在虚拟无人平台上的智能软件在编队机动、任务分配、协同行动等方面的能力评估。模拟过程中,不仅要模拟单个地面无人平台和空中无人平台的运动、通信和决策过程及其装备的各类传感器、计算资源,还要模拟各种不同算法下群体自主无人系统中复杂的通信机制和任务控制机制。

为满足模拟仿真过程的实时性,模拟仿真环境需采用并行分布式架构,最大化利用分布式的并行计算资源,为群体自主无人系统提供具有充足计算资源且模拟规模可扩展的高效模拟平台,以实现群体自主无人系统的大规模实时模拟。

12.3.6 适配优化与示范应用

面向无人机、无人车、无人水面艇、无人潜航器等无人平台及群体无人系统,针对典型军用和民用领域,开展自主无人操作系统的适配优化与示范应用,逐步沉淀一批共性基础算法库、模型库、软件库,并集成到自主无人操作系统中,从而推动自主无人系统软件体系的标准化、模块化、平台化。

12.3.6.1 适配优化

当前正值无人平台跨越式发展的机遇期,以无人机、无人车、无人水源艇、无人潜航器等为代表的各类无人平台飞速发展,空中、陆地、水下、水面等各类型无人平台大量涌现。自主无人操作系统将实现对各无人平台异构资源的一致抽象与管理,以统一版本、支持不同平台。此外,自主无人操作系统还将为各类无人平台提供基础共性功能,如环境感知、目标检测与识别、态势分析/理解/判断、人机协同判断、无人系统的任务/路径规划/自主行动控制等。

群体无人系统是无人系统的重要发展方向之一。根据群体无人系统的组成，其可分为单域集群与多域集群。单域集群是指同一个域内的无人平台组成的集群，如空中旋翼与固定翼无人机集群、地面无人车集群、水面无人艇集群、水下无人潜航器集群等；多域集群是指多个单域集群组成的混合集群，如空地协同集群、空海协同集群等。自主无人操作系统将为各类群体无人系统提供基础共性功能，如群体成员管理、群体通信服务、群体感知、群体规划、群体编队控制、群体任务分配、群体数据管理、群体操控支撑等，从而提升群体协同能力。

12.3.6.2　示范应用

可以在民用和军用两个领域同步开展典型示范应用。民用领域包括智慧农业、智慧物流、无人安保等。在智慧农业领域，可通过无人农机、气候环境监测设备，实现农作物可视化远程诊断、无人农机自主作业、食品自主加工、农场灾变预警等智能化农业生产管理。智慧物流已经成为无人平台广泛应用的领域，如无人叉车用于仓库的物品搬运，无人牵引车用于机场的客户行李托运等。无人安保利用智能无人系统取代传统安防人员和设备，在降低安防成本的同时，也提升了安防的精度和广度，显著提升了安防效率。

在军用领域，无人化、智能化已经成为战争形态发展演变的重要方向。因此，要发展新型作战力量和保障力量，加快军事智能化，提高联合作战能力和全域作战能力。自主无人系统可以形成数量规模优势，这将颠覆未来作战样式。自主无人操作系统的发展，将为无人化智能作战开辟一条新的技术途径。自主无人操作系统能够打破传统无人化装备独立专用、技术体制烟囱林立的格局，实现无人化装备的互联、互通、互操作，颠覆传统无人化装备一对一的遥控运用方式，大大提升了无人化装备的智能化水平，实现了一对多、多对多等更加灵活的有人/无人协同操控方式，为无人化装备跨域集群作战、蜂群作战等新的颠覆性作战样式提供了有力的技术支撑。

12.4　研究建议

自主无人操作系统是正在到来的机器人和智能化时代的核心基础软件，是绝不能被"卡脖子"的战略性核心关键技术，应该立足于自主创新研发，瞄准研制适用于陆、海、空、天等各域无人系统及无人系统群体的通用型操作系统，遵循软件定义的技术思路，走架构统型的技术路线，基于开源创造的方式方法，实现滚动发展的技术途径，进而构建健康可持续发展的研发和应用生态。

12.4.1　立足自主创新

自主无人操作系统具有重大战略意义，应立足于自主创新发展。从当前情况看,自主创新是可能且可行的,国内相关研究已经为自主创新积累了良好的团队和技术基础,相关单位已经开展并取得了一批原始创新成果。

自主创新具有可能性和可行性。操作系统基础软件具有很强的时代特征,每个时代往往孕育出不同的操作系统,如个人计算机时代由 Windows、Linux 主导,移动互联网时代由 Android、IOS 主导,而自主无人操作系统是即将到来的智能化、无人化新时代的新型基础软件,我国跟国外发达国家处于同一起跑线,完全具有自主创新的可能性和可行性。

自主创新的基础良好。近二十几年以来,国家对基础软件高度重视,各类专项对计算机操作系统等基础软件开发给予了大力支持,并已经形成了一批以"麒麟"操作系统等为代表的基础软件产品,具备了自主创新的良好技术基础和人才队伍基础。

自主创新已经取得初步成果。2014 年以来,一些单位已经开展了自主无人操作系统方面的创新工作,提出了"角色""场景""通用任务指令"等核心概念和层次式多态架构、可扩展分布架构、自主平行学习架构等一系列原始创新,突破了资源一致抽象管理、自主行为管理等一批关键技术,研制了通用自主无人操作系统的原型版本,可适配多种类型的无人机、无人车、无人潜航器、无人机集群,并针对民用和军用的若干典型环境和任务开展了试验验证。

自主无人操作系统的自主创新应该从科学问题出发,兼顾智能无人系统应用需求和特点,进行基础理论、核心概念、体系架构、关键技术等方面的原始创新,并开展系统实现与应用验证等方面工作。

12.4.2　瞄准通用版本

发展自主无人操作系统有改进型嵌入式操作系统、改进面向特定领域的无人操作系统和改进通用无人操作系统三条路线,尽管各条路线各有利弊、短期内可以并行发展,但从长期来看,还是应该发展、改进通用无人操作系统。

具有技术优势。首先,改进型嵌入式操作系统只是权宜之计,长远来看必然会被自主无人操作系统所替代。而无人机、无人车、无人艇等无人系统虽然任务和环境差别很大,但从操作系统层面来说,其管理资源和行为管理的基本功能需求是相同的,当前的软件技术完全可以支持加载不同的算法模块,从而实现对不同应用和场景的支持,通用型自主无人操作系统还能借此聚合更多资源,进而实现更为灵活的功能,从而体现更好的技术优势。

避免产业壁垒。面向不同领域发展不同的操作系统,一个明显的问题就是会竖起一根根"烟囱",形成各领域之间的产业壁垒。相同传感器应用于不同无人平台时,需要开发不同的驱动程序,同样,算法模块跨平台也需要移植,从而造成工作重复、资源浪费、质量下降。同时,面向领域的无人操作系统将造成跨域无人系统协同的互联、互通、互操作壁垒,引发类似信息时代"中间件"的额外工作。

容易构建生态。统一的通用型自主无人操作系统将比多个面向领域的自主无人操作系统更容易构建生态,特别是能够集聚更大规模的研发和应用力量,其价值将按规模呈幂率上升,大大提升了影响力和竞争力,对赢得西方发达国家的市场竞争至关重要。

建议在当前三条路线并存发展的同时,逐步侧重对通用自主无人操作系统的支持和引导,逐步融合其他技术路线的算法和模块,抢抓机遇、共同发展,尽早形成自身优势和竞争力。

12.4.3 遵循软件定义

自主无人系统的核心技术优势是自主和智能,算法和软件是实现自主和智能的主体。因此,从某种意义上说,软件将"定义"自主无人系统的功能和特性。应以"载荷大于平台、软件大于载荷"的基本思想,按软件定义的方式,发展自主无人操作系统及软件体系。

坚持软件定义无人系统的基本方法。按照软件定义的思想,无人系统的硬件资源将被抽象和虚拟,从而以规范的接口提供标准化的基本功能,而自主无人操作系统将对资源进行调度和管理,从而赋予无人系统各种功能和自主性。这种方式能够充分发挥软件的灵活性,激发算法和软件的创新,从而实现更为强大和多样的自主无人系统应用。

制定软件定义的自主无人系统技术体制和标准体系。遵循软件定义的方法,探索形成适合自主无人系统的技术体制,并逐步建立相关标准体系,如制定面向软件定义的功能和软硬件接口标准等,推动自主无人系统产业链的形成和发展。

发展基于软件定义的自适应软件平台。基于软件定义的技术路线,研制自适应软件平台,变"以硬件为中心"为"以软件为中心",实现对各类硬件资源的统一管理,预测和管理硬件资源和变化,管理各类软件模块的按需调用和组合,实现灵活多样的功能特性,提供应用所需的各种服务。

12.4.4 实现架构统型

发展自主无人操作系统,应遵循架构统型的原则,以相同的架构统一管理不同型号的无人系统和无人系统集群,避免分裂,形成孤岛。从不同的维度看,建议自主无人操作系统以异构资源和自主行为管理架构统型各域单体无人系统,以可扩展分布架构统型无人系统集群,以自主学习架构统型智能和自主功能的实现。

异构资源和自主行为管理架构。建议采用层次式架构,下层的资源管理层管理无人机、无人车、无人水面艇、无人潜航器等物理域、信息域、认知域和社会域的各类资源,上层的行为管理层按OODA等行为模型,统一管理各类无人系统的各种行为。

可扩展分布架构。建议采用分布式架构支撑无人系统集群,实现分布式协作,从而体现鲁棒性强、自适应度高等优势,进一步设计可扩展的分布架构,支撑群体规模的灵活伸缩,实现对多域异构无人系统集群的管理。

持续自主学习架构。建议采用持续自主学习架构,支持各类智能算法和学习器的持续学习训练、与环境和任务交互的强化学习、多学习器的集成和运用以自主适应环境和任务,为实现适应环境的人工智能奠定基础。

依托体系架构实现标准化、模块化、构件化,制定软硬件接口规范,适配传感器、控制器、智能计算芯片等智能硬件,支持集成第三方算法和代码等智能软件。

12.4.5 践行开源创造

开源创造是当前大型软件研发的必然选择,机器人和无人系统领域已经累积了大量开源算法和各类软件模块,它们是自主无人操作系统发展的宝贵资源。践行开源创造要把握自主创新和开源创造的关系。

自主创新。如果没有自主创新,而是纯粹的"拿来主义",就会发现跟不上开源的步伐、出不了创新的东西。坚持自主创新,必须从科学问题出发,从本质需求出发,从核心概念、体系架构等基础创新出发,突破一批核心关键技术难关,形成自主的"骨架",才能融合开源的"血肉"。

开源创造。要遵循开源的理念,遵守开源的规则,积极吸收开源的算法、模块等,改造优化后集成到自主无人操作系统中。同时,要按开源社区的玩法,凝聚一批"创客",实现自主无人操作系统开源社区版本的大众创新,从而为发展注入新的活力和动力。

12.4.6 坚持滚动发展

自主无人操作系统这样的大型基础软件的研发,是一个长久且不断改进的过程,不可能一蹴而就,也不可能与世隔绝、闷头开发,应以需求为牵引、技术为推动,坚持滚动发展。

以自主式高级无人系统需求为牵引。无人系统的不断发展,特别是向自主式高级无人系统的发展和应用,将源源不断地对自主无人操作系统提出新的需求,以这些需求为牵引,是自主无人操作系统发展的直接动力。

以人工智能和无人系统等技术发展为推动。积极吸收人工智能算法和各种无人系统软件模块,不断推动自主无人操作系统的功能更加丰富、性能更加先进、应用更加多样。

坚持边研边用、滚动发展。秉承"持续改进"的思路,不断攻克关键技术,滚动发布新的版本,积极广泛开展应用。边研制,边试用,在试用中进行"微创新",快速解决试用过程中发现的问题。建立长期稳定的更新支持机制,不断沉淀、积累和改进、完善。

12.4.7 构建健康生态

自主无人操作系统是平台类基础软件,要实现可持续健康发展,必须与广泛的研发和应用单位一起,共同构建良性的生态圈,形成强大的市场竞争力。

研发生态。广泛联合国内外基础软件、人工智能、无人系统、无线通信等技术研发实体,成立创新联盟,共同推进自主无人操作系统各项技术的突破,不断丰富系统功能,打造实用好用的自主无人系统基础软件平台,支撑各类研究和应用需求,以吸引和汇聚越来越多的开发者和使用者。

应用生态。广泛联合国内外无人系统、传感器、控制器、通信系统等自主无人平台研制厂商,成立产业联盟,吸引它们广泛应用自主无人操作系统,不断扩大应用领域,不断建立和完善产业链,不断建立和完善基于网络的自主无人操作系统应用服务,多方位、多手段支撑应用水平提升,逐步形成事实标准。

参考文献

戴华东,易晓东,王彦臻,等,2019.可持续自主学习的micROS机器人操作系统平行学习架构[J].计算机研究与发展,56(1):49-57.

管增辉,2014.基于MOOS-FMM的水下机器人软件系统设计[D].青岛:中国海洋大学.

秦荀,2013.美国无人机通用操作系统[J].飞航导弹(12):32-35.

吴姣,戴小氏,张亦姝,2017.基于天脉653操作系统的航空应用软件开发[J].航空计算技术(5):77-81.

Ando N, Suehiro T, Kotoku T, 2008. A software platform for component based rt-system development: OpenRTM-aist, simulation, modeling, and programming for autonomous robots [J]. Lecture Notes in Computer Science, 5325: 87-98.

Badger J, Gooding D, Ensley K, et al., 2016. ROS in Space: A Case Study on Robonaut 2 [M]// Linux F. Robot Operating System (ROS). Cham, Switerland: Springer International Publishing.

Bruyninckx H, 2001. Open robot control software: The OROCOS project [C]// IEEE International Conference on Robotics and Automation (ICRA), Seoul, Korea: 2523-2528.

Gerkey B P, Vaughan R T, Howard A, 2003. The player/stage project: Tools for multi-robot and distributed sensor systems [C]// 11th International Conference on Advanced Robotics (ICAR), Coimbra, Portugal: 317-323.

Greenwald T, 2013. Open-source software is making it nearly as easy to orogram a robot as it is to write an app [J]. MIT Technology Review, 116(5): 30-33.

Metta G, Fitzpatrick P, Natale L, 2006. YARP: Yet another robot platform [J]. International Journal on Advanced Robotics Systems, 3(1): 128-131.

Quigley M, Gerkey B P, Conley K, et al., 2009. ROS: An open-source robot operating system [C]// IEEE International Conference on Robotics and Automation (ICRA), Kobe, Japan: 327-338.

Yang Y, Dai H, Yi X, et al., 2016. MicROS: A morphable, intelligent and collective robot operating system [J]. Robotics & Biomimetics, 3(1): 21.

Yi X, Wang Y, Yang X, et al., 2016. Collective robots: Architecture, cognitive behavior model, and robot operating system [J]. Science, 354(6318): 12-15.